城镇规划设计指南丛书

U0150435

城镇建设规划

骆中钊 戴 俭 张 磊 张惠芳 ▣总主编

刘 蔚 ▣主 编

张 建 张光辉 ▣副主编

中国林业出版社

图书在版编目（CIP）数据

城镇建设规划 / 骆中钊等总主编 . -- 北京：中国

林业出版社 , 2020.8

（城镇规划设计指南丛书）

ISBN 978-7-5219-0668-4

Ⅰ . ①城… Ⅱ . ①骆… Ⅲ . ①城镇 – 城市规划 Ⅳ .

① TU984

中国版本图书馆 CIP 数据核字 (2020) 第 120566 号

策　　划：纪　亮

责任编辑：樊　菲　李　顺

出版：中国林业出版社（100009 北京西城区刘海胡同 7 号）

网站：http://www.forestry.gov.cn/lycb.html

印刷：河北京平诚乾印刷有限公司

发行：中国林业出版社

电话：（010）8314 3573

版次：2020 年 8 月第 1 版

印次：2020 年 8 月第 1 次

开本：1/16

印张：16

字数：300 千字

定价：96.00 元

编委会

编者名单

1《城镇建设规划》
总主编 骆中钊 戴 俭 张 磊 张惠芳
主 编 刘 蔚
副主编 张 建 张光辉

2《城镇住宅设计》
总主编 骆中钊 戴 俭 张 磊 张惠芳
主 编 孙志坚
副主编 陈黎阳

3《城镇住区规划》
总主编 骆中钊 戴 俭 张 磊 张惠芳
主 编 张 磊
副主编 王笑梦 霍 达

4《城镇街道广场》
总主编 骆中钊 戴 俭 张 磊 张惠芳
主 编 骆中钊
副主编 廖含文

5《城镇乡村公园》
总主编 骆中钊 戴 俭 张 磊 张惠芳
主 编 张惠芳 杨 玲
副主编 夏晶晶 徐伟涛

6《城镇特色风貌》
总主编 骆中钊 戴 俭 张 磊 张惠芳
主 编 骆中钊
副主编 王 倩

7《城镇园林景观》
总主编 骆中钊 戴 俭 张 磊 张惠芳
主 编 张宇静
副主编 齐 羚 徐伟涛

8《城镇生态建设》
总主编 骆中钊 戴 俭 张 磊 张惠芳
主 编 李 燃 刘少冲
副主编 闫 佩 彭建东

9《城镇节能环保》
总主编 骆中钊 戴 俭 张 磊 张惠芳
主 编 宋效巍
副主编 李 燃 刘少冲

10《城镇安全防灾》
总主编 骆中钊 戴 俭 张 磊 张惠芳
主 编 王志涛
副主编 王 飞

总前言

习近平总书记在党的十九大报告中指出，要"推动新型工业化、信息化、城镇化、农业现代化同步发展"。走"四化"同步发展道路，是全面建设中国特色社会主义现代化国家、实现中华民族伟大复兴的必然要求。推动"四化"同步发展，必须牢牢把握新时代新型工业化、信息化、城镇化、农业现代化的新特征，找准"四化"同步发展的着力点。

城镇化对任何国家来说，都是实现现代化进程中不可跨越的环节，没有城镇化就不可能有现代化。城镇化水平是一个国家或地区经济发展的重要标志，也是衡量一个国家或地区社会组织强度和管理水平的标志，城镇化综合体现一国或地区的发展水平。

从20世纪80年代费孝通提出"小城镇大问题"到国家层面的"小城镇大战略"，尤其是改革开放以来，以专业镇、重点镇、中心镇等为主要表现形式的特色镇，其发展壮大、联城进村，越来越成为做强镇域经济，壮大县区域经济，建设社会主义新农村，推动工业化、信息化、城镇化、农业现代化同步发展的重要力量。特色镇是大中小城市和小城镇协调发展的重要核心，对联城进村起着重要作用，是城市发展的重要递度增长空间，是小城镇发展最显活力与竞争力的表现形态，是"万镇千城"为主要内容的新型城镇化发展的关键节点，已成为镇城经济最具代表性的核心竞争力，是我国数万个镇形成县区城经济增长的最佳平台。特色与创新是新型城镇可持续发展的核心动力。生态文明、科学发展是中国新型城镇永恒的主题。发展中国新型城镇化是坚持和发展中国特色社会主义的具体实践。建设美丽新型城镇是推进城镇化、推动城乡发展一体化的重要载体与平台，是丰富美丽中国内涵的重要内容，是实现"中国梦"的基础元素。新型城镇的建设与发展，对于积极扩大国内有效需求，大力发展服务业，开发和培育信息消费、医疗、养老、文化等新的消费热点，增强消费的拉动作用，夯实农业基础，着力保障和改善民生，深化改革开放等方面，都会产生现实的积极意义。而对新城镇的发展规律、建设路径等展开学术探讨与研究，必将对解决城镇发展的模式转变、建设新型城镇化、打造中国经济的升级版，起着实践、探索、提升、影响的重大作用。

《中共中央关于全面深化改革若干重大问题的决定》已成为中国新一轮持续发展的新形势下全面深化改革的纲领性文件。发展中国新型城镇也是全面深化改革不可缺少的内容之一。正如习近平同志所指出的"当前城镇化的重点应该放在使中小城市、小城镇得到良性的、健康的、较快的发展上"，由"小城镇 大战略"到"新型城镇化"，发展中国新型城镇是坚持和发展中国特色社会主义的具体实践，中国新型城镇的发展已成为推动中国特色的新型工业化、信息化、城镇化、农业现代化同步发展的核心力量之一。建设美丽新型城镇是推动城镇化、推动城乡一体化的重要载体与平台，是丰富美丽中国内涵的重要内容，是实现"中国梦"的基础元素。实现中国梦，需要走中国道路、弘扬中国精神、凝聚中国力量，更需要中国行动与中国实践。建设、发展中国新型城镇，就是实现中国梦最直接的中国行动与中国实践。

城镇化更加注重以人为核心。解决好人的问题是推进新型城镇化的关键。新时代的城镇化不是简单地把农村人口向城市转移，而是要坚持以人民为中心的发展思想，切实提高城镇化的质量，增强城镇对农业转移人口的吸引力和承载力。为此，需要着力实现两个方面的提升：一是提升农业转移人口的市民化水平，使农业转移人口享受平等的市民权利，能够在城镇扎根落户；二是以中心城市为核心、周边中小城市为支撑，推进大中小城市网络化建设，提高中小城市公共服务水平，增强城镇的产业发展、公共服务、吸纳就业、人口集聚功能。

为了推行城镇化建设，贯彻党中央精神，在中国林业出版社支持下，特组织专家、学者编撰了本套丛书。丛书的编撰坚持三个原则：

1.弘扬传统文化。中华文明是世界四大文明古国中唯一没有中断而且至今依然充满着生机勃勃的人类文明，是中华民族的精神纽带和凝聚力所在。中华文化中的"天人合一"思想，是最传统的生态哲学思想。丛书各册开篇都优先介绍了我国优秀传统建筑文化中的精华，并以科学历史的态度和辩证唯物主义的观点来认识和对待，取其精华，去其糟粕，运用到城镇生态建设中。

2.突出实用技术。城镇化涉及广大人民群众的切身利益，城镇规划和建设必须让群众得到好处，才能得以顺利实施。丛书各册注重实用技术的筛选和介绍，力争通过简单的理论介绍说明原理，通过翔实的案例和分析指导城镇的规划和建设。

3.注重文化创意。随着城镇化建设的突飞猛进，我国不少城镇建设不约而同地大拆大建，缺乏对自然历史文化遗产的保护，形成"千城一面"的局面。但我国幅员辽阔，区域气候、地形、资源、文化乃至传统差异大，社会经济发展不平衡，城镇化建设必须因地制宜，分类实施。丛书各册注重城镇建设中的区域差异，突出因地制宜原则，充分运用当地的资源、风俗、传统文化等，给出不同的建设规划与设计实用技术。

丛书分为建设规划、住宅设计、住区规划、街道广场、乡村公园、特色风貌、园林景观、生态建设、节能环保、安全防灾这10个分册，在编撰中得到很多领导、专家、学者的关心和指导，借此特致以衷心的感谢！

丛书编委会

前 言

改革开放 40 年，是我国城镇发展和建设最快的时期，特别是在沿海较发达地区，星罗棋布的城镇生气勃勃，如雨后春笋，迅速成长，向世人充分展示着其拉动农村经济社会发展的巨大力量。

要建设好城镇，规划是龙头。搞好城镇的规划，设计是促进城镇健康发展的保证，这对推动城乡统筹发展加快我国的新型城镇化进程，缩小城乡差别、扩大内需、拉动国民经济持续增长都发挥着极其重要的作用。

住区规划是城镇详细规划的主要组成部分，是实现城镇总体规划的重要步骤。现在人们已经开始追求适应小康生活的居住水平，这不仅要求住宅的建设必须适应可持续发展的需要，同时还要求必须具备与其相配套的居住环境，城镇的住宅建设必然趋向于小区化。改革开放以来，经过众多专家、学者和社会各界的努力，城市住区的规划设计和研究工作取得很多可喜的成果，为促进我国的城市住区建设发挥了极为积极的作用。城镇住区与城市住区虽然同是住区，有着很多的共性，但在实质上，还是有着不少的差异，具有特殊性。在过去相当长的一段时间里，由于对城镇住区规划设计的特点缺乏深入研究，导致城镇住区建设生硬地套用一般城市住区规划设计的理念和方法，采用简单化和小型化的城市住区规划。甚至将城市住区由于种种原因难能避免的远离自然、人际关系冷漠也带到城镇住区，使得介于城市与乡村之间、处于广阔的乡村包围之中、地域中心的城镇的自然环境、人际关系密切、传统文化深厚的特征遭受到严重的摧残；使得"国际化"和"现代化"对中华民族优秀传统文化的冲击波及至广泛的城镇，导致很多城镇丧失了独具的中国特色和地方风貌，破坏了生态环境，严重地影响到人们的生活，阻挠了城镇的经济发展。

十八届三中全会审议通过的《中共中央关于全面深化改革若干重大问题的决定》中，明确提出完善新型城镇化体制机制，坚持走中国特色新型城镇化道路，推进以人为核心的新型城镇化。2013 年 12 月 12 ~ 13 日，中央城镇化工作会议在北京举行。在本次会议上，中央对新型城镇化工作方向和内容做了很大调整，在新型城镇化的核心目标、主要任务、实现路径、新型城镇化特色、城镇体系布局、空间规划等多个方面，都有很多新的提法。城镇化成为未来我国城镇化发展的主要方向和战略。

城镇化是指农村人口不断向城镇转移，第二、三产业不断向城镇聚集，从而使城镇数量增加，城镇规模扩大的一种历史过程，它主要表现为随着一个国家或地区社会生产力的发展、科学技术的进步以及产业结构的调整，其农村人口居住地点向城镇的迁移和农村劳动力从事职业向城镇第二、三产业的转移。城镇化的过程也是各个国家在实现工业化、现代化过程中所经历社会变迁的一种反映。新型城镇化则是以城乡统筹、城乡一体、产城互动、节约集约、生态宜居、和谐发展为基本特征的城镇化，是大中小城市、城镇、新型农村社区协调发展、互促共进的城镇化。新型城镇化的核心在于不以牺牲农业和粮食、生态和环境为代价，着眼农民，涵盖农村，实现城乡基础设施一体化和公共服务均等化，促进经济社会发展，实现共同富裕。

现在，正当处于我国新型城镇化又一个发展的历史时期的城镇将会加快发展。东部沿海较为发达地区，中西部地区的城镇也将迅速发展。这就要求我们必须认真总结和教训。充分利用城镇比起城市，有着环境优美贴近自然、乡土文化丰富多彩、民情风俗淳朴真诚、传统风貌鲜明独特以及依然保留着人与自然、人与人、人与社会和谐融合的特点。努力弘扬优秀传统建筑文化，借鉴我国传统民居聚落的布局，讲究"境态的藏风聚气，形态的礼乐秩序，势态和形态并重，动态和静态互译，心态的厌胜辟邪"等。十分重视人与自然的协调，强调人与自然融为一体的"天人合一"。在处理居住环境和自然环境的关系时，注意巧妙地利用自然来形成"天趣"。对外相对封闭，内部却极富亲和力和凝聚力，以适应人的居住、生活、生存、发展的物质和心理需求。因此，新型城镇化住区的规划设计应立足于满足城镇居民当代并可持续发展的物质和精神生活的需求，融入地理气候条件、文化传统及风俗习惯等，体现地方特色和传统风貌，以精心规划设计为手段，努力营造融于自然、环境优美、颇具人性化和各具独特风貌的城镇住区。

通过对实践案例的总结，特将对城镇住区规划设计的认识和理解整理成书，旨在抛砖引玉。

住区规划是城镇详细规划的主要组成部分，是实现城镇总体规划的重要步骤。现在人们已经开始追求适应小康生活的居住水平，这不仅要求住宅的建设必须适应可持续发展的需要，同时还要求必须具备与其相配套的居住环境，城镇的住宅建设必然趋向于小区化。

本书是"城镇规划设计指南丛书"中的一册，书中扼要地综述了中华建筑文化融于自然的聚落布局独特风貌和深蕴意境的意义，介绍了城镇住区的演变和发展趋向；分章详细地阐明了城镇住区的规划原则和指导思想、城镇住区住宅用地的规划布局、城镇住区公共服务设施的规划布局、城镇住区道路交通规划和城镇住区绿化景观设计；特辟专章探述了城镇生态住区的规划与设计；并精选历史文化名镇中的住区、城镇小康住区和福建省村镇住区规划实例以及住区规划设计范例进行介绍，以便于广大读者阅读参考。书中内容丰富、观念新颖，通俗易懂并具有实用性、文化性、可读性强的特点，是一本较为全面、系统地介绍新型城镇化住区规划设计和建设管理的专业性实用读物。可供从事城镇建设规划设计和管理的建筑师、规划师和管理人员工作中参考，也可供高等院校相关专业师生教学参考，还可作为对从事城镇建设的管理人员进行培训的教材。

本书在编纂中得到许多领导、专家、学者的指导和支持；引用了许多专家、学者的专著、论文和资料；张惠芳、骆伟、陈磊、冯惠玲、李松梅、刘蔚、刘静、张志兴、骆毅、黄山、庄耿、柳碧波、王倩等参加资料的整理和编纂工作，借此一并致以衷心的感谢。

限于水平，书中不足之处，敬请广大读者批评指正。

骆中钊
于北京什刹海畔滋善轩乡魂建筑研究学社

目 录

6 历史文化名镇（村）的保护规划

7 城镇建设管理规划

（扫描二维码获取电子书稿）

1 城镇建设总体规划实例

2 村庄建设规划实例

3 历史文化名镇（村）保护规划实例

4 生态城镇文化创意规划实例

（提取码：feov）

1 繁荣新农村与推进新型城镇化

1.1 改革开放以来的农村建设

党中央深切关注中国的"三农"问题。改革开放以来，1978年至2005年，我国的村镇建设根据工作内容重点的不同，大体上可分为三个主要发展阶段。

1.1.1 1979 ～ 1986 年的农房建设阶段

主要是引导逐步富裕起来的农民有序建房，遏止农民建房乱占耕地的问题。

1979年，全国农民建房面积由1亿 m² 提高到4亿 m²，比上年猛增3倍，随后几年，农民住房建设量始终维持在每年6亿 m² 以上。为了适应这种发展的需要，1979年12月国家建委设立农村房屋建设办公室，负责指导和协调全国农房建设工作。1981年4月，国务院发出了《关于制止农村建房侵占耕地的紧急通知》。1981年12月国务院转发了第二次全国农村房屋建设工作会议纲要，提出了"全面规划、正确引导、依靠群众、自力更生、因地制宜、逐步建设"的方针，明确要求各地用二、三年时间，分期分批把村镇规划搞出来。随后，国务院颁发了《村镇建房用地管理条例》。1982年5月，城乡建设环境保护部设立乡村建设管理局，自此村镇规划正式列入了国家经济社会发展计划。原国家建委、国家农委颁布了《村镇规划原则》，对村镇规划的任务、

程序作出了原则性规定。1985年1月，原国家建委在军事博物馆举办了《全国村镇建设成就展》，对这个阶段的农村建设工作进行了全面总结和展示。到1986年底，通过编制和实施村镇规划，结束了农村建设的自发状态，初步建立了一支热心于农村建设管理的专业队伍，迅速抑制了农房建设乱占耕地的现象，较好地指导了当时的农村建设。

1.1.2 1987 ～ 1993 年的村镇建设阶段

主要是因应乡镇企业异军突起，农村建设的范围扩大，管理逐步规范化而进行的村镇建设阶段。

1987年5月，原城乡建设环境保护部作出了以集镇建设为重点、分期分批调整完善村镇规划的工作部署。这阶段，为适应农村经济特别是乡镇企业快速发展的需要，农村建设管理调整了工作思路，从单纯抓农房建设逐步转向对农村规划建设的综合管理，并从组织领导、规划建设和管理法规等方面加大了工作力度，将"抓好试点，分类指导，提高村镇建设总体水平"作为工作重点。在这个阶段，建设部加强了农村建设管理队伍建设以及有关部门的协调，促成了一系列政策措施的制定和出台。尤其是1991年，国务院批转了《建设部、农业部、国家土地管理局关于进一步加强村镇建设工作的请示》（国发 [1991]15 号），对全国的村镇建设工作发挥

了极其积极的作用。

1.1.3 1994～2005年的小城镇建设阶段

主要是在农村建设管理走向制度化的基础上，因应城镇化发展的要求，以小城镇建设为重点。这阶段的前五年（1993～1998年）是我国农村建设发展的一个相对繁荣期，各项工作步入正轨，农村建设的相关政策、措施和法律法规得到逐步完善。1993年建设部提出了"以小城镇建设为重点，带动村镇全面发展"的工作思路。1995年10月，建设部和财政部在北京共同主办了《全国小城镇建设和村庄建设成就展》，对农村建设成就进行了充分展示，引起了社会各界的广泛关注。1996年和2000年又分别提出了"坚持以小城镇建设为重点带动整个村镇建设的方针，以提高村镇建设的总体水平为中心，重点突破，典型引导，稳步推进，为农村两个文明建设创造良好的条件"和"以促进国民经济和社会发展为目标，以提高村镇建设的总体水平和效益为中心，因地制宜，突出重点，以点带面，积极稳妥地推进小城镇建设，带动村镇建设全面发展"的农村建设思路。

1997年建设部实施了小城镇建设"625"试点工程，1998年党的十五届三中全会提出了"小城镇、大战略"的发展要求。党的十五届三中全会通过的《中共中央关于农业和农村若干重大问题的决定》指出："发展小城镇，是带动农村经济和社会发展的一个战略。"

2000年6月13日，中共中央、国务院《关于促进小城镇健康发展的若干意见》指出："发展小城镇，是实现我国农村现代化的必由之路""当前，加快城镇化进程的时期已经成熟。抓住机遇，适时引导小城镇健康发展，应当作为当前和今后较长时期农村改革与发展的一项重要任务"。

党的十六大提出："全面繁荣农村经济、加快

城镇化进程。统筹城乡经济社会发展，建设现代农业，发展农村经济，增加农民收入，是全面建设小康社会的重大任务。农村富余劳动力向非农产业和城镇转移，是工业化和现代化的必然趋势。要逐步提高城镇水平，坚持大中城市和小城镇协调发展，走中国特色的城镇化道路。发展小城镇要以现有的县城和有条件的建制镇为基础，科学规划、合理布局，同时发展乡镇企业和农村服务业结合起来。消除不利于城镇化发展的体制和政策障碍，引导农村劳动力合理有序流动。"十六大作出的加快城镇化进程的重大部署，立足于我国国情和农村实际，是今后一个时期小城镇建设工作的指导方针和行动纲领。可以预见，小城镇在我国社会经济发展和城镇化进程中将起着越来越重要的作用。

1978年改革开放以来，是新中国成立以来我国城市发展和建设最快的时期，特别是近十多年。我国政府按照"积极引导、稳步发展"的原则，制定了"统一规划、合理布局、因地制宜、各具特色、保护耕地、优化环境、综合开发、配套建设"的小城镇建设步伐所涉及的重大政策问题进行探索，形成配套完整的政策措施和切实可行的建设经验。通过试点全过程，总结出各种类型小城镇建设的经验，建成具有形象的示范点，分类指导，重点发展地理位置和交通条件较好、资源丰富、乡镇企业有一定基础或农村批发和专业市场初具规模的小城镇，以推动全国小城镇建设工作。

目前，在我国，特别是沿海较发达地区，星罗棋布的小城镇生气勃勃，如雨后春笋，迅速成长。他们构筑起农业工业的基石，铺就着乡村城镇化的道路，实现了千千万万向往城市生活农民的梦想，向世人充分展示着其推动农村经济社会发展的巨大力量。

到2001年底，全国有建制镇19126个，集镇29118个，村庄3458852个，全国村镇总人口9.89

亿人。2001 年，全国村镇建设投资总额达到 3119.7 亿元，比 1989 年增长 295.9%。城镇住宅总建筑面积为 40.58 亿 m^2，人均 22.2m^2。与城镇一样，13 年来我国农村住宅建设也取得了持续发展的好成绩。其中，仅 1996 年至 2001 年全国农村累计建成住宅就达 39.49 亿 m^2，农村人均建筑面积也由 1995 年 21.8m^2 提高到 2001 年 25m^2。全国村镇自来水受益人口 4.59 亿人，比 1989 年增长 148%；全国通电村镇总数 299.6 万个，比 1989 年增长 20.5%，所有的建制镇、97.78% 的集镇和 85.44% 的村庄通了电；乡村铺装路面道路总长度达到 264.1 万 km，比 1989 年增长 234%，农村道路硬化率达到 88.7%。

统计显示，"九五"以来，城乡住宅投资每年占 GDP 的比重达到 38% 以上，占全社会固定资产的投资比重则达到了 20% 以上。1999 年以来，住宅产业每年增加值占 GDP 的比重也都在 4% 左右，超过了钢铁、能源等重要行业占 GDP 的比重。这表明随着城乡住宅建设的持续快速发展，住宅业在我国国民经济中的产业地位已得到基本确立，并成为国民经济的新的增长点。

1.2 建设社会主义新农村

2005 年 10 月中共中央十六届五中全会通过的《中共中央关于制定国民经济和社会发展第十一个五年规划的建议》中明确提出："建设社会主义新农村是我国现代化进程中的重大历史任务。"

2005 年 12 月，党中央在北京召开农村工作会议，提出全党必须按照十六届五中全会的战略部署，把"三农"工作放在重中之重，切实把建设社会主义新农村的各项任务落实到实处。2006 年中共中央 1 号文件对社会主义新农村建设作出了全面深刻系统的阐述。"生产发展，生活富裕，乡风文明，村容整洁，管理民主"二十字，是对以往我们党和政府解决"三农"问题政策方针的全面升华，是对农村全面发展和进步的新要求。

2006 年 1 月胡锦涛总书记在中共中央政治局集体学习的会议上强调，要从建设中国特色社会主义事业的全局出发，深刻认识建设社会主义新农村的重要性和紧迫性，切实增强做好建设社会主义新农村各项工作的自觉性和坚定性，积极、全面、扎实地把建设社会主义新农村的重大历史任务落到实处，使建设社会主义新农村成为惠及广大农民群众的民心工程。国务院总理温家宝在 2006 年 1 月 24 日主持召开国务院常务会议研究部署"十一五"扶贫工作，会议指出，扶贫开发是全面建设小康社会和建设社会主义新农村的一项重要任务。会议要求采取有针对性的扶贫措施，因地制宜推进扶贫开发，其中改善生产生活条件的基础设施建设和改变村容村貌的文明新风建设是当前扶贫工作的重点之一。要动员社会各界积极参与扶贫开发，不断完善机关定点扶贫工作，鼓励和支持中介组织，民间组织参与扶贫项目的实施。

建设社会主义新农村是党中央缜密思索按照科学发展观作出的重大战略部署，是总揽全局、着眼长远、与时俱进的历史性选择，事关我国改革开放和现代化建设的大局，抓住了农村全面小康建设的根本。我国农村人口众多，只有发展好农村经济，建设好农民的家园，方能保障全体人民共享经济社会发展成果，才能不断扩大内容和促进国民经济持续发展，为广大农民群众谋福祉。

党中央的这个战略部署，必将引领我国农村建设进入建设社会主义新农村的崭新阶段。

1.2.1 社会主义新农村建设的十条规划理念

（1）要强化保护农村的生态环境，切实做好环境保护规划

我国的农业现代化建设，要走适合国情的路子，

实现环境优美，生态健全具有中国特色的社会主义新农村，加强生态环境保护是确保农村经济可持续发展的重要保证。因此，新农村建设首先必须做好生态环境保护规划。

加强对各种有害废气、废水、固体废弃物和噪声等"四害"的防治，搞好环境保护为农民创造清洁、舒适的生活和生产环境，是改善生产条件、提高农民生活水平和生活质量的一个重要方面。

当前，在建设社会主义新农村中，应积极采取有效措施，努力处理亟待解决的问题。

（2）要突出把建设现代农业作为首要任务，认真做好新农村的经济发展规划

新农村建设，规划是龙头，新农村建设的规划涉及政治、经济、文化、生态、环境、农业、建筑、科技和管理等诸多领域，是一门正在发展的综合性、实践性很强的学科。

对于社会主义新农村建设，2006年中共中央1号文件作了"生产发展，生活宽裕，乡风文明，村容整洁，管理民主"二十字全面深刻的阐述。2006年12月中共中央农村工作会议，着重研究了积极发展现代农业、扎实推进社会主义新农村建设的政策措施。会议指出："我国农业和农村正发生重大而深刻的变化，农业正处于由传统向现代转变的关键时期。促进农村和谐，首先要发展生产力。推进新农村建设，首要任务是建设现代农业。建设现代农业的过程，就是改造传统农业、不断发展农村生产力的过程，就是转变农业增长方式、促进农业又好又快发展的过程。"为此，社会主义新农村建设，目标要清晰，特别要突出，这就要求新农村建设规划，观念要新、起点要高、质量要严。要在加强生态环境保护，做好生态环境保护、耕地保护和农田水利保护规划的基础上，做好发展农业文化创意产业的规划，确保农业现代化替代传统农业，确保农民增收，造就新型农民，提高农民稳定的工资性收入。

社会主义新农村的建设是一项长期而艰巨的任务，在新农村建设规划中，必须整合各方面的技术力量，深入基层，认真开展农业文化产业创意，做好新农村的经济发展规划。

（3）要强化新农村的社会、文教卫生综合社会发展规划，取信于民

论语中子贡问政，子曰"兵足、食足、民信"，若去一，即可去兵足，再去二，即可去食足，但民信绝不可没有。儒家讲诚信、修德。这就要求在社会主义新农村的建设规划中，必须深入基层，做长期耐心细致的工作，要与群众心连心，把规划切实做到具有足够的操作性和弹性，确保规划的实施，让广大群众真正得到好处，以取信于民。

取信于民。中国共产党带领群众闹革命，建立了中华人民共和国，进行了土地革命，使广大农民群众翻身得解放，成为国家的主人，在广大人民群众中有着崇高的威望。但正如仇保兴副部长指出的："历史上各个部委在农村的问题上，确实也犯过许多错误，20世纪50年代超前合作化，办食堂，把每家每户的炉灶全部扒掉，百姓的锅子、盘子全部集中，然后一个村一个食堂，跑步进入社会主义，对生产力造成极大的破坏。20世纪60年代大跃进的虚报冒进和后来20世纪70年代的'农业学大寨'，削平了多少山头、填平了多少河流、造成多少贫瘠的耕地，许多地方至今生态都还没有恢复。"以上这些"共产风""虚假冒进的大跃进"和"大轰大上"盲目推行典型经验等历史运动大大挫伤了广大群众的积极性，而一些地方干部又追求片面的政绩，不计实效，劳民伤财的瞎指挥和种种腐败现象，更是在群众中造成了恶劣的影响，使得广大农民群众对一些号召和动员，心有余悸，缺乏信心，甚至是害怕、消极应对和抵制。建设社会主义新农村是一项民心工程、德政工程，任重道远。只有尊重群众、动员群众、依靠群众、组织群众、激励群众，才能同心协力地顺利进行。

在建设社会主义新农村中，切忌搞群众得不到实效的"形象工程"。一定要脚踏实地，抓紧解决农村中急需解决的就医、上学、提高文化素质和改善环境卫生条件等问题，让农民的生产、生活条件真正得到改善。取信于民，才能唤起广大群众热情洋溢地投身于建设社会主义新农村。

（4）要重视弘扬中华民族优秀的传统文化，传承民居建筑文化，深入做好古村庄和历史文化街区的保护规划

我国传统村庄聚落的规划布局，十分重视与自然环境的协调，强调人与自然融为一体。在处理居住环境与自然环境关系时，注意巧妙地利用自然形成的"天趣"，以适应人们的居住、生产、贸易、文化交流、社群交往以及民族的心理和生理需要。重视建筑群体的有机组合和内在理性的逻辑安排，建筑单体形式虽然千篇一律，但群体空间组合则千变万化。虽为人作，宛自天开。形成了古朴典雅、秀丽恬静、各具特色的村庄聚落。我们必须努力保护历史文化村庄和历史街区的保护规划，继承、发展传统民居建筑文化，延续其生命力，为建设社会主义新农村发挥积极的作用。

（5）要强调城乡之间的差别，农村要现代化，但不能城市化

城乡应有差别，应互相协调、和谐发展。在新农村建设规划中，要展现与城市功能要求：高大建筑、宽畅道路、工厂学校、公园草坪、超大广场等完全不同的传统农村聚落、多样化的村庄、原生态的自然山水森林资源与农田水利等等。将农村优美自然的田园风光、舒畅和谐的生态环境和丰富多样的传统文化作为区域人民的共同财产与城市居民共享。而通过互联互通式的基础设施建设和制度创新将城市的经济活力和现代文明扩展到农村与农民共享。农村实现现代化，这样才能达到整个区域互补和谐地发展。

（6）要正确处理好新农村建设和农房建设的关系，加强新农村住宅小区的规划建设和管理

新农村建设是一个综合性很强的工程，包括农业的发展、农村的文化卫生教育、基础设施、环境卫生和农房建设、人以宅为本，农房的建设也是富裕起来的农民改善人居环境的迫切要求。在新农村建设中，发展产业，确保农民增收是最为关键的问题，而文化、卫生、教育和基础设施建设是一项为发展农村经济、提高农民素质、造就新型农民的任务。农民住宅不同于仅为生活服务的城市住宅，农民住宅具有生产生活的双重性，是农民进行生产活动的生产资料之一。因此，改进农房的设计使其符合农村生活、生产的需要也是刻不容缓的大事。因此，必须正确处理两者之间的关系，不可顾此失彼，忽左忽右。

（7）要慎重有序地发展"乡村游"和"农家乐"

我国的广大农村，以其环境优美贴近自然、民情风俗淳朴真诚、传统风貌鲜明独特和形式别致丰富多彩的乡土文化，吸引着吸满狼烟暴土的现代人，"乡村游"和"农家乐"呈现了一浪高过一浪的热潮。在这种热潮中，必须清醒地认识到"乡村游"和"农家乐"是可以为农村增加经济收入，但其根本问题即在于必须保护农村的生态环境和乡土文化，依靠自身的农业发展，创建现代化的特色农业，促进农村的经济发展，才能为开展"乡村游"和"农家乐"提供必要的条件。因此，在新农村建设中，保护生态环境发展农村经济是干，而发展"乡村游"和"农家乐"是其分支。发展"乡村游"和"农家乐"必须建立在发展农村经济的基础上，不能单纯地为旅游而设，尤其是在北方，为了开展"乡村游"和"农家乐"而设立专用的设施，一年仅能用上三个月，造成极大的浪费，更是应该引起警惕。

（8）要依靠提高自身的发展来改变面貌，才能建设好社会主义新农村

新农村建设不排斥外部的支持，但更为根本的

乃在于依靠自身的变革。更新观念，因地制宜发展创新农业文化产业，才能激发广大农民群众的积极性，也才能找到发展农村经济的根本出路。

（9）要加强耕地保护，才能确保社会主义新农村的可持续发展

社会主义新农村（包括小城镇）的发展，不论是进行何种开发，都必须加强耕地保护，切不能靠出卖耕地来致富，每一项开发项目都必须综合考虑社会、经济和环境的效益，并为带动当地的经济发展创造条件。不能单纯的开发，单纯地追求容积率，应提高开发的水平，进行文化创意性的策划。

（10）要深刻地认识新农村（包括小城镇）建设是一项长期艰巨的任务，没有统一的模式

建设社会主义新农村是一项长期而且十分艰巨的任务，各地在建设社会主义新农村中应始终坚持因地制宜，在学习典型经验和示范中，应学习其精神实质，以科学的发展观，大胆创新，营造各具特色的和谐新农村。

1.2.2 建设美丽乡村

（1）总体目标

坚持以科学发展观为统领，按照社会主义新农村建设"生产发展、生活宽裕、乡风文明、村容整洁、管理民主"20字的总体要求，以"宜居环境整治工程""强村富民增收工程""公共服务保障工程""乡风文明和谐工程"为抓手，强化规划龙头作用，大力开展农村环境整治，深化农村体制改革和机制创新，提升农村经济发展水平，提高农民生活质量和幸福指数，努力把广大农村建设成为"村庄秀美、村建有序、村风文明、村民幸福"的美丽乡村，打造富有地域特色、田园风光、彰显地方文化、宜居宜业宜游的"美丽乡村"。"美丽乡村"建设的总体目标是：

1）村庄秀美

就是通过自然环境的生态保护和人居环境的整治提升，达到绿化、美化、亮化、净化、硬化的"五化"要求，实现村容村貌整洁优美，农村垃圾、污水得到有效治理，农村家禽家畜圈养，村内无卫生死角，农户自来水和无害化卫生户厕基本普及，乡村工业污染、农业面源污染得到有效整治；村庄道路通达、绿树成荫、水清流畅，农村房屋外观协调、立面整洁，体现地方特色。

2）村建有序

就是通过村庄科学规划，实施村庄建设规划和土地利用规划合一，村庄布局科学合理、建设有序、管理到位，让每个村庄汽车开得进去；农村土地制度改革有新举措，农村危旧房、"空心村"得到有效整治，"一户一宅"（农村一户村民只能拥有一处宅基地）政策落实到位，没有"两违两非"（违法占地、违法建设、非法采砂、非法采矿）现象。

3）村风文明

就是通过文明乡风的培育和农民素质的提升，繁荣农村文化，促进精神文明建设，提升农民文明观念。农村各项民主管理制度健全、运作规范有序，社会风气良好，安全保障有力，干群关系和谐，村民之间和睦相处，村级组织凝聚力、战斗力强。

4）村民幸福

就是通过农民就业多元化拓展、村集体经济实力提升，实现农民收入逐年增长。农村社区综合服务中心建设规范，农民生活便利、文化体育活动丰富，新农合、新农保等社会保障水平不断提升，农民在农村就可以享受与城镇一样的公共服务。

（2）基本原则

1）党政引导，群众主体

加强各级党委、政府的"政策指导、宣传引导、协调服务、监督管理和督促推进"作用，最大限度调动广大群众的积极性、主动性和创造性，鼓励和吸引社会力量自发参与"美丽乡村"建设行动，充分发挥群众主体作用。

2）分类指导，示范带动

根据全县城乡协调发展战略要求，分类型安排年度创建任务，重点选择沿溪、沿海、沿交通主干道及基础条件好、基层组织战斗力强、农民群众积极性高的村庄开展创建活动，创建示范典型，分步推进，辐射全县。

3）因地制宜，注重特色

立足村情实际，不搞大拆大建、不照搬城镇标准、不搞千篇一律，注重挖掘农村历史遗迹、风土人情、风俗习惯、文化传承、特色产业等，选择建拆结合或资源整合或整饰治理等不同创建方式，着力打造特色明显、浓郁个性品位的魅力村庄。

4）以人为本，创造创新

坚持以提高农民素质、提升农村群众幸福指数为根本，统筹美丽乡村建设的资源、资本和资金要素，大胆突破村庄规划建设、农村土地使用制度、发展现代农业等遇到的体制机制障碍，建立农民与土地的新型关系，通过盘活农村土地资源，壮大农村集体经济，增强"美丽乡村"建设的财力和动力，保障美丽乡村建设持续健康发展。

（3）建设任务

主要实施以下"四大工程"：

1）宜居环境整治工程

开展村庄环境综合整治、农村土地整理、旧村居改造，改善农村生活居住条件，着力构建舒适的农村生态人居体系和生态环境体系。

a. 环境综合整治

把村庄环境综合整治作为建设"美丽乡村"的基础性工作，根据省、市提出的村庄环境综合整治"七个好"（村庄规划好、建筑风貌好、环境卫生好、配套设施好、绿化美化好、自然生态好、管理机制好）目标，突出"点、线、面"综合整治，切实抓好农村环境综合整治试点工作。

b. 土地综合整治

按照"宜耕则耕、宜林则林、宜整则整、宜建则建"的原则，对杂农用地、集体建设用地（宅基地）、未利用地进行土地开发整理复垦，提高土地整理补偿标准。对于规模较小、地理位置偏僻、存在地质灾害隐患的自然村，实施整村分期搬迁到中心村，在中心村整理土地集中建设，原自然村通过土地整理复垦。按照"谁治理、谁受益"的原则，对废弃矿区土地整理利用给予一定资金奖励和优先承包经营权。

c. 旧村居改造

有计划有步骤地开展农村危旧房、石结构房改造和"空心村"整治，通过危旧村居拆迁复垦和整理新宅基地用地的办法，有力、有序、有效开展村庄建设。严格实行"建一退一"，即农民居民（析产户除外）新申请一块宅基地，原有宅基地必须归还村集体所有。

2）强村富民增收工程

坚持农业产业化、特色化发展和农民增收多元化拓展，着力构建高效生态的农村产业体系。

a. 发展特色产业

发挥资源优势，把发展地方特色产业同"一村一品"相结合，加快培育特色鲜明、竞争力强的特色产业村。

b. 提高村财收入

一是推进土地承包经营权流转，鼓励村集体以农户土地承包经营权（林权）入股发展现代农业、农家乐等产业。二是探索村级留用地政策。征用村集体土地，要划拨一定比例土地作为村级发展留用地，主要用于村级公用服务设施和文化设施建设。三是探索发展物业经济，在符合村庄规划的前提下，鼓励村集体利用集体建设用地和村级留用地，通过自主开发、合资合作、产权租赁、物业回购、使用权入股等方式，建设标准厂房、农贸市场、商铺店面、乡村宾馆等除商品房以外的村级物业项目。

c. 促进农民增收

认真落实各项强农惠农政策，确保各项政策性补助依规及时兑现到农民手中。发展壮大农村新型经济合作组织，拓宽农民增收致富渠道。

3) 公共服务保障工程

加快发展农村公共事业，为广大农村居民提供基本而有保障的公共设施，推进城乡基本公共服务均等化。

a. 完善农村公共设施

继续实施通自然村主干道硬化和危桥改造，加快规划建设农村客运站，积极推进城市公共交通向乡镇、中心村延伸，加大农村交通安全隐患的排查和整治力度，完善交通安全基础设施建设，确保道路交通安全畅通；继续开展农村电网改造升级，加快农村有线电视数字化转换，加快农村饮水安全工程建设，积极开展防灾减灾工程和农田水利基础设施建设。实施农村社区综合服务中心建设工程，合理设置各为农服务站点，完善党员服务、为民服务、社会事务、社会保障、卫生医疗、文体娱乐、综合治理等方面服务功能。

b. 发展农村社会事业

继续推进乡镇综合文化站和村文化室等重点文化惠民工程建设。继续建设农村中小学校舍安全工程，完善农村卫生室配套建设，健全新农合、新农保运行管理机制。

c. 健全农村保障体系

推进农村社会救助体系，将农村低收入家庭中60周岁以上老年人、重症患者和重度残疾人纳入农村医疗救助范围，加大对农村残疾人生产扶助和生活救助力度，农村各项社会保障政策优先覆盖残疾人。大力发展以扶老、助残、救孤、济困、赈灾为重点的社会福利和慈善事业，以"五保"供养服务为主，社会养老、社会救济为辅的农村敬老院。继续推进农村扶贫开发。

4) 乡风文明和谐工程

以提高农民群众生态文明素养、形成农村生态文明新风尚为目标，积极引导村民追求科学、健康、文明、低碳的生产生活和行为方式，构建和谐的农村生态文化体系。注重制定保护政策，合理布局、适度开发乡村文化旅游业。加强农村社会治安防控体系建设，定期开展集中整治，大力推进平安乡村建设，深入开展平安家庭创建活动。

1.2.3 建设"人的新农村"

中共中央十八届三中全会审议通过的《中共中央关于全面深化改革若干重大问题的决定》中，明确提出完善城镇化体制机制，坚持走中国特色新型城镇化道路，推进以人为核心的城镇化（"人的城镇化"）。2013年12月中央农村工作会议首次提出"人的新农村"建设，突出"以人为本"理念，使得新农村建设内涵更为丰富，凸显了对新农村建设的更新更高要求。

（1）建设"人的新农村"，提升农民幸福指数

中国人民大学农业与农村发展学院教授郑风田指出：

长期以来，我国对"人的新农村"建设力度不够。一些地方把新农村建设理解为易见成效的村庄整治，"钱多盖房子，钱少刷房子，没钱立牌子"，对增加农民收入、保护农村生态、培育文明乡风等投入大、见效慢的工作则重视不够。有的地方忽略了农村的特点和农民的需求，把发展城镇的思路简单套用到农村工作上，以为道路硬化、路灯亮化、农民住上楼房、通上水电暖就是新农村建设的内容。

经济基础对于农村发展至关重要，否则农村必然落后。但是，生活在农村的农民除了对物质的需要，还有精神文化、公共服务等诸多层面的需要。"三农"问题的核心是农民问题，建设"人的新农村"的核心是要关注作为权利主体的农民，保护农民权益，尊重农民意愿，实现农民的全面发展。新农村建设是一项综合性系统工程，把握好软硬件之间的平衡，

既离不开基础设施改善和产业支撑，还要重视精神文明、生态文明和政治文明建设。

近年来，农民外出打工导致农村"空心化"，农村老人、妇女、儿童"三留守"问题突出，农村社会治理的复杂程度有所增加，"人的新农村"建设亟须提上日程。针对这些情况，建立健全农村基本公共服务、持续提高农民素质、留住乡土文化和建设乡村生态文明等，都是推进"人的新农村"的重要内容。

解决好农村公共事业发展问题，逐步实现城乡公共服务均等化。传统城乡二元体制下，城市的公共服务由政府承担，农村的公共服务是农民自己管理。进入21世纪以来，国家对新农合、新农保、农村低保等制度推进迅速。与此同时，农村社会事业发展水平很低，卫生、教育等领域公共资源在农村普遍稀缺。农村落后很大程度上表现为社会事业和公共服务落后。要加大推进城乡基本公共服务均等化的力度，把公共财政向农村倾斜，公共服务向农村覆盖。

把提升农村人口整体素质和文明程度放在新农村建设重要位置。只有高素质的农村劳动力，才能满足农业发展对农产品数量和质量的更高需求，才能更好地发挥农民在新农村建设中的主体作用。农民整体文化程度较低、年龄结构偏大，导致农村社会管理水平提升缓慢。要创造条件为农村"造血"，让有文化、有能力的年轻人成为农村的接班人。要用民主的办法搞新农村建设，真正把决策权交给农民。

留住乡土文化和农村生态文明。据测算，到2030年，我国城镇化率将达到70%。也就是说，按届时总人口15亿计算，仍有4.5亿人生活在农村。建设"人的新农村"，不是要把农民都留在农村，但也不能照搬以往的做法。城乡一体化不是城乡同样化，城镇和农村应当各具特色，既不能有巨大的反差，也不能没有区别。新农村应该是升级版的农村，而不是缩小版的城市。要做好古村落、民俗村落和特色村落的保护性建设。只有传承乡村文明，保留田园风光，实现人与自然和谐发展，才是新农村。

推进"人的新农村"是我国现代化总体战略的有机组成部分，也是新时期解决农民问题的重要抓手。对于生活在农村的农民来说，建设"人的新农村"，是要全面提升农村幸福指数。破除城乡二元结构，就要让农民无论生活在城镇还是农村，都能平等享受到改革的红利和现代化的成果。

近年来，我国新农村建设丰硕成就显然易见。随着农村面貌改造提升行动的推进，屋舍换上了新颜，"屋舍整齐"，不再是《桃花源记》中的憧憬；随着农村文明文化的普及，那一页页彩绘的民俗文化墙，述说着村民丰富的精神文化生活和越来越高雅的追求；随着农村整体居民素质的提高，物质文明和精神文明共进，绘出了一幅幅乡村美景。

新农村的快速发展，在带来了农村的日新月异的变化的同时，也带来了一系列的"乡愁"。日渐显得陈旧的农村公共服务，让农村吸引不住年青的群体，"农村空巢"现象越来越明显；快速推进的城镇化，在带来农村的生活环境的提高的同时，更带来了那再也回不去的乡愁；有些急迫的发展步伐，让乡村发展忽视了因地制宜和特色取胜，农村的生态面临着市场经济条件下利益与生存的博弈。

这是时代发展对农村提出的新一轮挑战。如果不能让农村的公共服务跟得上人们日益提高的生活需求，农村留守老人、儿童、妇女即将成为新一轮的社会问题；如果不能用传统文化留住村民心里的"乡愁"，我们面临的不止是农村建设的同质化；如果不能保有农村的绿水青山，若干年后，我们将面临的是一个被开发的面目全非的"破旧乡村"。

顺时而动，乃是让时代"为我所用"的法宝。在"物的新农村"逐渐丰盛的同时，推出"人的新农村"，这是让新农村建设"物质"和"精神"文明齐头并进的又一高层次政策抉择：将基础设施建设加上"灵魂性"的指引，让"人性化"成为引领性的新政策。

（2）建设"人的新农村"，改善农村生态环境

中国社科院农村所研究员李国祥指出：

近年来，国家和地方政府高度重视农村生态保护和人居环境，牢固树立环保底线思维和生态安全红线意识，切实加强农村生态环境保护，推进和改善农村人居环境，抓好农村治污减排和生态建设，取得了可喜的成效，为建设"美丽中国"打下了坚实的基础。但是随着城乡一体化的快速推进，带来的城乡环境污染等问题日趋严重，给农村的生态环境造成严峻的挑战和压力。农村环境一直是困扰和阻碍农村发展和新农村建设的一大难题。农村生态环境脆弱，一旦被破坏就难以恢复。再加上农民保护农村环境意识淡薄，农业生产生活和乱扔乱倒垃圾，造成了土壤和水源污染，严重影响人居环境和村民身心健康，严重制约了新农村建设和发展。

农村生态环境关系到城乡的生态安全，是城市生态环境的重要支撑。加强农村生态环境保护是建设美丽乡村的基础和前提，也是推进生态文明建设和提升新农村建设的新工程、新载体。面对日趋严峻的农村环境形势，切实加强和改善农村生态环境保护工作，守护"生态红线"，保障生态安全，留住有"人"的新农村，才是建设新农村的初衷和根本。为此，增强公众和村民环境意识，着力推进农村生态环境保护宣传教育也是必不可少的。另外，注重环保项目审批和建设，严禁带有污染的项目在农村建设，稳步推进农村环境保护，坚决守住农村的青山绿水和蓝天白云这片家园。继续开展生态城市、生态乡镇、生态村等环保创建活动，发挥示范带动作用，夯实生态文明建设基础，等等。这样多管齐下，有效保护红线、保障生态不被逾越。

"生态红线"是继"18亿亩耕地红线"后，另一条被提到国家层面的"生命线"。可见其重要性和意义之大。建设"人的新农村"，既需要"面子"，

更离不开"里子"，只有表里如一的新农村才叫人欣赏、才宜人居住、才让人向往。新农村生态环境搞好了，新农村才能称得上真正美丽。在风景如画的美丽乡村中游玩、摘菜、赏花、登山和居住，在民风淳朴的美丽乡村中品尝"舌尖上的乡村"，这些都带给了游客许多全新的生活体验，是时下城里人热议最多的话题之一。因此，广大党员干部，要把加强农村生态环境建设，改善农村人居环境作为当前一项重要工作和任务，让农村环境靓丽起来。农村的生态环境搞好了，有新鲜的空气可呼吸、有干净清甜的水可喝、有安全放心的粮食可吃，吸引大量游客前来，促进农村变成景点、农产品变成旅游产品、农民变成旅游从业人员，促进富民强村和乡风民风文明和谐，让"人的新农村"美好蓝图呈现给世人眼前。

（3）建设"人的新农村"，弘扬优秀传统文化

国务院发展研究中心研究员程国强指出：

随着现代化进程的加快，文化经济一体化的推进，农村传统文化也面临重视和加强新农村传统文化的生态保护与发展极大的冲击。

a.传统文化失传

在市场经济大潮中，农村中青年纷纷走出家门，离土离乡，到城市、到沿海经济发达地区打工，谋求新发展、新生活，对一些商品价值低、缺乏现代气息、枯燥单调的传统民间工艺与艺术缺乏兴趣与热情，导致一些民间艺术传承后继无人。

b.传统的消费意识、消费行为及其思想文化的影响

另一方面又受到当地传统工艺生产者的市场竞争所左右，导致一些传统工艺发生"变异"，改变了传统工艺原来的民族风格、制作工艺和原义，丧失了"本色"，显得不伦不类。这不但损害、贬低了当地传统工艺品的声誉、形象和价值，还因失去"个性"而最终导致对外地游客吸引力的丧失，使其面临难以持续发展的困境。

c. 传统文化产品受到"市场失调"的冲击

以广东肇庆市闻名中外的端砚为例。端砚曾是封建王朝贡品，端砚精品历来以高文化品位享誉于世界。近半个世纪以来，端砚产品开发规模不断扩大，出现市场失控现象。在 20 世纪 50 年代末，肇庆年产端砚只有几百枚。至 1979 年，年产量达 7 万枚。80 年代末发展到年产 30 万枚。到了 20 世纪 90 年代，年产量达到 50 万枚。大规模的端砚开发，导致市场供求失衡，引发恶性竞争，产生了一系列不良后果。包括乱挖乱采，砚石资源浪费、枯竭；假冒伪劣端砚产品充斥市场，市场萎缩、不景气；恶性竞争损害了端砚声誉，严重影响端砚文化的传续与可持续发展。

d. 农村传统文化被破坏

这种现象在农村城镇开发以及乡村旅游开发中较为普遍。不少历史文化名村、名镇、名城在城镇化过程中，往往重开发、轻保护，在旧城改造中大拆大建，致使许多有价值的街区和建筑遭到破坏，甚至有的地方拆除真文物，大造假古董，搞得不伦不类，破坏了名村、名镇、名城风貌。浙江舟山定海旧城的破坏，是一个突出的例子。当地一些领导不听专家呼吁，无视国务院职能部门的意见，强行拆除旧城的主要街区和有价值的历史建筑，造成对名城无可挽回的破坏。在广西桂林地区，自然景观与少数民族风情结合，资源优厚，十分适合旅游观光。当地政府在多年的民族工作基础上，建立了一批民俗旅游村，创造了民俗就业、文化扶贫和农村致富的机会。当然，这种工作也导致追求经济利益的倾向，有些村寨民俗的传承就脱离了原有的民俗环境和民族空间，随客拆解，标价售出，变成了摇钱树。

农村传统文化资源，一般具有多种功能，诸如文化功能、旅游功能、经济功能、教育功能等。传统文化资源作为人类历史文化遗产的积淀，是一种宝贵的财富，是一种独特的资源。随着人类社会的不断发展以及物质文化生活水平的极大提高，传统文化受到了人们的广泛关注，其功能和作用也越来越凸显。许多国家和地区都把它作为一种重要的经济资源加以挖掘、开发和利用，形成了形形色色的传统文化产业。例如，剪纸手工业、雕刻工艺产业、编织产业、文化旅游业、乡村民俗旅游业等。上文提到的肇庆端砚产业，1979 年的产值约为 350 万元，到 20 世纪 80 年代末则达到 1500 万元左右。

农村传统文化资源开发，对当地经济社会发展、农民增收致富等，起到了重要的促进作用。与此同时，传统文化资源也面临着保护不当、过度开发、人为破坏、自然退化等突出问题，有的地方甚至出现非常尖锐的保护与开发的矛盾，导致传统文化的生态危机，危及传统文化的可持续发展。

在新农村建设过程中，对农村传统文化资源要坚持保护性开发的原则，避免对农村传统文化做重大的改动，杜绝对传统文化资源的掠夺性开发和破坏，防止和减缓农村传统文化的自然退化。这是农村传统文化资源开发的核心问题，也是落实生态文明观、促进农村传统文化可持续发展的必然要求。

在建设新农村、繁荣农村文化事业过程中，必须把农村传统文化保护工作提到重要的地位，并将生态保护意识贯穿于始终。

农村历史文脉、古老民居祠堂、纪念性建筑等文化遗产，年久失修，或自然破损，或人为破坏，要加以珍惜与保护。要从人力、物力、财力等方面加大投入，通过调查、规划、维修与保护性开发等措施，赋予农村传统文化新的生命力。如江西省吉安市青原区渼陂村被誉为"庐陵文化第一村"，是第二批全国历史文化名村。当地政府围绕把渼陂古村打造成露天型江南古村博物馆的目标，编制了《渼陂古村保护建设规划》，规定了保护范围，请文物部门进行了文物普查，邀请知名专家对古村的历史渊源和建筑风格进行论证，挖掘文化底蕴，为古村保护开发提供理论基础。近几年，投入建设资金达 600 多万元，新建了具有深刻庐陵文化内涵的石刻牌坊，硬化了进村道路和牌坊小广场，修复了游步道和村内水系，"小桥流水人家"初见雏形；对渼陂村内破损严重的革命旧居旧址、明清民居等进行维修，有效地保护了各种古建筑。这一举措，为国家对农村传统文化实施保护开发树立了典范。

（4）建设"人的新农村"，建设新型乡村文明

华中科技大学中国乡村治理研究中心主任贺雪峰指出：

中国科学院地理科学与资源研究所发布的《中国乡村发展研究报告》显示，当前农村正在由人口空心化逐渐转为人口、土地、产业和基础设施的农村地域空心化，并产生大量的"空心村"。农村空心化直接导致农村"三留守"人口增多、主体老弱化和土地空弃化。此外，一些传统技艺、乡风民俗也濒临失传。在城镇化的进程中，村庄正在日趋离散，村庄的传统和记忆被消解，村庄传统意义上的社会信任、乡规民约等秩序也日益弱化和丧失。

我国要探索乡村文明发展之路，应着力把乡村建设的过程变成发现和重塑乡村价值的过程，变成生产要素向广大农村倾斜转移的过程。目前，我国有不少地方已经在新乡村文明之路上进行了一些有益探索。

特色古村落的"保护开发型"：如云南腾冲县和顺古镇、安徽黟县西递宏村是这方面的代表。西递宏村的徽州古民居，以其保存良好的传统风貌被列入世界文化遗产，被称为新农村建设的范本。西递宏村每年将门票收入的两成左右用于文物保护，在建立健全 30 项遗产保护规章制度的基础上，实施了"遗产保护、业态升级、设施配套、交通优化、社区和谐、机制创新、管理加强"等七大系统建设。

风景秀丽村落的"农家乐型"：这些村落利用农村特有的田园风光、古村民居和农家生活，开展"吃农家菜、住农家屋、干农家活"的农业旅游主题经营

活动，同时推进环境整治和电网、饮用水等工程建设，加速农村基础设施和服务现代化。以四川、重庆等地农村为代表的"农家乐"，已经成为乡村旅游的重要形式。

修旧如故的"社会协助型"：引入社会资本、民间智力，把农村建设得更像农村。以河南信阳市郝堂村为例，具有豫南风格的狗头门楼、灰砖居民楼、依水而建的小桥——在尊重传统村落空间格局的前提下，采取"一户一图纸"，对村落和民居进行功能性改造，保护了承载人们记忆的乡土建筑。

现代新村的"村企一体化型"：利用当地龙头企业带动，实现资金、技术、人才、土地和文化等生产要素在农村的优化配置，实现村庄变社区、农业现代化和就地城镇化。河北曲周县白寨生态中心村成立了富民新农村建设有限公司，在积极发展现代农业，推动"中法生态养猪"项目全产业链布局的同时，立足培育新农民，精心定制文化套餐，拓宽发展视野，让农民在不离土不离乡的情况下就能享受现代城市生活。

1.2.4 创建美丽乡村公园，建设"人的新农村"

1999 年，笔者在福建龙岩市洋畲村的规划建设中，提出了保护村里成片的原始森林和万亩竹林、发展"生态旅游富农家"的立意，使得偏僻山区，经济落后的革命基点村变成了著名的绿色生态社会主义新农村。2007 年通过规划把其打造为创意性生态农业示范村（乡村公园雏形），吸引了投资者竞相进入开发。2008 年，在福建永春县五里街镇大羽村的规划中，发掘了"永春拳（白鹤拳）"发源地的历史文化，以"突出鹤法，辅以农耕"的主旨，完成了"永春白鹤拳创意生态文化特色村"（乡村公园雏形）规划，引来了许多投资者的兴趣，现已成为福建省典型的美丽乡村。

在长期从事新农村建设规划研究的基础上，1999

年开始参加了福建省村镇住宅小区试点工作,完成了大量的规划设计任务和建设的指导工作。深入基层,感受到只有熟悉农民、理解农民、尊重农民,才能做好村镇的住宅设计,为广大农民群众服务。在深入基层中,体验到广大农村自然环境在青山碧水环境中的幽雅和清新。与此同时,也唤起了对如何利用大好河山,发展农村经济的思考。因此,在每个村镇住宅小区的规划设计中都较为明确地提出发挥优势,促进经济发展的建议。

2007年以后开始提出创意生态农业文化的建议和思考,并进而提出了创建美丽乡村公园的建议。

继洋畲村和大羽村的规划设计研究,2009年提出了创建农业公园,开拓各具特色的乡村休闲度假产业。在研究中发现,农村中不仅有着美丽田园风光,更有着美好的大自然,山、水、田、人、文、宅都是可通过文化创意激活的乡村生态资源。为此,自2011年开始在福建省建瓯市东游镇安国寺自然村的规划中,便开始做了建设"安国寺畲族乡村公园"的构想,随后完成了"福建省南安市金淘镇占石红色生态乡村公园"的概念性规划。2012年开始进行并完成了"福建省永春县东平镇太山美丽乡村公园规划"和"福建省永春县五里街镇现代生态农业乡村公园概念性规划",并在实施中完成了永春县五里街镇大羽村鹤寿文化美丽乡村精品村规划。通过大羽村全体村民的努力,大羽村已建成福建省最富文化创意的美丽乡村和中国宜居村庄示范村。最近又正在指导一些地方的美丽乡村公园规划。

通过研究,笔者认为:

1)创建乡村公园,以乡村为核心,以村民为主体;村民建园,园住农民;园在村中,村在园中。可以充分激活乡村的山、水、田、人、文、宅资源;通过土地流转,实现集约经营;发展现代农业,转变生产方式;合理利用土地,保护生态环境;继承地域文化;展现乡村风貌;开发创意文化,确保村民利益。

2)创建乡村公园,涵盖着现代化的农业生产、生态化的田园风光、园林化的乡村气息和市场化的创意文化等内容。可以实现产业景观化,景观产业化。达到农民返乡、市民下乡,让农民不受伤,让土地生黄金,建设"人的新农村"。推动乡村经济建设、社会建设、政治建设、文化建设和生态文化建设的同步发展。是促进城乡统筹发展,拓辟新型城镇化发展的蹊径。

3)创建乡村公园,可以做强农业、靓美农村、致富农村,是社会主义新农村建设的全面提升,也是城市人心灵中归为自然、返璞归真的一种渴望,是实现"人的新农村"的有益探索。

4)创建乡村公园,充分展现了"美景深闺藏,隔河翘首望。创意架金桥,两岸齐欢笑。"的立意。

因此,创建乡村公园是统筹实现改善农村生态环境、弘扬优秀传统文化、建设新型乡村文明、提升农民幸福指数的有效途径。

借助中华建筑文化(建筑人居环境学)和可持续发展的理论,借鉴城市设计规划理念和山水园林设计的成功手法,建构既有历史文化的传承,又有时代精神的乡村公园,已经成为社会主义新农村建设的重要途径之一。这就要求我们应该努力继承、发展和弘扬中华建筑文化的和谐理念和传统乡村园林景观的自然性。使其在乡村和城镇如火如荼的建设中,将保护和发展聚落的乡村园林景观、运用生态学观点和把握聚落的典型景观特征,作为社会主义新农村建设的重要原则与基础。乡村园林是中国园林师法自然的范本。创建乡村公园,回归自然,与自然和谐相处必将成为现代人的理想追求。

1.3 中国新型城镇的产生和发展

(注:本节摘自中国特色镇发展论坛组织委员会秘书长薛红星在《中国特色镇概论》专著中编入

的"中国特色镇的产生和发展")

中共十八大强调,建设中国特色社会主义,总依据是社会主义初级阶段,总布局是五位一体,总任务是社会主义现代化和中华民族伟大复兴。当十八届中央政治局常委来到国家博物馆参观《复兴之路》展览时,习近平总书记饱含深情而又意味深长地谈到了"中国梦",他说,实现中华民族的伟大复兴就是中华民族近代以来最伟大的梦想,"中国梦"的实质第一次被科学全面地总结。发展需要方向与道路,需要精神与力量,中国道路、中国精神、中国力量构成了中国梦的核心支撑,新四化的道路选择自然成为中国道路的重要内容。中共十八大同时明确坚持走中国特色的新型工业化、信息化、城镇化、农业现代化道路,推动信息化和工业化的深度融合、工业化和城镇化良性互动、城镇化和农业现代化的相互协调,促进工业化、信息化、城镇化、农业现代化同步发展。以改善需求结构、优化结构、促进区域协调发展、推进城镇化为重点,科学规划城市群规模和布局,增强中小城市和小城镇产业发展、公共服务、吸纳就业、人口集聚功能,推动城乡发展一体化。

城镇化对任何国家来说,都是实现现代化进程中不可跨越的环节,没有城镇化就不可能有现代化。城镇化水平是一个国家或地区经济发展的重要标志,也是衡量一个国家或地区社会组织强度和管理水平的标志,城镇化综合体现一国或地区的发展水平。

至2014年,我国城镇化率达54.8%,而按城镇人口计算的城镇化率仅35.3%,之间存在着19.5个百分点的差距,不仅明显低于发达国家近80%的水平,也低于很多同等发展阶段国家的水平。国家发改委相关报告显示,2013年中国城镇化预期率达到53.37%,一些研究者认为,到2030年我国人口将达到15亿,城镇化大概能达到70%,农村人口大约还有4.5亿人。

中共十八大提出建设新型城镇化,其核心是"人口城镇化",人的城化,有质量的城镇化。2013年政府工作报告强调,"城镇化是我国现代化建设的历史任务,与农业现代化相辅相成。要遵循城镇化的客观规律,积极稳妥推动城镇化健康发展。"2013年中国各地纷纷提出城镇化率目标,出现一些新苗头,有的地方拆并村庄,搞"造城运动";有的地方大拆大建,搞"房地产化";不少地方片面理解城镇化,以地生财,不惜采取行政手段征用农地,迫使农民上楼,导致土地快速非农化,农民被边缘化,其根源是过度依赖土地财政。

城镇化的前提是让农民先富起来,到2030年我国的人口将达到高峰,即使城镇化率达到70%,还有30%的人生活在农村。如果不把农村建好,为了城镇化而城镇化,全面建成小康社会的目标将无法顺利实现。

截至2013年4月,我国共有658个城市和19722个建制镇。已经统计为城镇化的人口截至2014年底达到7.4916亿人。面临着资源短缺、人口压力巨大等多重挑战的庞大规模的人口城镇化,决定了其科学发展的关键是城镇化发展路径的选择。

我国"十五"规划中就提出"走大中小城市和小城镇协调发展的道路",而到2012年,十多年下来,结果并非如此。我国小城镇人口占比从20世纪90年代初的27%下降到目前的20.7%。推进城镇化,许多地方更青睐大城市。"摊大饼"的城镇化建设似乎是经济的,但难以持续。造成的结果是,大城市"城市病"凸显,小城镇缺少吸引力。正如陈锡文接受采访时表示,综观我国城镇化,一方面不可否认,有巨大成就,把众多农民迁移到城镇就业,农民收入中工资性收入到2012年已达到43%左右,促进了农村发展,改善了农民生活,提高了农业生产水平。另外也要客观认识到,以往的城镇化中,也有牺牲和代价,也遗留了许多需要解决的矛盾和问题,最突出的,也是最现实的问题,主要体现在以下几个方面：一是，城镇建设过程中对土地的占用过多，这就涉及整个农业能不能稳定发展，关系到整个国家，也关系到城镇化本身能不能持续进行。二是，工业化和城镇化结合在一起，在相当程度上对资源环境造成了非常大的压力，我们现在越来越感觉到，土地的污染、空气的污染、水的污染问题仍未得到根本解决。三是，城镇化过程中，对人作为主体的重视程度不够。许多地方新建的高楼大厦很漂亮，但是在这些大厦背后，还有许多破旧、低矮的平房没有改造。更重要的是，已经进入城市并为城市发展做出重大贡献的农民工，他们在城市里只有就业的权利，还没有转为市民的权利。

截至 2012 年，有 1.6 亿农民进城，就医、社会保障、子女入学教育等现实中的生活矛盾，还没有得到很好的解决。全国城镇人口超过 7.1 亿，其中三分之一没有当地户籍，许多农民进了城却成不了城里人。以后还会有更多的农民会选择进城，已经进入城市的农民工的问题还没有解决好，新进来的人自然会生成更大的压力。新型城镇化，不是农民都背井离乡，都涌进大城市打工，也可以就地实现身份转变，过上幸福生活。就地城镇化、有质量的城镇化、以人为本的人的城镇化，才是新型城镇化的核心。

2013 年 3 月 27 日，国务院总理李克强在履新首次调研江苏省江阴市新桥镇时强调："小城镇建设好了，会比大城市生活更方便。"从 20 世纪 80 年代费孝通提出"小城镇大问题"到国家层面的"小城镇大战略"，尤其是改革开放以来，以专业镇、重点镇、中心镇等为主要表现形式的特色镇，其发展壮大、联城进村，越来越成为做强镇域经济，壮大县区域经济，建设社会主义新农村，推动工业化、信息化、城镇化、农业现代化同步发展的重要力量。特色镇是大中小城市和小城镇协调发展的重要核心，对联城进村起着重要作用，是城市发展的重要速度增长空间，是小城镇发展最显活力与竞争力的表现

形态，是以"万镇千城"为主要内容的新型城镇化发展的关键节点，已成为镇域经济最具代表性的核心竞争力，是我国数万个镇形成县区域经济增长的最佳平台。特色与创新是特色镇可持续发展的核心动力。生态文明、科学发展是中国特色镇永恒的主题。发展中国特色镇是坚持和发展中国特色社会主义的具体实践。建设美丽特色镇是推进城镇化、推动城乡发展一体化的重要载体与平台，是丰富美丽中国内涵的重要内容，是实现"中国梦"的基础元素。

当前，我国正处于工业化、城镇化的重要阶段，经济转型升级处于关键时期，发展有巨大潜力和空间。但面临的国内外环境十分复杂，平稳运行与隐忧风险并存，制约发展的矛盾不断显现。在保持宏观经济政策持续性和平稳性，继续实施和用好积极的财政政策和稳健的货币政策，增强政策针对性，统筹考虑稳增长、控通胀、防风险的同时，用更大力气释放改革红利，加大结构调整力度，激发企业和市场活力，稳中求进，增加就业和收入，提高质量与效益，加强节能环保，努力打造中国经济升级版。

新兴镇的建设与发展，对于积极扩大国内有效需求，大力发展服务业，开发和培育信息消费、医疗、养老、文化等新的消费热点，增强消费的拉动作用，夯实农业基础，着力保障和改善民生，深化改革开放等方面，都会产生积极的现实意义。而对特色镇的发展规律、建设路径等展开学术探讨与研究，必将对解决城镇发展模式转变、建设新型城镇化、打造中国经济升级版，起到实践、探索、提升、影响的重大作用。

1.3.1 中国镇的起源

（1）镇的来源说

镇，在历史上有不同的含义。后来主要是指较小的城市聚落。1984 年国务院批转民政部《关于调整建镇标准的报告》中规定：县级地方国家机关所在地应设镇；总人口在 2 万人以下的乡、乡政府驻

地非农业人口超过 2000 人的，可以建镇；总人口在 2 万人以上的乡、乡政府驻地非农业人口占全乡人口 10% 以上的，也可以建镇。少数民族地区，人口稀少的边远地区，山区和小型工矿区、小港口、风景旅游、边境口岸等地，非农业人口虽不足 2000 人，如确有必要，也可设镇。关于镇的起源和产生有两方面的来源。

1）军镇

中国古代最早的镇主要是指边关或要塞驻军的地方。有资料记载的"派兵将禁防者，谓之镇"极好地印证了镇作为军事目的建立这一事实，即古代的军镇。这一时期的军镇，主要是为了保护和防御而兴建的，镇将兼理军民政务或兼行政官职。

2）古代"集市""草市"

市，即集市、市场。古代，"有商贾贸易者，谓之市"。因此，市镇主要是指商品流通、交易的地方，是作为市场中心地而兴起、产生的。古代的"市"有两方面的含义。《中国城镇体系历史现状展望》一书中在"中国城市起源假说"中提出"集市"说，这一假说认为城市是作为初期市场中心地而兴起、产生的，它起源于贸迁和市集之地。市主要发源于奴隶主、贵族居住的城邑之内；又因最早的市主要是为宫廷贵族服务，故而称为"都市""宫市"。夏、商、周时代，只有城邑之内的都市、宫市。春秋时期，随着生产力的发展和井田制的破坏，少量的剩余产品开始在城邑之外进行交换，农民把各类农副产品集中到某一固定的场所进行交换，小商小贩也到此经商，于是便形成了稍有规模的集市，乡村集市开始产生。这类集市人们称之为"草市"。唐朝时，由于经济繁荣集中表现在手工业、商业的兴盛上，随着水陆交通的发展，草市也因地方商品经济的需要而设置和迅速发展起来，并且突破了州县以下不得置市的规定，在广大农村交通要道逐渐兴起了大批集市，从而发展成为农村的商品交易中心。不仅如此，有些草市由于

其形成因素不同，又具有不同的职能，从而向专业市镇发展。北宋时，随着草市的进一步发展和大量兴起，使得一些大的农村集市成为附近地区的集散中心和城乡交流的联结点，从而演变成市镇。古代有语曰"镇建于市、市随镇起"便充分体现了市、镇之间的渊源关系。

我国历史上，市和镇有明显的界线。"有商贾贸易者谓之市，设官防者谓之镇"。不难看出，当时"市"仅作为贸易交换之地，具有经济职能。"镇"则是镇守之地，具有军事、行政职能。不过随着社会的发展，军镇逐渐被取消，而市镇不断发展壮大。

（2）中国镇的产生与发展

1）北魏至宋朝时期镇的发展

资料显示：在中国历史上，距今 1600 多年的东晋王朝之前，我国并无行政制镇。直至公元 4 世纪的北魏时期，出于军事防御目的，国家开始设置镇。此时，"缘边皆置镇都大将，统兵备御，与刺史同"。设置镇的地方主要有两类：一类设于全不立州、郡之地，镇将兼理军民政务；一类设于州、郡治所，镇将兼任行政官职。唐朝时，为防止周边各族的进犯，大量扩充防戍军镇，其范围由北方进一步扩大至西北、西南、东北地区。政府按照不同等级将军镇划分为守捉、军、城、镇。唐玄宗时，沿边数州为一镇，设九节度使、一经略使，赋予军事统领、财政支配及监察管内州县的权力。节度使及所部军队称为藩镇。安史之乱以后，中央集权削弱，藩镇强大，出现了互相争战的局面，其后，演变为五代十国。北宋初年，为加强中央集权，政府废除军镇的建制，原有的军镇逐渐演变为商镇或市镇，成为介于农村和各类城之间的相对独立的商业实体。宋代高承在《事物纪原》中写道："民聚不成县而有税课者，则为镇，或官监之。"《哲宗正史·职官志》明确规定监管的职责："诸镇监管，掌警逻盗及烟火之禁，兼征税榷酤，则掌其出纳会计"。由此可见，宋代完全脱离了唐代及五代

时期的军镇色彩，纯粹以贸易镇市出现于经济领域。自宋代开始，在县治和草市就有了镇的建制，据《梦梁录》记载：其时杭州钱塘、仁和二县已有巧处镇市，"户口蕃盛，商贾买卖者十倍于昔"；建康府（今南京，不包括所属郊县）有镇 14 个、市 20 多个；西南泸州各地也有 50 多个这类市镇。宋代以后，随着镇的市场功能不断完善，市镇得到了极大发展。

2）元、明、清时期镇的发展

元代时期，尤其是元末几十年中，由于连年混战，镇呈现一片衰败的景象。明朝建立后，积极推进一系列较为有效的政治、经济措施，生产力水平大大提高，农业、手工业、矿冶业以及造船业等都得到了显著发展。明代中期，镇的发展步入一个高潮，并在清代得到了进一步发展，其数量大幅增加，单体规模不断扩大，市镇市场走向成熟。其中，明代嘉靖、万历年间，清代乾隆、道光年间，以及 19 世纪中叶之后是明清镇的发展高峰，形成了著名的江西景德镇、广东佛山镇、湖北汉口镇、河南朱仙镇"四大名镇"。据有关地方志记载和部分学者的研究结果，到清代中后期，江南地区的小城镇数量较明代增加了一倍以上。

明清时期，农业种植形成区域化，并在全国出现了以当地种植业产品为原料的区域加工业。工业开始专业化，出现了资本主义性质的作坊和工厂。农村出现了耕织结合型、以织助耕型、商业织耕型的生产方式。相应地，在全国范围内出现了与区域生产相适应的、具有地方特点的不同类型的镇，分别为商业市镇、手工业市镇、手工业——商业市镇。

1901 年，清政府颁布了《城镇乡地方自治章程》，实行城乡分治，规定以府亭州县治城厢为"城"，城厢外的市镇、村庄、屯集，人口满五万者设"镇"，不足五万者为乡。从此，镇开始作为县以下与乡平行的行政区域单位登上历史舞台。

3）近代镇的发展

1840 年至 1949 年，我国处于半殖民地、半封建社会时期，外国商品大量倾销到我国，传统的自给自足的自然经济受到严重的冲击，尤其是沿海沿江通商口岸在农村传统经济首当其冲，我国传统自然经济开始解体。为适应新的市场需求，有较好生产条件的农村地区，农业生产中商品经济所占的成分越来越大。

在这种背景下，镇在商品流通的增大和农产品不断商品化的产业循环过程中发挥着越来越重要的作用，并成为城市向农村收购原料和推销商业产品的基层商业集散中心，镇连接城市和农村的作用越来越明显。这一时期，我国镇在数量上有了大量增加，据我国河北、陕西、山东、河南、江苏（含上海）、浙江和广东 7 省区 36 州县地方志不完全统计，道光及道光前共有市镇 630 个，而到抗日战争时期，市镇数已增加到 1106 个，几乎增长了一倍。从地区增长情况看，总体上表现为中部最多、南方次之、北方较少的特点，我国各地区镇的区域差距也越来越大。

这段时期，由于各地的农业、手工业及商业发展条件不同，并受到统治者所执行的政策及国际形势的影响，我国镇的发展表现出极大的不平衡性。从发展程度上看，南方高于北方，东部沿海省区和中部省区的镇的数量和规模均大于边疆地区。

近代以来，受到商品经济发展的影响，镇发展较为迅速，特别是 20 世纪初期，镇的发展出现了一个高峰。据国民政府内政部对 1933 ~ 1934 年江苏、浙江、山东、山西、河南、河北 6 省的 548 个县 2000 ~ 20000 人的建制镇调查统计，共有 8026 个。此外，国民政府内政部还对全国其他 22 个省 1010 个县的建制镇进行调查统计，共有 6987 个镇，平均每县 6.9 个。由于全国还有 404 个县未进行调查统计，如按每县 6.9 个镇计算，那么这 404 个县共有镇 2788 个，以上两部分再加上江苏、浙江、山东、山西、河南、河北 548 个县的镇，共有 17801 个。

在中共领导下的革命根据地，则没有镇这一名称，而是直接在县下面设区级市、乡级市。直到新中国成立后的 1955 年，国务院颁布《关于设置市、镇建制的决定》对我国市、镇的内涵和行政级别进行明确规定，此后，镇的行政建制才再次出现。1958 年至 1978 年间，乡镇体制再度被取代，直到 1984 年 11 月 29 日，国务院同意民政部《关于调整建制镇标准的报告》，对 1955 年和 1963 年规定的建制镇的标准做了调整。新标准规定：（1）凡县级地方国家机关所在地，均应设置镇的建制。（2）总人口数在 2 万人以下的乡、乡政府驻地非农业人口超过 2000 人的，可以建镇。（3）总人口数在 2 万人以上的乡、乡政府驻地非农业人口占全乡人口数 10% 以上的，也可以建镇。（4）少数民族居住地区、人口稀少的边远地区、山区和小型工矿区、小港口、风景旅游区、边境口岸等地，非农业人口虽不足 2000 人，如确有必要，也可设置镇的建制。在国家宽松政策的支持下，镇的数量迅速增长。据统计，1978 ~ 1996 年，全国净增 15998 个镇，平均每年增加 800 多个，呈高速增长趋势，1996 年镇的总数突破 1.8 万个。1997 ~ 2008 年，镇的数量增长速度放慢，其中 2002 年全国镇的总数达到 20600 个，是数量最多的年份，此后再度进入规模调整阶段。2008 年，全国镇的总数为 19234 个。

从我国镇的历史发展脉络中可以看出，中国的镇是中国城镇体系中不可或缺的一部分，是我国小城镇建设的重要内容，中国镇的发展为中国特色镇的产生和发展奠定了良好的基础，研究中国镇的历史将对进一步建设中国特色镇，推动城镇化、建设新农村具有积极的推动作用。

1.3.2 中国城镇的演变

（1）1949 年后城镇化的发展

1）起步阶段（1949 ~ 1957 年）

中华人民共和国成立后，党和政府根据生产力的布局对原有城镇体系做了调整，在农村实行了土地改革等一系列促进农村经济发展的政策，调整了生产关系，解放了农村生产力，推动了农村经济的迅速发展，小城镇因之得到了较快的恢复和初步发展。据统计，建制镇数量从 1949 年的 2000 多个增加到 1954 年的 5402 个，年均增加 30%；城镇人口从 1949 年的 5765 万人增加到 1957 年的 9957 万人，城镇居民的生活状况和居住条件有了明显的改善。由于当时全国镇级行政建制较乱，1955 年 6 月 9 日国务院通过了《中华人民共和国关于设置市、建制镇的决定》，明确了设镇的标准。而 1956 年由于国家对城镇私营工商业进行社会主义改造，限制了镇级商业流通，影响了小城镇的发展，其规模和数量均有所萎缩。1956 年 11 月 7 日国务院通过了《关于城乡划分标准的规定》，各地根据有关标准对已有城镇进行了逐一审查，调整取消了一批不够标准的镇。到 1958 年，全国城镇减少至 3621 个。

2）停滞阶段（1958 ~ 1979 年）

1958 ~ 1978 年间，我国实行单一的计划经济体制，在农村实行一系列发展和限制相结合的政策，提高了建镇条件，再加上国家农村商品生产和集市贸易的萎缩，使小城镇发展受到一定的制约，镇作为一级人民政府的地位几乎消亡。随着 1958 年开始的各项运动，全国乡镇撤区并乡，全面建立了政社合一的体制。由于行政管理机构的设置与加强，社队企业的兴建，小城镇有了一定的发展。1964 年，我国对 1955 年国务院颁发了《中华人民共和国关于设置市镇建制的决定和标准》重新进行了修订，提高建镇条件，客观上限制了小城镇的发展，全国建制镇在 1965 年减少到 3146 个，比 1954 年减少 2254 个，不少县城的城关镇也因条件不足而撤销了。1966 ~ 1976 年期间，城镇建设日益凋零，1978 年建制镇数量只有 2173 个，比 1954 年减少了近 60%，集市由 5 万多个减少到 2 万个左右，建制镇人口减少了 30% 左右。

3）快速发展阶段（1979 ~ 1999 年）

十一届三中全会以来，随着农村改革开放政策的不断深入及建镇标准的调整，城乡之间的壁垒逐渐松动并被打破。1979年以来，我国把小城镇建设纳入政府工作日程，提出积极发展小城镇的建设方针，进一步促进了小城镇的发展，表现为小城镇数量的快速增长。20世纪70年代末，80年代初，主要为农民自发建设阶段。当时，国家提出了"全面规划，正确引导，依靠群众，自力更生，因地制宜，逐步建设"的方针，使我国农村小城镇建设逐步走上了有领导、有计划、有步骤健康发展的道路。20世纪80年代中期，进入了以集镇为重点的村镇建设阶段。为此，村镇建设的工作确定了"以集镇建设为重点，带动整个乡村建设"的方针。这一阶段修建了大量的基础设施和公共设施，极大地改善了农民和农村的生产生活环境，适应了社会生产力的发展，促进了农村工业化进程。自20世纪90年代至20世纪初，村镇建设的重点为加强小城镇建设阶段。根据我国的实际国情，不可能建设若干城市让农民就业，这样使得大部分农村剩余劳动力向第二、第三产业，特别是乡镇企业转移，由此促进了小城镇的建设。

据统计，1979年，我国农村的建制镇为2856个，1984年拥有建制镇5656个，1985年底，建制镇增加到7511个。1985～1991年，国家在发展城镇政策上以发展新城镇为主，出现了大量新兴的小城镇，到1992年增为1.2万多个，此时各类小城镇的总数约为5万多个。1992～1994年，国家对乡镇实行"撤、扩、并"，仅1992年一年就增设全国建制镇14539个。1999年底，我国建制镇的总数达19756个，到2004年底，我国建制镇的数目增加到近19883个。

4）全面提升阶段（2000年至今）

这种增长主要是数量上的增长，导致小城镇自身发展存在着诸多不容忽视的问题。为此，国家提出建设社会主义新农村的目标。按照"节约土地、设施配套、节能环保、突出特色"的原则，做好小城镇规划，引导农民合理建设住宅，保护具有特色的农村建设风貌。2000年，中共中央、国务院下发了《关于促进小城镇健康发展的若干意见》，为小城镇的健康发展指明了道路。从全国来看，建制镇数量从2003年20226个减少到2004年的19883个，减少了343个，2005年19522个，比2004年又减少了361个。各地的小城镇建设不再单纯追求数量，而是采取了灵活多样的规划、建设、管理方式，将建设与管理并重，增大了小城镇建设的科技含量，小城镇发展开始从数量的扩张转向质量的提高，并注重环境的塑造。

（2）特色镇呼之欲出

20世纪70年代我国改革从农村先行，20世纪80年代中后期的中国小城镇随着改革开放形势的发展而发展，开始从农村剩余产品的流通中心向农村政治、经济、文化中心转变。1994年9月国家六部委的《关于加强小城镇建设的若干意见》发表后，各地政府把小城镇建设作为大事来抓。1998年中央提出"小城镇，大战略"对当时发展乡镇企业、开拓专业市、吸纳农村剩余劳动力起到了重要的作用。当年底，有关部门对乡镇数量进行了调查研究，当时我国共有19216个镇、24195个乡、1517个民族乡、398个区公所。2000年"第十个五年计划"中首次提出推进"城镇化"的发展战略，即明确定义为"大中小城市和小城镇协调发展"的战略。《关于促进小城镇健康发展的若干意见》（中发[2000] 11号）进一步明确了发展小城镇的重大意义，强调要以市场为导向、产业为依托，科学规划，深化改革，创新机制，协调发展。之后，各地小城镇的政策、措施、体制、机制等进一步改革，有效地促进了小城镇的健康有序发展。

2001年，民政部在认真总结各地工作经验的基础上，会同中央机构编制委员会办公室、国务院经济体制改革办公室、建设部、财政部、农业部、国土资源部联合下发了《关于乡镇行政区划调整工作的指导意见》，对各地进行的乡镇撤并工作进行指导。该意见的下发，进一步推动了各地乡镇行政区划的调整及合乡并镇工作。2002年11月，中共十六大提出"大中小城市和小城镇协调发展，走中国特色城镇化道路"；2003年10月，十六届三中全会进一步要求城乡统筹发展，全面贯彻我国五个统筹的要求。经过六年多的探索，我们确实加深了对充分运用市场机制搞好小城镇建设的认识，特别是对如何在政府的引导下主要依靠社会资金建设小城镇的路子有了更加全面的理解。近年来，中央又提出了"建设社会主义新农村"，指出：引导城镇化健康发展，妥善处理城乡关系，改变城乡二元结构，是时代赋予小城镇的要求。《城乡规划法》的出台使协调城乡产业发展、合理布局城乡空间、改善人居环境以及促进城乡经济社会全面协调可持续发展进入关键阶段。

总结中国城镇化的历史经验：在计划经济时代，城镇化的严重滞后，源于将占人口80%的农民排斥在工业化进程之外。改革开放40年以来，农村工业化的推进，提高了中国城镇化水平，小城镇在我国大中小城市和小城镇协调发展的进程中做出了重大贡献，但小城镇的发展依然滞后于世界平均水平达7个百分点（1999年），由于乡村工业的分散化和二元经济结构下特殊的城乡分割体制，农村也出现了比城市发展差异更大的地域差异。在经济发达地区，小城镇已经远远超过了其自身标准，达到了城市的水准。在经济欠发达地区，小城镇还处于传统的农垦中心地位，远远没有达到相应的标准。小城镇的规划建设必须适应各地特色，有各不相同的发展实践，走不同的路子。从总体上看，我国小城镇经济发展水平东高西低；乡村产业化进程和乡村市场化发展东快西慢；建设水平和空间发展东强西弱。据普查资料，小城镇平均拥有企业数和财政收入差别很大，一般情况下东部是中、西部的2倍以上。

因此，如果不能很好地协调城乡发展，不能处理好丰富的劳动力资源在快速城镇化中的合理作用，那么发展中国家出现的超大规模城市过快增长或者一盘散沙的现象，都有可能成为今后中国城镇化的潜在危机。正反两方面的经验和教训，决定了中国今后的城镇化发展必须形成都市圈、城市带、城镇体系以及小城镇的整体战略布局，换言之，就是要走大城市、中小城市、小城镇共同发展的三元实践道路，三者缺一不可。特色镇是小城镇衔接大城市、中小城市形成战略布局的重要节点，必须在不同地区的发展格局中明确特色镇的战略地位和作用。各地在制定推进城镇化的整体发展规划中，要重视建设、发展特色镇。

1.3.3 各级高度重视特色镇工作

随着小城镇的建设在经济社会中的地位越来越重要，建设部、农业部、民政部等联合印发了《关于加快小城镇建设的若干意见的通知》，要求重点抓好小城镇建设试点工作。中共十六大报告明确提出了"全面繁荣农村经济，加快城镇化进程。要逐步提高城镇化水平，坚持大中小城市和小城镇协调发展，走中国特色的城镇化道路。发展小城镇要以现有的县城和有条件的建制镇为基础，科学规划，合理布局，同发展乡镇企业和农村服务业结合起来。"中共十七大报告指出"促进国民经济又好又快发展"，要"坚持走中国特色自主创新道路、中国特色新型工业化道路、中国特色农业现代化道路、中国特色城镇化道路"。2010年2月5日，李克强在省部级主要领导干部专题研讨班上的讲话中指出："扩大内需是我国经济发展的基本立足点和长期战略方针，也是调整经济结构的首要任务，而城镇化是扩大内需最雄厚的潜力所在，也是经济结构调整的重要内容。要以推进城镇化带动区域协调发展，重点加强中小城市和小城镇建设。"国家十二五规划纲要将

"积极稳妥推进城镇化"单独列为一章,提出要"构建城市化战略格局""稳步推进农业转移人口转为城镇居民""增强城镇综合承载力",从而"不断提升城镇化的质量和水平"。十八大报告全篇提及城镇化多达七次,更重要的是其两次主要出现的位置:第一次出现在全面建设小康社会经济目标的相关章节中,工业化、信息化、城镇化和农业现代化成为全面建设小康社会的载体;第二次出现在经济结构调整和发展方式转变的相关章节中。从局限"区域协调发展"一隅,到上升至全面建设小康社会载体,上升至实现经济发展方式转变的重点。2012年末中央经济工作会议指出,要"积极稳妥推进城镇化,着力提高城镇化质量""要把生态文明理念和原则全面融入城镇化全过程,走集约、智能、绿色、低碳的特色镇化道路"。特色镇化的"新",是指观念更新、体制革新、技术创新和文化复新,是新型工业化、区域城镇化、社会信息化和农业现代化的生态发育过程。"型"是指转型,包括产业经济、城市交通、建设用地等方面的转型,环境保护也要从末端治理向"污染防治——清洁生产——生态产业——生态基础设施——生态政区"五同步的生态文明建设转型。

从"城镇化"一词在国家重大会议、文件中的频频出现可以看出,城镇化作为中国经济社会发展的必然趋势和我国现代化建设的历史任务,越来越受到党和国家以及社会各界的高度重视。我国城镇化在当前乃至今后相当长一段时间将长期处于快速发展阶段。在这个历史阶段,加快城镇化,减小城乡差距,缩短城镇化历程,应坚持以城镇为基础,凸显城镇特色,培育特色城镇,发展特色经济,从而提高城镇竞争力;调整优化城乡、区域结构,扩大消费需求和投资需求,促进经济长期平稳较快发展。

近年来,一些省市相继出台了推进城镇建设的举措,进一步优化城乡二元结构关系,逐步形成城乡经济一体化的新格局。"十二五"期间,广东省提出要将城镇化率力争每年提高0.8个百分点,到2015年达到70%,总体达到中等发达国家水平。2012年末,福建省印发《关于积极推进城镇化发展的十二条措施》,强调以加快推进"工业化、信息化、城镇化"并举,"产业群、港口群、城市群"联动,走出具有福建特色的城镇化道路,充分发挥城镇化多重效应,建设更加优美、更加和谐、更加幸福的福建。

江苏省较早地从城镇化、城市化向城乡一体化迈进,初步形成了以大城市、特大城市为依托,中小城市和小城镇协调发展的城镇化体系,江苏的工业化与城镇化紧密相连,苏南城市带闻名世界,苏北的小县城也充满生机与活力,如今江苏的城镇化率已经达到近60%,远高于全国50%的平均水平。

早在2010年12月24日,浙江小城市培育试点便启动,选择了27个镇为培育试点。小城市培育试点,就是通过扩大经济社会管理权、下放行政审批权、执法权等管理权限,破解发展束缚。目前来看,浙江省小城市培育试点取得明显成效。2011年,27个小城市试点镇区域面积、人口数量仅占全省3.9%和4.5%,但GDP占全省5.8%,固定资产投资、地区生产总值、财政总收入增速分别高出全省平均水平37.4个、8.6个和5.0个百分点。

2012年9月,重庆市委、市政府出台《关于推进特色镇化的若干意见》,明确提出到2015年,重庆常住人口城镇化率达到60%,户籍人口城镇化率达到45%;到2020年,全市常住人口城镇化率达到65%,户籍人口城镇化率达到50%。

河北省提出,到2015年,全省城镇化率达到51.3%,年均增长1.4个百分点,城镇人口由2010年的3150万人增加到3800万人。构建起以"两群一带"为主要特征的城镇化发展新格局,环首都城市群进一步壮大,冀中南城市群基本成型,沿海城市带快速崛起。

目前，全国各地都已形成各具特色的特色镇，其总量在不断增大。就规模、数量而言，主要分布在珠三角、长三角、京津冀、环渤海经济带等区域，三沿地区（沿海、沿江、沿边）及少数民族地区特色镇崛起引人注目，而最具影响力、竞争力的特色镇主要分布在珠三角、长三角。

1.3.4 中国特色镇的分类

早在 1898 年，英国建筑规划大师埃比尼泽·霍华德就率先提出"小城镇"概念，建议将"特色城镇"的发展纳入国家改革发展重点方向之一。随着我国城镇化进程的加快，在长江三角洲、珠江三角洲、胶东半岛等地区已经崛起了一大批规划合理、设施齐全、环境优美的特色小城镇，目前我国镇区人口在 3 万人以上的小城镇已达 800 个。随着我国城镇化进程的不断推进，目前小城镇已逐渐成长为提升县域经济的重要力量，并表现出了新的发展态势：大都市经济圈和城镇密集区成为小城镇快速发展的地区；产业集群成为小城镇发展的动力之源；全国各省市出现大规模撤乡并镇，并产生一定的社会经济效应；地带性差异进一步扩大。

特色镇是小城镇发展个性化、特色化、专业化、品牌化的集中体现，其发展的内涵包容了：区域经济、规模经济、特色经济及文化等内容。我国特色镇的发展是在漫长的城市化进程中不断形成的，并且带有与农业、农村、农民的三农问题紧密相关的发展特点。因此，其演变过程中形成的主要类型也与当地村镇特色及优势资源息息相关，因地制宜以特色促发展。就区域分布而言，按照不同的划分标准，可将我国特色镇的分布划分为不同类型，下面就简要以几种划分标准为例进行介绍。

（1）按照经济带划分

从规模、数量、发展质量而言，珠三角、长三角、京津冀、环渤海经济区仍然是特色镇发展的实力区域，广东、浙江、江苏、上海、河北等省仍然是特色镇战略的主导区域，重庆、山东、广西、福建等省市近年也十分重视特色镇发展。河北省特色镇的发展正对中国第三经济增长极—环渤海地区的核心区域产生经济支点与杠杆作用，对河北经济的发展产生着积极的重要影响。重庆特色镇发展已开始崭露头角，彰显个性与品牌。河南在中原经济区建设中比较注重发挥特色镇的作用。沿海、沿江、沿边、沿湖及少数民族地区的特色镇也备受关注，而最具影响力、竞争力及引领效应的仍然主要分布在珠三角、长三角。

例如：2006 年中国"千强镇"测评结果显示，强镇仍主要集中在沿海的长江三角洲和珠江三角洲地区，但河北、山东等省份入围的镇数也呈快速增长的趋势，并由首次测评的广东、上海、江苏、浙江和福建五个省市包揽扩大为八个省、市、自治区包揽。从另一个角度来看，"沿海、沿江、沿边"三沿地区等近年来也逐渐成为发展热点，特别是靠近大中城市的港口贸易区更是依靠独特的地理位置优势走上了特色兴镇的道路。目前，三大主要经济带地区特色镇建设情况如下：

1）珠三角地区

珠江三角洲濒临南海，位于广东省东部，属于覆合三角洲。它有别于其他大河三角洲，地貌形态上西、北、东三面有山岭包围，且水网密布、沟渠纵横。它兼容海内中原、荆楚、吴越三大文化体系，吸收海外诸类文化，中外文化在此交汇。在民俗风情方面，珠江三角洲人对传统民俗节日的保留具有浓厚兴趣，如元宵游灯、做年例；中秋月饼大战、重阳登高等。同时，各地又有着不同特点的风俗，如春节行花街（广州）、新春行大运（阳江）、出春色（中山、番禺）、绮丽秋色（佛山）等。

从城镇数量上来看，珠江三角洲地区城镇数量在改革开放以后发展很快。小城镇发展以工业经济为推动力，指向性明显，具有第一、第二、第三产业并存的产业结构特征，第一产业向集约化、"三高"型、特色型转化，部分小城镇的第二、第三产业向集约化、特色型的方向转化，已经成为小城镇的支柱产业，形成"一镇一品"的产业特色。目前来看，珠三角地区的特色镇发展主要分为三类：以区域文化背景与文化区划为特征的乡镇，包括广府文化核心区小城镇、西江广府文化亚区小城镇、东江客家文化亚区小城镇、粤北客家文化亚区小城镇。以自然地理环境为特征的特色镇，包括河湖型、山岗型、田园型、水乡型和滨海型。以社会主导产业为特征的特色镇，包括工商型、交通型、房地产型和旅游型小城镇。

2）长三角地区

改革开放40年来，位于长三角地区的上海市、江苏省、浙江省经济发展迅速，取得了令人瞩目的成就。这个区域占全国国土面积的2.1%，占全国人口的10.39%，但是，它的GDP和税收却约占全国的22%，进出口额占全国的35%，利用外资占全国的40%，在全国具有重要的经济地位和战略地位。而特色镇的发展则是长三角地区维持经济长线进步的重要原因之一。这批乡镇立足本地实际，充分发挥自身的资源、区位等比较优势，制定适合的发展思路，找准重点，树立"不求其多、但求其特"的新理念，宜农则农、宜工则工、宜商则商、宜（旅）游则游，使特色经济产业化、规模化、品牌化，通过做优结构、做大产业，带动整体区域经济实现大发展。

这其中，既有以产业集群和专业市场见长的新型镇域经济，例如：诸暨大唐袜业是中国"袜业之乡"，闻名全国的嵊州领带群、永嘉桥头镇纽扣产业群、海宁皮革、永康五金、柳市低压电器群等，被誉为"未来区域经济发展的新实践"。也有集特色化和多样化于一体的多种外向经济型乡镇。例如：浙江的苍南县龙港镇，当初为5个小渔村，发展到今天已成了集聚了23万人口的经济发达、功能完善、

设施齐全、可持续发展的"中国农民第一城"。

3）京津冀地区

这一地区又称"大北京地区"，由北京、天津、唐山、保定、廊坊等城市所管辖的京津唐和京津保两个三角形地区组成。目前，京津冀地区已初步形成了特大、大、中、小城市，小城镇和乡集镇组成的城镇网络。由于北京、天津和唐山的辐射和吸引力，该地区已形成四个工业走廊，而该地区城镇分布与区域经济发展相一致，城市辐射力较大的京津周围地区及受交通带动地区的城镇分布较为密集。

从类型上来说，包括：

a. 新型的卫星城

北京市共有卫星城14个，建制镇142个，中心镇33个。这些小城镇成为农村城市化的有效途径，小城镇的经济发展、基础设施及各项文化设施的建设，提高了农民生活质量，丰富了农民的精神生活。

b. 卫星城与一些专业职能突出的小城镇并举

专业职能突出的一批小城镇，主要集中在京津、沿海和中心城市的八个外围组团，成为以交通通达为纽带的相对独立的城镇，形成了有特色的区域城镇体系，具有区域城镇体系整体性发展趋势和"双心轴向"的城市空间结构。例如：蓟县是京津冀北地区的几何中心，该地区的"绿心"是以绿色食品加工工业基地及旅游、商贸等专业职能为主的"花园城市"；宝坻是以副食品生产加工、供应和外向型工贸等专业职能为主的城市；武清是以高新技术为主导产业的基地和外向型新兴科技城；宁河县城和汉沽城区是以商贸集散、海洋化工工业、外向型经济等专业职能为主的综合性城市。

c. 以工业化为主体的小城镇

唐山市整体上属于工业发达区，是以工业化为主体来推动小城镇发展的，基本都是工业和以工业产品为主的市场型小城镇。以唐山市为中心及以县政府和县级市政府驻地为重点的小城镇，成为唐山

市市域城镇体系的重要组成部分。小城镇等级结构呈现出"池塘荷叶型",除县和县级市政府驻地这两个小城镇规模较大外,其余112座建制镇数量多、规模小。

d. 市镇化小城镇

保定地区主要是市镇化的城镇,即因商业而兴镇,因镇的商业发达而推动某种加工业的发展,小城镇发展以商品交换为主要内容;小城镇具备商品流通中介的职能;小城镇以商业为主导功能,并具有相对独立性。如保定地区的留史镇称"皮毛市场镇",安国称"药都",白沟称"箱包城"。

(2) 按照民族区域划分

我国作为多民族聚居大国,长期坚持多民族共同发展的原则。少数民族人口虽少,但分布面积却很光,占全国总面积的64%,主要聚居在西北、西南、东北等边疆地区。我国的民族地区,主要是指我国少数民族的自治地区和聚居地区,包括内蒙古、新疆、西藏、宁夏、广西5个少数民族自治区,云南、贵州、青海、四川、重庆5个少数民族聚居省(市),再加上湖南湘西苗族自治州、湖北恩施土家族苗族自治州和吉林延边朝鲜族自治州。我国民族地区地域辽阔,资源十分丰富,其中森林资源占全国的51%、草原面积占全国的94%、水能蕴藏量占全国的52.5%,矿产资源、经济作物种类齐全,蕴藏量较大,有许多种都居全国之首。

中央及各省出台的《"十一五"少数民族和民族聚居地区经济社会发展规划》中曾多次提到要"完善民族聚居地区小城镇规划,加快民族聚居地区小城镇建设"。在不断地摸索和试验中,少数民族地区特色乡镇的发展已逐渐成为当地支柱和发展龙头。当前少数民族特色小城镇的成长和发展主要分为两类:一类是依靠少数民族地区当地特色资源,发展加工制造类产业,建设多种产业基地,培育起若干特色明显、带动力强的重点产业;另一类就是依托本地悠久的历史文化习俗和特色的民俗文化,发展旅游及文化观赏产业。在少数民族小城镇建设中,较为突出的包括以下几种:

1) 回族自治区特色镇

回族自治区在继续实施中心城市带动战略,加快"沿黄城市群"的建设与发展。一方面,利用草畜、马铃薯加工等地方特色经济,加速发展以枸杞、乳品、清真牛羊肉等六大农产品生产以及酿酒葡萄、脱水蔬菜等特色农产品加工为特色的乡镇。另一方面,加强"塞上江南·神奇宁夏"旅游产业的发展,围绕"一河两山两沙两文化"(黄河、六盘山、贺兰山、沙湖、沙坡头、回族文化、西夏文化)特色资源,打造饱览塞上江南、探秘西夏王国、体验沙漠探险、领略回乡风情、品味黄河文化、推动红色旅游6条特色线路,结合整体的服务基础设施建设,让带有民俗历史文化特色的旅游业发展成为镇域优势特色产业,涌现出了像杨和镇等一批"回族旅游文化特色镇"。

2) 藏族自治区特色镇

藏族自治区已将新型乡镇建设纳入到"一心、两线、多点"的城镇建设规划中来,各城镇立足自身人文、自然优势条件,培育和壮大优势特色产业,成为市域内新的经济增长点。就目前来看,现发展前景较好的特色乡镇有:以自然风光旅游为主的乡镇的纳木湖;集中体现藏族人文特色和拉萨传统手工艺的吞巴乡、甲玛乡;兼具藏族人文特色和自然风光旅游为主的唐古、章多乡;资源优势和产业基础都比较良好的羊八井镇;还有产业发展基础良好的聂当乡、古荣乡等。

3) 蒙古族自治区特色镇

内蒙古地区利用两大资源铸造发展优势,逐步实现资源优势向经济优势的转化,保生态、强基础,不断夯实畜牧业可持续发展基础。同时,注重历史文脉与现代精神相融合,创造新的城市人文景观,逐步将别力古台镇等民俗文化地区建设成为具有较强民族性的现代化、开放型的草原城镇，打造"内蒙古自治区哈日阿都文化之乡""内蒙古自治区策格文化之乡"。

4) 其他民族特色镇

还有一些其他的民族镇，在自身发展的过程中能突出自身民族的文化特色和历史传承，很好地利用本民族特色，将自身打造成具有民族风情的少数民族特色镇。辽宁省沈阳市沈北新区兴隆台锡伯族镇是其中一个典型案例。

兴隆台锡伯族镇，被誉为"中华锡伯第一镇"，地处沈阳市北郊 20 千米处，是全国第一个也是唯一一个锡伯族镇。镇域面积 50.2 平方千米，耕地面积 28.7 平方千米，下辖 9 个行政村，13613 口人（其中汉族 6164 人，锡伯族 3706 人，朝鲜族 2588 人，其他民族 514 人）。该镇于 1983 年经上级批准由原兴隆台人民公社更名为兴隆台锡伯族乡，1984 年又改称兴隆台锡伯族镇。镇内有工商、国税、地税、信用社、供电所、后勤农场等 15 家驻镇单位。小城镇功能完善、设施齐全，具有浓郁的民族特色，这里人杰地灵，是远近闻名的"鱼米之乡"，共有 4 位全国人大代表出自这里。结合本地区自然资源优势，该镇在农业上大力发展无公害优质水稻生产，2006 年被国家农业部命名为"全国绿色食品原料（水稻）标准化生产基地"。全镇的水田生产全部实现了节水灌溉，水稻种植面积已达 23.3 平方千米，每年生产优质水稻 3 万吨，"锡伯贡米"更是享誉全国各地。

在发展经济的同时，锡伯族镇能不断坚持民族历史文化传承。该镇于 2004 年成立了专门的锡伯族镇民族学校，并从新疆察布查尔锡伯自治县聘请两位锡伯族教师任教，除讲授锡伯语文外，还开设锡伯族音乐、舞蹈等课程。学校成立以来，坚持突出锡伯族文化特色，努力提高学生素质的办学理念，打造民族教育品牌，办学条件日臻完善，教育教学质量逐年提高。

（3）按照地理区位划分

我国幅员辽阔、区域广袤，在城镇化进程不断推进的过程中，不同地区涌现出各自具有不同发展优势的特色乡镇，逐渐成为地区经济发展的新亮点。根据小城镇的空间分布特点，综合我国自然地理和经济区域及各地区现代化水平考虑，可将我国特色镇分为东北、东部沿海、中部、西北、西南、华北等六个区域。

1) 东北地区

东北地区包括黑龙江、吉林、辽宁三省，是我国的老工业基地和粮食主产区，具有综合的工业体系、完备的基础设施、丰富的农产品资源和矿产资源、丰富的旅游资源和毗邻俄罗斯、朝鲜等国的区位优势。因此，东北三省小城镇经济发展大多以中心地型为主，充分利用当地优越的资源条件，发展具有突出东北地域特色的主导工农产业。部分沿边乡镇地区还利用自身地理区位优势发展商贸、对外经济及特色民俗文化旅游。

2) 东部沿海地区

东部沿海包括上海、江苏、浙江、山东、福建、广东等六省（市），是我国经济发展最优越的区域。该地区城镇化水平较高，突出的特点是小城镇发展异常迅猛，数量快速增长。特别是沿海地区小城镇密度大、产业结构合理、小城镇之间联系紧密，主要分布在大都市区周围及交通沿线两侧。该地区乡镇一般市场经济体系完善，交通发达，形成了以工业为主导产业、第三产业不断发展的经济格局。并且，外向型经济较发达，具备出口创汇、引进先进技术的窗口辐射优势。

3) 华北地区

华北地区包括北京、天津、河北三个省市，拥有优越的地理环境和重要的区域地理位置，小城镇根据自身发展条件形成了多种多样的发展类型，主要有综合性城镇、卫星城镇、矿业城镇、旅游（疗养）城镇、交通（港口）城镇等。北京、天津等大城市对该地区的小城镇有重要的影响，以此形成的特色乡镇主要利用与大城市关联度高的产业（如农业、副食品加工业和服务业等）以及用土地资源比较丰富等有利条件接受大城市转移的产业，建成技术先进的综合性工业基地，提高产业的素质和经济效益，形成中小企业的合理集聚。

4）中部地区

中部地区包括湖北、湖南、河南、山西、安徽、江西及内蒙古七省（自治区），该区人口密集、物产丰富、劳动力密集、人口素质相对较高，资源丰富，运输便利，市场广阔，具有发展制造业的基础条件。当前，大部分城镇以农业为主，通过大中城市的辐射、带动作用发展自身工业与外来投资工业。此外，一部分乡镇通过接受发达地区转移的产业带动当地经济的发展。

5）西北地区

西北地区包括新疆、甘肃、青海、宁夏、陕西五省（自治区），该区土地、草场、矿产、能源等资源十分丰富，开发潜能巨大，是我国重要的资源储备基地，对我国经济发展起着支撑和推动作用。该地区农副产品、矿产以及旅游资源都非常丰富，形成了一批工矿、农牧、旅游等类型的资源特色小城镇。此外，重工业起步较早，一些小城镇依托已建成有色金属、能源、石油化工、机械等工业基地发展。

6）西南地区

西南地区包括广西、云南、贵州、四川、重庆、西藏、海南七省（市、自治区），该区由于经济基础薄弱、自然生态条件较差等方面的原因，总体经济发展水平明显落后于沿海地区。其中，西南地区四川、重庆、广西壮族自治区（市）依靠沿边交界地区发展商贸对外加工及地域农业、民俗文化旅游发展起了一批特色城镇。

（4）按照产业集群划分

《中共中央、国务院关于促进小城镇健康发展的若干意见》指出，"要根据小城镇的特点，以市场为导向，以产业为依托，大力发展特色经济"。内外小城镇发展的成功经验充分证明发展培育特色经济，是小城镇发展壮大的成功之路。当前，我国很多乡镇或因地制宜，发挥优势，在自身资源和条件的基础上，或依托外来经济的吸引投资，形成了具有当地特色的产业集群，并使之逐渐成为本镇的立镇之本、发展之源。主要包括以下几类：

1）依托农业集群的特色镇

主要是依托当地农副产品资源、森林矿产等资源，形成的一批农副产品种（养）植型（包括畜牧养殖，瓜菜、特色果品和农作物种植，渔业捕捞等）、农副产品加工型、森林矿产资源开发加工型特色镇。

2）依托工业集群的特色镇

主要依托工业制造和加工带动镇域经济发展，包括城市工业配套型专业镇、工业生产制造专业镇、产销一体化特色镇、手工业包装特色镇等。

3）依托第三产业集群的特色镇

包括利用传统商品集散地优势发展商贸流通型小城镇、利用地处城市周边优势发展的城郊工业卫星镇、风景历史文化旅游型特色镇等。

4）依托科技及特色产业集群的特色镇

利用最新的科技成果转化形成的高新技术产业型特色镇、以绿色环保立镇的生态特色镇，以及依靠合作社组织走协作服务道路的新型乡镇。

（5）按照镇域特色划分

特色镇特色之处往往也就是该镇的立镇之本，通过这一特点也就很容易对不同的新型乡镇进行归类。总的来说，从类型来看，我国特色镇的发展既有以外向经济、专业产业、商贸流通等一批以经济产业为依托的乡镇，也有利用当地旅游资源、历史文化背景形成的特色乡镇，还有与时俱进，以科技信息、生态环保立足和走合作化、民主党建道路的新型乡镇。

具体来说，主要包含：外向经济特色镇（外贸、加工、出口）、旅游休闲特色镇（旅游、度假、会议）、历史文化特色镇（历史文化古镇、名镇）、专业产业特色镇（农业、工业、第三产业）、商贸流通特色镇（贸易流通、专业交易市场）、生态环保特色镇（绿化、生态、市容、环境优美）、科技信息特色镇（高新技术、信息化示范）、品牌特产特色镇（特产之乡、品牌立镇）、科学规划特色镇（规划发展）、合作服务特色镇（第三方服务、经济合作组织、中介组织）、党建创新特色镇、社会管理创新特色镇、少数民族特色镇（少数民族聚居村镇）和文化创意特色镇等 14 种类型。

1）外向经济特色镇

20 世纪 80 年代以来，在全球产业重构和新国际劳动分工的背景下，伴随着我国改革开放力度的不断加大，许多沿海小城镇利用国家的特殊政策大力吸引外资发展本地经济，成为典型的外向经济型城镇。

"外向型经济"是与"内向型经济"相对的概念，是指某国或某区域与国际市场紧密相连的经济体系。广义上指在世界范围内进行贸易、资本、技术、劳动力等方面的经济交流活动。狭义上指以国际市场为导向，以出口创汇为主要目标的经济活动。

外向型经济特色镇，顾名思义是外向经济特色镇是指依靠外贸、加工、出口等为发展立足点的特色镇。从发展渊源来说，这些城镇大多具备"沿海、沿港、沿边"等独特地理区位及人力资源优势，依托开展相关外向型经济活动走向振兴之路，因此此类特色镇主要分布在我国沿海对外开放程度较高的省份和地区，如辽宁、江苏、上海、广州、海南、福建等地区。

外向经济型新形成政的发展形式多样，有的城镇依托当地民营企业开展外贸出口等外向经济活动形成专业镇，有的城镇则通过招商引资或外资移植而形成以加工为主的劳动密集型经济。外向经济型特色镇的发展离不开以下几点因素：

①利用独特的区位地理位五吸引建立生产基地。

②积极招商引资，开展加工出口，利用外贸经济推动的机遇。

③依托国家政策，发展边境出口贸易。

2）旅游休闲特色镇

随着我国经济社会快速发展，旅游业规模不断扩大，多样化的旅游方式层出不穷，而乡村旅游、古镇旅游等旅游随之兴起，这无疑带动了一批具有旅游休闲价值的特色乡镇的发展，使之成为当前特色镇发展的重要类型之一。我国许多乡镇或地处自然风景区，或依傍文化发源地，或机缘革命根据地，自然、人文风情等条件优越，汇聚了一大批具备观赏性质的旅游资源。同时，一些临近城市的村镇，在便利的交通条件、良好的基础设施的基础上自觉发展成了许多乡村旅休闲区域，衍生成新的经济增长点。2009 年，国家住房和城乡建设部、国家旅游局为保护村镇的自然环境、田园景观、传统文化、民族特色、特色产业等资源，促进城乡统筹协调发展，联合下文公布了首批 105 个"全国特色景观旅游名镇（村）示范点"名单。可以说，旅游休闲产业在拉动镇域经济发展、促进城乡交流、增加农民收入、扩大内需、促进农村经济社会全面发展方面凸显了重要意义。尤其是在我国西部地区和少数民族地区，以旅游为产业动力的城镇化道路已经成为一种主流方向。

①乡村旅游发展的现状、方向

乡村旅游成为旅游的主流、时尚选择，乡村旅游经济成为旅游经济的重要份额，对县、区域经济发展产生着重要促进与影响。

休闲农业成为乡村旅游提档升级、集群发展的重要力量，成为主导"农、旅、文"一体休闲格局的核心力量。

乡村旅游扶贫成为旅游扶贫最行之有效、富有生命力的载体、方式之一，成为老百姓致富和贫困地区脱贫的重要手段和新型扶贫模式。

特色、品牌、创新成为乡村旅游可持续发展的核心竞争力，同时也将成为衡量乡村旅游及旅游发展区域比较的重要指标。绿色、低碳、生态发展成为乡村旅游的主要导向。

②分类

陈超群、罗明春等人在《旅游特色镇建设探析》一文中将我国特色村镇旅游分为以下类型。

a.民俗风情型

在我国一些独特民俗文化发源地，由文化衍生的各种传统民俗活动丰富多彩，加之配套的服务项目，吸引多方游客前往。民俗风情型，就是以农村民俗风情为载体而开展旅游活动的发展形势，以当地民间的日常生活方式及文化吸引外来旅游者。民俗风情的内容，包括地方特有的风俗和风物，如岁时、节日、婚姻、生育、寿诞、民间医药、丧葬、交际、礼仪、服饰、饮食、居住、器用、祭祀、禁忌等。以这些风俗风物作为旅游项目的基本内容，进行整合包装，保留原汁原味，并通过品位较高、游客参与性强的旅游活动项目的推出，既展示了乡村不同阶段的整体人文系统状况，也满足了游客认知和体验的愿望。

b.农场庄园型

农场庄园型主要分为两种：一种是以农业资源为依托，开发形成教育农园、市民农园、租赁农园等多种形态，凭此开展旅游活动。另一种是产业庄园，集生产、研发、销售、交流、教育和旅游为一体的现代化农庄，比较成熟的有葡萄酒庄园、香料庄园、草游庄园和西瓜庄园等。这种产业庄园既是旅游目的地，又是现代农业产业化生产基地。以农业资源为依托的乡村旅游，适用于具有特色农业生产活动

的地区，并且要求当地的经济发展达到一定的高度。因为农场庄园强调生产性、科学性、知识性、艺术性和商业性的融合，寓农业生产于休闲旅游之中，提供田园之乐，比较受都市旅游者的欢迎。

c.景区依托型

依托重要旅游景区进行发展的旅游村镇或与风景区之间有较为便捷的交通联结的地区，主要是在地势较为平坦、道路较为通达的风景区周边发展，利用农业资源和自然风景资源互补的组合优势开发乡村旅游产品。这是一些著名风景名胜区的一种附属产品，以景区游客为主要的目标市场，开发中较多地保存着乡村的原生状态，如江西井冈山的公社食堂、湖北随州观光农业区等。

d.度假休闲型

即农家乐型，是指地处村镇周边的乡村，利用离城市近、交通便利的条件，以乡村生态景观、乡村文化和农民的生产生活为基础，以家庭为具体接待单位，开展旅游活动。这种发展形势，投资少、风险小、经营活、见效快，由农民利用自家院落所依傍的田园风光、自然景点，以低廉的价格吸引市民，游客在农家田园寻求乐趣，体验与城市生活不同的乡村意味。度假休闲型发展方式使用范围较广，一般位于大中城市周边的乡村，只要有足够的城市居民短途休假需求市场，都可以尝试开发休闲度假型的乡村旅游，但要注意培育自身的特色，防止与周边其他乡村旅游景点产品雷同。"农家乐"作为环城市游憩带上面向大众旅游市场的旅游产品，给城市周边自然环境较好的农村产业发展提供了一个新的渠道。

e.特色产业带动型

此种类型也被称为特色产业旅游，需要当地具有生产某种特色产品的历史传统和自然条件，有相应的产业，且市场需求旺盛，通过产业集群形成一定规模。特色产业带动型，在村镇的范围内，依托

所在地区独特的优势，围绕一个特色产品或产业链，实行专业化生产，"一村一品"发展壮大，进一步带动乡村旅游的发展。

f. 现代农村展示型

这种乡村旅游以新农村形象为旅游吸引物，经济发达、交通便利，乡村知名度较大，以新为特点，在住宅、街巷、道路、生态环境、产业设施以及配套设施方面较为全面，可以开展乡镇农业游、社会主义新农村游等多条特色旅游线路。

3) 历史文化特色镇

中国是历史悠久的文明古国，众多承载着中华数千年文化、传统、历史的古城镇，它们是中华民族发祥生息的摇篮和中华文明发扬光大的源泉。所谓历史文化特色镇，主要是指保存文物特别丰富，且具有重大历史文化价值或纪念意义的，能较完整地反映一些历史时期传统风貌和地方文化特色的镇。一方面，作为传承记忆的载体，历史城镇承载了城市历史文化的延续与发展；另一方面，作为新时代的发展主体之一，历史城镇也反映着各种社会环境、制度、观念等的演进与作用。长久以来，这些城镇如同一颗颗璀璨的明珠，散落在华夏大地，随着经济的迅猛发展，国人生活水平的日益提高，人们对精神生活、文化体验的追求日趋流行，"历史文化城镇"开始为人们所熟悉。国家建设部和文物局从2003年开始了对"历史文化名村名镇"的评选和命名，10年来评选了5批共181个镇作为历史文化名镇。这些村镇分布在全国25个省份，包括太湖流域的水乡古镇群、皖南古村落群、川黔渝交界古村镇群、晋中南古村镇群、粤中古村镇群，既有乡土民俗型、传统文化型、革命历史型，又有民族特色型、商贸交通型，基本反映了中国不同地域历史文化村镇的传统风貌。当前在坚持保护与发展并重的原则下，这些被称"洋溢着浓厚古典气息"的小城镇逐步迈上了新时代发展轨道。

历史文化特色镇可分为：

a. 乡土民俗型

乡土民俗型村镇大多历史悠久，在长期的发展演进过程中形成了具有自身特色的乡土人情。

b. 传统文化型

传统文化型特色镇是指村镇的传统文化保存较好，在镇域范围内形成了良好的文化氛围。

c. 革命历史型

在旅游发展中，红色旅游显示出强大的集聚效应。此类特色镇具有较丰富的红色资源，主要为革命历史遗迹、革命遗物、革命故事发生地、革命先烈生活地等。

d. 民族特色型

民族特色型村镇大多是少数民族的居住地，民族特色显著，具有浓郁的民族历史风情。

e. 商贸交通型

商贸交通型特色镇往往具有独特的地理交通位置，古代商贸发达而形成的历史文化古镇。山西省晋城市端木古镇，东以巍山为依，西有榼山为屏，从北至南是流淌千年的沁河水，陵沁、端润公路在镇内横贯交汇。这里自古土地肥沃、气候温和，商贸繁荣、交通发达，被称为沁东地区的旱码头，是名震三晋的历史古镇。镇内拥有建筑精美、文韵丰厚的坪上张家大院，古朴沧桑、风格别具的阁楼古寨，以及镇内众多的文物古建遗迹。城镇的发展始于端氏的手工业、商贸业，其中养蚕和缫丝历史最为悠久，据说早在唐代，在古老的东街就集中着众多的缫丝、织绢等手工业作坊。到明清时期，端氏已是店铺林立、商贾云集，出现了"复兴楼""源顺祥""同兴和""育合昌"等较大的商号，成为沁河流域远近闻名的繁华古镇。

随着物质生活的逐渐丰富，现代人对传统生活环境、生活方式的向往和追捧，历史文化城镇潜在的巨大利益让人们越来越多的开始利用古老的资源，发展旅游业，推动地方经济发展。这就使得历史文化城镇的发展面临追逐经济利益与保护当地传统文化之间的冲突。许多地方只是关注眼前的经济利益，忽视了古城镇本身深厚的文化、艺术底蕴，更忽略了对历史文化城镇的持久保护。因此，在发掘当地历史文化特色的同时，政府更应当将合理规划、科学发展、有效保护作为历史古镇发展重点，鼓励民众自觉树立保护意识，并在旅游过程中实践保护行为，对部分亟待保护的古镇村落进行适度开发，真正实现文化古村文化长存。

4）专业产业特色镇

20世纪80年代末到90年代初，在我国广东、浙江、江苏、福建等沿海地区兴起了这样一批乡镇，通过开发一些较有市场前景的产业或产品，带动了多数农户致富，初步形成了"一村一品、一镇一业"的发展格局，率先在国内打造出了产业专业聚集的特色镇雏形。这样一种将地域分工与产业分工有效结合的方式，不仅增强了县（区）域、市域经济实力和竞争能力，也为本地和外地劳动力提供了大量的就业机会，大大推进了农村城市化、现代化的进程。近年来，随着专业分工的不断细化和乡镇产业的蓬勃发展，我国中西部地区的很多乡镇充分挖掘和发挥地区资源优势，以市场需求为导向，以区域资源特点为根据，以专业化、社会化、一体化为发展方向，日渐形成了具有地方特色的名特优稀产业或以名特优稀产业为主的特色产业集群。可以说，作为一种创新的农村小城镇发展模式，专业产业特色镇日益成为中国城乡经济未来发展的重要空间增长中心。

专业特色镇一般指产业相对集中且分工程度或市场占有率较高，地域特色明显，具有一定经济规模，产、供、销一条龙，科、工、贸一体化，营销网络覆盖面广，民营经济占主要成分的建制镇。它们大多依托特色产业或专业市场形成并发展起来，具有"一镇一业"的块状经济特征，例如：中国有名的"铝材第一镇"南海大沥镇；汇集了日本京瓷株式会社、

美能达、中国的方正等数家国内外著名IT企业的中国数码产品专业镇东莞市石龙镇；亚洲最大的服装制造和集散地东莞市虎门镇；世界四大灯饰生产基地和销售市场之一中山市古镇，集农、工、商、贸于一体的广东省水口镇等。

在发展过程中，产业和专业往往密不可分，依托优势专业发展特色产业、紧靠特色产业打造成熟专业已经成为当前此类乡镇的镇域经济特色之一。依据区位、自然资源等条件，专业产业型乡镇也形成了具有不同特色的专业类型，主要包括以下几种：

a. 农林牧渔产品种（养）植加工型

即以农业产业化和专业化农业的区域布局为契机，逐渐形成专业化产业区和市场网络，进而形成了有关农业产业或农产品的专业镇。包括农产品养殖、林业种植和牧业养殖以及农林牧的衍生产品等，一般来说各乡镇根据自身地理区位特征发展具有优势的专业项目。

b. 资源开发加工型

主要是一些矿产等资源相对丰富的地区，乡镇依托资源的开发带动企业一条龙式生产，并衍生附加产品加工。

c. 工业、手工业制造加工型

一些乡镇拥有传统的加工制造基础，依托丰富的人力资源，进行工业、手工业的一条龙制造加工，从而形成一方特色。

d. 传统特色产品制造加工型

即以地域传统产品的生产、加工为主，形成品牌化的专业生产乡镇。

5）商贸流通特色镇

商贸流通属于第三产业，它是经济发展和商品、市场化程度的象征，随着经济发展，商贸流通将成为推动城镇经济发展的一股重要力量。商贸流通型特色镇，主要是指以商品贸易、产品流通、专业产品交易等为突出特点的小城镇。这类特色镇有的依

托于一个专业市场或多个市场形成传统、新兴的商品集散地；有的利用自身交通便捷、人口流动率高等优势条件实现以交通促流通、以流通促发展的"以路兴镇"的发展实践。值得注意的是，市场本身及围绕市场所形成的第二、第三产业群体是此类特色镇经济的主要成分，专业市场的发育和壮大带动商品、资金、技术、信息、人员等诸多因素的顺畅流通，促进村镇资源的优化配置和产业结构的调整升级，从而直接带动镇域经济的腾飞。此外，现代流通方式延伸到农村，在满足人们生活需要的同时，现代的消费理念、生活方式、管理方式也将潜移默化地影响农民和基层干部，有利于"乡风文明""村容整洁"和"管理民主"。

近年来，在国家的大力推动下，社会各项事业得到了迅猛发展。其中尤以交通事业的发展格外引人注目。"十一五"时期，全国铁路营业里程由2005年7.5万km增加至2010年的9.1万km，年均增加0.31万km；公路里程由2005年的335万km增加至2010年的398万km，年均增加12.8万km，其中，高速公路里程由2005年的4.1万km增加到2010年的7.4万km，年均增加0.66万km，以高速公路为骨架的干线公路网初步形成。旅客周转量由2005年的17467亿人/km增加到2010年的27779亿人/km，年均增长9.7%；货物周转量由2005年的80258亿t/km增加到2010年的137329亿t/km，年均增长11.3%；沿海规模以上港口货物吞吐量由2005年的29.3亿t增加到2010年的54.3亿t，年均增长13.1%，目前，京沪高铁等14条高铁线已开通，龙厦高速铁路等10条线即将通车，长昆高速铁路等铁路在建，随着高铁时代的到来，铁路沿线的城镇将随之飞速发展。

据交通部综合规划司有关人士介绍，"十二五"时期，交通运输必须保持一定的发展规模和速度，铁路建设仍处于大建设、大发展的关键时期，保持

持续发展是行业的共识。要针对各种交通运输方式不同情况，着力把握发展节奏，坚持合理有序、平稳较快地推进交通基础设施建设，实现速度、结构、质量、效率相统一，努力实现交通运输又好又快发展。

目前来说，我国商贸流通型乡镇主要集中分布在一些沿海、沿交通干线、大城市边缘交界地区，以及产业品牌高度发达流通的地区。张满林教授在关于商贸流通型乡镇的文章中，系统性地将商贸流通型乡镇分为以下几种类型：

a. 传统型

这类特色镇主要是由传统的商品集散地发展起来的，是农村集市交易演化的结果。镇域内大都有经商传统，在与外界接触过程中获取了大量的商业信息，具有较强的市场意识。在市场经济发展的宏观政策下，通过改善市场基础设施，拓宽市场交易范围、增大市场容量，经历了由周期性集市到每日集市，由小型自发性批发市场到大型专业性批发市场的演变，最终逐步发展成为以商品流通为主的商贸城镇。

b. 资源型

这种类型的特征是农业的商品化程度很高，以本地的土地资源为基础，以当地资源优势为发展导向，形成集特色产品的生产、农副产品集散和交易于一体的优势城镇。随着资金的积累和农业产业的加强，进一步形成农业种植、养殖、加工、销售一条龙的产业发展模式。

c. 交通型

交通的发展不仅提高了人们出行效率，提高了社会生产力，水陆空全面发展，也大大推动了区域协调发展，使各地区贸易往来以及文化交流更加便捷化。交通的便捷化也为各地区特色镇发展带来了新的机遇。处于交通枢纽区域的特色镇先后确定了以交通优势地位促进特色镇经济、社会全面发展的战略定位。

d. 大城市辐射型

该类小城镇的批发市场一般是基于大城市产业结构中存在的缺陷而兴起的销地型批发市场。此类的典型例子就是辽宁省西柳镇，众所周知，辽宁省属重型产业结构，广大乡村地区在经济改革以后，生活消费品中的商品性支出最高的就是服装，城市居民对于服装也有多层次的消费需求。然而，辽宁这个过重的产业结构却无法满足这种需求，正是由于这一市场空缺的存在，才使得西柳服装业的兴起具有其内在的合理性和强大的生命力。据调查，沈阳市、鞍山市、辽阳市都曾是海城市西柳镇的服装批发市场的主要销路，从手工作坊起步的西柳服装不仅能适应农村市场的要求，而且在大城市中也找到了销路。

e. 产业带动型

即当地特有的手工业制造传统和特有的崇商文化，促进了专业市场产生和发展，也促进了该类小城镇的兴起。随着专业市场"价格中心、信息中心"的优势日益显示，使大量的乡镇企业聚集到专业市场周围，拉动区域内农业、服务业、交通运输业、加工业乃至整个经济的发展。

6）生态环保特色镇

随着社会主义现代化建设实践和认识的不断深化，以及经济社会的快速发展，人民群众对干净的水、新鲜的空气、洁净的食品、优美宜居的环境等方面要求越来越高。推进生态文明建设是我们党坚持以人为本、执政为民，维护最广大人民群众根本利益特别是环境权益的集中体现。中共十六大以来形成了建设生态文明的战略思想，十七大把"建设生态文明"列入全面建设小康社会奋斗目标的新要求，做出战略部署，强调要坚持生产发展、生活富裕、生态良好的文明发展道路，相比5年前中共十七大报告直接提到"环境"或"生态"字眼的地方达28处，十八大报告中大幅增加至45处，首次单篇论述

生态文明，首次把"美丽中国"作为未来生态文明建设的宏伟目标，把生态文明建设摆在总体布局的高度来论述，表明我们党对中国特色社会主义总体布局认识的深化，把生态文明建设摆在"五位一体"的高度来论述，也彰显出中华民族对子孙、对世界负责的精神。

中国特色社会主义，既是经济发达、政治民主、文化先进、社会和谐的社会，也应该是生态环境良好的社会。中国特色镇发展作为中国特色社会主义的重要组成部分，更应当为中国特色社会主义建设承担责任，通过发展生态环保型特色镇，把生态文明建设的理念、原则、目标等深刻融入和贯穿到特色镇的经济、政治、文化、社会建设的各个方面和全过程，为全面推进城镇化的科学、和谐发展做出贡献。

周生贤在《中国特色生态文明建设的理论创新和实践》一文中表示：建设生态文明，以把握自然规律、尊重自然为前提，以人与自然、环境与经济、人与社会和谐共生为宗旨，以资源环境承载力为基础，以建立可持续的产业结构、生产方式、消费模式以及增强可持续发展能力为着眼点，以建设资源节约型、环境友好型社会为本质要求。

生态环保特色镇作为新兴的城镇发展类型，主要是指以"人与自然和谐相处，人的创造力、生产力与自然充分融合"为基本特征，在实现自然生态系统良性循环的基础上，以实现高效可持续发展的经济系统为核心、以建设生态文明为目的，构筑的高效的、低能耗的、健康的绿色城镇。著名环保学家、中华环保基金会理事长曲格平曾多次表示"建设生态城镇是中小城镇可持续发展的必由之路"。

生态环保型特色镇的建设，其内容非常丰富。首先，特色镇的各级政府部门、全体人民群众必须树立先进的生态伦理观念，尊重自然规律，推动生态文化、生态意识、生态道德等生态文明理念的牢固树立；在产业上，特色镇政府要通过大力发展节能环保等战

略性新兴产业，对传统产业进行生态化改造，通过绿色经济、循环经济等，加快转变经济发展方式；在制度上，可以协调有关部门建立健全法律、政策和体制、机制，加大制度创新力度；在具体举措上，包括加强综合环境整治，深化节能减排等。

生态环保型特色镇的建设，对于协调人与自然、经济与自然、创造与自然、发展与自然的关系，以及保证小城镇可持续发展都具有深远意义。面对 21 世纪，走建设生态城镇，达到人、自然、经济协调发展的道路是促进经济发展的必然趋势。现阶段在国家小城镇发展战略的合理指引下，我国江苏、浙江、陕西等省份兴起了一批以生态环保为特色的小城镇，这些特色镇主要是通过对原有城镇的生态化改造和新建生态工程两种途径发展而来。同时，国家环保部也通过开展创建全国环境优美乡镇和国家级生态村活动，旨在通过对全国各村镇农民人均纯收入、城镇居民人均可支配收入、城镇建成自来水普及率、空气环境质量等指标的审核和称号的命名，鼓励生态文明、新型健康、绿色城镇的发展，截至目前共在全国范围内命名了 204 个环境优美乡镇和 24 个生态村。

①分类

a. 生态工业园区特色镇

这类小城镇主要地处平原地区，经济条件较好，工业企业密布，基础设施较完善，加之较优越的地理位置为其实现"以绿引资"、建立绿色工业园创造了条件。

b. 生态农业特色镇

这类小城镇位于近郊平原区，主要分布在农业生态功能区内，是城乡居民蔬菜、瓜果、禽肉的主要生产基地。因此，大部分通过建立无害、绿色、有机农产品基地，提高农产品质量水平从而增强农产品市场竞争力，促进产业增效和农民增收。

生态农业小城镇包括两种。一是生态化城郊绿色农业模式。二是林粮牧业型生态农业模式。

c. 生态服务业特色镇

"服务业"被誉为"无言产业"，但随着服务业在国民经济中的比重日益增加，以及人们的生态理念和环境意识的不断增强，服务业的废弃物排放和环境污染问题也开始受到人们的注意。在此背景下，服务业开始向生态化转变，并由此产生了"生态服务业"的概念。"生态服务业"是指行动上注重服务的清洁化、生态化，重视服务业开展与生态的和谐统一；意识形态上崇尚自由、追求健康等。目前，生态服务业主要以生态旅游、绿色商贸、绿色物流等为重点。

d. 循环经济特色镇

循环经济特色镇是生态环保型特色镇一个重要表现形式。发展循环经济是我国的一项重大战略决策，是落实党的十八大推进生态文明建设战略部署的重大举措，是加快转变经济发展方式，建设资源节约型、环境友好型社会，实现可持续发展的必然选择。广西贺州市富川瑶族自治县莲山镇近年来按照"三个示范区、三个同步"要求着力打造循环经济品牌特色镇。

②建设生态型特色镇需注意的问题

生态文明，贵在创新，重在建设，成在持久。要进一步推进生态环保特色镇的生态文明建设，需要切实把握好若干重大问题。

a. 坚持在发展中保护、在保护中发展

我国已经到了以环境保护优化经济增长的新阶段，建设生态型特色镇，需要把节约环保与调整产业结构、污染防治与企业节约增效、发展节能环保产业与扩大内需、生态保护与优化生产力空间布局结合起来，加快推进经济发展方式的绿色转型。

b. 积极探索代价小、效益好、排放低、可持续的环境保护新道路

走代价小、效益好、排放低、可持续的环境保护新道路，加快构建与我国国情相适应的环境保护

宏观战略体系、全面高效的污染防治体系、健全的环境质量评价体系、完善的环境保护法规政策和科技标准体系、完备的环境管理和执法监督体系、全民参与的社会行动体系，是提高生态文明水平的形势使然，是解决资源环境问题的出路所在。生态特色镇在发展中，探索和实践环保新道路越主动越深入，生态文明建设的成效就越明显越持久。

c. 着力解决影响科学发展和损害群众健康的突出环境问题

享有良好的生态环境是人民群众的基本权利，是政府应当提供的基本公共服务。特色镇政府要深入开展整治违法排污企业、保障群众健康环保专项行动，严厉查处各类环境违法行为，切实解决关系民生的重大环境问题。

d. 不断完善有利于生态文明建设的体制、机制

地方政府要抓紧制定实施生态文明目标指标体系和考核办法，纳入党委政府绩效考核。此外，在广大社会群众中，加强基本国情、基本国策和有关法律法规的宣传教育，促进全社会牢固树立生态文明观念。

7）科技信息特色镇

步入 21 世纪以来，中共中央、国务院在科学分析和总结当代经济、社会、科技发展趋势和经验，充分估计未来科学技术特别是高技术发展对综合国力、人民生活和现代化进程的巨大影响的基础上提出了"科教兴国"的发展战略。在此宏观环境下，依靠科技进步，加大实施"科技兴镇、科技兴农、科技兴企、科技兴业"战略力度，已经成为解决加快经济发展，提高经济运行质量，实现城镇经济发展计划目标的出路所在、希望所在。

作为新型乡镇建设新兴典型，科技信息特色镇的兴起为我国的小城镇建设注入了新的活力，与时俱进的兴镇步伐紧跟知识经济时代的脉搏，形成了"农、科、教"为一体的综合管理体制，卓有成效

地推进了镇域经济和社会的科学发展，促进了全镇社会主义新农村建设。2003 年起，在国家科技部、建设部等部门的大力支持推动下，我国先后出台了一系列关于鼓励科技信息新型乡镇建设的政策文件，在全国范围内大力建设从中央到地方的层层科技信息服务网络，并通过实施"小城镇建设科技示范"、"全国星火小城镇示范镇建设"等项目，评选表彰了一批具有科技示范作用的先进城镇，让"科技兴镇"真正成为一项惠国惠民的有效举措。截至目前，我国共有百余个乡镇相继依靠先进科学技术和及时的信息服务走上了特色发展道路。

科技信息特色镇一般通过提高小城镇建设的科学性，实现科学规划和布局，提高资源综合利用效率，维护生态环境。同时，通过培育高新技术产业，为小城镇的经济建设注入新的活力，为转移农村剩余劳动力创造就业机会；注重信息化网络建设，形成信息无障碍流通的新局面，从而引导小城镇可持续发展。这类新型乡镇常常以科学技术普及工作、实用信息推广为主，注重因地制宜、因势利导，结合自身实际情况和特色资源产业，以科技信息带动农业、工业、服务业的多样发展，同时积极提高村镇干部和居民文化素质修养，通过科技带动、教育培训、信息服务、示范推广等手段建立新型村镇经济结构。

a. 突出科技指导，推动本地农、工、商优势产业发展

即乡镇利用科技信息的指导作用，积极促进自身经济体制改革和产业结构调整，以创新科技和完善的信息服务网络带动本镇农业、工业及服务业的发展。

b. 进一步建立科技示范体系，发挥科技示范先导和辐射效应

科技信息力量的发挥离不开先进带头人的推广，因此，充分发挥乡镇能人的示范带动作用，开展多形式、多层次、多渠道的农技培训，不仅能为群众

传授实用技术和实践经验，更可以有效凸显科技示范先导的辐射效应。

c.加大科技培训，培育一代新型农民

引进新的科学技术，转化应用新的农业科技成果，归根结底还是要靠劳动者自身科技文化素质的提高，这是科技推广工作的根本所在。

d.创新科技服务体制，大力发展网络化、社会化服务体系

深化科技体制改革，构筑科技支撑新体系，以强镇富民为目标，实施"科技兴镇"战略，加速科技进步，根本出路在于深化科技体制改革，构筑与社会主义市场经济体制相适应的，符合科技自身发展规律的科技支撑体系。当前，依托"从中央到地方"的科技信息服务站点，各乡镇应积极建立、健全本地的科技信息服务体系，构建以"网络、科技信息套餐"等为支撑的现代化服务渠道，积极利用社会化科技服务组织壮大服务体系。

e.密切与高校、科研院所机构的合作，实现科技成果的产业转化

高校、科研院所作为我国科技信息的高度集合，无疑是科技信息研发、转化的有力载体。目前，在我国沿海东部科技较为发达的许多城镇，已经意识到走与高校、科研院所合作研发道路的巨大意义，将城镇企业生产经营及技术需求与高校科研优势对接，有效实现了双赢的产业科技成果转化。

8）品牌特产特色镇

品牌是国家形象的代表。品牌不仅是一个企业开拓市场、战胜对手的有力武器，更是一个国家综合实力和整个民族财富的标志。民族品牌不仅代表国家产业水平，而且代表国家的国际形象，承载着重扬民族自尊心和自信心的历史责任。品牌体现着文化特征。据联合国工业计划署统计，世界上各类名牌商品共约 8.5 万种，其中发达国家和新兴工业化经济体拥有 90% 以上的名牌所有权，处于垄断地位，

而我国拥有的国际知名品牌却寥寥无几。目前，我国有 170 多类产品的产量居世界第一位，却少有世界水平的品牌，是典型的"制造大国，品牌小国"。我国一方面缺少自主品牌，一方面"傍洋牌"提高企业形象，"中国制造"挟"洋"自重现象比较突出。例如：达·芬奇家具涉嫌原产地造假问题，就是很显明的例证。除了此次达·芬奇家具被曝光利用保税区"一日游"虚标原产地外，其他虚假标注、虚假宣传现象在其他市场、品牌也很泛滥。建设自主品牌，打造自主名牌迫在眉睫。

加强自主品牌建设、提升品牌价值和效应，推动经济又好又快发展，是"十二五"规划的战略部署。改革开放 40 年来，我国政府一直高度重视加强自主品牌建设，制定了多项推进品牌建设的措施，逐渐形成了具有中国特色的名牌战略体系，涌现出一批具有较高市场价值和影响力的成功品牌，已经成为中国在全球经济一体化中软实力积累的现实标志。但从总体上看，我国品牌在国际竞争中仍处于追赶和从属地位。如何使中国从制造大国转变为品牌强国，是当前面临的重要研究课题。

2011 年 7 月，国家质检总局会同国家发改委、工信部、农业部、国资委、国家知识产权局、国家旅游局七部门研究制定并印发了《关于加强品牌建设的指导意见》，就全面加强我国自主品牌建设，推动经济又快又好发展提出指导要求。该《意见》强调，各部要统一认识，加强协调配合，在各自工作领域，各司其职，齐抓共促，共同推进我国的品牌建设。发展改革部门负责将质量提升和品牌建设纳入国民经济和社会发展规划，协调重点产业的品牌建设工作；工业和信息化部门负责推动实施工业和通信业品牌战略；农业部门负责推动实施农业品牌化发展战略；国有资产监督管理部门负责指导和督促国有企业发挥表率作用，努力形成一批具有国际竞争力的知名品牌；知识产权管理部门负责为品

牌建设组织实施知识产权战略；旅游管理部门负责推进旅游服务标准化建设，创建一批质量水平高、市场竞争力强的旅游品牌；质检部门负责推动实施名牌发展战略，建立培育、激励、发展品牌的体系和机制，建立健全品牌建设国家标准体系，加大品牌保护力度，会同有关部门定期就加强品牌建设的成果和经验进行总结分析和推广。

在国家发展乡镇名品、打造乡镇名牌的宏观战略背景下，很多乡镇及时抓住了发展机遇，因势利导，将特产卖向全国，将品牌打向世界。它们凭借自身的特产资源或自创品牌，在国内国际广受赞誉，并且秉承突出特色、高产高效的原则，镇内企业围绕特色产品资源和固有市场开展制造、加工，高度发展打造强势品牌，从而带动了镇域经济的前进，这类乡镇就被我们定义成为"品牌特产特色镇"。品牌特产特色镇是指小城镇在发展中通过将镇域范围内具有地域特色、历史特色、经济特色等物品进行开发、利用、包装并在市场上推广后，形成了具有较高的市场认可度的特色产品或形成了以特色产品为基础的特色产业或特色产业链。

当然，此类乡镇的发展也各有特点，一部分特产知名的乡镇围绕产品的现代化生产、加工、销售，利用特产原始具备的文化吸引力和知名度进一步挖掘其市场价值。另一部分乡镇则积极发挥创新精神，借助科技信息和现代化管理模式，做大做强企业品牌，创新企业文化，从无到有地拓展了一条从品牌而生的经济增长模式。

a. 特色产品生产加工型

我国幅员辽阔，特色产品众多，在近两百余个"中国特产之乡"中不乏多分布在乡镇区域，并且囊括了农、林、果、牧等多个领域。因此，许多乡镇利用当地特产优势，及时抓住了对外知名度高的有利宣传影响，围绕当地特产进行生产、加工、销售一条龙式发展，做大本镇经济。

b. 品牌特色制造型

品牌作为乡镇经济发展的重要依托，往往一个知名品牌的形成就能带动一方经济的腾飞。因此，此种类型的乡镇大都依靠自有品牌的发展、运营、创新，不断扩大地区经济实力和影响力，成为"名牌乡镇"。这里的品牌不仅仅包括产品品牌、企业品牌，也包括由当地文化、历史而衍生的特色品牌，只要是创起来、走出去的乡镇都可称为品牌制造特色镇。

9）科学规划特色镇

城乡规划是政府指导、调控城镇建设和发展的基本手段。其中，规划是灵魂，城镇的建设发展离不开科学规划的龙头指引。中共中央、国务院在《关于推进社会主义新农村建设的若干意见》建议把优先发展小城镇作为重要抓手，并提出了32字建设原则，"突出重点，示范引路；规划先行，因地制宜；政府支持，农民为主；创新机制，形成合力"。明确提出要将规划工作作为小城镇发展的契机和关键。

2007年，中华人民共和国建设部、科学技术部联合印发的《小城镇建设技术政策》中对于城镇规划也做出明确规定：第一，在区域城镇体系规划中，要明确城镇功能结构、规模结构、空间布局，并协调区域性基础设施和公共服务设施的建设。第二，要准确把握小城镇发展的特色功能定位。发展规划要为人口、经济、社会、资源和环境可持续发展创造条件，优化经济结构，大力发展特色产业，提供足够的就业岗位，为农业剩余劳动力有序转移创造条件；建设设施配套的住宅区，发展社会服务事业，提高服务水平，为构建农村地域和谐社会创造条件。第三，要对镇域资源、经济、社会等要素进行统筹、整合，形成合理的产业和居民点布局，并与相应的土地利用规划相衔接，配套完善基础设施、生态建设、环境、防灾和文物保护等各专项规划。特别是坚持以人为本的原则，对镇域的风景名胜、自然与文化遗产、生态环境要采取有效保护与合理利用措施，实现经济、社会、文化与生态环境相协调。第四，产业布局必须合理利用资源，保护生态环境，发展循环经济，提高土地、水等资源的综合利用效率。小城镇发展方向和布局应遵循节约土地、规模恰当、设施完善、生态健全、重点突出和发展协调的原则，建立功能清晰、分工明确、布局合理的城镇功能结构体系，统筹小城镇人与自然和谐发展。

在全国上下小城镇火热建设的大背景下，兴起了一批依靠合理规划发展起来的特色镇。总的来说，科学规划新型镇是指坚持"规划先行、因地制宜、特色发展、人与自然和谐统一"的原则，在深入分析小城镇的地理区位、优势资源的基础上，对镇域内的生产、生活、生态空间分布及区域布局进行科学规划，对教育、医疗、文化等服务设施进行合理布置，对城镇环境、交通居住条件进行绿色管理，对城镇优势特色进行创新挖掘从而全新定位所形成的新型小城镇。

a. 树立"规划先行、科学规划"思想

科学规划类乡镇坚持规划先行，高起点、高质量、高效益规划原则，以战略发展的眼光对镇区建设进行超前的、合理的规划。它要求规划方案既要科学、合理、适当超前，又要具有现实性和可操作性，对小城镇建设确实起到宏观调控和微观指导作用。包括掌握现代规划理念、技术和方法，树立宏观、整体的规划理念，提高镇区总体规划和详细规划的编制水平、质量等。

b. 从实际出发，合理、高效规划城镇空间布局

空间布局决定了城镇形态，因此，科学规划城镇空间布局成了建设特色城镇的首要大事。在规划时一般遵循以下几点：贯彻节约用地原则，建设用地布局要紧凑，在建筑群组合中，要充分挖掘土地利用潜力，在符合卫生、安全的条件下，适当缩小建筑间距，提高建筑密度；要坚持功能分区明确、优化布局结构的原则，处理好生产、生活、休憩、交通四大要素的关系，各功能区之间要联系方便，达到在空间上相互

协调，塑造良好的空间环境。另外，加强基础设施和公共服务设施建设，内容、标准和规模与城镇人口规模、等级、生活水平、经济发展相协调， 构建功能明确、等级结构协调、布局合理的生产生活环境。

c. 培育建筑风格，体现文化特色

特色是标志，规划在追求现代生活方式的同时，也要注重传统文化、民族文化、区域文化等文化的保留。小城镇的建设要有特色，不能"百村一面，十镇同容"，要突出小城镇的历史特色、文化特色、生态特色、资源特色。这就要求城镇建筑群的建筑风格和色彩基调要体现不同民族、不同地域、不同文化背景、不同农村传统民居和自然风貌特色，形成独特的建筑景观风貌。尤其是对于文化名镇、古镇要有相应的保护规划，要保护具有地方文化与传统特色的物质空间环境及与其相适应的文化内涵：独特的整体格局、风格各异的街巷、传统特色建筑群体、河湖水系、城镇色彩基调；不仅要关注城镇的主干道宽敞、大商场繁华，更要关注社区公园的幽雅、社区空地的活跃、街巷零售角的热闹，让居民在公共空间中感受愉快与舒适、享受生活。

d. 准确区域定位，突出城镇优势

规划时要做好宏观调控，统筹考虑经济、文化、环境、资源等多方面因素，在遵循以人为本原则的指导下，注重民众、政府、企业的多方参与，实现资源的永续利用、可持续发展。寻找适合自身特点的发展定位，按照"科学定位——合理经营——盘活资源——优化环境"的思路进行小城镇规划。同时，依据当地区位优势和资源条件，构筑与之相适应的产业结构，培育优势产业，找准经济发展与城镇建设的结合点，实现经济发展与城镇建设相互协调，双向带动，形成产业特色。

e. 新的历史时期下，"顶层设计"理念的提出和实施

"顶层设计"（TOP-DOWN）源于自然科学或

大型工程技术领域的一种设计理念。它是针对某一具体的设计对象，运用系统论的方式，自高端开始的总体构想和战略设计，注重规划设计与实际需求的紧密结合，强调设计对象定位上的准确，结构上的优化，功能上的协调，资源上的整合，是一种将复杂对象简单化、具体化、程式化的设计方法。"顶层设计"理念提出后，其应用范围很快超出了工程设计领域，并在西方国家被广泛应用于信息科学、军事学、社会学、教育学等领域，成为在众多领域制定发展战略的一种重要思维方式。从其理论内涵的特点来看，主要体现在以下三个方面：一是整体主义战略。在根据任务需求确定核心或终极目标后，"顶层设计"的所有子系统、分任务单元都不折不扣地指向和围绕核心目标，当每一个环节的技术标准与工作任务都执行到位时，就会产生顶层设计所预期的整体效应。二是缜密的理性思维。"顶层设计"是自高端开始的"自上而下"的设计，但这种"上"并不是凭空建构，而是源于并高于实践，是对实践经验和感性认识的理性提升。它能够成功的关键就在于通过缜密的理性主义思维，在理想与实现、可能性与现实性之间绘制了一张精确的、可控的"蓝图"，并通过实践使之得到完美的再现。三是强调执行力。"顶层设计"的整体主义战略确定以及"蓝图"绘就以后，如果没有准确到位的执行，必然只是海市蜃楼。因此，"顶层设计"的执行过程中，实际上体现了精细化管理和全面质量管理战略，强调执行，注重细节，注重各环节之间的互动与衔接。

2010年10月，"顶层设计"在中共中央关于"十二五"规划的建议中首次出现，建议提出要"更加重视改革顶层设计和总体规划"的理念。从国家层面理解的顶层设计，就整个国家的改革而言，顶层就是最高层，就是全党全国这一层。重视"顶层设计"，就是要求加强对改革的统筹力度，就是要求我们把已经进行或将要进行的改革、创新，与社会主义市场经济、社会主义民主政治、中国特色社会主义文化建设、社会建设等基本方向、基本目标、基本价值进行更具操作性的连接，就是要求我们把改革真正提升到制度、体制、机制建设的层面。简言之，就是要求全面设计，为有序改革提供可供遵循的"序"。顶层设计这一概念，要求我们政府在改革与发展中必须从战略管理的高度统筹改革与发展的全局，以社会主义核心价值和科学发展的理念，为未来中国社会的发展谋划新的发展蓝图。

可以说，顶层设计概念的提出，是我们党对中国社会矛盾和社会问题认识深化的表现，也是我们党关于中国社会主义社会发展理论成熟的表现。能从战略高度把握改革与发展的全局，标志着中国的发展取向结束了"摸着石头过河"的历史，进入一个目标明确、规划具体、战略得当的新的发展时代。这一理论为整个社会主义建设的科学规划，提供了强大的理论支持，在小城镇建设、特色镇发展和城乡统筹的过程中，值得学习和贯彻落实。

10）合作服务特色镇

所谓合作服务特色镇，主要是指依靠发展专业合作社和服务外包带动当地经济腾飞的新型村镇。这两类特色镇都将互助合作放在了村镇建设的重要地位，通过村内合作社发挥组织引导或者服务外包转移，摸索具有当地特色的新农村建设模式。

a. 专业合作社模式

合作社事业是一项具有远大前景的事业，在欧洲，合作社运动已发展了将近250年，我国也有50多年的发展史。特别是改革开放以来，随着我国社会主义市场经济体制的不断完善，农民在家庭承包的经营基础上，由当地政府正确领导和村委组织起来，按照自愿民主的原则，兴办各种新型专业合作经济组织，为增加农民收入发展现代农业，建设社会主义新农村构建和谐社会，发挥了积极作用。这是实践的产物，为今后我国农业发展指明了一条可行之路。中共中央、国务院对农民专业合作组织建设与发展工作始终高度重视。《农民专业合作社法》的颁布实施为农民专业合作社发展提供了坚强的法律保障，中共十七大第一次把"发展农民专业合作组织"写入党的全国代表大会报告中。2013 年中央一号文件把发展农民合作社作为建设现代农业、增强农村发展活力的一项重要措施，农民合作组织会获得更多政策支持。有了国家政策的大力推动，许多乡镇积极创新模式成立了适合本地发展的农民专业合作社组织，通过合作社的科技引导、信息服务及现代化的管理，促进当地农民增收、农村发展、农业进步。目前来看较为成熟的合作模式有：能人带动型、农民自发型、龙头企业依托型、部门依托型、新型合作型，包括协会、行会、专业组织等多种形式，呈现出形式多样化、领域扩大化、兴办主体多元化的特点。可以说，这样一种合作服务的模式不仅提高了农业社会化服务和标准化生产水平，增强了农民抵御市场风险的能力，同时也加快了农村经济结构调整，使得农民综合素质得到一定的提高，从而整体推进了新农村建设。

b. 服务外包模式

所谓服务外包，是指企业将原来在内部从事的服务活动转移给外部企业去执行的一种业务安排，以降低成本，优化产业链，提升核心竞争力。服务外包按业务领域分为信息技术外包（ITO）、业务流程外包（BPO）、知识流程外包（KPO），具有信息技术承载度高、附加值大、资源消耗低、环境污染少、吸纳就业能力强、国际化水平高等特点。随着经济全球化的深入和互联网技术的发展，以服务外包、服务贸易为主要特征的新一轮世界产业转移正席卷全球。2006 年 10 月 16 日，商务部发布《关于实施服务外包"千百十工程"的通知》，提出要在"十一五"期间，在全国建设 10 个具有一定国际竞争力的服务外包基地城市，推动 100 家世界著名

跨国公司将其服务外包业务转移到中国，培育 100 家取得国际资质的大中型服务外包企业，创造有利条件，全方位承接国际（离岸）服务外包业务，并不断提升服务价值。2009 年 2 月，国务院办公厅下发了《关于促进服务外包产业发展问题的复函》，批复了商务部会同有关部委共同制定的促进服务外包发展的政策措施，批准北京等 20 个城市为中国服务外包示范城市。基于以上宏观背景，许多乡镇纷纷抢抓国际服务业产业转移机遇，依托其他组织或个人大力促进服务外包产业发展，走出了一条具有浓郁地域特色的合作服务之路。

11）党建创新特色镇

创新，是一个民族进步的灵魂，是一个国家兴旺发达的不竭动力，也是一个政党永葆生机的源泉。在当前经济体制深刻变革、社会结构深刻变动、利益结构深刻调整、思想观念深刻变化的新形势下，加强党的先进性建设，保持党的生机活力，必须以改革的精神、改革的举措，推动基层党建工作创新发展。乡镇是我国最基层的行政单位，乡镇党建创新工作也就成为基层党建创新的重要代表。

党建创新特色镇是在近几年的发展过程中，各乡镇在实践科学发展，找准自身地位的前提下，不断摸索，创新党建方式，从而形成的新型特色镇。主要在乡镇建设中以邓小平理论、"三个代表"重要思想、科学发展观、习近平新时代中国特色社会主义思想为指导，认真贯彻落实十八大会议精神，坚持统筹城乡发展方略，以"生产展、生活宽裕、乡风文明、村容整洁、管理民主"为目标，以增加农民收入、提高农民素质和生活质量为重点，以发挥农村基层党组织的堡垒作用和党员的先锋模范作用为保证，创新思维，创新工作方式，开展创新性实践，把新农村建设作为解决"三农"问题的突破口。

党建工作是一项严肃的事业，需要严谨的作风和科学的态度，党建工作更是一项充满生机活力与

创造锐气的事业。创新，是党建工作的活力之源，党建创新的源头活水是基层党建，镇作为我国最基层的行政单位，其党建创新就显得尤为重要。过去40年改革开放实践中，不少成功做法都是由基层和群众首创，后由决策层发现、总结，再向全国推广。在党的建设方面同样也是如此，这些来自基层的鲜活案例，都是基层党组织把中央精神与基层实际相结合的创新实践的成果。其中一些已经得到提炼、总结和推广，如"公推直选""四议两公开""一定三有""三有一化"等。为推进基层党建改革创新，营造重视基层党建氛围，并探索干部培训案例开发新机制，2009年9月起中国浦东干部学院、人民网·中国共产党新闻网、中国人事报和组织人事报，举办了第一届基层党建创新典型案例征集活动，活动共征集到来自全国各地提交案例2000多个。经初选、网络票选、专家推荐和专家最终评审，共评选出基层党建创新最佳案例20个和优秀案例60个。2011年7月，为总结基层党建创新的典型做法和先进经验，提高基层党建科学化水平，相关单位又组织了第二届基层党建创新案例征集活动。《求是》杂志副总编黄中平评价：中国浦东干部学院等单位联合举办的"基层党建创新案例征集活动"，征集典型材料作案例，对于推进教学工作，促进党的建设都很有现实意义。政治编辑部主任常光民说，通过对大量基层党建工作案例的介绍、分析、研究、论证，使人们能够更全面、更客观、更深入地了解基层党建，使各地基层党建的许多好经验、好做法能够得以交流、推广，这必将有力地推动基层党建创新，提高基层党建科学化水平，使基层党建工作更好地服务党和国家工作大局。

在长期的实践中，一批发展突出的党建创新新型乡镇不断涌现，通过对其发展模式的总结，不难看出其主要做好了以下几个方面的工作：

①加强党的干部队伍培养，提高服务意识和服务能力。

②创新基层党建管理模式，打造党建品牌。

③创建富民工程，多途径建设小康城镇。

④立足主题活动，深化基层民主管理。

⑤发挥先进带头作用，以优良党风带动民风建设。

12）管理创新特色镇

加强和创新社会管理，建设中国特色社会主义管理体系，是中共中央在新的历史条件下审时度势、与时俱进做出的重大战略决策。十八大报告强调："建设中国特色社会主义，总依据是社会主义初级阶段，总布局是五位一体，总任务是实现社会主义现代化和中华民族伟大复兴。"这个新概括，高屋建瓴、提纲挈领，是我们坚持和发展中国特色社会主义最重要的顶层设计。其中，确立经济建设、政治建设、文化建设、社会建设、生态文明建设五位一体的总布局，是我们党对社会主义建设规律在实践和认识上不断深化的重要成果。加强社会建设、创新社会管理，是顺应人民群众新期望的必然选择，是维护社会和谐稳定的源头性、基础性、根本性工作。

推进社会管理创新，建立健全党委领导、政府负责、社会协同、公众参与的社会管理格局，对践行立党为公、执政为民宗旨，最大限度激发社会创造活力，为加快特色乡镇崛起、实现全面小康，都具有十分重要的意义。社会管理的重点在基层、难点在基层，乡镇是政权的基础、改革的前沿、发展的重点和稳定的关键，其职能作用发挥如何，直接影响民心向背和党的事业兴衰。在经济建设和社会发展中，不少镇不断适应新形势和新要求，调整工作方法，加强社会管理创新，一步步解决管理中存在的问题，也逐渐形成了自己的特色。

①乡镇社会管理的现状

中共十六届四中全会和六中全会分别从提高党的执政能力和构建和谐社会的高度，提出了"深入研究社会管理规律、完善社会管理体系和政策法规，整合社会管理资源，建立健全党委领导、政府负责、社会协同，公众参与的社会管理格局"的要求。然而，现行的乡镇社会管理格局还没有达到这个要求，主要表现在以下五个方面：

a. 乡镇政府管理职能迷失

现在乡镇工作的基本定式是随着上级中心工作走，跟着上级下达的任务忙，围着上级考核的方向转，导致乡镇政府无心履行地方社会管理基本行政职能。

b. 行政老作为，服务老观念

社会变化了，面临的问题变化了，可是一些乡镇政府应对问题还是老方法、服务群众还是老观念。在社会管理方面，仍然习惯于居高临下、发号施令，对于群众的需求和困难，缺少主动调查了解和上达。

c. 乡镇指导村委会乏力

实行村民自治后，一方面乡镇不能过多干预村民委员会的工作，另一方面乡镇对村委会的指导收效不大。原因在于：一是当前村民自治的水平低，机制极不完善，自治等于不治；二是村干部收入低，没有社会保障等，难以调动其工作积极性；三是在乡镇指导村委会工作中，缺乏资金、物资和人力等资源的配套实施条件；四是乡镇干部培训学习时间少，指导水平不高，导致工作效率偏低。

d. 乡镇普通干部管理困难

一是乡镇干部普遍待遇偏低，工作缺乏积极性。二是干部素质不高，难以适应新时期的需要。三是乡镇在人事上没有提拔任用权，普通干部很难有升迁的机会，导致思想不稳定，工作不安心，没有积极性，导致干部管理难。

e. 乡镇公益事业建设难办

一是在筹集资金过程中，由于受益不均，无法建立统一的分摊标准，征收时难度较大。二是外出务工人员常年在外的资金收取难。三是部分农户因家境困难无法一次性缴清而产生新的拖欠，造成兴办公益事业胎死腹中。

② 大力推进乡镇社会管理创新

加强和创新社会管理工作，是党中央从实现"十二五"规划和全面构建和谐社会的高度做出的重大决策。而乡镇是我国最基层一级政权，直接面对群众，直接触及各类社会矛盾，是社会管理创新的最前沿。因此，如何紧密结合乡镇工作实际，不断探索提高乡镇社会管理科学化水平，促进社会和谐稳定就显得非常重要。

搭建学习平台，扮好"宣传"角色；搭建活动平台，扮好"导演"角色；搭建创业平台，扮好"引领"角色；搭建关爱平台，扮好"帮扶"角色。

13) 少数民族特色镇

我国拥有蒙、回、藏、维吾尔、苗、彝、壮、布依、朝鲜、满、锡伯等 55 个少数民族，少数民族人口主要集中在西南、西北和东北各省（自治区），广西、云南、贵州、新疆 4 个省区的少数民族人口之和占全国少数民族人口的一半以上，内蒙古、新疆、西藏、广西、宁夏 5 个自治区和 30 个自治州、120 个自治县（旗）、1200 多个民族乡是少数民族聚居的地方。我国陆地边境线全长 2 万多千米，绝大部分是少数民族地区。在这些地区又都杂居着不少汉族，其比例也相当高。如在内蒙古、广西、宁夏 3 个自治区中，汉族人口都超过了少数民族人口，在新疆，汉族人口占 40% 强。同样，在各汉族地区也杂居着许多少数民族。近 20 年来，少数民族杂、散居人口增长快，民族杂散居的县市越来越多。

这里所说的少数民族特色镇是指除汉族以外的其他 55 个少数民族地区发展起来的特色乡镇。从少数民族居住的区域来讲，地域广阔、民俗风情别样、历史悠久的少数民族居住地，不仅能源、土地、森林等资源十分丰富，更具备"山、水、人"为一体的特色旅游资源，加之少数民族地区大多中心城市稀少，次一级城市数量不足，小城镇的存在与发展意义就更加重大。中国是一个统一的多民族国家，各民族在几千年的历史进程中创造的异彩纷呈的文化遗存，是人类文明的重要组成部分，是中华文化一体多元、中华民族多元一体的生动写照。文化是民族的灵魂，了解、保护、研究并传承民族文化，对凝聚民族精神、陶冶民族情怀、促进民族团结、推动社会进步均具有重要意义。在我国全面推进小城镇建设的今天，加快少数民族地区的城镇化进程关系到全国的城镇化进程，关系到少数民族的繁荣与进步，关系到民族团结、国家安定和祖国统一。

与一般特色镇不同，少数民族特色镇的建设具有其特殊性。少数民族经济建设是党和国家民族政策的一项重要内容，是社会主义建设不可分割的重要组成部分，坚持各民族共同发展、共同繁荣是中国民族政策的根本立场。民族区域自治法进一步把支持和帮助民族地区加快发展，规定为上级国家机关的法律义务。多年来，国家把支持少数民族和民族地区加快经济社会发展作为国家发展建设的重要内容，不断出台政策措施支持少数民族和民族地区发展。少数民族经历长期的历史沉淀，形成了深厚的、独具特色的少数民族文化，因此，少数民族特色镇建设首先要体现出民族建筑特色、民族文化特色、民族旅游特色、民族资源特色、民族经济特色以及民族区位特色等，充分展示少数民族的风情习俗、文化艺术、建筑艺术。其次要立足于少数民族地区的资源，充分发挥出民族特色，变民族特色为区域发展优势，把各地区的独特因素发掘出来，规划既要考虑到小城镇发展的速度，也要体现出质量和水平，对处于风景名胜、旅游胜地、文化古迹的少数民族乡镇在规划布局、建筑风格、文化品位、地方习俗等方面都充分展示出其自身的独特魅力。

鉴于我国少数民族的人口分布及发展特点，以下按照民族分布区域划分，选择人口较多的民族中发展较为成熟的一批少数民族特色镇加以研究。

a. 广西壮族自治区特色镇

"十一五"期间，壮族人口分布最多的广西壮族自治区加快推进城镇化，突出大城市，走集约发展大中小城市和小城镇协调发展道路。2005年广西城镇化率达到33%，比2000年提高约5个百分点。广西农村人口比例的降低和城市人口比例的提升，折射出城市带的快速发展。此外，提出建立"四群四带"城镇化格局，即用地少、就业多、要素集聚能力强、人口分布合理。依托沿海高速公路和铁路路网，形成以南宁市为核心的南北钦防沿海城市群；依托交通枢纽和工业重镇地位，形成以柳州市为中心的桂中城镇群；依托湘桂铁路和高速公路，形成以桂林市为中心的桂北城镇群；依托西江水道、高速公路和洛湛、黎湛铁路，形成以梧州、玉林、贵港市为中心的桂东南城镇群。

为了充分发挥城镇群、城镇带的作用，广西壮族自治区又出台了《关于优化城镇群城镇带布局的意见》，提出优化"四群五带"城镇布局，《意见》指出要依托各自资源优势，选择差异化的城镇化发展模式，加快城镇发展速度，实现城乡经济环境的和谐发展，走具有广西特色的城镇化道路。此外，为了挖掘地方城镇特色，加快推进农村经济结构战略性调整，实现镇村经济发展的新突破，广西壮族自治区制定《关于促进特色名镇名村发展的意见》，提出"以培育主导产业、形成特色产业为主线，以科技创新为动力，大力培植强优企业，壮大支柱产业，发展新兴产业，加快产业集聚，大力推进城乡风貌改造，推进特色名镇名村的跨越式发展"，通过科学布局，加大投入和支持力度，"结合城乡风貌改造中的'百镇千村行动计划'，在全区先期重点培育60个左右具有鲜明产业特色、发展势头良好、潜力大的工贸强镇、旅游名镇（村）、文化名镇（村）、农业（生态）名镇（村）"。

从广西城镇化进程看，以南宁、柳州、桂林为代表的中心城市发展十分迅猛，在区域发展中的影响力日益增强。为进一步完善城镇体系，广西将建设南宁、柳州超大城市和桂林特大城市。其中，到 2015 年，南宁、柳州和桂林的城区人口分别达到 300 万人左右、230 万人左右、120 万人左右。广西将在土地政策、户籍政策、行政区划调整等方面对以上三个城市给予政策支持和倾斜。扩权强县是广西加快城镇化跨越发展的核心政策之一。不论原权限是在自治区或设区市。只要能通过直接、委托、授权等方式下放的权限都尽量下放。为了加快城镇化进程，广西将优化城镇群城镇带布局：完善北部湾城市群、重点建设西江干流城镇带、推动资源富集的右江走廊、黔桂走廊和桂西南城镇带的发展、壮大桂中城镇群、整合桂北城镇群和桂东北城镇带的旅游城镇资源，推动桂贺旅游带建设，使上述区域的城镇人口达到全区城镇人口总量的 70% 以上，经济总量占全区的 70% 以上，城镇化水平接近 65%。预计"十二五"期间，广西城镇化发展将保持年均增加 2 个百分点的发展速度，全区城镇化水平要由目前的 40.6% 提高到 2015 年的50% 左右。

b. 东北三省满族特色镇

满族主要分布在东北三省。小城镇建设自 2009年列入黑龙江"十大工程"以来，该省积极编制村镇体系规划和小城镇总体规划，不断完善小城镇基础设施，大力改善人居环境，小城镇建设取得显著成效，典型示范作用进一步凸显。2009 年黑龙江启动"百镇建设工程"，主要选择重点旅游名镇、农垦型、森工型、边贸型、油（矿）县共建型、工业型和地方型小城镇，探索不同小城镇共同发展的路子，加快重点小城镇建设，努力实现小城镇建设有创新、有突破、有亮点，力争小城镇建设再跃新台阶。随着国家宏观经济政策以及进一步实施东北地区等老工业基地振兴战略，黑龙江省出台了很多支持城镇化的政策和项目，使小城镇建设面临着难得的机遇，小城镇发展按要求被放在整个国民经济大局中去谋划，与全省"十二五"规划、大中城市产业转移、调整经济结构、转变经济发展方式的要求相结合。各级地方政府根据各自的发展定位和本乡镇的实际情况，制定了自己的产业布局、项目发展、环境保护、物流体系等建设任务，选择了自己的产业方向、发展重点。主动承接大中城市项目、资金、技术的扩散和转移，围绕中心城市的支柱产业和发展要求承接配套项目，形成产业配套，发展产业集群。因地制宜大力发展第二、第三产业，培育壮大工业、商业、边贸、旅游优势主导产业，推动低碳增长、绿色发展。把丰富的农畜产品资源、旅游资源、淡水资源、矿产资源、农机装备市场资源等资源优势转化为经济优势。

c. 宁夏回族自治区特色镇

2010 年 7 月，宁夏财政厅下拨 5600 万元专项资金，重点支持 12 个沿黄特色小城镇建设，主要用于支持、完善和提高特色小城镇公共基础设施服务水平，如道路、桥梁、给排水建设，污水处理和配套管网建设，垃圾处理及相关配套设施建设，以及其他急需政府投资建设的公共基础设施和公用设施建设。2011 年，由自治区住建厅负责编制的《宁夏"十二五"城镇化发展规划》正式完成，根据该规划，到 2015年，全区总人口控制在 675 万以内，城镇化率达到55%，城镇人口达到 371 万。规划提出，到 2015 年，全区形成以银川为特大城市，石嘴山为大城市，吴忠、中卫、固原为中等城市，以及 13 个小城市和 70 个左右小城镇构成的城镇体系格局。2011 年 6 月，宁夏回族自治区党委、政府印发了《关于鼓励引导农民变市民进一步加快城镇化的若干意见》，出台多项优惠政策，鼓励和引导农民进城就业创业、安家落户，促进农村人口向城镇集聚，农民向市民转变，统筹城乡发展。今后，将大力发展产业，强化产业支撑；加快区域基础设施建设，保障城镇化的快速发展；加强城镇基础设施和公共服务设施建设，提高城镇的吸纳和承载能力；加快推进沿黄城市带建设，促进人口、产业向沿黄地区聚集；制定和完善土地、产业、人口、户籍、社会保障等政策制度，优化城镇化发展的环境，促进农民向市民转变；加快推进区域"六个一体化"，促进城乡统筹和山川协调发展。

d. 新疆维吾尔自治区特色镇

新疆地处偏远、经济相对落后，城镇基础设施建设主要是从国家实施西部大开发政策、安排国债资金以来开始启动，而且主要依靠国家支持。由于起步晚，新疆城镇基础设施建设严重滞后，投入不足、历史欠账多、城市基础设施建设资金匮乏，导致城镇基础设施保障水平不高，管网老化、供水供热能力不足等问题依然较大范围存在，城市总体发展水平大大落后于内地。

2010年，新疆生产建设兵团党委六届五次全委（扩大）会议上指出，新疆兵团将按照"师建城市"的思路，首选一批战略地位重要、经济基础较好、发展潜力大的垦区中心城镇，规划建设县级市；对于农业师师部与所建城市不在同一地点的，兵团将加强与地方沟通协调，按照共建、共享、共赢的原则，发展兵地共建城区和师部城区。"十二五"期间将按照石河子市的模式再建一批县级市。新疆生产建设兵团现有石河子、五家渠、阿拉尔、图木舒克4个城市，2010年5月召开的中央新疆工作座谈会确定，将兵团的城镇化建设纳入国家城市规划建设体系，在2011年两会上，达列力汗·马米汗代表建议国家在"十二五"期间，进一步加大对新疆城镇基础设施建设的投入力度，特别是加大对县城、小城镇供排水、垃圾处理、集中供热等与百姓生活密切相关的基础设施建设的投入力度，加快推进新疆城镇化、工业化发展，促进社会主义和谐新疆建设。

《新疆生产建设兵团国民经济和社会发展第十二个五年规划纲要》中也提出，民生建设要重点围绕城镇化建设，加快建设保障性住房和城镇水、电、路等基础设施，配套建设公共服务设施，努力改善职工群众的生产和生活环境，使团场职工群众全面享有与城市居民同等的公共服务，过上现代文明生活。纲要显示：石河子市要实现"三扩"——扩大城区面积、扩大经济总量、扩大人口规模，成为自治区和兵团推进跨越式发展的排头兵及西部重要的宜居、宜游、宜业城市；五家渠市要着力构建乌—昌—五家渠半小时城市经济圈，成为天山北坡经济区重要产业基地、带动兵团经济增长新的引擎；阿拉尔市要优化投资和人居环境，成为兵团在南疆推进城镇化和工业化的主力军及建设稳定南疆的重要战略支点；图木舒克市要增加城市活力和生气，成为南疆和周边地区民族用品生产集散中心；北屯要加快建市步伐，成为北疆地区重要的物流集散地和出口商品贸易加工区。同时，引导团场经济、人口、公共资源向团部集中，着力改善团场面貌，因地制宜发展团场经济，使团场城镇成为吸纳农业富余劳动力的有效载体和维稳成边的坚固堡垒，团场居民享有与小城市同等公共服务。适度发展兵地共建城区和师部城区，争取统一规划、自行建设和管理，实现与所在城市协调发展。

e. 西藏藏族自治区特色镇

在党中央的亲切关怀和全国人民的无私援助下，西藏城乡建设事业得到了快速持续健康发展，城镇基础设施建设稳步推进，城镇服务功能大幅提升，城乡面貌发生了翻天覆地的变化。城乡建设取得了举世瞩目的辉煌成就，各级城镇在全区经济社会发展中的作用日益突出，为经济、政治、文化等领域的蓬勃发展提供了强大物质支撑，有力促进了西藏经济社会进入全面跨越式发展的快车道。特别是青藏铁路的建成通车，为西藏城乡建设的加快发展注入了活力，提供了又一次历史机遇，现在已初步形成了以拉萨为中心，各地市所在地城镇为次中心，县城所在地城镇及建制镇为支撑的三级城镇体系，城镇道路、给排水、垃圾处理等基础设施正日趋完善，城镇功能品位逐步提高，逐步走上人与自然环境协调发展道路。

西藏切实把保障和改善民生作为经济社会发展

的出发点和落脚点，狠抓改善农牧民生产生活条件、增加农牧民收入这个首要任务，在全国做到"五个率先"。即：率先免除农业税，率先实现城乡免费义务教育，率先实现从学前教育到高中阶段教育所有农牧民子女和城镇困难家庭子女"包吃、包住、包学习费用"的"三包"全覆盖，率先在农牧区实现免费医疗制度，率先实现基本医疗保险、新型农村社会养老保险和城乡最低生活保障等制度的全覆盖。进入"十一五"以来，自治区大力实施以安居乐业为突破口的社会主义新农村建设，让西藏所有住房条件比较差的农牧民住上了安全适用的房屋，切实解决饮水、医疗、养老、就业等群众最关心、最直接、最现实的利益问题。从 2006 年起，西藏大力实施以游牧民定居、扶贫搬迁、农房改造为重点的农牧民安居工程，并以此为突破口扎实推进社会主义新农村建设。同时，实施了水、电、信、路、气、广播电视、邮政和优美环境"八到农家"工程。

"十三五"期间，西藏将旅游业培育成国民经济的主导产业，形成较为完善的旅游产业，推动乡村旅游由以往纯粹的观光型向个性化、特色化、市场化发展，同时高标准规划 10 个乡村旅游示范县、50 个乡村旅游风情小城镇和 151 个乡村旅游示范村。

西藏和平解放 60 多年来，西藏各族人民认真贯彻中央新时期西藏工作指导思想，坚持走有中国特色、西藏特点的发展路子，大力实施"一产上水平、二产抓重点、三产大发展"的经济发展战略，坚定不移抓发展，千方百计惠民生，旗帜鲜明反分裂，扎扎实实抓党建，民族团结谱新篇，建设团结、民主、富裕、文明、和谐的社会主义新西藏的基础更加坚实牢固。

f. 内蒙古自治区特色镇

从 2011 年开始加快推进城镇化战略以来，内蒙古建设了以呼和浩特、包头为中心的西部城镇群，建设了以赤峰、通辽为中心的中部城镇群，建设了以呼伦贝尔、乌兰浩特为中心的东部城镇群，城市

聚集力和辐射力不断增强，带动周边地区中小城镇社会经济发展的作用明显增强，成为吸纳农村剩余劳动力的主要载体。与此同时，内蒙古 101 多个旗（县）的中心城镇也加快了建设进程，加强了城镇道路、公共交通、信息网络和水电气热管网等市政基础设施建设，同时加快了教育、文化、卫生、体育等城镇公共服务设施建设，促进了城乡一体化。内蒙古现已初步建成横贯全区东、中、西部的高等级公路、铁路、电网"三大通道"；使全区 12 个盟（市）都有了高速公路，进而增强了中心城市的社会、经济辐射作用。

目前，内蒙古的经济结构调整已总体上完成了由农牧业主导型向工业主导型的历史性转变。"十一五"期间，内蒙古自治区经受住了一系列严峻考验，面对国际金融危机的严重冲击，自治区坚持把扩大内需作为保增长的着力点，迅速扭转了经济曾经下滑的局面。规模以上工业年平均增长 25.4%，工业占经济总量的比重由 37.8% 提高到 48.6%，实现利润由 226 亿元增加到 1200 亿元，成为推动经济平稳较快增长的主导力量。农牧业综合生产能力稳步提高，全区具备了年产 200 亿千克粮食、230 万吨肉类、900 万吨牛奶、10 万吨绒毛的生产能力，牛奶、羊肉、羊绒产量稳居全国首位。工农牧业的现代化，积极推进了城镇建设。自治区通过加快人口布局调整和城市扩容改造，中心城市的综合服务功能和辐射带动能力明显增强。2010 年，全区城镇化率达到 55%，比 2005 年提高了 7.8 个百分点，累计新增城镇人口 211 万人，城市建成区面积扩大了 161 平方千米。

"十三五"期间内蒙古坚持地积极推进新型城镇化作为经济社会发展的重要动力，以加快产业和人口集聚为重点，不断提高城镇综合承载力、集聚力和辐射力，呈现出城镇规模快速扩张、城镇体系不断完善、城镇功能持续提升、城乡面貌深刻变化、

宜居性持续改善的良好态势。

g. 其他民族特色镇

特色是城镇品质和魅力所在，也是云南城镇化建设的根本着力点。山区、民族、边疆和欠发达是云南的根本省情，决定了其在推进城镇化进程中一定要依托自然、历史和人文资源富集的优势，在城镇布局、结构、功能定位、规划中既要符合城镇化的一般规律，又要充分体现、发挥云南的比较优势，探索出一条具有云南特色的城镇化道路。云南民族众多、历史悠久，各种文化遗存保护较好，许多小城镇拥有一些形态完整、特色鲜明、历史文化价值极高的村落。云南基于把各地现实的客观条件、现有的产业优势和消费趋势有机结合起来的考虑，提出了建设旅游小镇的构想，即以小镇为载体，把小城镇发展与云南已经形成优势的旅游产业相结合，探索统筹城乡发展的新路子。通过把村落作为重要的旅游产品推介出去，使其焕发新的生机，为旅游"二次创业"提供新产品，也为小城镇发展提供新动力。结合各地资源条件、地理区位和市场发展潜力，在全省首批选择 60 个小镇，将其划分为保护提升、开发建设、规划准备三种类型，按照"全面动员、分类指导、分步实施"的方式进行建设。云南省政府通过广泛深入的调查研究，制定出台《关于加快旅游小镇开发建设的指导意见》，提出了旅游小镇建设"政府引导、企业参与、市场运作、群众受益"的方针以及相应的措施。围绕建设一批"云南旅游名镇"的目标，明确搞好建设规划、加大对外开放力度、重视民族历史文化资源保护、加强基础设施建设、加快地方特色旅游商品开发和促进非公有制经济发展、加强旅游文化景观开发、搞好环境治理等方面的工作重点；鼓励支持企业和其他社会力量，通过规范的市场运作参与旅游小镇建设。为加强协调组织，成立了全省旅游小镇建设指导协调小组，负责旅游小镇建设的组织指导、统筹协调、督促检

查工作。一批具有较强实力的民营企业纷纷参与旅游小镇建设，吸引各类建设资金近 30 亿元。丽江束河古镇从一个名不见经传的边陲小村发展成为全国人居环境最佳魅力名镇、全国 4A 级风景旅游区，居民人均月纯收入也从 2002 年的 800 元跃升到 2006 年的 4000 多元。保山市腾冲县的和顺古镇、楚雄彝族自治州禄丰县的黑井镇、大姚县的石羊镇、昭通市盐津县的豆沙古镇等 30 余个特色城镇，成为云南特色乡镇旅游的亮点。旅游小镇建设的社会效益也很明显，如柏联集团通过出资修缮文物、设立文化遗存档案和建立滇缅抗战博物馆等方式，有力地促进了腾冲和顺国家级历史文化名镇的申报进程；丽江大研古镇的开发建设，对"世界文化遗产"大研古镇和"世界记忆遗产"东巴文字的保护发挥了积极作用。

民和县是青海省的一个回族土族自治县，具有东大门之称。多年的开发建设让这座生机蓬勃的县域经济又增添新的活力。有着"东方庞贝古城"之誉的青海省民和回族土族自治县官亭镇喇家遗址，是迄今为止中国发现的唯一一处史前大型灾难遗址。有关学者对其研究后提出，喇家遗址就是中国治水英雄大禹的故里。喇家遗址是距今 4000 年前的灾难遗址，保留了古地震、古洪水等多重灾难痕迹。从 2000 年发掘至今，喇家遗址出土了数十具姿态各异的人类遗骸，忠实记录了灾难降临的瞬间，同时出土了大量罕见的巨型玉器。该遗址还被列入了"2001年度中国十大考古新发现"。黄河上游是中华文明的重要源头之一，而齐家文化时期又处于特殊的时空范围，它在中国史前社会向文明时代过渡阶段中，在东西文化的交流过程中，都有不可忽视的地位，据此能够看到西部文化的变数和华夏文化的因子和文明因素。通过这一文化发展官亭镇旅游产业，也是特色镇建设的一个重点。

近年来，广西壮族自治区恭城瑶族自治县莲花镇党委、镇政府立足当地资源优势，以市场为导向、

科技为支撑、效益为中心，突出特色，扩大规模，狠抓林果基地建设，为了进一步做大做强做优苹果产业，镇上下大气力修建道路、配套滴水灌溉设施、兴建果窖果库，改善了果业发展基础条件。并通过聘请专家顾问进行科技培训、提供市场信息、引导成立协会、发展"龙头"企业等方式为果农提供各项服务。如今，该镇已形成了以川道6村为中心并逐步向山区延伸的苹果专业化生产格局。冯沟村是莲花镇最大的行政村，通过"支部+协会+农户+公司"的产业发展模式，冯沟村已形成了就地收购、就地贮藏、就地销售的产销一条龙体系，进一步拓宽了果农的销售渠道，增加了果农收入。莲花镇红岩村旅游协会成立于2004年，协会党支部带领会员积极发展农家乐生态旅游，围绕"做活月柿产业，提升旅游品位，建设全国生态旅游休闲度假村"这个主题，已成功举办了7届桂林恭城月柿节，先后获得了"全国农业旅游示范点""全国十大魅力乡村""全国生态文化村"等荣誉称号。红岩村依山傍水、环境优美，坐落在千亩月柿大果园中，成为游客休闲度假的好地方。为了充分发挥特色产业和商贸区位优势，取缔马路市场，改善交通秩序，彻底改变脏乱差的现状，莲花镇按照小城镇总体规划，修建了莲花镇农贸综合市场，进一步规范了市场秩序，提升了小城镇品位，促进了镇域经济的快速、健康发展。一个以果业为龙头，商贸、娱乐、餐饮、旅游多业并举的"新莲花"正在清水河畔崛起，勤劳聪明的莲花人也正在用他们的智慧和汗水让古老的莲花镇焕发出新的光彩。

广西壮族自治区贺州市富川瑶族自治县富阳镇以积极的态度、创新的理念开展招商引资工作，全面实施"一把手"工程，创造良好的"引商、爱商、护商、富商"环境，形成了全民招商的高潮，承接了广东等地发达地区产业转移的一大批劳动密集型、资源加工型等企业，从而增强了财源发展后劲，目前，该镇已形成了宝石、火机、灯饰、纸箱、印刷、食品、房地产开发等产业，从而有力地拉动了税收的增长。近年来，富阳镇铁耕村从一个偏远落后的小山村到富裕和谐的新农村，仅仅用了4年。在这4年里，勤劳勇敢的铁耕人用"搞好规划明方向→土地流转奠基础→党员带头抓产业→干群合力建新村"的"四步工作法"，成功探索出了八桂新农村建设的"铁耕模式"，树起了社会主义新农村建设的一面旗。接下来该村将在现有发展基础上，重点发展生态旅游业，继续拓宽增收路子，同时进一步丰富村民的精神文化生活，真正把铁耕村建设成为瓜果飘香、文明和谐、富裕祥和的社会主义新农村。

重庆市酉阳土家族苗族自治县龚滩镇源自蜀汉，置建于唐，曾是郡县首府所在地，至今已有1700余年历史，是世界上唯一在大江大河边上的千年古镇，是"中国十大古镇之一""重庆市第一历史文化名镇"。龚滩镇人文和自然资源丰富独特。长约2千米的青石板街和支撑于乱石悬崖的纯木吊脚楼是龚滩古镇两大建筑特色，被有关专家赞为"建筑艺术上的奇葩"，是多家影视剧创作拍摄基地，国画大师吴冠中的《老街》便产生于此。2007年以来，龚滩镇党委、政府审时度势，因地制宜，抢抓乌江彭水电站库区移民的机遇，把移民迁建工程作为新农村建设的重要抓手，在高起点、高规格、高品位做好集镇规划的同时，率先在全县实施农村移民整体规划，为全镇实现整村推进新农村建设奠定了坚实的基础。龚滩镇整合百里乌江画廊、龚滩古镇、阿蓬江风光等旅游资源，依托高峡平湖水上交通、龚彭公路的水陆交通优势，倾力打造乌江、阿蓬江的旅游中心，把旅游业作为未来发展的主导产业，同时夯实烤烟生产，扩大大理石生产规模，培育种植优质水果。龚滩镇还重点依托该镇中学的职业教育，加大农民培训，努力提高农民的综合素质和致富技能，加大农村劳动力的转移，多渠道促进农民增收，早日实现"生活宽裕"的目标。

14）文化创意特色镇

文化是民族的血脉和人民的精神家园，社会发展的现状要求我们必须以高度的文化自觉和文化自信，着眼于提高民族素质和塑造高尚人格，以更大力度推进文化改革发展，在中国特色社会主义伟大实践中进行文化创造，让人民共享文化发展成果。中国特色社会主义文化是中国传统文化与马克思主义和时代精神的结合，是中华民族文化传统的延续和创新，要坚持发展面向现代化、面向世界、面向未来的，民族的、科学的、大众的中国特色社会主义文化，推动社会主义先进文化更加深入人心，推动社会主义精神文明和物质文明全面发展，不断开创全民族文化创造活力持续迸发、社会文化生活更加丰富多彩、人民基本文化权益得到更好保障、人民思想道德素质和科学文化素质全面提高的新局面，建设中华民族共有精神家园。

文化产业作为 21 世纪的朝阳产业，是提升区域核心竞争力的重要途径，是社会主义文化建设的重要内容。大力发展文化创意产业，既是贯彻落实十七大、十八大精神的需要，也是提升地区竞争力、企业竞争力、文化软实力的需要。文化创意产业是指通过个人智慧与天赋，借助高科技手段对文化资源进行创造与提升，并通过知识产权的开发和运用，产生出高附加值产品的产业。文化创意产业属于脑力密集型的创新型产业，具有高投入、高附加值、高增长、强融合、全球化、低碳环保、高就业等特点。近年来，数字出版、移动互联网、动漫游戏等一批新业态文化创意产业蓬勃发展，成为企业投资和资本热捧的对象，更成为各级政府提升区域软实力，转变经济发展方式，实现产业升级换代的重点内容。通过发展特色创意产业群，促进集群式创新，从而培养众多关联企业的集体竞争优势，是提升区域竞争力的关键，已成为许多国家和地区的普遍做法，也逐渐成为我国各级政府培育新兴产业的着力点所在。

政协委员蒋平安曾对新疆的文化产业创意提出议案，"新疆丝路文化历史悠久，发展新疆丝绸之路文化创意产业园区，势必会对实现新疆跨越式发展和长治久安起到重要作用"。议案中指出，立足于增强新疆各族群众对中华民族文化的认同感，建议国家有关部委和19个对口援疆省市把"中国新疆丝绸之路文化创意产业园区建设"列入文化援疆项目，并建议全国政协将"中国新疆丝绸之路文化创意产业园区建设考察"列入 2011 年调研计划，关注支持园区的建设发展。上述议案的提出充分考虑到新疆的历史因素、文化特色和区域发展前景，若能成行将对新疆的经济政治产生重要推动作用。其实，在发展文化创意产业时，各级政府应充分利用自身特色和优势，因地制宜、规划有序地开发前进。近年来，除了中小企业大力开发文化创意产业，不少城镇也利用自身积淀，引入创新思路，对文化资源和产业资源进行创造提升，走上了文化创意兴镇的特色发展道路。文化创意特色镇的分类：

a. 文化旅游产业模式

历史文化资源是发展文化创意旅游产业的宝贵资源，能给地方创造巨大的直接或间接经济效益，也是当前转变经济发展方式、发展低碳产业的需要，更是两型社会建设的需要，文化创意和旅游产业是典型的以资源节约和环境友好为特征的两型产业，在当前转变经济发展方式的大背景下，极具意义。

多年来，北京市十渡镇依托得天独厚的山水资源优势，大力发展以旅游休闲娱乐、文化体育休闲为主的旅游文化创意产业，走出了一条适合本地区经济发展的道路。十渡镇以"旅游资源＋文化创意"的发展模式带动旅游产业发展的实践，不仅强化了本地区的地位和影响力，也为山区乡镇如何实现资源保护与开发利用并举、经济与文化发展并重、经济效益和社会效益双赢提供了有益的借鉴，成为发展旅游文化创意产业的范例。十渡有山有水，旅游资源丰富，类型多样，是华北地区唯一以岩溶峰林、河谷地貌为特色的自然景区，以典型的峰林、峰丛、岩溶洞穴等喀斯特景观为主体，其独特的喀斯特地貌造就了十渡丰富的景观特色，素有"北方小桂林"之美誉。自20世纪80年代初期开始，该镇就依托山水资源优势，确定以发展旅游业为主导产业的经济社会发展方向，以旅游立镇，以旅游强镇，以旅游兴村，以旅游富民，加大招商引资力度，积极开发客源市场。从改革开放初期开始，该镇大力实施景区路畅工程，拒马河桥由木桥改漫水桥、由漫水桥改高架桥，实现了景区交通改善的两次大的飞跃，方便了游客及当地群众出行。在旅游发展过程中，通过制订一系列支持旅游业发展的政策措施，出台了一系列招商引资优惠政策，促进了景区开发建设力度，政府主导的旅游产业发展局面已经初步形成。

周窝音乐小镇位于河北省武强县西南部，以"政府推动、市场运作"模式运营，致力于打造"音乐小镇"，在此基础上，周窝镇还着力把小城镇打造成为集器乐产销基地、音乐创作园区、无线音乐基地、主题文化娱乐区和服务配套区等功能于一体的以音乐为主题的大园区。

该镇注重镇企联动。金音集团是中国乐器协会副理事单位、中国西管乐器专委会会长单位、全国管乐生产基地、国家文化产业示范基地、国家文化出口重点企业，"金音"品牌被评为"中国著名品牌"。周窝镇依托这一品牌产业优势，成功谋划了中国武强国际乐器文化产业基地项目，该项目总投资 21.2 亿元，占地 80hm^2。由金音乐器集团、德国 GEWA 乐器公司、北京璐德文化艺术中心等国内外知名企业共同打造的具有完整乐器文化产业链的综合项目。此外，通过传统元素与时尚元素结合，把民族特色与世界潮流结合起来，广场、景观、小品、雕塑、标识等，都统一在以音乐为主题的符号中。

该镇注重把握城镇规划。邀请中央美院建筑学院对音乐小镇功能分区、街景路面等整体规划设计，并聘请北京新锐设计师迟磊工作室、韩国多大浦艺术工厂对音乐小镇进行创意性包装改造，着力建设一座世界级的、代表中国农民特色的西洋乐器博物馆群，成为集器乐产销基地、音乐创作园区、无线音乐基地、主题文化娱乐区和服务配套区等功能于一体的以音乐为主题的大园区，努力把音乐小镇打造成为全国第一个乐器文化休闲旅游的特色品牌。

周窝镇注重培育城镇灵魂，即"音乐＋文化"。一是将迁入新民居而闲置的民房，进行创意性包装改造，将武强千年传统文化与音乐有机结合并形成其独特魅力，吸引广大旅游爱好者、音乐爱好者踏歌入住。二是和武强职教中心共同创办璐德国际艺术学校，目前已经面向全国招收 500 多名学生。通过学校这一平台，培养星星之火、塑就燎原之势。

目前，周窝音乐小镇已魅力初显。题有"周窝音乐小镇"的巨型沙比利圆木，引领游客由北口进入音乐小镇；具备接待游客、小型展演、室内音乐会、新闻发布等功能的服务中心设在临街，目前累计接待游客 5 万人次；部分临街庭院的院墙进行开放处理，村内院落则改造为具备住宿、餐饮、娱乐功能的星级农家院，已包装完成古韵会馆、同学会、约翰列侬纪念馆、弦乐四重凑、品农乐坊、小镇故事茶餐厅、年画坊、海上钢琴师等 78 户，能同时入住 300 人左右；引进香港"中国会"跨国餐饮公司建设中央厨房，为每个小院提供配餐服务，游客入住小院，既能享受到南北美食，又可享受管家式星级宾馆服务，并引入谭家私房菜、老北京烤肉馆、蓝调咖啡等，可满足800 人同时就餐；占地 97 亩的音乐广场建有主舞台、观众区、创意集市等。小镇的重要设施、村镇夜景、街角节点等，都统一在以乐器、音乐为主题的符号中，就连街道两边的电线杆，都是"黑管"电线杆，充盈着浓郁的艺术气息，创意无处不在，移步换景，景景不同，可以说是"一门一户一创意，一花一木皆诗行"，周窝音乐小镇已经成为北方乡村一道靓丽的风景线。

周窝音乐小镇先后成功举办了第五届中国吉他文化节、中国武强第一届麦田音乐节暨河北省第二届非职业优秀管乐团队展演、第六届中国吉他文化节、中国武强第二届麦田艺术节暨 2013 首届周窝国际乡村艺术节、音乐小镇美食节等大型文化活动，接待各地游客 10 万余人次。刘延东同志参加十二届全国人大一次会议河北省代表团审议时指出："武强周窝音乐小镇、金音集团西洋乐器搞得挺好，出口欧洲和美国，且没想到这么好，不仅带动了就业，带动了发展，而且把周窝镇整个村子都带动起来了。"2012 年，周窝音乐小镇获得"衡水市十大幸福乡镇"称号，音乐小镇项目被评为河北省十大文化产业项目；2013 年，周窝音乐小镇被评为省级"美丽乡村"，国家级"美丽乡村"已申报正在审批，国家级生态文化村也正在审批，并已入围第五届新农村电视艺术节"魅力新农村"金牛奖。

b. 文化演艺模式

农村演艺团体的出现，农村演艺业的繁荣发展，成为一种新的经济业态，为民间演艺从业人员带来了可观的经济收益，也极大地丰富了广大农民群众的精神文化生活，彰显出强大的生命力。近年来，一些农村演艺团体不再满足于田间地头的小打小闹，开始尝试走向市场、适应市场，谋求更大的发展，并逐步尝试职业化、产业化经营。湖南常德市鼎城区出现了周家店镇民间铜管乐表演、饶天坪镇的舞龙舞狮表演、斗姆湖镇的腰鼓表演、草坪镇的歌舞表演等特色品牌。桃源九溪镇的板龙源基地，成了融演出、观光、休闲于一体的综合文化基地，并成了当地重要的经济支柱。鼎城草坪镇 60% 以上的男女青年都有登台表演的一技之长，600 多人从事专业演出。全镇通过引进项目和资金，实现基础设施建设投资 1500 多万元，仅文艺演出一项就使全镇人均增收 120 元。这些演出团体的出现，还很好地净化了农村文化市场。

c. 节庆会展模式

凤岗镇是广东著名侨乡，该镇的文艺节每两年一届，联系海外华侨华人，更广泛地宣传推介凤岗，是凤岗镇举办客侨文化节的目的之一，同时更是加强文化建设、丰富百姓生活、推动产业链经济发展的重要举措。节日期间，凤岗客家美食节、凤岗碉楼客家风情摄影大赛、山区片青年歌手大奖赛、各村特色曲艺比赛、凤岗国际交谊舞大赛等一系列精彩纷呈的大型文艺活动接踵上演，充分展示客家风情的独特魅力和别样风情。2010 年，凤岗镇客侨文化节举办客家 100 对新人集体婚礼，参加客侨集体大婚的新人不仅有本地人，也有来自深圳、广州、惠州、河源等珠三角地区的新人，还有来自马来西亚以及我国港澳台地区的 15 对新人。

1.4 积极推进新型城镇化

十八届三中全会审议通过的《中共中央关于全面深化改革若干重大问题的决定》中，明确提出完善城镇化体制机制，坚持走中国特色新型城镇化道路，推进以人为核心的城镇化。2013 年 12 月 12 ～ 13 日，中央城镇化工作会议在北京举行。在本次会议上，中央对新型城镇化工作方向和内容做了很大调整，在城镇化的核心目标、主要任务、实现路径、城镇化特色、城镇体系布局、空间规划等多个方面，都有很多新的提法。新型城镇化成为未来我国城镇化发展的主要方向和战略。

新型城镇化是指农村人口不断向城镇转移，第二、三产业不断向城镇聚集，从而使城镇数量增加，城镇规模扩大的一种历史过程，它主要表现为随着一个国家或地区社会生产力的发展、科学技术的进步以及产业结构的调整，其农村人口居住地点向城镇的迁移和农村劳动力从事职业向城镇二、三产业的转移。城镇化的过程也是各个国家在实现工业化、现代化过程中所经历社会变迁的一种反映。新型城镇化则是以城乡统筹、城乡一体、产城互动、节约集约、生态宜居、和谐发展为基本特征的城镇化，是大中小城市、小城镇、新型农村社区协调发展、互促共进的城镇化。新型城镇化的核心在于不以牺牲农业和粮食、生态和环境为代价，着眼农民，涵盖农村，实现城乡基础设施一体化和公共服务均等化，促进经济社会发展，实现共同富裕。

转型是新型城镇化发展的主题。以规划为统领，发展特色经济，保护生态环境，传承历史文化。综合统筹，实现城镇化由规模速度型向质量效益型的转变。

1.4.1 新型城镇化的五大特征

《城乡建设》杂志全国理事会理事长姚兵指出：

目前风起云涌的城市化浪潮正由发展中国家推进。预计 2007 ～ 2050 年期间，世界将新增 31 亿城市人口，其中 29 亿来自发展中国家。美国布鲁金斯学会发布《全球城市发展报告》显示，2012 年全球经济增长最快的城市中，3/4 来自亚洲、中东、拉丁美洲和非洲。

中国开启了人类历史上规模最大、速度最快城镇化进程，城镇化率从 1978 年的 17.9% 迅速提升到目前的 50% 以上，仅用 30 多年时间就达到英国用 200 年、美国用 100 年才实现的城镇化水平。联合国根据中国提倡将每年 10 月 31 日设为"世界城市日"，是国际社会对中国感召力、影响力的认同，是中国负责任大国作用的体现。中国破除城乡壁垒，走出一条以人为核心、注重质量的新型城镇化之路。

党的十八届三中全会《决定》强调：坚持走中国特色新型城镇化道路，推进以人为核心的城镇化，

推进大中小城市和小城镇协调发展，产业和城镇融合发展，城镇化和新农村建设协调推进。2014 年 3 月，党中央国务院颁布了《国家新型城镇化规划》，阐明了新型城镇化的发展路径、主要目标和战略任务。

作为建设者必须明确新型城镇化的五大特征，从中把握发展机遇，迎接挑战科学做好城镇化的规划、建设以及管理的各项工作。

1）新型城镇化的本质特征——人的城镇化

人性化是宜居的真谛，人本化是宜业的核心。宜居、宜业同频共振，宜居是宜业的前提，宜业是宜居的物质基础。建设者必须明确建筑是为人的，是为了人的生存、为了人的发展的，建筑的魅力熏陶人，建筑的功能满足人。与宜居、宜业相适应的物质载体靠建设者打造，主要是人的身份、人的素质、人的需求、市场空间方面。

2）新型城镇化的结构特征——城乡一体化

要实现城市与农村良性互动，大城市与中心城市、小城镇良性互动。建设者必须优质快速高水平地建设好工业项目，为产业现代化提供物质保证。必须把握城乡规划的准则，提高城乡规划、设计、建设、管理水平。主要有统一规划、功能合理、可持续发展、市场空间方面。

3）新型城镇化的时代特征——产业现代化

市场化是新型城镇化之魂，城镇化与产业现代化良性互动。建设者必须优质快速高水平地建设好工业项目，为产业现代化提供物质保证。要建设企业与产业现代化相适应的服务能力和水平，主要有农业现代化、可循环经济指导下的加工工业现代化、物流现代化的挑战。建设企业与产业现代化相适应的服务能力和水平。

4）新型城镇化的建设特征——建筑工业化

集约发展是新型城镇化的根本路径，智能发展是新型城镇化的重要引擎，绿色发展是新型城镇化的基本特征，低碳发展是新型城镇化的重要标志。

建筑是人类智慧的杰出代表，是一种文化是一门艺术，善待建筑就是善待历史和文化。建设者必须大力推进科技创新驱动，提高建筑工业化水平，为新型城镇化做出贡献。主要有绿色建筑行动、民族建筑保护、科技创新（生产方式和手段创新；材料革命；设备更新）、市场空间。

5）新型城镇化的价值特征——百年潮、中国梦与新四化

建设者肩负重任，当今中国无论是城市的发展，乡村的变化，江河湖海的改造，无不凝聚建设者的丰功伟绩。千家万户的幸福，各行各业的振兴，无不凝聚着建设者的无私奉献。当前，改革正当其时，圆梦适得其势。在推进新型城镇化大潮中建设者一定能做出更大的贡献。

中国经济要保持中高速增长、向中高端水平迈进，必须推动各方把促进发展的立足点转到提高经济质量效益上来，把注意力放在提高产品和服务质量上来，牢固确立质量即是生命、质量决定发展效益和价值的理念，把经济社会发展推向质量时代。

习近平总书记指出："我国发展仍处于重要战略机遇期，我们要增强信心，从当前我国经济发展的阶段性特征出发，适应新常态，保持战略上的平常心态。在战术上要高度重视和防范各种风险，早作谋划，未雨绸缪，及时采取应对措施，尽可能减少其负面影响。"新常态的重大战略判断，深刻揭示了中国经济发展阶段的新变化，充分展现了中央高瞻远瞩的战略眼光和处变不惊的决策定力。新常态充满了辩证性，既有"缓慢而痛苦"，也有"加速和希望"。

李克强在首届中国质量（北京）大会上讲话时强调：紧紧抓住提高质量这个关键，推动中国发展迈向中高端水平。质量是国家综合实力的集中反映，是打造中国经济升级版的关键，关乎亿万群众的福祉。

城镇化是现代化的必由之路，是解决三农问题的重要途径，是推进区域协调发展的有力支撑，是扩大内需和促进产业升级的重要抓手。对于建设者来说，新型城镇化的五大特征既是需求，更是市场；既是差距，更是发展的潜力；既是机遇，更是挑战。建设者深信：全面实施好《国家新型城镇化规划》，努力走出一条中国特色新型城镇化道路，对全面建成小康社会，加快推进社会主义现代化，实现中华民族伟大复兴的中国梦，具有重大现实意义和历史意义。

城镇化是涉及全国的大范围的社会进程，是我国各族人民携手推进现代化的一场波澜壮阔的实践，罗马不是一天建成的，新型城镇化的各项目标也不可能一蹴而就，只有在坚持不懈的实干中，一步一个脚印，稳扎稳打向前走，才能逐渐成为现实。13亿人齐心协力搞建设，有足够的历史耐心、有顽强的改革决心、有坚定的发展信心，一砖一瓦不马虎、一张蓝图干到底，我们就一定能够开拓城镇化和现代化的新境界，创造更加幸福美好的生活。

1.4.2 推进新型城镇化建设

（注：本节摘自中国特色镇发展论坛组织委员会秘书长薛红星著《中国特色镇概论》）

（1）以人为本是推进新型城镇化的实质

城镇应成为劳动生产率更高、生活条件更好、社会更和谐、文化更丰富、环境更适宜、安全更有保障的居民聚居地，并带动城乡一体化发展，要真正实现这一目标，就必须走以人为本的新型城镇化道路，重点解决农业转移人口的"半城镇化"问题，即实现"人的城镇化"。

原中央农村工作领导小组副组长陈锡文指出：

城镇化到现在，用的数字都是常住人口的城镇化，但实际上户籍的城镇化，现在还不到35%。也就是说，常住人口城镇化和户籍人口城镇化之间大约有十六七个百分点的差距，即有2亿人进了城，

但并没有成为城里人。如果农民不能进城，农业也难以现代化，城市也难以持续稳定发展。城镇化是大多数农民离开土地的过程，也是城镇数量增加、规模扩大、占地增多的过程，更是农业劳动生产率不断提高、土地实现规模经营的过程。城镇化配套的土地制度改革是否成行、落地，从法律层面确保农民土地权益和收益权，是整个城镇化首先要解决的重大问题之一。住房是急需解决的问题。社会保障方面，进城的农民工也有很长的路要走。子女教育问题更是迫在眉睫。粮食问题也堪忧。

要警惕出现"土地城镇化"快于"人口城镇化"的现象。不要将城镇化简单化，以为城镇化就是高楼大厦、地标建设、大型公共设施等，或者把城镇建成区，把城区面积扩大。城镇化的前提应该是人和经济活动的积聚。

虽然目前我国城镇化率已达 54.8%，但是城镇户籍人口占总人口的比例却只有约 35% ~ 38%。大量的农民工实现了地域转移和职业转换，但还没有实现身份和地位的转变。近 2 亿生活在城镇里的人没有城镇户口和享有城镇居民待遇，很多农民工出现"就业在城市，户籍在农村；劳力在城市，家属在农村；收入在城市，积累在农村；生活在城市，根基在农村"的"半城镇化"现象。大规模农民工周期性"钟摆式"和"候鸟型"流动，造成了巨大的社会代价。此外，农民工等农业转移人口，为城镇发展付出了辛勤劳动、做出了巨大贡献。但他们在城镇工作遇到了同工不同酬、同工不同时、同工不同权的问题，在城镇生活面临社保难、子女入学难、看病难、住房难等问题，这是公共服务、社会管理跟不上造成的，是城镇化滞后于工业化、城镇化质量不高的具体表现。

因此，户籍制度改革、创新社会管理无疑成为推进城镇化的一个直接条件。特别是东部沿海大中城市生活成本较高，大多数外来务工农民难以在这里定居，最终还将返回原籍。进城务工的农民在返回原籍后，虽然仍有着农村的承包田和宅基地，但是这一状况使得宅基地难以集约化利用；增加农村拼地流转的难度，不利于土地规模经营；难以造就稳定、高素质的产业工人队伍。在推进城镇化过程中既保持社会稳定又克服上述弊端，需要转换思路，完善农村人口向城镇转移的机制，促进农民转变为市民。要使他们转变为市民，需要建立失业、养老、医疗等社会保障基金的跨省转移机制，推动公共服务体制改革，增强地方政府提供基本公共服务的能力，努力使城市财力与事权相匹配。加快教育、医疗、住房等社会保障体系改革，改善城市农民工子女的就学条件，降低入学门槛，构建适合农民工特点的医疗、住房及社会保障制度，实现基本公共服务均等化，如外出务工农民如果不能在务工城市定居，包括个人和用工单位缴纳的社保基金应全额转移到原籍市县的社保基金归集机构，并进入个人账户。当其达到退休年龄时，可以享受与当地城镇居民同等的社会保障，并在城镇定居。

实现稳定就业、转移非农产业是城镇吸纳农业转移劳动力人口的关键。农民工市民化的坚实基础是要有就业机会。没有产业基础的城镇化只是唱"空城计"。中国社会科学院学部委员吕政建议，现阶段必须坚持"高也成、低也就"的产业结构选择方向。第一，在推进产业升级、发展高新技术产业的同时，继续促进劳动密集型产业发展，完善有利于劳动密集型产业发展的支持政策和生产经营环境。第二，在推动沿海地区产业结构调整和升级的同时，促进劳动密集型产业向劳动力输出量大的中西部地区转移，促进中西部地区农村人口向区内城镇转移。第三，建立公平、规范、透明的市场准入标准，调整税费和土地、水、电等要素价格政策，制止滥收费，处理好市场监管与增强市场活力的关系，促进服务业发展，吸纳更多转移人口就业。第四，发展社会化、专业化的生产服务体系，开辟现代物流服务、农业产业化服务等现代服务业新领域。第五，大力发展职业技能教育，增强农民就业和创业的本领。

（2）绿色发展是推进新型城镇化永续发展的重要条件

40多年前，米尔顿凯恩斯还是一个名不见经传的落后英国小镇，但目前已经发展为拥有24.88万人口、总面积88.4万平方千米的现代化城镇，并在英国最佳工作城市的调查中，力压伦敦、曼彻斯特等大城市，这样的调查结果源于初期建设时，政府规划就试图通过景观设计使其成为具有吸引力的"绿色城市"，注重环保，不断增加绿色空间。如公园占地超过城市总用地的六分之一，即使在镇上的大型购物中心也有精致的室内花园，各种自然公园和人造湖泊为居民提供了重要的娱乐休闲场所，环绕城镇的是茂密的森林。这些立体化的绿色环境，让城镇在宜居和可持续发展的道路上快速前进。

我国在大力推进城镇化进程时，也非常重视绿色生态建设。中央经济工作会议提出"积极稳妥推进城镇化，着力提高城镇化质量""要把生态文明理念和原则全面融入城镇化全过程，走集约、智能、绿色、低碳的新型城镇化道路"。贯彻到城镇化的生态文明过程与行动上，首先要改变的是人的观念、体制和行为，其次是各项生态规划和生态建设。

中国科学院生态环境研究中心研究员王如松院士指出，要强化生态规划，处理好建设中眼前和长远、局部和整体、效率与公平、分割与整合的生态关系，强化和完善生态物业管理、生态占用补偿、生态绩效问责、战略环境影响评价、生态控制性详规等法规政策。推进产业生态的转型。城镇化的核心是将农民变成产业工人，这需要以城市带农村、工业融农业、公司带农户、生产促生态。要在弄清资源和市场、机会和风险的前提下策划、规划、孵化新兴园区、新兴产业、新型社区和新型城镇，将传统的招商引资模式改变为招贤引智模式。注重生态基础

设施和宜居生态工程建设。如汽车交通将转向生态交通，以最小的化石能源消耗和物流，实现城市流通功能的便利通达；将耗能建筑变为产能建筑；通过地表软化、屋顶绿化、下沉式绿地等生态工程措施，实现对生态占用的补偿，使建设用地兼有生态用地的功能。

通过坚持绿色发展理念，加强生态环境保护，强化低碳技术研发应用，推广绿色生产和生活方式，努力建设集约紧凑、环境优美、和谐宜居的现代绿色城镇。

（3）产业发展是推进新型城镇化的重要载体

能否培育出优势产业，已经成为城镇化可持续发展的关键一环。产业空心化的城镇化难以持续，传统产业主打的城镇化必然加剧结构性矛盾。只有当产业发展与城镇化实现良性互动，才能实现人口聚集，经济效益增进，居民收入增长，需求相应增加，从而支撑经济发展。国外很多中小城镇的发展经验表明，能够在短时间内取得成功，需要依靠产业带动。如波兰汲取西欧国家在城镇过程中的教训，防止盲目发展城镇化后出现失地农民无业可做的局面，实行以工业化带动城镇化的发展战略，其别尔斯克—比亚瓦市主要依靠位置优势、人力资源优势和政策优势，在较短的时间内发展成为波兰的汽车工业基地和经济最为发达的地区之一。

我国的城镇化过程中，不少地方只看到房地产投资开发对经济的拉动作用，却忽视了以城镇化为契机，加快聚集和整合生产要素，人为割裂城镇化和工业化、农业现代化的联系，导致资源配置不恰当，产业欠发展，就业没岗位，收入不稳定，最终导致人们大量流向其他城市地区。因此在推进新型城镇化过程中，要结合实际，着力构建与新型城镇化相匹配的产业体系，如大力推进新型工业化，抓住国家战略实施机遇，发展县域主导产业和镇域特色产业，规划重点产业园，探索推广农业农村的合

作社，推进技术创新转型升级，加快发展现代农业。当然，受生产要素成本的上升、人才缺乏、配套较少等因素影响，城镇化与产业发展相互协调的难度还比较大。一方面，需加快引入先进的技术和理念，统筹规划，打造产业集群，形成规模优势；另一方面，需加快产业机构调整，大力发展先进制造业和第三产业，促进经济结构优化。此外，金融机构也应对城镇化给予更多支持，确定重点支持领域。

中国社科院工业经济研究所主任 陈耀就城镇化要与产业化同步推进指出：

近10年来我国城镇化存在冒进的问题，大量的空间扩张，但支撑这个空间扩张的产业却没有发展起来，人口的集中完全靠建房子，人口集中之后却没有足够的就业岗位。城镇化出现两个极端：之前是城镇化滞后，往往是先有企业后有城市，而近十年来，地方卖地的积极性高涨，通过经营土地获取高收益，圈地造房之后，产业却没有及时跟上，造成很多"睡城"。这样做的结果是形成钟摆效应，对城市的交通造成巨大压力。在今后城镇化的推进中，产业的选择很关键，那些高耗能、高污染的产业要排除，诸如风电等已经过剩的产业要慎重选择。

（4）土地改革是推进新型城镇化的重中之重

十八大报告明确提出，改革征地制度，提高农民在土地增值收益中的分配比例，并依法维护农民土地承包经营权、宅基地使用权。2013年中央一号文件强调：加快推进征地制度改革，提高农民在土地增值收益中的分配比例，确保被征地农民生活水平有所提高、长远生计有保障。城镇化是中国未来发展的最大红利，城镇化要让农民享受红利，关键就在于让土地流转起来。

研究表明，我国城镇化的制度基础，包括三大支柱（城市土地属于国家所有、经由行政审批设立城市，以及唯有国有土地才可合法出让）和一把利器（征地权），总的特征是高度的行政权主导或政府主导。而新型城镇化将启幕农村新一轮改革，土地流转乃大势所趋。为解决城镇化进程中的用地"瓶颈"，土地配置市场化、农村土地资本化，优化农村资源配置和产业结构，为实现统筹城乡发展探索出一条新路。

香港大学经济系教授许成钢认为，"公民作为土地租赁者的合法地位，在所有符合城镇化区域规划的地区里面应该得到承认，以土地租赁者的身份，参与城镇化建设。"政府如果不把土地和就业解决好，将户籍迁离农村的农民就会觉得不踏实，在农村城镇化方面，很多地方的土地改革试点"摸着石头过河"积累了不同的经验：重庆的地票式交易、成都土地流转、广东佛山的股权分红、天津宅基地换房，不同的地方做法不同，但都为全国的土地改革提供了借鉴。目前，由国土资源部历时三年编撰的《全国国土规划纲要（2011-2030年）》和国家发改委城市和小城镇改革发展中心主导研究的《全国促进城镇化健康发展规划（2011-2020年）》成为舆论关注焦点，这两部事关未来城镇化道路、模式选择的规划，目前正在研究广泛征求意见当中。

（5）科技创新是推进新型城镇化的关键

当前，加快建设创新型城市成为现代城市发展的口号，而推进创新性城镇化建设，更是实现经济社会和城镇发展转型提升的新支点和新动力，加快城乡科技自主创新，为新型城镇化寻求新的增长点，是提高新型城镇化的速度和质量的关键所在。

传统城镇化依靠土地区域扩张、高楼建设或资源粗放利用等，形成表面繁荣，造成农村城镇化科技含量低，自主创新能力差，城镇特色不足，竞争能力不强，难以适应当代知识经济发展需求。因此，加大新型城镇化发展中的智力份额，提高自主创新能力，才能提高新型城镇化发展质量。

科技创新是推动新型城镇化中产业升级的动力。产业发展升级是经济体的基础和命脉，是经济体实现绝对增长的源泉。城乡产业发展是保证新型城镇长远健康发展的稳固之基，是新型城镇化的核心。科技创新融入新技术，实现内涵增长，能够加速产业的升级换代，加快城镇产业的规模化和集约化，改变产业结构，为农村人口集中、农村城镇化质量的提高奠定基础。

在推进新型城镇化的科技创新过程中，要着力以下几点：一是增强乡镇企业自主创新能力，二是加快粮食科技创新的力度，三是加速城乡科技人才培养，四是完善城乡知识产权法律体系，五是促进农村城镇化的配套政策改革，六是形成科技支持新型城镇化的政府力量。

1.4.3 新型城镇化重在综合统筹

转型是新型城镇化发展的主题。以规划为统领，发展特色经济，保护生态环境，传承历史文化。综合统筹，实现城镇化由规模速度型向质量效益型的转变。《城乡建设》杂志社对新型城镇化重在综合统筹组织探讨。

（1）用规划统领新型城镇化

山东省住房和城乡建设厅副厅长耿庆海就新型城镇化需要以规划为统领，介绍了山东省的新型城镇化的定位和如何突出特色。

2014年山东省确定了新型城镇化总体思路："以人的城镇化为核心，着力提高城镇化质量，转变发展方式，强化产业支撑，增强承载能力，创新体制机制，推动大中小城市和小城镇协调发展，走以人为本、四化同步、优化布局、生态文明、文化传承的新型城镇化道路。"到2020年，努力实现700万农业转移人口落户城镇、1000万城中村居民市民化，争创国家新型城镇化示范区、城镇可持续发展引领区、城乡一体化发展先行区。山东省新型城镇化的主要任务是稳步推进人口市民化。优化城镇化布局和形态，提升城市综合承载能力。推进城乡发展一体化。山东

推进城镇化重在突出以下三个特色。

1）促进县域本地城镇化

加快县城发展，提升县城规划水平，提高县城产业和人口聚集能力，加强基础设施和公共服务设施建设，扩大县级管理权限。促进小城镇健康发展。深入开展"百镇建设示范行动"，将规模较大的镇培育为小城市，支持特色小城镇发展，注重小民俗文化和历史文化保护，突出特色。合理推进农村新型社区建设。布局合理，功能完善，管理高效，就业支撑。

2）推进城镇生态文明建设

首先，优化城镇化生态安全格局，构建"两心三廊一带"的生态安全格局。其次，加强环境污染治理。加大水环境污染治理力度，加快改善大气环境质量，提升海洋环境品质。第三，提高资源能源安全和可持续利用水平。促进水资源可持续利用，提高城市土地利用效率。第四，推进绿色城镇建设。推动绿色生态城区建设，加快低碳社区建设，大力发展绿色建筑。全面执行居住建筑节能75%、公共建筑节能65%的设计标准。第五，强化生态环境保护制度。建立资源环境产权交易激励机制，完善资源有偿使用和生态补偿制度，实行最严格的环境监管制度。

3）加强城市文化建设

加强历史文化名城、名镇、名村和历史文化街区保护，建设人文城市。立足地方文化塑造城市特色，强化城市文化功能，打造城市人文环境和特色文化空间，加强城市风貌特色引导。繁荣文化事业。加快公共文化事业发展，打造多元开放的城市文化。

（2）统筹城乡建设与经济发展

泛华集团实业投资公司总经理杨年春就发展特色经济对于推进新型城镇化的重要作用指出：

特色经济是指一个国家或区域在发展市场经济中利用比较优势原则和市场原则，通过竞争形成的具有鲜明的地方特色、产业特色和产品特色的经济结构，是一种追求高质量、高效益、高水平的经济，

它包括特色资源、特色产业、特色产品、特色技术、特色经济区域。

特色经济发展是在一定区域范围内，依托区域的特色优势和特色资源，打造特色平台，开发特色产品，引导特色消费，培育特色产业，并形成带有区域特色和可持续发展能力的地方经济，从而推进区域经济的整体差异化发展。

特色经济和城镇化发展理念密切相关，且有很多方面在经济学原理上是相通的，如差异化定位、特色资源聚集、差异化发展等。

同时，特色产业可以促进新型城镇化发展。原因为：新型城镇化本质是"让农民进城"，而农民进城的前提是改变他的生活方式和生产方式，其核心是农业营销模式改变，使更多的农产品进城。这些都离不开"三下"，即"资本下乡、科技下乡、服务下乡"，只有"三下"很好地完成，村镇才能够将自身充足的特色资源进行深度挖掘，从而打造成具有自身特色的产品和经营模式，进而改变传统的农业营销模式，使农民进城，并带动地方经济，使之最终形成独具个性化的特色小镇或特色县域。

（3）统筹保护生态与人文发展

安徽省歙县常务副县长吴云忠就推进新型城镇化要注重历史文化遗产和生态环境的保护，介绍了歙县古城区徽派建筑群有效保护措施。

1）明确思路，准确定位

明确了"保护第一，推进特色化发展"的城市建设总体思路，坚持把环境保护、文化传承、以人为本、可持续发展等理念融入城市发展，遵循徽派建筑"融入自然、天人合一"的意境和"瘦、秀、透"的特点，将"城、景、文、游"紧密结合，塑造特色城市形象。

2）规划先行，加强管理

根据《歙县城市总体规划（2011-2030）》，歙县还相继修编了《歙县国家历史文化名城保护规划》《歙县绿地系统规划》《歙县城市排水规划》等专项规划。其中，《歙县国家历史文化名城保护规划》包括历史文化名城保护、历史文化街区保护以及文物保护单位保护三大部分。整个规划强化歙县的国家级历史文化名城地位，充分保护与发掘其历史、文化资源，发展城市文化博览和观光功能，提升歙县城市综合品质，促进社会、经济、文化的整体协调发展。

3）加强领导、科学决策

先后出台和发布了《关于加强古城保护的通告》《关于加强历史文化名城保护建设和管理的决定》《关于加强歙县国家历史文化名城保护的意见》等文件通告。成立歙县国家历史文化名城保护委员会，下设名城保护办公室，抽调专人办公；相关部门各负其责，分工协作，研究解决名城保护工作中出现的重大问题，加大对名城名镇名村的保护力度；城市重大建设项目，必须征求规委会（名城保护委员会）以及广大市民的意见；聘请资深规划和文物专家为县委、县政府古城保护的顾问；成立"歙县徽州学学会"，专门研究徽州学发展史和宣传徽州文化工作。

4）保护古城，拓展新区

在城市建设与管理中，坚持一手抓古城保护整治，一手抓新区拓展提升，不断完善城市功能，提升城市品位，着力打造宜居宜业宜游的生产生活环境。古城保护方面，坚持整体性、真实性和可持续性原则，重点保护历史城区"五峰拱秀""六水回澜"的山水特征；保护依山据水、府县同城的古城格局；保护成片历史街巷系统以及徽州非物质文化遗产。"十一五"以来，先后投入5.5亿元资金，对核心保护区、建设控制区以及环境协调区进行整治。

通过采取这些措施，取得了很大成效。

a.徽州古城格局得到有效保护

徽州古城是歙县的标志。近年来，通过对古城历史城区进行整治，历史城区内的整体建筑风貌较为协调，粉墙黛瓦的城市整体形象体现了典型徽派建筑群风貌，体现了与地形良好结合的山地城市特征。

b. 传统建筑风貌得到有效传承

通过"保徽、改徽、建徽"以及徽派建筑保护与传承等一系列项目的实施,古村落的环境整治和古建筑、文保单位的保护修缮得到显著提升。同时,严格规划建设管理,使传统建筑风貌得到有效传承。

c. 城市人居环境得到有效改善

打造"二区一园"平台加快产业发展,提升住房保障功能,城区人气不断积聚,产城一体发展氛围逐渐形成。

在今后的城市规划、建设和管理中,进一步优化城镇布局,努力"让居民望得见山、看得见水、记得住乡愁"。首先,深化对资源禀赋的分析和发展趋势的把握,遵循规律、因势利导,改革创新、顺势而为,积极推进农业转移人口市民化。其次,按照促进"生产空间集约高效、生活空间宜居适度、生态空间山青水秀"的总体要求,提高城镇建设用地利用率。第三,充分利用财政转移支付同农业转移人口市民化挂钩、放宽市场准入并鼓励社会资本参与城市公用设施投资运营等政策,筹措多元可持续的城市建设资金。第四,积极推进"三治"(治脏、治乱、治违)、"三增"(增强功能、增加绿量、增进文明)、"三提升"(提升规划水平、提升建设水平、提升管理水平),按照已经确定的城市定位,尊重自然、顺应自然,保护传统文化,延续城市文脉,将歙县建设成为宜居宜业宜游的文化名城和现代经济强县。

(4)统筹城乡建设与传统村落保护

住房和城乡建设部村镇建设司副司长赵宏彦,针对随着城镇化的快速发展,一些传统村落日渐衰落,就如何处理好传统村落保护与城乡发展的关系指出。

新型城镇化,既要规划建设好大中小城市和城市群,也要实现小城镇和乡村的复兴和可持续发展,没有农村地区的现代化,就不可能实现真正意义上的小康。农村作为一种人与自然高度契合的聚居形态,有着其自身发展演变的规律。不可否认,城镇化过程中一部分村庄会空心化、会消失,但大多数村庄会保留下来;一部分村庄会转换为社区形态,但大多数村庄会保留传统村落形态。

传统村落是中国历史建筑、传统聚居形态的集中体现,承载着中华民族农耕文明的基因,寄托着中华各族儿女的乡愁。但近几十年来,随着经济发展、城镇化步伐加快,特别是保护意识的淡薄,对其文化价值和经济价值认识不足,传统村落正在迅速衰落消失。

在传统村落保护中需要平衡好这样一些关系:

1)处理好保护与利用的关系

传统村落保护目前面临的最大问题是如何调动当地居民的积极性,让老百姓从中得到实惠,支持并参与到其中,实现村落保护与居民生活改善的双赢。传统村落的保护需要大量资金投入,仅仅靠政府的投入无法实现村落的彻底改造和复兴,更无法持续性改善,这里关键是吸引社会资本参与进来。社会资本需要资金的回报,所以必须对传统村落这一稀缺资源进行合理的开发利用。现在看来,旅游、会展、休闲度假等是传统村落保护利用的重要途径,但要坚持适度有序。各地需要从村落经济、交通、资源等条件出发,正确处理资源承载力、村民接受度、经济承受度与村落文化遗产保护间的关系,反复论证旅游和商业开发类项目的可行性,反对不顾现实条件一味发展旅游,反对整村开发和过度商业化。已经实施旅游等项目的村落,要加强村落活态保护,严格控制商业开发的面积,尽量避免和减少对原住居民日常生活的干扰,更不得将村民整体或多数迁出由商业企业统一承包经营,不得不加区分地将沿街民居一律改建商铺,要让传统村落见人见物见生活。我们要求各级政府的财政资金主要用于基础设施的改造,一旦村容村貌环境改善了,社会资本自然会随后跟进。浙江桐庐的环溪村,政府投入资金修整村内道路、溪流、绿化,三线入地，清远垃圾，随后大量社会资本入住，搞家庭旅馆、酒吧、茶吧（牛栏酒吧、猪栏茶吧）等，许多村民搞起了农家乐，还吸引了许多"新乡绅"回乡居住，认领传统建筑并出资加以修茸，参与家乡的建设。这种局面既改善了农村的人居环境和人文环境，保持了传统村落的生机活力，也富了当地百姓。

2）处理好保护与改建的关系

传统村落中也许存在文物保护单位，但更多的是历史建筑这个层次的。根据《文物保护法》，使用不可移动文物，必须遵守不改变文物原状的原则，不得损毁、改建、添加或者拆除不可移动文物。而根据《名城名镇条例》，对历史建筑在保持原有的高度、体量、外观形象及色彩不变的情况下，是可以对其进行外部（及内部）修缮装饰的。特别是中国古建筑大多是土木结构，必须及时修缮，否则影响耐久性和安全性；另外，为了适应现代生活而改善提升使用功能，也需要对传统历史建筑进行改造。只是改建和修缮一定要采用传统工艺，坚持现代科技与传统工艺相结合，保持较高的艺术水平。山东台儿庄古城是近年来在一片废墟上复建的，采用现代技术与传统工艺结合，砖雕、石雕、木雕艺术精湛，亭台楼阁古朴典雅，其艺术水平已经大大超越了被毁前的原物。虽然是新建的古城，但很好地继承发展了传统建筑艺术，多数专家给与很高的评价。

3）处理好保护与新建的关系

在传统村落中新建一些建筑是不可避免的，但传统村落的核心区要禁止新建建筑，严重影响整体风貌的建筑可适当拆除。核心保护范围外的风貌不协调建筑可适当进行外观改造，但也不宜大规模拆除。核心区外新建建筑要在风貌上与原有建筑保持协调一致。这就需要专业技术人员通过大量调查研究，找出这个地区的文化历史内涵，有个性化的元素，并用建筑语言表现出来。据了解，目前很多地区都在探索具有本地地域文化特征的民居建筑风格，再也不能

一说民族风格都搞成马头墙、白墙黛瓦了。对村落中风貌不协调建筑的外观改造，有不少成功的案例，如河南信阳的郝堂村，把农民前些年建的四方盒子二层楼，加建坡屋顶，加木窗框，加屋檐，拆院墙，呈现出赏心悦目的豫南风格。再如云南剑川沙溪镇寺登村，新建建筑的外墙墙体全部采用生土夯成，断桥铝窗外加木窗框，抽水马桶和空调等一应俱全，居住其中，既享受到了现代科技带来的舒适，凭栏远眺，又见远处重峦叠嶂，村头小河蜿蜒，村内古树参天，鸡犬相闻，能够真切感受到乡村所独有的乡绪乡愁。

（5）网友热议统筹发展，推进新型城镇化

网友"一言"：让居民望得见山、看得见水、记得住乡愁。而现在，老树、古井、袅袅炊烟……在一些地方，这些关于乡村的记忆，正在轰隆作响的推土机下，被千城一面的水泥楼房、柏油马路所取代。乡愁，就是小时候，和小伙伴们在侗寨的吊脚楼间穿梭、玩耍；就是躺在小河边数星星，下河抓泥鳅。现在的开发建设动辄推山填水，乡村的环境没有了、味道没有了，也许不久以后，乡愁是什么都想不起来了。乡愁无处安放，更尖锐地指出了当前一些地方城镇化的误区。

网友"丽丽"：新型城镇化不是简单地把农村变成城市，把农民变成市民，而是一种治国理政思维的华丽转身，还将是一场深刻的社会变革。未来在物质生活水平不断提升的同时，将更加注重人与自然的和谐相处，更加关切人们的精神家园。新型城镇化建设，要体现尊重自然、顺应自然、天人合一的理念，让城市融入大自然；要融入现代元素，更要保护和弘扬传统优秀文化，延续历史文脉；要注意保留原始风貌，慎砍树、不填湖、少拆房。

网友"小毛"：推进新型城镇化，需要综合性措施。最近，国务院相继出台了城乡社会保障制度改革的两大举措，即城乡居民养老保险统筹、城镇职工与城乡居民养老保险可衔接互换。这从制度层面上，

基本解决了农业转移人口的养老保障问题。那么接下来,我觉得最重要的是要解决两个问题:一是身份问题;二是就业问题。如果仅仅解决身份问题,没有稳定的收入来源,那么也很难在城里真正落下脚来;如果有稳定的工作,而身份问题没有得到解决,那么很多附着在身份上的公共服务,如义务教育等,就很难平等地享受到。解决身份问题,关键是要分类推进户籍制度改革。解决就业问题,一方面要大力推进产业发展,提供更多的就业岗位;另一方面是要推动创业带动就业。

网友"萧萧":在推进新型城镇化进程中,要充分论证城市的发展规模,引导城乡统筹发展,不能一味追求建设超大型城市。劳民伤财的形象工程、急功近利的规划调整、寅吃卯粮的圈地运动、脆弱资源的过度开发、盲目布局的基础设施、杂乱无章的城郊用地、任意肢解的城乡规划、屡禁不止的违法建筑等乱象丛生。不顾本地实际情况,置长远利益于不顾,违背客观经济规律,各地一窝蜂建设超大型"国际化大都市",贪大求洋,严重影响广大人民群众的根本利益。处在城市体系不同层次的大、中、小城市都有各自特定的、不可替代的作用。各个规模等级的城市都要有大的发展,它们的发展不应该是互相对立的,而应该是互为补充和联系的。

网友"在水一方":推进新型城镇化,必须坚持因地制宜、分类指导,任何一个地方城镇群发展的模式,都不可能简单地在另一个地方进行复制,否则,就一定会是劳民伤财的、失败的城镇化。

1.4.4 新型城镇化建设必须注入文化创意

(注:本节摘自御道工程咨询公司著《新型城镇化中的文化特色》中的"用文化构筑特色生态城市"一文)

(1)文化创意在新型城镇化建设中的重要作用

穿越历史的时空隧道,人类的文明已经走过农业文明、工业文明,现在正驶向生态文明。二百多年的工业文明,解放了生产关系,提高了生产力,实现了科学分工和产品标准化生产,提高了科学技术水平,提高了生产工作效率和人们的生活质量;与此同时,过度发展也带来了资源浪费、环境污染、产能过剩等一系列问题,大大加重了地球生态系统的负载,人类社会面临着前所未有的生存与发展的挑战。经济、社会、环境的可持续发展成为人类未来发展的必由之路。

伴随着发展需要,生态文明建设逐渐成为国家发展的重要政策。胡锦涛同志在党的十八大报告明确了要"坚持走中国特色新型工业化、信息化、城镇化、农业现代化道路",并把生态文明从国家政策层面提升到了更高层次。十届三中全会进一步指出,"紧紧围绕建设美丽中国深化生态文明体制改革,加快建立生态文明制度,健全国土空间开发、资源节约利用、生态环境保护的体制机制,推动形成人与自然和谐发展现代化建设新格局"。新一届的领导班子在未来十年,必然将借助城镇化这个平台载体,作为中国培育实体经济、建设生态文明的实效抓手。

然而,城镇化却是一把双刃剑。新型城镇化建设一方面要促进经济发展方式、消费方式转变,突出城区的特色亮点,提升资源生产效率,提高居民生活幸福指数,保障城乡统筹发展、全民富裕小康;另一方面要同时避免城乡争地、维护全国18亿亩耕地红线格局,确保城市建设不被粗放式的大拆大建、一切推倒重来的房地产行为所绑架,避免"千城一面",更好地解决人的城镇化。这是摆在我们面前的严峻考验。

随着思考的深入,文化创意在生态城镇化过程中的核心地位不断强化。只有融入中国传统文化发展、并将文化真正与地理区位、产业发展、社会价值相结合,才能算是真正有特色的城市发展,只有把城市性格的张扬与可持续发展进行完美统一，才能营造百年城市的灵魂。正如 2013 年 12 月召开的中央城镇化工作会议所指出的："要依托现有山水脉络等独特风光，让城市融入大自然，让居民望得见山、看得见水、记得住乡愁；要融入现代元素，更要保护和弘扬传统优秀文化，延续城市历史文脉。"中央城镇化工作会议所体现的精神，不仅显示了党中央对中国文化的自信，更让我们坚信，在中国新型城镇化道路中文化创意的正确与力量。

"文化创意"既是一门实用性很强的综合学科，能够系统整合城镇发展所涉及的复杂多专业统筹问题，又是一门能够把东方哲学城市与西方技术造城相区分的艺术；它更是一门新的"科学"，这种强调联系哲学与实践的系统方法论既深深植根于历史，又紧紧衔接当下，并能有效引导社会走向未来。

（2）用文化创意营造特色城镇风貌

从历史中走来，古城西安自有其沉淀数千年的庄严，水都威尼斯难以挥去其难以掩饰的妩媚，时尚之都巴黎散发着无与伦比的浪漫、时尚和优雅。

进一步而论，城市性格的张扬与可持续发展的完美统一，才是营造百年特色城镇风貌的灵魂所在。本来，中国建筑在世界建筑史中具有独特的东方血统。然而，一个世纪以来，特别是近几十年来，在我国高速城市化进程中，在巨大的城市建筑物群体中，只产生了为数不多的几座具有现代东方风格的建筑物，它们多半还是出自外国设计大师的手笔。

在火热的筑城激情背后，在满城飞扬的建筑尘土渐渐消散之后，我们曾经引以为自豪的文化被砸得粉碎，钢筋水泥的丛林间，找不到哪里是中国，哪里是故乡。"长亭外，古道边，芳草碧连天"的意境只存在诗句之中，"洛阳花柳此时浓，山水楼台映几重"留存的，也只能是想象里的几笔淡墨。回首四望，只有何处寄乡愁的尴尬与失意。漠视中国文化，无视历史文脉的继承和发展，放弃对中国历史文化内涵的探索，只能是城市规划者的短视与耻辱。

城镇建筑风貌和城市规划的趋同化倾向，已成为当前中国城镇建设的一个令人担忧的文化走向。若是仅仅对个体进行不完整的片段化分析，当一栋建筑物被称之为建筑的时候，它仅仅是一个产品，只是承载了一些零碎的信息。但是如果从更为宏观的角度来看，建筑就不光是建筑的问题，而是社会问题，是它对一个时代身份的表述，是它对一个地域文化的表达。

文化是一座城镇的灵魂，只有融入中国传统文化精髓的城镇才能算是具有中国特色的可持续发展城镇。特别需要注意的是，党的十八大明确提出了"新型城镇化"概念，要实现全面建成小康社会的目标，从历史发展和现实国情及国际经验比较来看，未来十年甚至在相当长的一段时期，新型城镇化将成为我国现代化建设进程中的大战略。2013 年 11 月，党的十八届三中全会通过了《中共中央关于全面深化改革若干重大问题的决定》，《决定》进一步指出，坚持走中国特色新型城镇化道路，推进以人为核心的城镇化，推动大中小城市和小城镇协调发展、产业和城镇融合发展，促进城镇化和新农村建设协调推进。《决定》同时重申"建设社会主义文化强国，增强国家文化软实力"，并强调要"切实维护国家文化安全。"

"文质彬彬，然后君子"，强调了文化修养和内在品质的相互和谐。对于一个人如此，对于一座城镇、一个国家同样如此。假如一座城镇将大量建筑推倒重来，一味强调经济发展速度，盲目追求GDP，而忽略了文化传承、文化创意，这座城镇必将是单调的、物质的、矛盾重重的。当代许多资源型、单一产业型城市的逐渐没落证明了这一点。特别是强调转变经济增长方式的今天，忽视文化创意，就是历史的倒退。正因为此，经济总量已经跃居世界第二的中国越来越重视文化的创意与传承。党的十七大报告提出要"提高国家文化软实力",表明我们党和国家已经把提升国家文化软实力作为实现中华民族伟大复兴的新的战略着眼点。

　　新型城镇化正是这样一个重要历史机遇,一个创造众多蕴涵了中国哲学、中国韵味和中国精神的特色生态城镇的巨大机遇。于是,在对一个城镇进行规划时,就不能不汲取历史文化保留下来的精神。因为,这是一个城镇历史形成的独特风貌所在,也是一个城镇之所以具有独特魅力的所在。但仅仅吸收了传统文化的营养是远远不够的,还应具备满足可持续发展的战略眼光和技术能力。

　　转变经济增长方式是我国实现可持续发展的关键,中国经济和产业(包括新型城镇化)的发展必须探索一条可持续发展的道路。随着可持续发展成为全球共识,人们越来越认识到工业文明对城市发展带来的一系列问题,越来越渴望拥有高效合理的人居环境。引入文化创意的生态文明城镇就是未来人类可持续聚居模式之一。

　　紧密着眼于城镇风貌的传承和重塑,以及生态城镇的可持续发展性,实现城镇文化的物质形态和观念形态的统一协调,实现城镇文化对城镇竞争力的提升以及对城镇经济发展的促进作用,同时实现城镇文化对居民生活质量的提升以及对社会凝聚力的形成作用。

　　(3)在新型城镇化建设中运用文化创意的方法

　　"文化创意"是用人类学的方法来介入和影响城镇总体规划和设计过程,努力加强地方文化的健康,可持续发展性和居民福祉。从更深入的角度来说,"文化创意"是系统深入地研究文化所涵盖的九大学科,包括哲学、文学与艺术、宗教、历史、人类学、教育学、心理学、社会学、生态学和生物学,并把它们与物质空间相联系,通过地理位置、地貌植被、季节变换、色彩光影、人文活动等要素的结合,使得城镇能够具有自己独特的风貌,这种"天人合一"

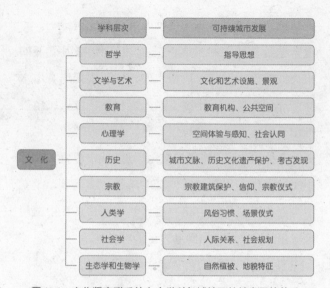

图1-1　文化紧密联系的九大学科与城镇可持续发展的关系

价值观的灵魂根植于传统文化,又使得城镇能够成为人们心理认同、具有特色的精神家园,进而起到潜移默化改变生活方式的作用。图1-1是与文化紧密联系的九大学科,通过不同的渠道影响着城镇的可持续发展。

　　从学术上来说,在城镇规划中融入生态、和谐和文化的理念已有先行者。钱学森先生提出的"山水城市"讲的就是这样一种思想理念。钱学森说:"我设想的山水城市是把微观传统园林思想与整个城市结合起来,同整个城市的自然山水结合起来。要让每个市民生活在园林之中。"作为梁思成事业的继承者,中国科学院和中国工程院院士、城市规划及建筑学家、建筑教育家吴良镛先生也创造性地提出"人居环境科学"理论体系。他指出,要重视地景,重视地域,要有文化地域的概念,要把风景资源当做文化资源与遗产来看待,要放到文化生存、文化振兴的高度来认识、来捍卫、来发展。中国工程院院士、北京林业大学教授、风景园林学家孟兆祯先生则从另一个角度出发,在继承的基础上发展性地建立了风景园林规划与设计学科的新学科体系。他将植物学科的内容、中国传统写意自然山水园的民族风格、地方特色和现代化社会融为一体。

在生态城镇建设中提出文化创意，其创新性也就是在城镇宏观规划和微观设计中注入文化创意。既非纯理论层面的学术研究，亦非纯园艺设计层面的技术操作，而在于从历史发展的角度，审视并解读进而规划可以让人们世世代代休养生息的地方。中央城镇化工作会议提出的"望得见山、看得见水、记得住乡愁""要融入现代元素，更要保护和弘扬传统优秀文化，延续城市历史文脉"。

城镇化建设中的"文化创意"，是在城镇和社区发展过程中对文化资源的战略性以及整体性的运用，旨在了解和解释影响人们对场所感知的因素，特别重视哲学的、社会的和个人的文化阐释，以及文化与自然和建成环境之间的相互关系。此外，还应注重在景观设计、意境营造与景观命名上融入中国传统文化，更注重结合地理区位分析、产业经济分析，将文化与城镇竞争力、社会价值、行为引导有效结合，把城镇风貌、城镇记忆、城镇性格与可持续发展实施进行完美统一，营造具有乡土风貌的城镇灵魂。与单一的标准化生产技术手段强调工具理性和具体设计、

工程措施不同的是，文化创意规划的工作流程重点在于从现实基础与挑战出发，从不同的思考层面回答为什么、怎么做、做什么这几个问题，并通过不断地与其他技术学科的互动，形成系统解决方案。

文化创意规划方法论体系通过以下的具体步骤，深入挖掘地方的历史文化与价值遗存，合理地形成一系列的成果，从而丰满城镇建设与发展的要求和内涵。

由于每个城镇都具有规模不同，自然禀赋不同，区位优势不同，产业前景不同，政策定位不同，以及规划设计所介入的层次和深度不同等差异，因此在进行每个城镇的新型城镇化文化特色的文化创意规划时，尽管在方法论体系上采用一致的标准，但是在具体评估和规划手段上仍然应有所侧重，力图挖掘每一座城镇独特的个性和规划最为可行的发展模式。文化创意的兴奋点、着力点和吸引力，也恰恰是每一座城镇的独特"灵魂"风貌，而非与此相反的整齐划一。图 1-2 是文化创意规划的框架及工作流程，图 1-3 是文化创意规划方法论体系。

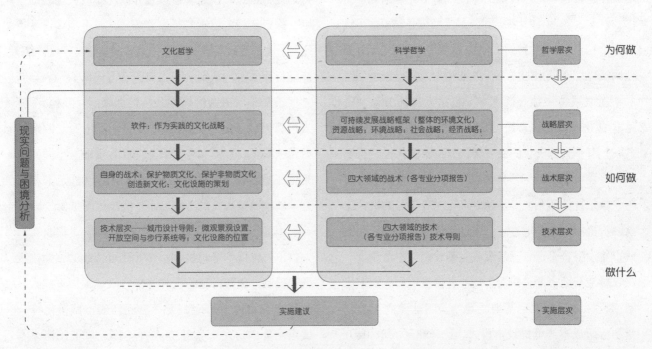

图1-2 文化创意规划的框架及工作流程

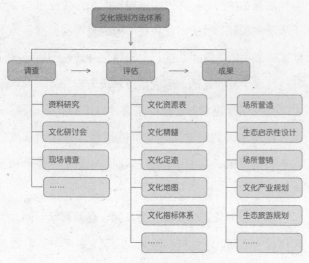

图 1-3　文化创意规划方法论体系

1.4.5 试点先行探路新型城镇化

推进新型城镇化，城镇化的创新与生机，需要国家层面的制度创新，省级政府的统筹规划，县城如何带动乡村，镇改市宜取何种管理方式，人、财、地问题怎样合理解决，顶层设计与因地制宜如何统一。《城乡建设》杂志社就《关于开展国家新型城镇化综合试点工作的通知》及《国家新型城镇化综合试点方案》点题破题，试点探索组织探讨。相关问题如下。

（1）新型城镇化综合试点的主要任务和顶层设计

中国社科院农村发展研究所研究员冯兴元对新型城镇化综合试点的主要任务及探索内容提出看法：

新型城镇化综合试点主要包括五项任务，一是建立农业转移人口市民化成本分担机制，建立中央（省）对下转移支付同农业转移人口市民化挂钩机制和实行建设用地指标与吸纳省（市）外农业转移人口落户数量挂钩政策。二是建立多元化可持续的城镇化投融资机制，允许地方政府通过发债等多种方式拓宽城市建设融资渠道。三是改革完善农村宅基地制度，在农村宅基地方面，探索宅基地有偿使用和有偿退出制度，探索超标准宅基地处置办。四是建立行政创新和行政成本降低的设市模式，选择镇区人口 10 万以上的建制镇开展新型设市模式试点工。五是综合

推进体制机制改革创新，在城市创业创新环境建设、城市公共服务提供机制、城市社会治理体系等方面有选择地开展改革探索。此外，为了推动试点的开展，国家也将出台相关的配套政策，目前已经明确的主要有：一是农村宅基地制度改革试点方案。二是财政转移支付与农业转移人口市民化挂钩的具体办法。要完善转移支付办法，建立财政转移支付同农业转移人口市民化挂钩机制，中央和省级财政安排转移支付时要考虑常住人口。省级政府举债使用方向要向试点地区倾斜。国家开发银行要发挥金融支持作用，运用信贷等多种手段支持城市基础设施、棚户区改造等工程建设。鼓励公共基金、保险资金等参与具有稳定收益的城市基础设施项目建设和运营。三是建立试点动态淘汰机制。

新型城镇化综合试点，对于推动顶层体制机制改革和基层社会经济全面发展提供有益探索。我认为可以包括几个方面：

行政管理方面，试点地区应重点放在镇改市工作。选择镇区人口 10 万以上的建制镇，开展新型设市模式试点工作。建立行政管理创新和行政成本降低的设市模式。按照城市设置和简化行政机构联动原则，探索新设市城市的行政管理模式，合理增设城市建制，优化行政层级和行政区划设置，提高行政效能，降低行政成本。从现阶段人口流动方向来看，人口向大城市和小城市两端聚集。从数据来看，我国 57 座人口百万以上的特大城市集中了 1.66 亿人，占全国城镇人口的 27%。20 万人以下的小城市与小城镇，集聚了全部城镇人口的 51%。其中县级单元聚集了全国新增城镇人口的 54.3%，是城镇化的重要层级。

内容方面，试点地区应重点探索建立农业转移人口市民化成本分担机制、多元化可持续的城镇化投融资机制、创新行政管理和降低行政成本设市模式、改革完善农村宅基地制度等方面。新型城镇化综合试点重要内容是探索建立农村转移人口市民化成本分担机制。成本分担包括，建立健全由政府、企业、

个人共同参与的农业转移人口市民化成本分担机制，根据农业转移人口市民化成本分类，明确成本承担主体和支出责任。

公共服务方面，政府应承担义务教育、劳动就业、基本养老、保障性住房以及市政设施等公共成本。企业则应落实农民工与城镇职工同工同酬制度。与此同时，试点地区需制定实施农业转移人口具体落户标准和城镇基本公共服务供给与居住年限挂钩的具体办法，主动承担人口市民化公共成本。

融资方面，试点地区应把政府性债务纳入全口径预算管理，编制公开透明的城市政府资产负债表，以更好地吸引投资者，拓宽投融资机制，进一步解决城镇化资金问题。依据城市规划编制城市基础设施建设规划和融资规划，针对不同项目性质，设计差别化融资模式和偿债机制。理顺市政公用产品和服务价格形成机制、放宽准入、完善监管、制定企业通过 PPP 等模式进入特许经营领域的办法，鼓励社会资本参与城市公用设施投资运营。

农村宅基地方面，试点地区应加快推进农村地籍调查，全面推进农村宅基地使用权登记颁证，将农民房屋纳入确权登记颁证范围。将宅基地和农房纳入全国统一的不动产登记体系，并率先建立和实施不动产统一登记制度。

农民用房确权方面，试点地区应探索宅基地上的集体土地所有权的权能及实现形式和途径。试点地区将落实宅基地使用权人在宅基地占有、使用、收益和处分上的权能，在保障集体土地所有权人权益的前提下赋予宅基地使用权人更多权益。与此同时，在充分尊重农民意愿的前提下，探索宅基地有偿使用和有偿退出制度，探索超标准宅基地处置办法。

（2）探索镇改市，创新行政管理模式

国家发改委城市和小城镇中心研究员易鹏就城镇化综合试点将镇改市作为工作重点之一，对于行政管理体制改革的深意提出看法：

县、镇、新城新区历史上一直是我国最基本最

稳定的行政治理单元，其包含政治、社会、经济与文化的最小完整系统。其优势在于可降低城镇化成本、降低社会改革风险。因此，从全国选取不同地区的基层单位进行综合型社会试验，可为推动顶层体制机制改革和基层社会经济全面发展提供有益探索。而在试点地区应重点探索建立农业转移人口市民化成本分担机制、多元化可持续的城镇化投融资机制、创新行政管理和降低行政成本设市模式、改革完善农村宅基地制度等方面。

镇改市试点地区意味着我国发展和治理重点的下沉。我国东南沿海有些乡镇的户籍人口很少，但是移民很多，经济总量已经达到市级规模，治理模式仍停留在乡镇的水平。一旦升级为市，会获得更多治理的资源和自由，从而获得发展的新空间。我国社会治理有很强的等级结构特征，"市"的优势，"镇"往往很难追平。对于这一问题，让一些大镇改市，比改革这个结构本身要省力得多。"镇改市"是行政管理方式上的创新，要求建立低行政成本的设市模式。我国前一阶段的城镇化带来了人口聚集，也极大促进了小城镇的基础设施建设。但多数小城镇缺少就业和产业规划，前途不明确，因而留不住年轻人和高技术人才。应该多给小城镇机会，让小城镇繁荣起来，其难度和意义都不比让北上广深成为"一流国际化城市"更小。也只有这项工作取得决定性成就，中国的改革开放才能让在全世界面前引以为傲。

（3）试点省份要努力实现突破发展

中国区域经济学会秘书长陈耀就试点省份应如何抓住契机，积极探路发展，以及选择江苏和安徽两省份作为试点的积极意义提出看法。

一是江苏是经济发达省份，也是小城镇发展起步最早的省份，多年来，小城镇的发展在全国也是较好的。此次试点任务内容多，涉及面广，要求高。以江苏省为单位进行试点，江苏的任务是"3＋8＋1"，前三条是国家规定动作，"8"是"自选动作"，"1"则是国家追加而特别赋予江苏的。内容涉及经济社会

方方面面，对未来发展的突破，具有重大意义。"所有 12 项任务与 2014 年 5 月出台的《江苏省新型城镇化与城乡发展一体化规划（2014～2020 年）》提出的奋斗目标一致。江苏有信心通过大胆探索先行先试，为全国提供成功经验。"列为省级国家试点，是江苏面临经济结构调整，适应新常态背景下实现"两个率先"的一次重大历史机遇。国家综合试点时间跨度 6 年，前后连接"十二五"规划和"十三五"规划，开展试点工作对全省社会经济发展和基本现代化具有广泛深远影响。

江苏省已起草《江苏省新型城镇化综合试点工作方案》，明确试点总体目标：加快推进农业转移人口市民化进程。到 2020 年，常住人口城镇化率达72%，户籍人口城镇化率达 67% 左右，城镇落户农业转移人口新增 800 万人，成为我国新型城镇化和城乡发展一体化先导区、示范区（以 2013 年底的城镇化率为基数）。作为目标任务首要是建立农业转移人口市民化成本分担机制。将建立健全以合法稳定就业和合法稳定住所为户口迁移基本条件，以经常居住地登记户口为基本形式、城乡统一的新型户籍制度。科学测算农业转移人口市民化平均成本，合理划分政府、企业以及转移人口家庭和个人的成本分担责任，明确省以下不同层级政府的成本分担比例，建立农业转移人口流入和流出政府成本共担机制。

二是安徽省作为中西部地区的重要省份，近年来小城镇发展中存在"夹心层"现象，这也是中西部地区小城镇发展的普遍问题。安徽地方政府普遍反映在新型城镇化建设中，小城镇位于"夹心层"，地位和处境比较尴尬，存在小城镇建设时紧时松、战略定位摇摆以及功能不。明晰等问题。此外，放权不够，一些建设项目需要层层申报、效率低下。此外，近年来省级政府往往在大中城市和新农村建设上投入较多，忽略了小城镇建设，这也是中西部地区较为普遍的现象。

安徽省应该利用此次被列为城镇化综合试点的契机，开展新型城镇化试点建设，以提升质量为关键，坚持尊重规律、因地制宜、分类指导、统筹推进的原则，围绕"人、地、钱、规划、建设、管理"，走出一条高质量、可持续、广包容的城镇化道路。完善户籍制度改革、农民工服务工作等一系列配套政策以及"多规合一"、大社区体制改革等试点工作，形成综合试点示范效应，为未来发展谋篇布局。

（4）地方响应

山东青岛市：以人的城镇化为核心，在户籍、土地、产权、投融资改革等方面取得明显成效，基础设施和公共服务进一步改善，基本实现城乡建设一体化，为全国新型城镇化发展提供示范。

黑龙江哈尔滨市：健全试点工作机制，统筹推进试点工作，确保完成国家新型城镇化综合试点的任务和目标。

广东惠州市：重点从建立外来转移人口市民化的成本分担机制、多元化可持续的投融资机制、农村土地流转机制、城镇化综合体制机制创新等四个方面，进行多种改革探索，全力推进综合试点和城镇化建设工作。

广西来宾市：根据试点要求，积极推进积分落户政策，以具有合法稳定就业为主要目标，合理设置分值，达到一定分值的可以落户。

山东郓城县：围绕破解城镇化难题，从构建多元可持续的投融资机制入手，建立合理的农业转移人口市民化成本分担机制，推进低碳生态城市建设，形成"人、地、钱"良性循环的县城城镇化发展模式，"为欠发达地区实现县域城镇化崛起探索工作模式。"

吉林安图县二道白河镇：作为长白山旅游集散地和目的地，不断提高公共管理水平，建立长白山旅游业务云服务应用系统，"居游一体、主客共享"的公共服务供给机制初步确立。生态红线的约束增强，面向居民和游客的生态环境科普教育机制基本建立。生态移民取得明显成效，到 2017 年底，镇区人口增加到 12.1 万人。

2 城镇与城镇规划

2.1 城镇与城镇体系

2.1.1 聚落的形成及形态划分

（1）聚落的形成与分化

聚落，也称为居民点。它是人们定居的场所，是配置有各类建筑群、道路网、绿化系统、对外交通设施以及其他各种公用工程设施的综合基地。

聚落是社会生产力发展到一定历史阶段的产物，它是人们按照生活与生产的需要而形成的聚居的地方。在原始社会，人类过着完全依附于自然采集和猎取的生活，当时还没有形成固定的住所。人类在长期与自然的斗争中，发现并发展了种植业，于是出现了人类社会第一次劳动大分工，即渔业、牧业同农业开始分工，从而出现了以农业为主的固定居民点。

随着生产工具的进步，生产力的不断发展，劳动产品就有了剩余，人们将剩余的劳动产品用来交换，进而出现了商品通商贸易，商业、手工业与农业、牧业劳动开始分离，出现了人类社会第二次劳动大分工。这次劳动大分工使居民点开始分化，形成了以农业生产为主的居民点——乡村；以商业、手工业生产为主的居民点——城镇。目前，我国根据居民点在社会经济建设中所担负的任务和人口规模的不同，把以农业人口为主，从事农、牧、副、渔业生产的居民点称之为乡村；把具有一定规模的，以非农业人口为主，从事工、商业和手工业的居民点称之为城镇。

（2）城乡聚落的形态划分

1）城市聚落

城市是指国家按行政建制设立的市、镇。我们将上述的市区和镇区称为城市聚落。

2）乡村聚落

市区和镇区以外的地区一般称为乡村，设立乡和村的建制。乡村聚落又有集镇和村庄之分，集镇通常是乡人民政府所在地或一定范围的农村商业贸易中心。村庄又有自然村和行政村两个不同的概念，自然村由若干农户聚居一地组成，为了行政管理便利，把几个自然村划作一个管理单元，或将一个规模很大的自然村划分为几个管理单元。这个管理单元称为行政村。

2.1.2 城镇的概念

城镇即规模最小的城市聚落，在目前是指一种正在从乡村性的社区变成多种产业并存地向着现代化城市转变中的过渡性社区。由于现阶段对城镇的定义尚未形成统一的概念，本文中城镇主要指县城关镇、建制镇的镇区。从发展的观点来看，县城关镇将有一部分发展成为小城市，县城以外建制镇将成为城镇的主要部分。对于目前与建制镇同属于基层政权所在地的乡集镇，将逐步发展成为城镇，也应该是我们研究和规划的对象，可称其为未建制镇。如果按城乡二元的划分，前者属城市范畴，后者现在为乡村范畴。客观上来讲，城镇处于城乡过渡的中介状态，是我国的农村中心。由于城镇与周围的村庄关系密切，所以人们常把城镇与村庄放在一起讨论，统称之为村镇。

2.1.3 城镇的基本职能类型

城镇是面向农村、一定区域的政治、经济、文化的中心。它是以人口集聚为主体，以物质开发、利用、生产为特点，以集聚效益为目的，是集政治、经济、物资为一体的有机实体。因此，城镇的基本类型的划分，是以其职能的主要特征为依据的。根据城镇比较突出的功能特征，可划分为以下几种基本职能类型的城镇。

（1）行政中心城镇

是一定区域的政治、经济、文化中心；县政府所在地的县城镇；镇政府所在地的建制镇；乡政府所在地的乡集镇（将来能升为建制镇）。城镇内的行政机构和文化设施比较齐全。

（2）工业型城镇

城镇的产业结构以工业为主，在农村社会总产值中工业产值占的比重大，从事工业生产的劳动力占劳动力总数的比重大。乡镇工业有一定的规模，生产设备和生产技术有一定的水平，产品质量、品种能占领市场。工厂设备、仓储库房、交通设施比较完善。

（3）农工型城镇

城镇的产业结构以第一产业为基础，多数是我国商品粮、经济作物、禽畜等生产基地，并有为其服务的产前、产中、产后的社会服务体系，如饲料加工、冷藏、运输、科技咨询、金融信贷等机构为周围地域农业发展提供服务，并以周围农村生产的原料为基础发展乡镇的工业或手工业。

（4）渔业型城镇

沿江河、湖海的城镇，以捕捞、养殖、水产品加工、储藏等为主导产业。多建有加工厂、冷冻库、运输站等。

（5）牧业型城镇

在我国的草原地带和部分山区的城镇，以保护野生动物、饲养、放牧、畜产品加工（肉禽、毛皮加工等）为主导产业，又是牧区的生产生活、交通服务的中心。

（6）林业型城镇

在江河中上游的山区林带，过去是开发森林、木材加工的基地，根据生态保护、防灾减灾的要求，林区开发将转化为育林和生态保护区，森林保护、培育、木材综合利用为其主要产业，将成为林区生产生活流通服务的中心。

（7）工矿型城镇

随着矿产资源的开采与加工而逐渐形成的城镇，或原有的城镇随着矿产开发而服务职能不断增强，基础设施建设比较完善，为其服务的商业、运输业、建筑业、服务业等也随之得到发展。

（8）旅游型城镇

具有名胜古迹或自然资源，以发展旅游业及为其服务的第三产业或无污染的第二产业为主的城镇。这些城镇的交通运输、旅馆服务、饮食业等都比较发达。

（9）交通型城镇

这类城镇都具有位置优势，多位于公路、铁路、水运、海运的交通中心，能形成一定区域内的客流、物流的中心。

（10）流通型城镇

以商品流通为主的城镇，其运输业和服务行业比较发达，设有贸易市场或专业市场、转运站、客栈、仓库等。

（11）口岸型城镇

位于沿海、沿江河的岸口口岸的城镇，以发展对外商品流通为主，也包括那些与邻国有互贸资源和互贸条件的边境口岸的城镇。这些城镇多以陆路或界河的水上交通为主。设有海关、动植物检疫站、货物储运站等。

（12）历史文化古镇

指具有一些有代表性的、典型民族风格的或鲜明的地域特点的建筑群，即有历史价值、艺术价值和科学价值的文物的城镇，可发展为旅游型城镇。

2.1.4 城镇体系

城镇体系是指在我国一定地域内，由不同等级、不同规模、不同职能而彼此相互联系、相互依存、相互制约的城镇组成的有机系统。目前我国的城镇体系是由县城关镇、建制镇、乡政府所在地集镇构成的。

我国城镇等级系统分为三级：县（市）城镇、建制镇和未建制镇（乡政府所在地的集镇）。

县城镇是对所辖乡镇进行管理的行政单位。虽然县城镇发展到一定水平后会晋升为县级市，但其对所辖乡镇的管理职能却变化不大。

县城以外建制镇是县城镇的次级城镇，是本镇域的政治、经济、文化中心，对本镇的生产、生活起着领导和组织的作用。

乡政府所在地的集镇，是本乡域的政治、经济、文化中心。这类集镇在我国数量不少，随着农村产业结构的调整和剩余劳动力的转移，当经济效益和人口聚集到一定规模时，将晋升为建制镇。

县（市）城镇、建制镇和乡政府所在地集镇，共同组成了我国政治、经济、文化和生活服务的城镇体系。

2.2 城镇规划及其工作内容

2.2.1 城镇规划

城镇规划是一定时期内城镇经济和社会发展的目标，是城镇各项建设的综合部署，也是建设城镇和管理城镇的依据。规划，作为人类的基本活动之一，其目的是为规划对象谋取可能条件下的最大利益。因此，要建设好城镇，就必须有科学的城镇规划，并严格按照规划进行建设。

2.2.2 城镇规划的工作内容

（1）城镇规划的任务

城镇规划工作的任务是：根据国家城镇发展和建设的方针及各项技术经济政策，国民经济发展计划和区域规划，在调查了解城镇所在地区的自然条件、历史演变、现状特点和建设条件的基础上，布置城镇体系；合理地确定城镇的性质和规模；确定城镇在规划期内经济和社会发展的目标；统一规划与合理利用城镇的土地；综合部署城镇经济、文化、公用事业及战备防灾等各项建设；统筹解决各项建设之间的矛盾，相互配合，各得其所，以保证城镇按规划有秩序、有步骤、协调地发展。

（2）镇规划的工作内容

其工作内容一般主要包括以下几个方面：

a. 调查、搜集和分析研究城镇规划工作所必需的基础资料；

b. 确定城镇性质和发展规模，拟定城镇发展的各项技术、经济指标；

c. 合理选择城镇各项建设用地，拟定规划布局结构；

d. 确定城镇基础设施的建设原则和实施的技术方案，对其环境、生态以及防灾等进行安排；

e. 拟定旧区利用、改建的原则、步骤和方法，拟定新区发展的建设分期等；

f. 拟定城镇建设艺术布局的原则和设计方案；

g. 安排城镇各项近期建设项目，为各单项工程设计提供依据。

以上是城镇规划工作的基本内容，对各类城镇都是适用的。但是，由于各个城镇在国民经济建设中地位与作用、性质与规模、历史沿革、现状条件、自然条件、地方风俗各存差异，所以其规划任务、内容及侧重点也应有所区别。因此，在具体规划工作中，要从实际出发，根据各自的情况，确定规划工作的详细内容。

（3）规划期限

规划期限是指完全实现规划所需要的年限。总体的、高层次的规划期限宜长些，具体的、局部的规划期限则短些。建议县市域范围规划 20 年，乡镇域范围规划 10～20 年，镇区和村庄规划 10 年，近期年限 3～5 年。

（4）城镇规划工作的层次

城市规划工作定为总体规划和详细规划两个阶段，村镇规划工作也定为两个阶段，但不同于城市规划的阶段，它分为村镇总体规划和村镇建设规划。城镇正处于城乡两者中间的过渡态，按城乡二元划分，一部分属城市范畴；另一部分目前仍属乡村范畴。但城镇规划内容的层次划分既不同于大中城市，也不同于村镇，可包含四个层次。

第一层次：县（市）域城镇体系规划。

第二层次：镇（乡）域村镇体系规划。

第三层次：城镇镇区规划。

第四层次：镇区中局部地段或村庄的详细规划。

多数城镇规划往往是由第二、第三层次内容组成的，被称为城镇总体规划。而第一层次则是城镇第二、第三层次规划的依据，第四层次则是该规划的延伸和局部的详细内容，有时第三层次中也包含有第四层次中的详细规划内容。

1）县（市）域城镇体系规划

县（市）域范围的规划主要是为了确定县（市）域内的城镇体系布局，以县城为中心，明确分工、发展重点，避免遍地开花和重复建设的危害。这层次虽属城镇规划中第一个层次，但往往在县（市）总体规划中完成了此层次规划的内容。

2）镇（乡）域村镇体系规划

以县（市）域规划为依据，对全镇（乡）辖范围内的村镇进行合理分布，对主要建设项目进行全面布局，并达到指导镇区和村庄规划的编制。之所以选择镇（乡）域作为城镇规划的一个层次，因为村庄规模太小，许多设施要依赖镇区。此层次规划内容包括：

a. 提出镇域发展目标；

b. 确定村镇体系布局和主要生产企业的分布；

c. 确定镇区和主要村庄的性质、规模、发展方向和建设特点；

d. 确定镇区对外交通和与各村庄之间的道路交通、电力、电信、供水、排水等工程设施的总体安排；

e. 确定主要公共建筑配置；

f. 综合协调防灾，环境和风景名胜保护等方面的要求。

3）城镇镇区规划

主要内容包括：

a. 确定镇区人口规模和用地规模、用地布局和发展方向，划定规划区范围；

b. 确定镇区的道路交通系统，安排电力、电讯、供水、排水等公用工程设施；

c. 进行建设用地竖向规划；

d. 安排绿化、防灾、能源、环境保护等工程项目；

e. 确定镇区中心及其他重点地段建筑布置和景观风貌的建设要求；

f. 确定近期建设项目的位置、用地规模并详细布置建筑、道路、绿化和工程管线；

g. 估算建设项目投资，制定建设的实施步骤。

城镇规模小，所以第二、第三两个层次不宜截然分段。宜同步进行。应具体布置建筑、道路、绿化、工程管线等，即对重要活动中心、镇区入口、主要街道和广场建筑群做出平、立面设计。在工程规划中，道路规划应设计出道路网中所有控制点的坐标、标高、所有交叉口的形式、缘石半径、道路的纵坡等。

同样，管线工程规划也要相应深度。

4）镇区局部地段和村庄的详细规划

镇区和村庄作为一个规划层次是因为在镇（乡）域规划还不可能直接安排具体建设。镇区则要在规划区中进一步编制局部地段的详细规划，村庄一般规模较小，可不分区编制详细规划。

2.3 城镇规划的指导思想、基本原则和工作特点

2.3.1 城镇规划的指导思想

城镇规划的指导思想根据城镇经济形势发展的要求从城镇建设的全局出发，综合进行城镇规划，统筹安排城镇建设，逐步改善广大城镇的生产和生活条件。要重点规划和建设好集镇，为农业现代化建设和城镇经济全面发展提供前进的基地，为农业剩余劳动力寻找就业的机会，避免农民大量流入城市，为逐步缩小工农差别，城乡差别和体力劳动与脑力劳动的差别，积极创造条件。在这个基本思想的指导下，加强领导，充分调动亿万农民的社会主义建设积极性，走工农结合、城乡结合、统一规划、综合发展、依靠群众、勤俭建设的道路，根据自然条件、生产发展和富裕程度，因地制宜，量力而行，有步骤、有计划地把城镇规划建设好。

2.3.2 城镇规划的基本原则

编制城镇规划应贯彻下列原则：

①有利生产、方便生活、促进流通、繁荣经济，使各项建设合理分布和协调发展；

②合理用地、节约用地，充分挖掘原有城镇用地的潜力，严格控制占用耕地；

③从实际出发，制定建设标准，合理利用现有设施，逐步改造提高；

④近远期相结合，以近期为主，提高近期建设规划的完整性和对远期发展的适应性；

⑤保护环境，防治污染，消除公害，创造良好的生态环境；

⑥结合自然条件、历史文物和传统特色，创造优美协调、具有地方风格的城镇景观。

2.3.3 城镇规划的工作特点

城镇规划关系到国家的建设和人民的生活，涉及政治、经济、技术和艺术等方面的问题，内容广泛而复杂。为了对城镇规划工作的性质有比较确切的了解，必须进一步认识城镇规划的工作特点。

（1）综合性

城镇规划需要统筹安排城镇的各项建设，由于城镇建设涉及面比较广，包括有农、林、牧、副、渔、工、商、文、教、卫等各行各业；又涉及人们衣、食、住、行和生、老、病、死等各个方面。概括起来，包括生产和生活两大方面。要通过规划工作把这样繁杂、广泛的内容有机地组织起来，统一在城镇规划之内进行全面安排、协调发展。因此，城镇规划是一项综合性的技术工作，它涉及许多方面的问题。例如，当考虑城镇建设条件时，就涉及气象、水文、工程地质和水文地质等范畴的问题，当考虑城镇性质、规模时，又涉及大量的技术经济工作；当具体布置各项建设、研究各种建设方案时，又涉及大量工程技术方面的工作；至于城镇空间的组合、建筑的布局形式、城镇面貌、绿化的安排等，则又是从建筑艺术的角度来研究处理的。而这些问题都是密切相关，不能孤立对待的。城镇规划不仅反映单项工程设计的要求和发展计划，而且还综合各项工程设计相互之间的关系，协调解决各单项工程设计相互之间在技术和经济等方面的种种矛盾。这就要求规划工作者应具有广泛的知识，能树立全局观点，具有综合问题和解决问题的能力。

（2）政策性

城镇规划几乎涉及经济和社会发展的各方面，

在城镇规划中，一些重大问题的解决关系到国家和地方的一些方针政策。例如，城镇性质、规模，生产项目配置，宅基地，以及公共建筑指标等，都不单纯是技术和经济的问题，而是关系到生产力发展水平、城乡关系、消费与积累比例等重大问题。另外，就城镇建设的项目而言，它包括有国家的、集体的，还有农民个人的，其中主要是集体的和个人的。因此，要处理好国家、集体和个人之间的关系；要调动和保护集体、农民个人对城镇建设的积极性；要把集体和农民个人的力量和智慧吸引和汇总到城镇规划中来。因此，城镇规划是一项政策性很强的工作。这就要求规划工作者必须加强政策观念，努力学习各项方针政策，并能在规划工作中认真地贯彻执行。

（3）地方性

我国地域辽阔，各地的自然条件、经济条件、风俗习惯和建设要求都不相同，每个城镇在国民经济中的任务和作用不同，各自有不同的历史条件和发展条件，尽管城镇之间个别条件相似的情况是存在的，但不可能找到条件完全相同的城镇。这就要求在城镇规划中具体分析城镇的条件和特点，因地制宜，反映出当地城镇特点和民族特色，决不能"一刀切"。因此，城镇规划又具有地方性的特点。

（4）长期性

城镇规划既要解决当前建设问题，又要考虑今后的发展及长远的城镇发展要求。也就是说，城镇规划工作既要有现实性，又要有预见性。社会是在不断发展变化着的，在城镇建设的过程中，影响城镇发展的因素也是在变化着。因而，城镇的规划方案由于人们认识的不同和时代的局限，不可能准确地预计，必须随着城镇发展因素的变化而加以调整和完善，不可能固定不变。因此，城镇规划还是一项长期性和经常性的工作。

虽然规划要不断地修改和补充，但每一时期的城镇规划方案，还是根据当时的政策和建设计划，经过调查研究而制定的，是有一定的现实意义，可以作为那个时期指导城镇建设的依据。

2.4 城镇规划编制前的准备工作

2.4.1 基础资料的搜集

城镇规划是一项综合性、政策性、地方性、技术性很强的工作，它既要考虑现实要求，又应具有科学的预见性，是指导规划范围内今后相当长一个时期内城镇发展与建设的战略部署。为了使编制的城镇规划能够从实际出发，指导城镇建设，在编制城镇规划前，必须首先对规划的对象做深入细致的了解，即必须做好基础资料的搜集、整理和分析工作。通过基础资料的搜集、整理和分析，可以掌握规划范围内各行各业的需求及其相互联系，掌握自然条件和经济条件对城镇发展提供的条件和限制等。如果不掌握准确而充分的基础资料，就不可能对当地的自然资源条件和建设条件进行科学的分析；不可能认清当地的优势而扬长避短地进行建设；也不可能抓住主要矛盾并提出相当的解决办法。有人认为"有没有资料，照样可以编制规划"。实践证明这种想法和做法是错误的，因为这样编制出来的规划必然是脱离实际、无法实施，只能是"规划规划，纸上画画，墙上挂挂，别人夸夸"而已，既浪费财力、人力、物力，又挫伤了群众的积极性。即使有的规划勉强实施，由于没有足够而准确的资料作为依据，实施过程中也会处处被动，以致最后不得不放弃原来的规划和建设而从头开始，同样造成财力、人力、物力的巨大浪费。

由于缺乏完整详细的资料，给城镇建设带来很多不应有的损失的例子是很多的。例如，有的地区在资源不清的情况下就盲目兴建一些工厂，结果由于原料不足或者产、供、销严重不平衡而被迫停产；有的村庄为了扩大耕地，在未做充分调查研究的情况下，盲目从平地迁到山地建新村，当多数农民迁居后，才发现新址水源量少质差，严重影响了农民的生产和生活；甘肃省东乡县果园乡境内洒勒山下的几个村庄，因为人们对大片山体断裂造成大规模滑坡等因素缺乏认识，以致在一次滑坡灾害中造成 4 个村庄被毁灭，200 人丧生的悲剧；有的城镇编制规划时，由于地形图纸资料不全，在此基础上绘制的规划图纸，精度低。误差大，这就很难起到指导建设的作用；还有的城镇，在做竖向规划前，不了解城镇周围洪水资料，竖向设计标高低于最高洪水位，一旦发生洪水时就会出现被洪水淹没的危险，又要为不被洪水淹没而增加昂贵的防洪设施。这些问题的产生，虽然也有各种客观原因，但其中重要的一条就是不重视对基础资料的搜集和研究，缺乏对现状条件的科学分析，陷入了主观盲目性而造成的结果。

由此可见，在没有基础资料或资料不足的情况下，不可能做出符合当地实际、质量较高的规划。因此可以说，通过调查研究，做好基础资料的搜集和整理工作，是编制城镇规划之前最重要的工作阶段；是全面认识城镇现状的手段；是城镇规划设计的依据；是保证城镇规划质量的重要环节。

城镇规划中基础资料的搜集，一般主要包括以下几个方面的内容。

（1）城镇规划的依据

①区域规划。区域规划是一个地区经济与社会的发展规划。其主体是县域规划、县级农业区划、县域土地利用总体规划。

②国民经济各部门的发展计划。

③党和国家以及各级地方政府对城镇规划的有关方针、政策和当地干部群众对本区域发展的设想。

（2）自然条件资料

1）地形图

编制城镇规划，必须具备适当比例尺的地形图。它为分析地形、地貌和建设用地条件提供了依据。随后，通过踏勘和调查研究，可以在地形图上绘制现状

分析图，作为编制规划方案的重要依据和基础。

2）自然资源资料

包括规划范围内的自然资源，有生产、开发的价值和发展前景。自然资源一般指地下矿藏、地方建材资源、农副产品资源等。

3）气象资料

①气温

气温一般是指离地面 1.5m 高的位置上测得的空气温度。大气温度随高度的增加而递减，人感到舒适的温度范围为 18 ~ 20℃。关于气温，我们需要收集以下内容：平均温度（年、月）、最高和最低温度、昼夜平均温度、无霜期、开始结冻和解冻的日期及最大冻土深度。气温的日、年变化较大，以及冰冻期长，都会给工程的设计与施工带来影响，若城镇内有"逆温"记录，则对其生活环境不利。"逆温"，就是在气温日差较大的地区（尤其在冬天），常因夜晚地面散热冷却比上部空气快，形成了下面为冷空气，上面为热空气，很难使大气发生上下扰动，于是城镇上空出现逆温层，此时如无风或小风，使大气处于稳定状态，则有害的工业烟尘不易扩散，滞留在城镇上空；处于谷地或多静风的地区更易发生。

②风向与风玫瑰图

风对城镇规划有重要的影响作用，如防风、通风、工程的抗风等。在城镇中，风还起着输送和扩散有害气体和粉尘的作用，因此在环境方面关系甚大，必须掌握风向的资料。

a. 风向

风向是指风吹来的方向。在规划中常采用 8 个或 16 个方位来表示风向，一般多采用 8 个方位即北（N）、东北（NE）、东（E）、东南（SE）、南（S）、西南（SW）、西（W）、西北（NW）。表示风向最基本的特征指标叫风向频率。在一个地区风向是经常变化的，在一定时期内，把各个风向所发生的次数，用百分数表示，称为风向频率。表达式形式为：

风向频率＝（某一风向发生次数／风向总观测次数）×100%

与风向相对应，风向频率一般也采用 8 个方位表示。风中有一个特殊的静风，它是指在较大范围内，气压暂时均匀分布，空气稳定无风的状态。当一个地区的静风频率大于30%时则该地区被称为静风区。从城镇规划工作的角度来看，采用多年的平均统计资料最好，观测资料积累的时间越长，价值就越高。把各个方位的风向频率用图案的方式表现出来，使人一目了然地看出该地区某一时期不同风向的频率的大小，这就是风向玫瑰图。它是将各方向（一般是 8 个方位）的风向频率以相应的比例长度点在方位坐标线上，用直线按顺序连接各点，并把静风频率定在中心，风向玫瑰图如图 2-1 所示。

b. 风速

风速是指空气流动的速度，通常用 m/s 来表示。

实际规划工作中的风速是平均风速，就是把风向相同的各项风速加在起，用观测风速的次数去除，所得的就是平均风速。应用中要采用多年累计的平均值。把各个方向的风的平均风速也用图案的方式表现出来，这就是风速玫瑰图。风速玫瑰图的绘制方法与风向玫瑰图相同，中心数字表示各风向的平均风速，如图 2-2 所示。

c. 污染系数

污染系数就是表示某一方位风向频率和平均风速对其下风地区污染程度的一个数值。某一风向频率愈大，则其下风向受污染机会愈多；某一方向的风俗愈大，则稀释能力愈强，污染愈轻，可见污染的程度与风频成正比，与风速成反比。因此，污染系数由下列公式表示：

污染系数＝风向频率／平均风速

将各方位的污染系数表现在坐标图上就是污染系数玫瑰图，如图 2-3 所示。

在城镇规划中，常将风向频率、平均风速和污染系数玫瑰图用不同的线条画在同一坐标上表示（图 2-4）。

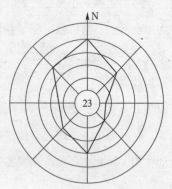

图 2-1　风向玫瑰图 （间距 5%）

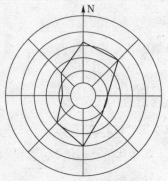

图 2-3　污染系数玫瑰图

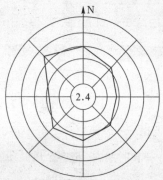

图 2-2　风速玫瑰图 （间距 m/s）

图 2-4　风玫瑰图

③日照

日照是指太阳光直接照射地面的现象。日照与人们的生活关系十分密切。在城镇规划中，确定道路的方位、宽度，建筑物的朝向、间距以及建筑群的布局，都要考虑日照条件。

a. 太阳高度角与方位角

为了解一个地方的日照条件，首先要掌握太阳的相对位置，用太阳的高度角和方位角来表示。太阳的高度角是地球上某点与太阳的连线与地平面之间所成的夹角 h，方位角是地球上某点与太阳的连线在地平面上的投影线与子午线之间的夹角 A（图 2-5）。

由于地球的自转和公转，太阳的高度角和方位角是随着地球上某点的经纬度、季节和时间的不同而变化。

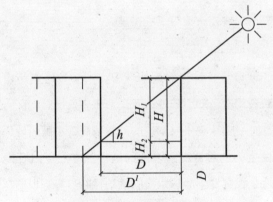

图 2-5　平地日照间距计算图例

b. 日照时数和日照百分率

通常把地面上实际受到阳光照射的时间以小时为单位表示出来，这就是日照时数。日照时数可以有一日、一月、一年之分。日照时数的多少与当地的经纬度、气候条件等有关。日照百分率是实际的日照时数与太阳的可照时数的比值。可照时数是从日出到日落太阳可以照射大地的时间的总和。由于天空中云、雾、烟尘的遮挡，实际的日照时数比可照时数少得多。各地的日照百分率相差很大，我国西北某些地区日照百分率高达百分之七十几，而四川盆地某些地区只有百分之二十几。日照时数对研究日照标准、太阳能利用等关系极大。

4）水文资料

水文是指城镇所在地区的水文现象，如降水量、河湖水位、流量、潮汐现象以及地下水情况等。我国古代选择城址就有"东有流水、西有大道，南有泽畔，北有高山"，以及"高勿近阜而水用足，低勿近水而沟防省"的考虑，因此可见水文在城镇规划中占有很重要的地位。

a. 降水量

降水量是指落在地面上的雨和雪、雹等融化后未经蒸发、渗透、流失而积聚在水平面上的深度，单位为 mm。资料内容包括单位时间（一年、一季、一月、一日）内的降水量，有平均降水量及最高降水量、最低降水量、降雨强度等。掌握降水资料对防洪、江河治理等十分重要。

b. 洪水

主要了解各河段历史洪水情况，重点放在近百年内，包括洪水发生的时间、过程、流向情况，灾害及河段水位的变化。在山区还应注意山洪暴发时间、流量以及流向。

c. 流量

流量指各河段在单位时间内通过某一横断面的水量，以 m³/s 为单位。需要了解历年的变化情况和一年之内各个不同季节流量变化情况，如洪水季节的最大流量、枯水期的流量、平均流量等。

d. 地下水

主要搜集有关地下水的分布、运动规律以及它的物理、化学性质等资料。地下水可分为上层滞水、潜水和承压水三类（图 2-6），前两类在地表下浅层，主要来源是地面降水渗透，因此与地面状况有关。潜水的深度各地情况相差悬殊。承压水因有隔水层，受地面影响小，也不易受地面污染，具有压力，因此常作为城镇的水源。

水源对城镇规划和建设有决定性的影响，如水量不足，水质不符合饮用标准，就限制了城镇的建设和发展。以地下水作为城镇的水源，也不能盲目、

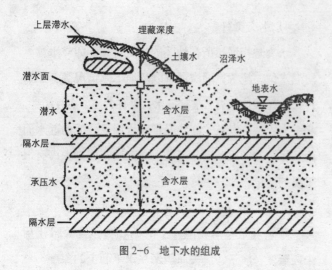

图 2-6 地下水的组成

无计划地采用，这样会造成地下水位下降、水源枯竭，甚至地面下沉。

5）地质资料

a. 冲沟

在黄土（又称湿陷性大孔性土壤，此类土当干燥时有较高的耐压力，受潮时会产生大量沉陷）和黄土状的砂质黏土地带，冲沟很容易发展。因这些土壤疏松，易于被水冲刷。冲沟对城镇的不良影响，是将城镇分割成许多零碎的地段，造成诸多不便。冲沟可分为青年期和老年期：青年期正在发展，要特别注意；老年期冲沟经适当处理，可作为城镇用地。对冲沟的预防方法是首先整治地面水，在冲沟上修截流水沟，使水不流经冲沟；其次是保护地表覆盖及用铺砌法加固冲沟边坡。根治的方法是整治地面水后，用填土充实冲沟，但要夯实。冲沟地段应加强绿化以保持水土，改造环境。

b. 喀斯特现象

喀斯特现象就是石灰岩等溶洞。在喀斯特现象严重地区，地面上会有大陷坑、坍坑，地面下有大的空洞，这些地区是不能作为城镇建设用地的。因此，必须查清地下的空洞及其边界，以免造成损失。

c. 滑坡与崩塌

滑坡是斜坡在风化作用、地表水或地下水、人为的原因，特别是重力的作用下，使得斜坡上的土、石向下滑动。这类现象多发生在丘陵或山区。在选择城镇用地时，应避免不稳定的坡面，同时在规划时，还应确定滑坡地带与稳定用地边界的距离，在必须选有滑坡可能的用地时，则应采取具体工程措施，如减少地下水或地表水的影响，避免切坡和保护坡脚等。崩塌是由于地质构造、地形、地下水或风化作用，造成大面积的土壤沿弧形下滑的物理现象。成因主要是岩层或土层的层面对山坡稳定造成的影响。当裂隙比较发育，且节理面顺向崩塌的方向，则易于崩落，尤其是过分的人工开挖，导致坡体失去稳定而崩塌。崩塌一旦发生，后果往往不堪设想。在城镇用地选择时，应尽量避免在崩塌的地段，对于崩塌的治理也应针对原因做排除地面水、地下水，防止土壤继续风化及采用修建挡土墙等工程措施。

d. 地震

地震是一种自然地质现象，大多数地震是由地壳断裂构造运动引起的。我国属于多发地震地区，在规划时必须认真研究本地的地震情况，了解当地历史上发生的地震情况、当地的地震基本烈度以及地质构造是否有发生地震危险的活动性断层等。根据《中华人民共和国防震减灾法》等法律、法规的相关规定，由中国地震局制定、国家质量技术监督局发布的第五代《中国地震动参数区划图》（GB 18306-2016），自 2016 年 6 月 1 日正式实施。第五代图在第四代基础上，首次明确了基本地震动、多遇地震动、罕遇地震动和极罕遇地震动四级地震作用下的地震动参数的确定方法。2001 年 8 月 1 日以前执行地震烈度区划图的一般建设工程的抗震加固，原则上由当地政府根据实际情况确定，在有关技术标准尚未修订之前，抗震设计验算直接采用标准提供的地震动参数，当涉及地基处理、构造措施或其他防震减灾措施时，地震基本烈度值可由表 2-1 所列的地震动峰值加速度分区与地震基本烈度对照表确定。

表 2-1 地震动峰值加速度风区与地震基本烈度对照表

地震动峰值加速度风区（g）	<0.05	0.05	0.10	0.15	0.20	0.30	≥0.40
地震基本烈度	<Ⅵ	Ⅵ	Ⅶ	Ⅶ	Ⅷ	Ⅷ	≥Ⅸ

6) 历史沿革

包括城镇的历史成因、年代、沿袭的名称和各历史阶段的人口规模；城镇的扩展与变迁；交通条件及其兴衰的情况；城镇的历史文化遗产及当地的民俗等。

7) 城镇的分布和人口资料

城镇分布资料包括城镇发展概况、分布状况和相互间的关系，以及城镇分布存在的问题。人口分布资料主要是指现有人口规模、人口构成及比例关系、人口的年龄构成及文化程度、历年人口的变化情况和人口的流动情况等。

8) 城镇土地利用资料

在城镇范围内，应了解其耕地、林地、养殖用地、荒山、荒地、未利用水域等所占的面积和比例，重点了解耕地中的粮食作物、经济作物等所占的面积和比例。

9) 城镇居住建筑资料

搜集住宅的等级、层数、建筑面积、给排水情况及住宅基本情况和主要附属建筑（厨房、仓库）等资料，为拆迁、改造、新建等环节提供依据。

10) 城镇主要公共建筑和工程设施资料

搜集各类主要公共建筑的分布、面积、层数、质量、建筑密度等资料以及工程设施包括交通运输、给水、排水、供电、电信、防灾等工程设施的现状和存在问题，今后的发展计划或设想等。

上述资料，是编制城镇规划必不可少的最基本的资料，有时还需根据实际情况需要补充搜集一些其他有关资料，以满足编制规划的需求。

2.4.2 基础资料的搜集方法及表现形式

(1) 基础资料的搜集方法

在实际规划工作过程中，常采用以下的方法来进行基础资料的搜集。

1) 拟定调查提纲

在开展调查以前，要做好充分的准备工作。首先要把所需资料的内容及其在规划中的作用和用途了解清楚，做到目的明确、心中有数。在此基础上拟定调查提纲，列出调查重点，然后根据提纲要求，编制各个项目的调查表格。表格形式根据调查内容自行设计，以能满足提纲要求为原则。另外，在调查之前还要把已经掌握的资料检查一下，有什么，还缺什么，使调查针对性强，避免遗漏和重复。这些工作做好以后，再进一步研究用什么方法、到什么部门去搜集有关资料。经过这些充分准备再正式开展调查，就可以做到有的放矢，避免盲目性，大大提高工作效率。

2) 召开各种形式的调查会

表 2-2 人口、户型调查表

户型	农民户/户	居民户/户	合计/户	比例/%	人数/人	备注
一口户						
二口户						
三口户						
四口户						
五口户						
六口户						
七口户						
八口户						

注：比例系指与全镇总户数之比。

经验表明，规划所需要的各种资料，一般都分散在各个有关部门。如有关经济发展资料，上级机关、计委、统计部门、农业部门都掌握。与各项专业资料有关的主管部门，如公交、财政、公安、文教、商业、卫生、气象、水利、房管、电业部门都清楚。因此，必须依靠并争取这些部门的配合。为了使工作进行的顺利，第一次调查会应该由当地政府主持，争取各部门的负责人参加，将搜集资料工作作为任务下达。在分头搜集的过程中，应采取开专题调查会的方法，同有关人员进行座谈，或者进行补充调查。

3) 现场调查研究

对所规划的地区，规划人员必须亲临现场，掌握第一手资料。各方面的规划人员，对于某些关键性的资料，不仅要掌握文字、数据，还应把这些内容同实际情况联系起来逐项核对。在现场调查时要做到"三勤二多"。"三勤"是：一要腿勤，即要多走路，以步行为好，在步行中把地形、地貌、地物调查清楚，把抽象的平面地形图化为脑子中具体的、空间的立体图；二要眼勤，要仔细看、全面看，对特殊情况要反复看，并记忆下来，发现问题时，应联想规划改造的方案，把资料与规划挂上钩；三要手勤，把踏勘时看到的、听到的，随时记下来，对地形图不合实际或遗漏的地方应及时修改补充，重要的还要事后设法补测。"二多"是：一要多问，即多向当地群众和有关单位请教；二是多想，即多思考，对调查中发现的现状情况要反复研究，避免规划脱离实际。

（2）基础资料的表现形式

基础资料的表现形式可以多种多样，可以是图表，也可是文字，也可以图表和文字并举，有的还需要绘成图纸等。究竟如何表现，以能说明情况和问题为准，因地制宜，不求一致。有些资料，如用表格的形式表现出来，更能一目了然。表2-2～表2-19为一些常用表格，仅供参考。在实际工作中，应根据不同情况进行增、删或修改。

表 2-3　人口、年龄构成调查表

年龄（足岁）/岁	人数/人	占全镇人口的比例/%	男女结构/人		备注
			男	女	
出生～3					
4～6					
7～12					
13～15					
16～18					
19～30					
男31～60					
女31～55					
男61以上					
女56以上					
合计					

表 2-4　历年人口增减情况统计表

年份	年末人口数/人				全年人口变动情况/人								净增总人数	总增长率/%	备注
	总户数/户	总人口			自然增长				机械增长						
		合计	男	女	出生数	死亡数	净增人数	增长率/%	迁入数	迁出数	净增人数	增长率/%			

表 2-5 职业构成表

乡镇名称：

职业类别	人数 / 人			占全镇人口比例 /%	备注
	男	女	小计		
农业劳动					
工业					
手工业					
基建					
行政管理					
商业服务					
交通、运输					
邮电					
农田水利					
公用事业					
文教卫生					
金融财政					
其他					
合计					

表 2-6 乡镇基本情况表

乡镇名称：

村名	总户数 / 户	总人数 / 人	劳力数 / 人	耕地面积 / 亩	村镇建设用地 /m²	工农业总产值 / 万元	农业总产值 / 万元	工业总产值 / 万元	人均纯收入 / (元 / 人)
合计									

表 2-7 文化水平统计表

年龄	7 ~ 20 岁					21 ~ 50 岁					
文化程度	文盲	小学	初中	高中	小计	文盲	小学	初中	高中	大专	小计
人数／人											
百分比／%											
年龄	51 岁以上						合计				
文化程度	文盲	小学	初中	高中	大专	小计	文盲	小学	初中	高中	大专	小计
人数／人												
百分比／%												

注：应说明1□6岁的幼儿人数等。

表 2-8 住宅建筑调查表

乡镇名称：

户主姓名				人口组成	
家庭人口数				住宅建筑时间	
住宅	层数			平面类型	
	建筑面积			每人平均建筑面积	
	居住面积			房间间数	
	主要结构类型			简图	
	给排水状况				
	建筑质量综合评价				
主要附属建筑	厨房	建筑面积		结构类型	
		建筑质量			
	仓库	建筑面积		结构类型	
		建筑质量			
宅基地	房屋基地面积			住房主要意见	
	院落形式				
	院落面积				
	宅基地面积				

注：1. 注明是传统建筑或新建住宅；
   2. 独立于住宅之外的附属建筑称主要附属建筑；
   3. 表中面积单位为 m²。

表 2-9 公共建筑项目调查表

乡镇名称：

项目名称	隶属单位	建造年月	建筑面积／m²	占地面积／m²	服务范围		职工人数	使用情况	存在重要问题	备注
					半径	人口数				

表 2-10 住宅建筑调查汇总表

乡镇名称：

名称	总户数	人口数	平均每户人口	住宅类别	层数	户数	平均每户建筑面积/m²	平均每户居住面积/m²	质量综合评价			存在重要问题	备注
									好/%	中/%	差/%		
				传统住宅									
				新建住宅									

注：1. 本表根据《住宅建筑调查表》经分析计算后填写；
　　2. 住宅建筑质量综合评价标准根据当地具体情况定出的，并计算出好、中、差所占比例，%

表 2-11 教育系统建筑统计表

乡镇名称：

学校	托幼	小学	初中	高中	职业学校
占地面积/m²					
建筑面积/m²					
教学班数					
教工人数					
男生人数					
女生人数					

表 2-12 乡镇工副业生产建筑调查表

乡镇名称：

厂（场）名称	隶属单位	主要产品名称	规格		建筑面积/m²	占地面积/m²	原料来源	运输量	用电量	用水量	目前生产状况	发展中存在的问题
			年产量或产值	人员数								

注：目前生产状况包括三废排放及治理状况。

表 2-13 村镇各类建筑统计表

乡镇名称：

建筑类别		住宅建筑		公共建筑	生产建筑
		公建	私建		
占地面积/m²					
建筑面积/m²					
建筑密度/%					
危房	建筑面积/m²				
	比例/%				

注：目前生产状况包括三废排放及治理状况。

表 2-14　集镇现状用地分配表

乡镇名称：

用地项目	建设用地										非建筑用地							总计
	居住	工业	副业	公建	道路	广场	绿化	工程设施	其他	小计	路渠	农田	菜地	果园	苗圃	其他	小计	
面积 /m²																		
比例 /%																		

注 比例是指各项建设用地与建设总用地之比。

表 2-15　乡（镇）域土地使用情况统计表

乡镇名称：

项目	占地面积 /hm²	用途	使用情况	调整计划	备注
集镇					
村庄					
公路					国家级、乡镇级包括在内
农田					
菜地					
果园					
林场					
工业					
饲养场					
养鱼池					
水库					
河湖（水面）					
特殊用地					如军事用地等列入此项
破碎地					
合计					

表 2-16　乡镇贸易情况统计表

乡镇名称：

集市贸易人次		贸易品种 / 个	摊贩数量 / 个	成交金额 /（万元 / 年）	成交货物 /（吨 / 年）	占地面 /hm²	建筑面积 /m²	工作人员 / 人
高峰日	高峰时							

表 2-17　人流、车流量调查表

乡镇名称：

观察地点	人流		机动车		非机动车			备注
	高峰日	高峰时	汽车	拖拉机	马车	架子车	自行车	

表 2-18　经济情况统计表

乡镇名称：

年份	年度总产值 /万元	工副业产值		农业产值		年终可分配金额/万元	平均每户分配数/元	人均分配额 /元	银行储蓄款 /万元	公共积累/万元	备注
		万元	比例%	万元	比例%						

表 2-19　现状指标调查统计表

乡镇名称：

公共建筑名称（项目）	分设处数	规模/（人、座、床）	千人指标/（人、座、床/千人）	建筑面积/ m²	建筑指标（m²/人、座、床）	用地面积/ m²	用地指标/（m²/人、座、床）	工作人员/人	服务范围

2.4.3 城镇用地适用性评价

（1）城镇用地适用性评价的重要性

城镇用地适用性评价是城镇规划的重要工作内容之一。它是在调查分析城镇基础资料的基础上，对可能成为城镇发展建设用地的地区进行科学的分析评价，确定用地的适用程度。即，哪些用地适合搞建设，哪些不适合，为选择城镇用地和编制规划方案提供依据。新建城镇或现有城镇的扩建都需要选择适宜的用地。如果用地选择适当，就可以节约大量资金，加快建设速度；反之，就要增加工程费用，延长建设年限，给城镇的建设和管理带来许多困难，给建设事业造成损失。选择适宜用地的重要前提条件之一就是要有科学的用地评价，特别在自然条件和建设环境较为复杂的地区，城镇用地评价的工作更为必要。

（2）城镇用地适用性评价

城镇用地根据是否适宜于建设，通常划分为三类用地。

1）一类用地

即适宜修建的用地。适宜修建的用地是指地形平坦、规整、坡度适宜，地质良好，没有被洪水淹没的危险。这些地段因自然条件比较优越，适于城镇各项设施的建设要求，一般不需或只需稍加工程措施即可进行修建。属于这类用地的有以下几种。

①非农田或者在该地段是产量较低的农业用地。

②土壤的允许承载能力满足一般建筑物的要求，这样就可以节省修建基础的费用。建筑物对土壤允许承载力的要求如下。

一层建筑：0.6～1.0kg/cm²

二、三层建筑：1.0～1.2kg/cm²

四、五层建筑：>1.2kg/cm²

当土壤承载力<1.0kg/cm²时，应注意地基的变形问题。各类土壤的允许承载力应以现行的《工业与民用建筑地基基础设计规范》中的规定为准。

③地下水位低于一般建、构筑物的基础埋置深度。建、构筑物对地下水位距地面深度的要求如下。

一层建筑：不小于1.0m

二层以上建筑：大于2.0m

有地下室的建筑：大于4.0m

道路：0.7～1.7m（沙土约0.7～1.3m，黏土1.0～1.6m，粉砂土约1.3～1.7m）

④不被10～30年一遇的洪水淹没。

⑤平原地区地形坡度，一般不超过5%～10%，在山区或丘陵地区地形坡度，一般不超10%～20%。

⑥没有沼泽现象，或采用简单的措施即可排除渍水的地段。

⑦没有冲沟、滑坡、岩溶及胀缩土等不良地质现象。

2）二类用地

即基本上可以修建的用地。基本上可以修建的用地是指必须采取一些工程准备措施才能修建的用地。属于这类用地的有以下几种。

①土壤承载力较差，修建时建筑物的地基需要采用人工加固措施。

②地下水位较高，修建时需降低地下水位或采取排水措施的地段。

③属洪水淹没区，但洪水淹没的深度不超过1～1.5m，需采取防洪措施的地段。

④地形坡度大约为10%～20%，修建时需有较大土（石）方工程数量的地段。

⑤地面有渍水和沼泽现象，需采取专门的工程准备措施加以改善的地段。

⑥有不大的活动性冲沟、砂丘、滑坡、岩溶及胀缩土现象，需采取一定工程准备措施的地段等。

3）三类用地

即不适宜修建的用地。具体是指下列几种情况。

①农业价值很高的丰产农田。

②土壤承载力很低。一般容许承载能力小于0.6kg/cm²和厚度在2m以上的泥炭层、流沙层等，需要采取很复杂的人工地基和加固措施，才能修建的地段。

③地形坡度过陡（超过20%以上）、布置建筑物很困难的地段。

④经常受洪水淹没，淹没深度超过1.5m的地段。

⑤有严重的活动性冲沟、砂丘、滑坡和岩溶及胀缩土现象。防治时需花费很大工程数量和费用的地段。

⑥其他限制建设的地段。如具有开采价值的矿藏，开采时对地表有影响的地带，给水源防护地带，现有铁路用地、机场用地以及其他永久性设施用地和军事用地等。

2.5 城镇规划的成果、制图要求及规划图例

2.5.1 城镇规划的成果

城镇规划的最后成果都是由图纸和文字来表达的。具体应绘制哪些图纸，达到什么样的量化程度，目前尚无统一规定，也不一定强求一致，因为城镇的形成、发展与特色均不同，各自发展的侧重点也自然不同，所以可根据城镇的具体情况确定，以能准确反映出规划意图、说明问题为原则。但一些最基本的图纸和文字说明则是必需的，在此基础上图纸、文件及其内容可以有所增减。另外，文字资料中的规划文本，是对规划的各项目标和内容提出条文式、法规式和规定性要求的文件。文本要写清规划的结论，不需要说明规划的理由。其文字的表达应准确、肯定、简练、具有条文性。而规划说明书，则用于说明规划内容重要指标选取的依据、计算的过程、规划意图等图纸不能表达的问题，以及在实施中要注意的事项。

（1）县域城镇体系规划的成果

规划成果有文件和图纸。

1）规划文件

包括规划文本和附件，规划说明书及基础资料收入附件。

2）主要图纸

①区位分析图

主要表明与周围县、市的关系，以及处于上层次城镇体系中的位置、与社会大环境的主要联系等。比例根据实际需要定。

②工业、农业及主要资源分布图

表明在县域内工业项目、农业生产项目的位置，主要资源的分布情况，如矿产资源、地质分布、土地、风景名胜等。

③县域城镇现状图

表明城镇布局、人口分布、交通网络、土地利用、主要的基础设施、环境、灾害分布等。比例尺一般为 1:100000 ～ 1:300000。

④经济发展区划图

表明农、林、牧、副、渔、乡镇企业布局、旅游线路布局等内容（比例尺同上）。

⑤县域城镇体系规划图

表明城镇体系、城镇规模和分布、基础设施、社会福利设施、文化教育、服务设施体系、土地利用调整、环境治理与防灾、绿化系统等（比例尺同上）。

（2）城镇总体规划的成果

规划成果有文件和图纸。

1）规划文件

包括规划文本和附件，规划说明及基础资料收入附件。

规划说明书主要包括：镇域概况；明确规划依据、指导思想、原则、期限、目标；镇域经济、人口增长及就业结构、农村城镇化、产业结构调整、环境等方面的规划；镇域城镇体系规划包括镇区和村庄的分级、规模、功能及性质、发展方向、主要公共建筑布置、基础设施、环境保护、园林绿地等规划以及实施规划的主要措施。

2）主要图纸

①区位分析图

应表明所规划乡镇的位置及用地范围，与市或县城、周围乡镇的经济、交通等联系，以及该区域的公路、河流、湖泊、水库、名胜古迹等。

②镇（乡）域现状图

应表明现状的城镇位置、规模、土地利用、道路交通、电力电信、主要乡镇企业和公共建筑，以及资源和环境特点等。比例尺一般为 1:10000，可根据规模大小在 1:5000 ～ 1:25000 之间选择。

③镇（乡）域城镇体系规划图

应表明规划期末城镇的等级层次、规模大小、功能及性质、城镇分布、对外交通与城镇间的道路系统、电力电信等公用工程设施;主要城镇企业生产基地的位置、用地范围;主要公共建筑的配置,以及防灾、环境保护等方面的统筹安排。规划图一般为一张图纸,内容较多时可分为两张图纸。比例尺与现状图相同。

(3) 镇区建设规划的成果

规划成果有文件和图纸。

1) 规划文件

包括规划文本和附件,规划说明书及基础资料收入附件。

说明书中应分析镇区现状条件,提出规划依据和指导思想,说明规划意图、各项规划标准的选取,确定集镇性质、规模和规划期限,合理调整镇区的各项建设用地,进行用地布局方案的技术经济比较,以及近期建设项目的投资估算和实施步骤等。

2) 主要图纸

①镇区现状图

在标有地形、地貌、地物的地形测量图上表明镇区各类用地的规模与布局、各类建筑的分布现状及质量、镇区道路交通、公用工程设施等状况,以及其他对规划有影响的主要因素均应在图纸上表达。比例尺一般在 1:1000 ~ 1:5000 之间。

②镇区建设规划图

主要标明规划用地范围内的用地功能划分,各类建筑布局以及规划区内道路、绿化、人防、市政、公用设施的安排情况。比例尺一般在 1:1000 ~ 1:5000 之间。

③道路交通及竖向规划图

应包括道路等级和红线宽度、道路交叉口处的转弯半径、道路中心线交点坐标和标高以及道路断面形式。比例尺一般在 1:1000 ~ 1:5000 之间。

④工程设施规划图

应包括给水、排水、电力、电信规划及供热、煤气、防洪规划。给、排水规划图应包括给、排水的线路走向、长度、管径、水厂、出水口的位置、水塔的位置与容量及污水处理设施的位置等。电力规划图应标明电力线路走向、电压、变压器位置和容量、高压线保护走廊及其他配电设施。电信规划图应标明电信线路走向、邮电局(所)位置。供热、煤气规划图应标明管网布置、管径、坡度、供热锅炉房的位置及规模、煤气站(厂)的位置等。防洪工程设施布置、排洪河沟断面尺寸。以上工程设施规划图可根据需要,将两项或多项工程规划合并在一张规划国上,以表达清楚为原则。比例尺一般在 1:1000 ~ 1:5000 之间。

⑤近期建设规划图

在近期测量的地形图上绘制。其内容应包括近期规划路网、近期建设居住和公共建筑的平面位置、保留建筑和近期改建建筑。列出近期建设及拆迁项目表,提出工程量和费用估算。

(4) 镇区详细规划的成果

当建制镇人口规模在 2 万人以上时,根据实际需要而增加镇区的详细规划。

镇区详细规划任务的范围可以是整片的新区开发或旧区改建,也可以是居住小区、镇区中心、主干道两侧沿街地段、商业中心、工业区、风景旅游区、名胜古迹及文物保护等。

1) 规划文件

规划文件为规划说明书。说明书应根据详细规划的内容,重点阐述现状条件的分析,规划原则和规划构思,规划方案的主要特点和主要技术经济指标。

2) 规划国纸

①规划区位置图

此图表明规划区用地范围,包括周围的道路红线,并反映出规划区用地与毗邻用地的关系。比例尺一般为 1:5000 或 1:10000。

②规划区现状图

要反映规划区内的自然地貌、道路、绿化和各类现状建筑用地范围以及建筑的性质、层数、质量等。比例尺一般取 1:500 或 1:1000。

③规划总平面图

反映用地分类、各项建筑布置，内部道路交通组织与周围道路的衔接，停车场（站）及绿化系统等。现状保留的建筑与规划建筑应用不同粗细的线条或不同的颜色分别表示。此图应在标有现状的地形图上画，尤其地形比较复杂的地段或旧区改建规划需在地形图上作规划图，并且图上还要标明每栋建筑的性质、层数等。比例尺与现状图相同。

④道路交通规划图

反映规划区内道路系统及外部道路系统的联系，确定规划区内各级道路的红线宽度、道路横断面、道路纵向坡度、路口缘石半径、道路中心线交点平面坐标，表示出机动车道与非机动车道以及人行道的分流和衔接、停车场的位置和出入口。比例尺一般取 1:500 或 1:1000。

⑤竖向规划图

反映规划区内不同地面的标高，主要道路路口标高和地面自然排水方向，标出步行道、台阶、挡土墙、排水明沟。此图应在地形图上画出，比例尺一般取 1:500 或 1:1000。

⑥工程管线综合图

此图必须以规划总平面图为依据，标明各类工程管线的平面位置，给、排水等工程管线则要标明管径尺寸，电力要标明电压级别等。对于旧区改建规划，保留利用的管线与新埋设的管线要区别表示。对于规模小、管线简单，可按给水、排水、防洪、煤气、热力、电力、电信等适当综合出图，减少图纸张数，图纸设计深度按各专业的规定执行。比例尺一般为 1:500 或 1:1000。

上述所列图纸是镇区中旧区改建或新区开发详细规划必须完成的图纸，还可根据项目的需要和建设单位的要求增加如下内容：

①分析图或图表。其内容和深度可根据需要自定，比例尺不限。

②建筑群体和空间效果图、街景立面、鸟瞰图等，比例尺不限。

③空间设计。其大致包括以下几种。

a. 建筑空间。近期建设项目与未定建设项目地区及旧区的群体协调设计，街景立面、空间环境、城镇轮廓线设计，生活环境空间等。

b. 道路空间。人、车流的动态与其他静态空间的关系。

c. 绿化空间。树种配置与建筑和构筑物的关系，各种绿化形式以及互相渗透联系。

d. 照明空间。灯具布置与设计，昼夜的区别与光线所组成的空间。

e. 水体空间。江、河、湖、泊等水系的利用。

f. 文化及地方特色的空间保存与发扬。

（5）村庄规划的成果

村庄规划一般称为村庄建设规划，其成果包括规划说明书和图纸。

1）规划说明书

简要说明村庄的自然条件、历史沿革、现状情况、规划意图、指导思想、建设项目安排等内容。

2）规划图纸

①村庄现状图

主要标明村庄各类现状建筑物的位置、质量及层数，现状道路宽度等内容。比例尺一般为 1:1000 或 1:2000。

②村庄规划图

在地形测量图上画出村庄规划的各项用地的位置和各类建筑物的详细布置。比例尺与现状相同。

③住宅院落规划图

图上表示出住宅平面形式和住宅院落内的组合方式，必要时增加住宅建筑平、立、剖面图。比例尺为 1:200。

以上是村庄建设规划的基本图纸。另外，可根据村庄的具体情况绘制绿化、沼气、环卫及工程管线规划图，还可以根据建设项目的落实情况拟定公共建筑和生产建筑的方案图。对于规模较大或比较重要的村庄，必要时也可参照镇区规划的深度要求，做适当的简化。最后需要说明的是，规划图纸的数目不是固定的，要根据城镇的规模、性质和特点，结合当地的具体条件，其规划图纸和内容可以有所增减，也可以绘制分图或合并图纸。

2.5.2 城镇规划的制图要求

各种规划图纸的名称、图例等都应放在图纸的一定位置上。以便统一图面式样，增加图面整洁的效果。再者，每张图纸都反映出不同的内容，如何将这些图纸统一起来，使它们相互协调、美观，也是我们应该考虑的问题，因此要对图纸进行修饰。

（1）图名

图名，即图纸的名称。图名的字体要求书写工整，大小适当。图名的位置一般横写在图纸的上方，位置要适中。

（2）图笺

图笺是表示图纸编绘的单位和绘制的时间。图笺的字体应与图名统一，字体要比图名小，位置一般放在图纸的右下角。

（3）图例

图例是图纸上所标注的一切线条、图形、符号的索引，供看图时查对使用。图例所列的线条、图形、符号应与图中表示的完全一致。图例位置一般放在图纸的左下角，图例四周不必框线，注意先画图例，后注名称字体。

（4）风玫瑰图

风玫瑰图一般是由风向频率玫瑰图或平均风速玫瑰图来表示的，其位置常放在图纸的右上角，并在风玫瑰图上标出指北方向。

（5）比例

比例尺、比例数，是供认读和使用规划图纸时识别图纸比例大小的标志。比例数字一般采用阿拉伯数字，书写工整，字体大小与图面相称，位置一般在风玫瑰图的正下方。比例尺的位置绘在比例数字的正下方或正上方。

（6）规划年限

规划年限是说明实施规划任务的年限，要标注到图纸上，字体要采用阿拉伯数字工整书写，位置要与图名相邻，常放在图名的下方。

（7）图框

图纸绘制完成后，要画上边框，进行必要的修饰，以起到美化、烘托图纸的作用。一般图框采用粗、细线两条图框，内框线细一点，外框线相对粗一些，内、外图框间的宽度可按图幅尺寸大小而定。

2.5.3 规划图例

图例就是图纸上所标注的一切线条、图形、符号的索引，供看图时查对使用。在编制城镇规划时，把规划内容所包括的各种项目（如工业、仓储、居住、绿化等用地，道路、广场、车站的位置，以及给水、排水、电力、电信等工程管线）用最简单、最明显的符号或不同的颜色把它们表现在图纸上，采用的这些符号和颜色就叫做规划图例。规划图例不仅是绘制规划图的基本依据，而且是帮助我们认读和使用规划图纸的工具。它在图纸上起着语言和文字的作用。

（1）规划图例的分类

1）按照规划图纸表达的内容，可分为用地图例、建筑图例、工程设施图例和地域图例四类。凡代表各种不同用地，性质的符号均称为用地图例，如居住建筑用地、公共建筑用地、生产建筑用地、绿化用地等。建筑图例主要表示各类建筑物的功能、层数、质量等状况。工程设施图例是体现各种工程管线、设施及其附属构筑物，以及为确定工程准备措施而进行必要的用地分析符号，如工程设施及地上、地下的各种管道、线路等。地域图例主要是表示区域范围界限，城乡居民点的分布、层次、类型、规模等。

2）按照城镇建设现状及将来规划设计意图，可分为现状图例和规划图例两类。现状图例是反映在城镇建成范围内已形成为现状的用地、建筑物和工程设施的图例，如现状用地图例、现状管线图例等，它是为绘制现状图服务的。规划图例是表示规划安排的各种用地、建筑和各项工程设施的图例，它为绘制规划图纸服务。

3）按照图纸表现的方法和绘制特点，可分为单色图例和彩色图例两类。单色图例主要是用符号和线条的粗细、虚实、黑白、疏密的不同变化构成的图例。根据具体条件，一般采用铅笔、墨线笔等绘图工具绘成单色图纸，或计算机绘图用单色打印机所出的图纸。彩色图例是绘制彩色图纸使用的，主要运用各种颜色的深浅、浓淡绘出各种不同的色块、宽窄线条和彩色符号，来分别表达图纸上所要求的不同内容。常采用彩色铅笔、水彩颜料、水粉颜料等绘制的彩色图纸或计算机绘图用彩色打印机所出的图纸。

彩色图例常用色介绍如下。

①彩色用地图例常用色

淡米黄色：表示居住建筑用地。

红色：表示公共建筑用地；或其中商业可用粉红色、教育设施用橘红色加以区分。

淡褐色：表示生产建筑用地。

淡紫色：表示仓储用地。

淡蓝色：表示河、湖、水面。

绿色：表示各种绿地、绿带、农田、果园、林地、苗圃等。

白色：表示道路、广场。

黑色：表示铁路线、铁路站场。

灰色：表示飞机场、停车场等交通运输设施用地。

②彩色建筑图例常用色

米黄色：表示居住建筑。

红色：表示公共建筑。

褐色：表示生产建筑。

紫色：表示仓储建筑。

③彩色工程设施图例的常用色

a. 工程设施及其构筑物图例常用色彩如下

黑色：表示道路、铁路、桥梁、涵洞、护坡、路堤、隧道、无线电台等。

蓝色：表示水源地、水塔、水闸、泵站等。

b. 工程管线图例常用色彩如下

蓝色：表示给水管、地下水排水沟管。

绿色：表示雨水管。

褐色：表示污水管。

红色：表示电力、电信管线。

黑色：表示热力管道、工业管道。

黄色：表示煤气管道。

（2）绘制图例的一般要求

根据不同图例在绘制上的特点，将图例在绘制上的要求简要说明如下。

1）线条图例

图例依靠线条表现时，线条的粗细（宽窄），间距（疏窗）大、小和虚实必须适度。同一个图例，在同一张图纸上，线条必须粗细匀称，间距（疏密）虚实线的长短应尽量一致。表现方法的统一，可以保证图纸上的整幅协调，表达确切，易于区别和辨认。颜色线条，更应注意色彩上的统一，避免出现在同一图例中深浅、浓淡不一致，更不应在绘制过程中随意更换色彩或重新调色。

2）形象图

例如亭、房屋、飞机等，应尽可能地临摹实物轮廓外形，做到比例适当，使人易画、易懂，形色力求简单，切忌烦琐细碎，难画难辨。

3）符号图例

运用规则的圆圈、圆点或其他符号排列组合成一定图形（如森林、果园、苗圃、基地等）时，应注意符号的大小均匀、排列整齐、疏密恰当和表现方式的统一。注意图面的清晰感，并应注意到不同角度的视觉效果。

4）色块图例

彩色图例通常是成片的颜色块。邻近色块颜色的深浅、浓淡、明暗的对比是构成图面整幅色彩效果的关键。在一个色块内的颜色必须色度稳定，涂绘均匀。根据色块面积的大小和在图面上表达内容的主次关系来确定色彩的强弱，尽量避免过分浓艳、务使整个图面色调协调，对比适度。

2.5.3.3 常见规划图例

表 2-20 用地图例

代码	名称	单色		代码	名称	单色	
		现状	规划			现状	规划
R	居住建筑用地				铁路站场		
C	公共建筑用地				水运码头		
C₁	行政管理用地	公共建筑用地加注符号		U	公共工程设施用地		
	党政机关用地	☆	★	U₁	公共工程用地	公共工程设施用地加注符号	
C₂	教育机构用地	公共建筑用地加注符号			水厂	水	水
	幼儿园用地	幼	幼		污水处理厂		
	小学用地	小	小		供变电站		
	中学用地	中	中		消防站	灭	灭
	中专技校用地	专	专		殡葬		
C₃	文体科技用地	公共建筑用地加注符号			邮电局（所）	电	电
	文化馆用地	文	文	U₂	环卫设施用地	公共工程设施用地加注符号	
	影院用地	彩	彩		垃圾处理场		
	体育场用地				公共厕所	厕	厕
C₄	医疗保健用地	公共建筑用地加注符号		G	绿化用地		
	卫生院	⊕	✚	G₁	公共绿地		
C₆	集贸设施用地	集	集	G₂	生产防护绿地		
M	生产建筑用地			E	水域和其他用地		
M₄	农业生产设施用地	生产建筑用地加注符号		E₁	水域		
	兽医站	兽	兽	E₂	农林种植地		
W	仓储用地				旱地		
D	道路广场用地				菜地		
T	对外交通用地				果园		
T₁	公路交通用地				苗圃		
	汽车站停车场	Ⓟ	Ⓟ	E₃	牧草地		
	加油站			E₄	闲置地		
T₂	其他交通用地			E₅	特殊用地		

表 2-21　工程设施图例

名 称	单 色		名 称	单 色	
	现 状	规 划		现 状	规 划
道路平面红线、车行道、中心线、中心点坐标及标高、纵坡		X=3.25 h=7.89 Y=3.12 h_0=7.63	填挖边坡		
道路交叉口红线、车行道、中心线、中心点坐标及标高、纵坡		X=15.12 h=33.09 Y=55.15 h_0=33.18　缘石半径	护坡		
公路			挡水坝		
乡村土路			水源地		
路堤			地上供水管线	$\phi200$	
			地下供水管线	$\phi200$	
路堑			地下污水管线		
			地下雨水管线		
公路桥梁			高压电线走廊		
公路涵洞、涵管			架空高压电力线		
公路隧道			架空低压电力线		
铁路线			地下高压电缆		
铁路桥			地下低压电缆		
铁路隧道			变压器		
铁路涵洞、涵管					
公路铁路平交路口			架空电信电缆		
公路立交			地下电信电缆		
			热力管线	T	T
铁路立交			燃气管线		
挡土墙			石油管线	H	H

表 2-22　建筑图例

名 称	单色	
	现 状	规 划
居住建筑	a_3	...
公共建筑	a_5	
生产建筑	a_3	...
仓储建筑	a	
文物古迹		

注：1. 字母 a、b、c 表示建筑质量好、中、差；
　　2. 数字表示建筑层数，一层不需表示；
　　3. 圆点表示建筑层数，一层不需表示。

表 2-23　地域图例

名 称	单色	
	现 状	规 划
国界		
省、自治区、直辖市界		
自治州、盟、市界		
县、自治县、旗界		
乡镇界		
村界		
城市	★ 保定市	（人）／（平方公里）
县城	★ 清苑县	（人）／（平方公里）
中心镇	◉ 平定镇	（人）／（公顷）
一般镇	◎ 柳树镇	（人）／（公顷）
中心村	● 南店村	（人）／（公顷）
基层村	○ 马庄	（人）／（公顷）

3 城镇镇域体系规划

为适应积极推进新型城镇化，城镇的镇域体系规划应着力于城乡统筹发展，借助创意文化，域内的山、水、田、人、文、宅资源，开拓涉及城乡建设统筹发展的相关行业紧密合作，实现多规合一的规划编制方法。

3.1 城镇的区域地位

一定区域范围内的城镇，是根据生产发展的客观规律性，以一定的形式组合成在社会政治、经济、生态文化上相互联系的、多层次的聚居点体系。它们在一定区域社会生产综合体中起着不同的经济中心的作用，所以说城镇不能脱离它们所在的区域而孤立地存在。区域社会经济的发展是区域内城镇发展的必要条件，而城镇的发展，又有力地推动区域社会经济发展，它们是相辅相成、密不可分的。因此，在编制城镇规划时首先要分析它所处区域的职能和作用。

3.1.1 区域对城镇的影响因素

（1）县域社会经济发展战略目标与布局

通过对县域内经济和社会发展的研究，了解建立社会主义市场经济下社会各部门的经济结构、发展方向、生产力布局等，从而确定出城镇在县域范围内所担负的职能和作用，以此为依据制定城镇社会经济发展的目标和计划。

（2）县域城镇居民点体系

由不同等级与规模、不同职能特点的城镇居民点组成的，相互依存、相互制约、密切联系的空间统一体，即是城镇居民点体系。它是县域社会生产综合体的一个最重要的组成部分。也可以说它反映出县域生产力分布的基本形式。各个城镇的人口规模、行政职能、经济特点的不同，决定了它们在区域中作用的差别，所以掌握县域城镇规模结构、职能结构、空间分布结构，用来指导城镇建设与开发。

（3）自然地理条件

自然地理条件主要指在区域地理位置的特征上，处在不同的自然地理条件下，居民点的分布情况也不同，如南方平原地区比西北山区城镇居民点的分布稠密，水系发达的河网地区比干燥缺水的干旱地区城镇居民点分布较为稠密。同时，地形、水资源的限制，也直接影响城镇居民点的布局、发展规模及布局结构形式。

（4）资源分布条件

资源条件主要指矿产资源、河湖水库及地下水资源、海洋资源、森林资源、生物资源、农业资源、劳动力资源以及自然景观资源等。资源的性质、储量、分布范围等，对城镇的形成与分布、性质与规模等都有很大的作用和影响。风景、文物资源的开发与利用，也必然引起风景旅游城镇和风景区的建设与发展等。

（5）区域的交通条件

交通条件的发达程度，对一定区域城镇的分布有很大的影响。为了社会产品交换的需要，城镇总是首先在交通发达的地点形成与发展。而新的铁路、公路交通干线及水运航线的开辟，促进了沿线城镇的发展和人口的聚集。现代化交通运输工具的应用，改变人们对距离的概念，使一些交通发达的城镇有更大的吸引范围，从而有可能改变城镇体系在空间上的分布。

（6）其他因素

诸如县农业区划、综合经济区划、土地利用规划、县域工农业布局、环境保护、基本农田保护区等因素均对城镇产生一定的影响。

3.1.2 城镇的区域地位分析

城镇规划是多学科、多部门相结合的系统工程，必须进行系统相关的分析，城镇所在区域的地位分析是其中重要组成部分。通过对上述几方面影响因素的分析，了解县域内自然条件、资源、经济发展的相似与分异的规律性，发挥优势，真正做到按照自然规律和经济规律规划；当现行的行政辖区与经济区划的合理性发生矛盾，可打破现行的行政区界，在所涉及的区域范围进行相关分析。所以城镇的区域地位分析不完全在县域范围内，范围多大视对城镇影响程度大小而定。

由上看出，城镇的区域地位分析具有综合性、区域性、动态性、系统性、政策性很强的特点，规划时要因地制宜，从实际出发，切忌孤立分割、偏执一端，找出城镇在区域中的发展优势和制约因素，本着经济效益、社会效益和环境效益相结合的原则，正确合理地确定出城镇在区域生产综合体中所处的地位与作用，为城镇规划的编制提供科学依据。

3.2 镇域村镇体系规划

村镇体系规划是在乡（镇）域范围内，解决村庄和集镇的合理布点问题，故也称为布点规划。包括村镇体系的结构层次和各个具体村镇的数量、性质、规模及其具体位置，确定哪些村庄要发展，哪些要适当合并，哪些要逐步淘汰，最后制定出乡（镇）域的村镇体系布局方案，用图纸和文字加以表达。

3.2.1 村镇体系

（1）村镇体系的概念

村镇体系是指一定区域内，由不同层次的村庄与村庄、村庄与集镇之间的相互影响，相互作用和彼此联系而构成的相对完整的系统。农村居民点，包括集镇和规模大小不等的村庄，表面看起来是分散、独立的个体，实际上是在一定区域内，以集镇为中心，吸引附近的大小村庄组成了一个群体网络组织。它们之间既有明确的分工，又在生产和生活上保持了密切的内在联系。客观地构成了一个相互联系、相互依存的有机整体。例如，在生活联系方面，住在村庄里的农民，看病、孩子上中学、购物、看电影等，要到镇上去；在生产联系方面，买化肥、农药和农机具，交公粮等，也要到镇上去；就行政组织联系来说，中心村或基层村都受驻在集镇上的乡（镇）政府领导，国家和上级的方针政策，都要通过乡（镇）政府来传达、贯彻、执行；就农村经济发展而言，也是相互促进、相互依存的关系。广大农村经济发展了，为集镇提供了充足的原料和广阔的市场，提供大批剩余劳动力，促进了集镇的繁荣和发展；反过来，集镇的经济发展和建设，对广大农村的经济发展又起到推动作用，为农业生产发展和提高农民生活水平提供了更方便的条件。

（2）村镇体系的结构层次

村镇体系由基层村、中心村、乡镇三个层次组成。

1）基层村一般是村民小组所在地，设有仅为本村服务的简单的生活服务设施。

2）中心村一般是村民委员会所在地，设有为本村和附近基层村服务的基本的生活或服务设施。

3）乡镇是县辖的一个基层政权组织（乡或镇）所辖地域的经济、文化和服务中心。一般集镇具有组织本乡（镇）生产、流通和生活的综合职能，设有比较齐全的服务设施；中心集镇除具有一般集镇的职能外，还具有推动附近乡（镇）经济和社会发展的作用，设有配套的服务设施。

这种多层次的村镇体系，主要是由于农业生产水平所决定的。为了便于生产管理和经营，决定了我国乡村居民点的人口规模较小、布局分散的特点。这个特点将在一定的时期内继续存在，只是基层村、中心村和乡镇的规模和数量随农村经济的发展会逐步地有所调整。基层村的规模或数量会适当减少，集镇的规模或数量会适当增加。这是随着农村商品经济发展而带有普遍性的发展趋势。

（3）建立村镇体系的意义

村镇体系不是凭空想出来的，而是在村镇建设的实践基础上获得的。过去在村镇建设上曾出现过"就村论村，以镇论镇"的问题，忽视了村镇之间具有内在联系这一客观实际，从而盲目建设，重复建设，造成了不必要的浪费和损失。这些经验和教训提醒了我们，不能忽视村镇之间具有的内在联系。村镇体系这一观点，体现了具有中国特色的村镇建设道路，是我国村镇建设的理论基础。并成为我国村镇建设政策的重要组成部分，由此确定了村镇建设中的许多重大问题。

1）明确了村镇体系的结构层次问题。

2）进一步明确了村镇总体规划和村镇建设规划是村镇规划前后衔接、不可分割的组成部分。

3）确定了以集镇为建设重点，带动附近村庄进行社会主义现代化建设的工作方针。这一方针是根据我国国情确定的，在当前农村经济还不是十分富裕的情况下，优先和重点建设与发展集镇，以集镇作为农村经济与社会发展的前沿基地，带动广大村庄的全面发展，逐步提高居住条件，完善服务条件，改善环境条件，这些都具有积极的战略意义。

3.2.2 村镇体系布局应考虑的因素

（1）要有利于工农业生产

村镇的布点要同乡（镇）域的田、渠、路、林等各专项规划同时考虑，使之相互协调。布点应尽可能使之位于所经营土地的中心，以便于相互间的联系和组织管理；还要考虑村镇工业的布局，使之有利于工业生产的发展。对于广大村庄，尤其应考虑耕作的方便，一般以耕作距离作为衡量村庄与耕地之间是否适应的一项数据指标。耕作距离亦称耕作半径，是指从村镇到耕作地尽头的距离，其数值同村镇规模和人均耕地有关，村镇规模大或人少地多，人均耕地多的地区，耕作半径就大；反之，耕作半径就小。耕作半径的大小要适当，半径太大，农民下地往返消耗时间较多，对生产不利；半径过小，不仅影响农业机械化的发展，而且会使村庄规模相应地变小，布局分散，不宜配置生活福利设施，影响村民生活。在我国当前农村以步行下地为主的情况下，比较合适的耕作半径可这样考虑：在南方以水稻或棉花为主的地区，人口密度大，人均耕地少，耕作半径一般可定为 $0.8 \sim 1.2$ km；在北方以种植小麦、玉米等作物为主的地区，相对的人口密度小，人均耕地多，耕作半径可定为 $1.5 \sim 2.0$ km。随着生产和交通工具的发展，耕作半径的概念将会发生变化，它不应仅指空间距离，而主要应以时间来衡量，即农民下地需花多少时间。国外常以 $30 \sim 40$ min 为最高限。如果在人少地多的地区，农民下地以自行车、摩托车甚至汽车为主要交通工具时，耕作的空间距离就可大大增加，与此相适应，村镇的规模也可增大。在做远景发展规划时，应该考虑这一因素。

（2）考虑村镇的交通条件

交通条件对村镇的发展前景至关重要，当今的农村已不是自给自足的小农经济，有了方便的运输条件，才能有利于村镇之间、城乡之间的物资交流，促进其生产的发展。靠近公路干线、河流、车站、码头的村镇一般都有发展前途，布点时其规模可以大些，在公路旁或河流交汇处的村镇，可作为集镇或中心集镇来考虑；而对一些交通闭塞的村镇，切不可任意扩大其规模，或者维持现状，或者逐步淘汰。考虑交通条件时，当然应考虑远景，虽然目前交通不便，若干年后会有交通干线通过的村镇仍可发展，但更重要的还是立足现状，尽可能利用现有的公路、铁路、河流、码头，这样更现实，也有利于节约农村的工程投资。具体布局时，应注意避免铁路或过境公路穿越村镇内部。

（3）考虑建设条件的可能

在进行村镇位置的定点时，要进行认真的用地选择，考虑是否具备有利的建设条件。建设条件包括的内容很多，除了要有足够的同村镇人口规模相适应的用地面积以外，还要考虑地势、地形、土壤承载力等方面是否适宜于建筑房屋。在山区或丘陵地带，要考虑滑坡、断层、山洪冲沟等对建设用地的影响，并尽量利用背风向阳坡地作为村址。在平原地区受地形约束要少些，但应注意不占良田，少占耕地，并应考虑水源条件；只有接近和具有充足的水源，才能建设村镇。此外，如果条件具备，村镇用地尽可能在依山傍水，自然环境优美的地区，为居民创造出适宜的生活环境。总之，要尽量利用自然条件，采取科学的态度来选址。

（4）要满足农民生活的需要

规划和建设一个村庄，要有适当的规模，便于合理地配置一些生活服务设施。特别是随着党在乡村各项政策落实后，经济形势迅速好转，农民物质文化生活水平日益提高，对这方面的需要就显得更加迫切了。但是，由于村庄过于分散，规模很小，不可能在每个村庄上都设置比较齐全的生活服务设施，这不仅在当前经济条件还不富裕的情况下做不到，就是将来经济情况好些的时候，也没有必要在每个村庄上都配置同样数量的生活服务设施，还要按着村庄的类型和规模大小，分别配置不同数量和规模的生活服务设施。因此，在确定村庄的规模时，在可能的条件下，使村庄的规模大一些，尽量满足农民在物质生活和文化生活方面的需要。

（5）村镇的布点要因地制宜

应根据不同地区的具体情况进行安排，比如南方和北方，平原区和山区的布点形式显然不会一样。就是在同一地区以农业为主的布局和农牧结合的布局也不同，前者主要以耕作半径来考虑村庄布点；后者除耕作半径外，还要考虑放牧半径。在城市郊区的村镇规模又同距城市的远近有关，特别是城市近郊，在村镇布点、公共建筑布置、设施建设等方面都受城市影响。城市近郊应以生产供应城市所需要的新鲜蔬菜为主，其半径还要符合运送蔬菜的"日距离"，并尽可能接近进城的公路。这样根据不同的情况因地制宜做出的规划才是符合实际的，才能达到"有利生产，方便生活"的目的。

（6）村镇的分布要均衡

即力求各级村镇之间的距离尽量均衡，使不同等级村镇各带一片。如果分布不均衡，过近将会导致中心作用削弱，过远则又受不到经济辐射的吸引，使经济发展受到影响。

（7）慎重对待迁村并点问题

迁村并点，指村镇的迁移与合并，是村镇总体规划中考虑村镇合理分布时必然遇到的一个重要问题。我国的村庄，多数是在小农经济基础上形成和发展起来的，总的看来比较分散、零乱。例如，江苏省某村700多户，分散在89个自然村上。南方类似的情况很多，不仅是山区，就是平原地区，土地也被分得零零碎碎，满天星式的农舍到处可见。显然，这种状况既不符合农村发展的总趋势，也不利于当前农田基本建设和农业机械化。因此，为了适应乡村生产发展和生活不断提高的需要，必须对原有自然村庄的分布进行合理调整，对某些村庄进行迁并。这样做不仅有利于农田基本建设，还可节省村镇建设用地，扩大耕地面积，推动农业生产的进一步发展。迁村并点是件大事，应持慎重态度，决不可草率从事，必须根据当地的自然条件、村镇分布现状、经济条件和群众的意愿等，本着有利生产、方便生活的原则，对村镇分布的现状进行综合分析，区分哪些村镇有发展前途应予以保留，哪些需要选址新建，哪些需要适当合并，哪些不适于发展应淘汰等。从目前情况分析，当前急需解决迁村并点问题的是那些规模过小、生活极为不便的村庄，或因兴修水利工程（如水库、大型排灌渠道等）、矿产资源的开发、受自然灾害（如滑坡、地震、洪水等）威胁而需要搬迁的村镇。需要强调说明的是，当地经济水平和群众意愿是能尽快实现迁村并点的主要因素。当然，对因国家兴建.大型工程和资源的开发需要搬迁的村镇来说，国家会按规定给予经济补偿，而一般情况下，主要是决定于当地的经济水平和群众意愿。在经济水平较高、群众又有强烈愿望的地区，迁村并点就能较快地实现。而对经济水平低，但从发展上看又应迁村并点的村镇，需指出将来应迁移或合并的方向，当前应控制发展和建设，待将来经济条件具备时，再进行迁移或合并；这样可以避免盲目建设，造成浪费。有些地方，在没有编制总体规划的情况下，盲目进行迁村并点，出现了拆了建，建了又拆的现象，造成极大浪费，这是应该吸取的教训。

3.2.3 村镇体系规划的方法和步骤

村镇体系规划的方法和步骤主要包括：

（1）搜集资料

搜集所在县的县域规划、农业区划和土地利用总体规划等资料，分析当前村镇分布现状和存在问题，为拟定村镇体系规划提供依据。

（2）确定村镇居民点分级

在规划区域内，根据实际情况，确定村镇分布形式，是三级（集镇、中心村、基层村）还是二级（集镇、中心村）布置等。

（3）拟定村镇体系规划方案

在当地农业现代化远景规划指导下，结合自然资源分布情况，村镇道路网分布现状，当地土地利用规划，以及乡镇工业、牧业、副业等，进行各级村镇的分布规划，确定村镇性质、规模和发展方向，并在地形图上确定各村镇的具体方位。该项工作通常结合农田基本建设规划同时完成，做到山、水、田、路、电、村镇通盘考虑，全面规划，综合治理。

3.3 城镇的性质和规模

确定城镇的性质和规模是城镇总体规划的重要内容之一，正确拟定城镇的性质和规模，对城镇建设规划非常重要，它有利于合理选定城镇建设项目，有利于突出规划结构的特点，有利于为城镇建设规划方案提供可靠的技术经济依据。大量城镇建设实践证明，重视并正确拟定城镇的性质和规模，城镇建设规划的方向就明确，建设依据就充分。反之，城镇发展方向不明，规划建设就被动，规模估计不准，或拉大架子，或用地过小，就会造成建设和布局的紊乱。

3.3.1 城镇性质

城镇的性质，是指一个具体的城镇在一定区域范围内，在政治、经济、文化等方面所处的地位与职能，即城镇的层次；特点与发展方向，即城镇的类型。城镇性质制约着城镇的经济、用地、人口结构、规划结构、城镇风貌、城镇建设等各个方面。在规划编制中，要通过这些方面把城镇的性质体现出来，发挥其应有的地位和职能，因此，正确地确定城镇性质是城镇规划十分重要的内容。

（1）确定城镇性质的依据

1）国民经济发展计划与党和国家的方针政策

国民经济发展计划与党和国家的方针政策直接影响到城镇工业、交通运输、文教科研事业的发展规模和速度。计划建设的重大项目，如大型工矿企业、规划的铁路、公路干线等，往往可以决定一个城市的性质，当然如将较大项目安排在城镇上时自然将对城镇的性质起着决定性的作用。因此，它是分析和确定城镇的重要依据之一。

2）区域规划

区域规划的主要内容之一就是进行城镇布局，对于城镇来说，一般是指在县域范围内，根据不同的条件和特点，确定各类城镇的发展方向和合理规模，对每个城镇都要明确其主要职能。因此，县域规划也是确定城镇性质的主要依据之一。目前尚未开展县域规划、区域规划的地区，城镇的性质可以根据地区国民经济发展计划，结合生产力合理布局的原则，考虑当地的自然资源条件、生产基础设施等因素来综合分析研究城镇的性质。

3）资源条件

城镇范围内资源条件，包括矿产、水利、农业、森林、风景旅游等资源的数量和质量，是决定城镇发展的物质基础。因此，它也是影响城镇性质的因素之一。例如，吉林省白城地区前郭县长山镇，原来是一个只有几十户人家、以农业生产为主的自然屯，由于前郭，扶余、大安等县发现了石油，并加以开发利用，结果使位于长白铁路和长白公路沿线上的长山镇建起以石油为原料的发电厂和化肥厂，发展成为 1 万多人口的以能源、化工为主的城镇。

4）生产基础

生产基础一般是指工业、交通和农业生产的现状基础。它也是研究分析城镇性质和发展方向的重要因素。

5）城镇的历史沿革和发展趋势

研究城镇的历史，对今天的城镇规划与建设有重要的借鉴作用。要着重了解城镇产生的社会经济背景及其地理位置条件，城镇过去的职能与规模，引起城镇发展变化的原因，以及历史上城镇影响的地域范围。此外，城镇对外交通运输的联系情况，包括河、湖的天然通道，特别是运河、铁路、公路的开辟对城镇发展的重要影响等。这些也都是确定和分析城镇性质的依据。

（2）确定城镇性质的方法

确定城镇的性质时，要综合分析城镇的基本因素及其特点，明确它的主要职能。为了使这种分析具有科学性和说服力，特别是对一些问题有争议时或不明确时，就要进行分析、比较和论证。一般多采用定性分析和定量分析的方法。

1）定性分析

定性分析就是全面分析城镇在一定区域内政治、经济、文化生活中的地位和作用。通过分析城镇在该地区内的经济优势、资源条件、现有基础、与邻近城镇经济联系和分工等，确定城镇的主导生产部门，并以此带动周围地区的经济协调发展，并取得较大的经济效果。

2）定量分析

定量分析就是在定性分析的基础上对城镇的职能，特别是经济结构，采用以数量表达的方式来确定主导的生产部门，包括产品、产量、产值、职工人数、用地面积等。一般认为，当某一项指标的数量超过总体的 20%～30% 时，应视为主导生产部门，可作为确定城镇性质的依据。例如，某城镇的建材工业产值占总产值的 40%，职工人数占职工总人数的 38.2%，用地面积占工副业用地面积的 41%，则可确定该集镇是以建材工业为主的城镇。

必须指出，城镇的性质不是一成不变的。一个城镇由于生产的发展、资源的开发或因客观条件的变化，都会促进城镇有所变化，从而影响城镇性质。因此，在确定城镇性质时。既要考虑生产结构现状，又要充分估计生产发展变化的可能。

3.3.2 城镇规模

城镇规模指的是城镇人口规模和城镇用地规模，但用地规模随人口规模而变化，所以城镇规模通常以城镇人口规模来表示。城镇人口规模是指在一定时期内城镇人口的总数。城镇规划人口规模是指规划期末的人口总数。

城镇规划人口规模是城镇规划和进行各项建设的最重要的依据之一，它直接影响着城镇用地大小、建筑层数和密度、城镇的公共建筑项目的组成和规模，影响着城镇基础设施的标准、交通运输、城镇布局、城镇的环境等一系列问题。因而，对城镇人口规模估计得合理与否对城镇的影响很大，如果人口规模估算过大，用地必然过大，造成投资费用过大，使用上长期不合理与浪费；如果人口规模估计太小，用地也会过小，相应的公共设施和基础设施标准不能适应城镇建设发展的需要，会阻碍城镇经济发展，同时造成生活、居住环境质量下降，给城镇上居民的生活和生产带来不便。

因此，在城镇规划中，正确地确定城镇规划人口规模是经济合理地进行城镇规划和建设的关键。

（1）城镇规划人口规模预测

1）城镇人口的调查与分析

在预测规划人口规模之前，必须首先调查清楚城镇人口现状和历年人口变化情况，以及由于各部门的发展计划和农村剩余劳力的转移等而引起的人口机械变动情况，然后进行认真分析，从中找出规律，以便正确地预测城镇规划人口规模。

①集镇人口的分类

在进行现状人口统计和规划人口预测时，村庄人口可不进行分类。集镇人口应按居住状况和参与社会生活的性质分为下列三类人口。

a. 常住人口。是指长期居住在集镇内的居民（非农业人口）、村民、集体（单身职工、寄宿学生等）3 种户籍形态的人口。

b. 通勤入口。指劳动、学习在镇内，而户籍和居住在镇外，定时进出集镇的职工和学生。

c. 临时人口。指出差、探亲、旅游、赶集等临时参与集镇生活的人员。

②城镇历年人口变动

城镇人口的增长来自两方面：人口的自然增长和人口机械增长。二者之和便是城镇人口的增长数值。人口年增长的速度，通常以千人增长率表示。

a. 人口自然增长数和人口自然增长率。人口自然增长数，就是一定时期和范围内出生人数减去死亡人数而净增的人数。

人口自然增长率，就是人口自然增长的速度。有年自然增长率和年平均自然增长率之分。年自然增长率就是某年内出生人数减去死亡人数与该年初总人口数的比值，即：

年自然增长率 = [（年内出生人数 − 年内死亡人数）/ 本年初（或上年末）总人数]×1000‰

因为年自然增长率只代表某年人口的增长速度，不能代表若干年（如规划年限）内人口的增长速度，因此，还需要知道若干年内的年平均自然增长率，因为它是计算规划人口规模的依据。

年平均自然增长率，就是一定年限内多年平均的自然增长率，可由若干年的年自然增率和相应年数求出：

年平均自然增长率 = 若干年人口年自然增长率之和 / 相应的年数

b. 人口机械增长数和人口机械增长率。机械增长数，主要包括发展工副业和公共福利事业吸收劳动力以及迁村并点引起人口增减等两个方面。至于参军和复员转业、学生升学和知识青年回乡等原因引起的人口增减，因人数不多，可以省略不计。发展工副业和公共福利事业，其劳动力都是从整个区、乡（镇）辖区内各村吸收的。根据现行政策，这类工副业吸收农业剩余劳动力，户粮关系不转，可以不考虑带眷人数，只考虑职工人数。至于村办企业的职工，均为本村或附近村的劳动力，在家食宿，不会引起人口增减。迁村并点引起的人口增减，根据城镇分布规划，分阶段按迁移的时间、户数、人口（也包括自然增长数）进行计算。

人口机械增长率，就是人口机械增长的速度。有年机械增长率和多年平均机械增长率之分。年机械增长率就是某年内迁入人数减去迁出人数与该年初总人口数的比值，即：

年机械增长率 ＝ [（年内迁入人数 － 年内迁出人数）／ 本年初（或上年末）总人数] × 1000‰

年平均机械增长率，就是一定年限内多年平均的机械增长率，可由若干年的年机械增长率和相应年数求出：

年平均机械增长率 ＝ 若干年的年机械增长率之和 ／ 相应的年数

c.农业剩余劳动力的调查分析。农业剩余劳动力，是由于社会生产力的进步，农业劳动生产率的提高和党的正确政策引导的结果。农业剩余劳动力是城镇建设和发展的劳动力资源。党的十一届全会以来，由于在农村实行了家庭联产承包责任制和生产结构的调整，提高了广大农民的生产积极性，大大解放了农村劳动力，使大批劳动力从种植业上解放出来，各地均出现大批剩余劳动力，数量上差异很大。经济发达地区，如浙北和浙东沿海地区，已有 70% 左右劳力过剩；浙南沿海地区，人多地少，剩余劳动力更多；浙南山区和浙西半山区劳动力过剩相对少一些。劳动力上的流动出现新动向，很值得我们调查和研究，这对于如何安排剩余劳动力和合理组织人口转移是十分必要的。根据我国农村的实际，剩余劳动力的出路有以

下几方面：第一，各村庄就地吸收，调整种植结构，增加劳动力投入，从事手工业、养殖业和加工业等；第二，外出到县城或城市，从事他业；第三，流动于城乡之间，从事运输贩卖等；第四，进入集镇做工，经商或从事服务业等，这部分人对集镇的人口规模预测关系重大，应予以足够重视。农业剩余劳动力的统计范围要以乡（镇）为单位，以集镇为中心，在乡（镇）域内做好城镇体系布局，考虑城镇在某一地域中的职能和地位；以及经济影响和辐射面的大小，同时要根据近几年人口变化的特点，来确定村镇吸收剩余劳力的能力。影响人口的因素是多方面的，可变的因素特别多，我们还是要抓住主要矛盾进行调查分析，用发展的眼光对待剩余劳动力转移的问题。

2）城镇规划人口规模预测的方法

预测城镇规划人口规模，首先要根据镇域自然增长和机械增长两方面的因素，预测出乡（镇）域规划人口规模；然后再根据农村经济发展和各行业部门发展的需要，分析人口移动的方向，明确哪些城镇人口要增加，增加多少，哪些城镇人口要减少，减少多少，具体预测各个村庄或集镇的规划人口规模。

①镇域规划总人口的预测

镇域规划总人口是城镇辖区范围内所有村庄和集镇常住人口的总和。其总人口预测的计算公式如下：

$$N=A(1+K)^n+B$$

式中 N——镇域规划总人口数，人；　　　　（式 3-1）

A——镇域现状总人口统计数，人；

K——规划期内人口年平均自然增长率，‰；

n——规划年限；

B——规划期内人口的机械增长数。

人口年平均自然增长率，应根据国家的计划生育政策及当地计划生育部门控制的指标，并分析当地人口年龄与性别构成状况予以确定。人口的机械增长数，应根据不同地区的具体情况予以确定。对于资源、地理、建设等条件具有较大优势，经济发展较快的城

镇，可能接纳外地人员进入本城镇；对于靠近城市或工矿区，耕地较少的城镇，可能有部分人口进入城市或转至外地。

【例1】某镇共辖12个村，合计现状总人口为10925人，计划生育部门提供的年平均自然增长率为7‰，根据当地经济

发展计划，确定规划期限为10年。据调查该镇范围内盛产棉花，有关部门计划在规划期限内建棉纺厂和被服厂各1座，共需从外地调入职工及家属1200人，计算该镇的规划人口规模。

【解】$N=(1+K)^n+B=10925\times(1+7‰)^{10}+1200=12914\approx12900$（人）

②镇区规划人口规模的预测

镇区规划人口规模的预测，应按人口类别分别计算其自然增长、机械增长和估算发展变化，然后再综合计算集镇规划人口规模。集镇规划人口预测的计算内容如表3-1所列。

表3-1 集镇规划人口预测的计算内容

集镇人口类别		计算内容
常住人口	村民	计算自然增长
	居民	计算自然增长和机械增长
	集体	计算机械增长
通勤人口		计算机械增长
临时人口		估计发展变化

集镇人口的自然增长，仅计算常住人口中的村民户和居民户部分。集镇人口的机械增长，应根据当地情况，选择下列的一种方法进行计算，或用两、三种方法计算，进行对比校核。

a.平均增长法。用于城镇建设项目尚不落实情况下估算人口发展规模，计算时应根据近年来人口增长情况进行分析，确定每年的人口增长数或增长率。

b.带眷系数法。用于企事业建设项目比较落实、规划期内人口机械增长比较稳定情况下计算人口发展规模。计算时应分析从业者的来源、婚育、落户等情况，以及集镇的生活环境和建设条件等因素，确定带眷人数。

c.劳力转化法。根据商品经济发展的不同进程，对全乡（镇）域的土地和劳力进行平衡，估算规划期内农业剩余劳力的数量，考虑集镇类型、发展水平、地方优势、建设条件和政策影响等因素，确定进镇比例，推算进镇人口数量。集镇规划人口规模预测的基本公式为：

$$N=A(1+K_自)^n+B$$
$$或\quad N=A(1+K_自+K_机)^n \qquad (式3-2)$$

式中 N——规划人口发展规模；

A——现状人口数，通过调查了解；

$K_自$——人口年平均自然增长率，由当地计划生育部门提供的资料分析确定；

B——规划期内人口的机械增长数，根据各部门的发展计划确定；

$K_机$——人口年平均机械增长率，根据近年来机械增长人数计算确定，当各部门的发展计划不落实时才采用；

n——规划年限。

【例2】某集镇现有常住人口5560人，其中村民3250人，居民1570人，单身职工500人，寄宿学生240人；现有通勤人口1325人，其中定时进、出集镇的职工700人，学生625人；现有临时人口750人。根据当地计划生育部门的规定，村民的年平均自然增长率为7‰，居民的年平均自然增长率为5‰。据历年来统计分析，居民的年平均机械增长率为10‰，根据当地各部门的发展计划，单身职工需增加300人，寄宿学生增加240人；定时进、出集镇的职工增加300人，学生增加575人；根据预测，临时人口将增加300人。若规划年限定为10年，试计算该集镇的规划人口规模。

【解】分别计算各类规划人口规模

村民规划人口规模 $=3250\times(1+7‰)^{10}=3485$ 人

居民规划人口规模 $=1570\times(1+5‰+10‰)^{10}=1822$ 人

单身职工规划人口规模 =500+300=800 人

寄宿学生规划人口规模 =240+240=480 人

定时进、出集镇的职工规划人口规模 =700+300 =1000 人

定时进、出集镇的学生规划人口规模 =625+575 =1200 人

临时人口规模 =750+300=1050 人

常住规划人口规模 =3485+1822+800+480=6587 人

集镇常住规划人口规模是确定集镇各项建设规模和标准的主要依据；其余定时进、出集镇的职工和学生以及临时人口规模则主要是在确定公共建筑规模时，应考虑这部分人口对公共建筑规模的影响。

d. 递推法。影响人口变化的因素是十分复杂的，目前较为科学的预测方法可采用人口预测动态模型，对于要求较高的专题研究，它可以进行较逼真地模拟人口动态的变化过程，而且还可预测人口不同年龄段受不同教育程度的人口的比例等，而且能获得相当丰富的人口的信息，以供问题的研究。但由于该方法要搜集较多的数据，计算量大，在普及上尚有难度；更重要的是，在城市规划预测上的观念已有变化，不是单纯从预测方法上追求预测的精度，而应在规划的模式上增加规划的适应性。为此将把人口预测动态模型的基本思想做了简化，形成递推法。递推法核心是将城镇发展分成若干阶段，根据城镇发展不同阶段、影响人口因素的变化分别确定有关的参数，逐段向前递推预测。例如，某城镇从 1985 ~ 1990 年人口年均增长 25.7‰，其中自然增长率为 9.6‰，机械增长率为 16.1‰，而从 1991 年到 1995 年，人口年均增长率提高到 30.9‰，但其中自然增长率下降为 6.6‰，机械增长率提高到 24.3‰。1995 年的人口到达 0.872 万人。从人口年龄构成上可以看出，育龄妇女年龄段人口正步入高峰期，在今后 10 年内生育年将会繁荣昌盛，造成自然增长率也会有所上升，参照前 10 年的自然增长率取后 5 年的自然增长率为 7.0‰。而机

械增长率将因交通干线建成和地区的政策倾斜，机械增长人口还将保持 24.0‰的水平，因此对其未来 5 年即 2000 年的人口预测计算如下：

$$0.872 \times (1+7.0‰+24‰)^5 = 1.02 \text{ 万人}$$

同理，以 2000 年人口为基数，再分析 2000 年后若干年的历史阶段，各方面可预见的经济、政策等因素的变化，动态地修正有关参数再向前推算，这种方法虽然不及采用数学的相关因子、回归分析法的严密，但它将根据影响城镇人口发展的主要因素，采取定性分析结合动态的参数调整来预测，从而显得更为科学，同时计算也十分简单。

③村庄规划人口规模预测

村庄人口规模预测，一般仅考虑人口的自然增长和农业剩余劳动力的转移两个因素。随着农业经济的发展和产业结构的调整，村庄中的农业剩余劳动力大部分就地吸收，从事手工业、养殖业和加工业。还有部分转移到集镇上去务工经商。因此，对村庄来说，机械增长人数应是负数。故村庄的规划人口规模计算公式为：

$$N = A(1+K)^n - B \qquad \text{（式 3-3）}$$

式中 N——村庄规划人口规模，人

A——村庄现有人口数，人；

K——年平均自然增长率，‰

n——规划年限，年；

B——机械增长人数，人。

【例 3】某村庄现有人口 596 人，计划生育部门提供的年平均自然增长为 8‰，根据经济发展，某集镇需从本村吸收剩余劳力 50 人，若规划期限为 10 年，试计算该村的规划人口规模。

【解】$N = A(1+K)^n - B = 596 \times (1+8‰)^{10} - 50 = 595 \approx 600$ 人

（2）城镇用地规模的估算

城镇用地规模是指城镇的住宅建筑、公共建筑、生产建筑、仓储、道路广场、对外交通、公用工程设

施和绿化等各项建设用地的总和，一般以 hm²（公顷）表示。用地规模估算的目的，主要是为了在进行城镇用地选择时，能大致确定城镇规划期末需要多大的用地面积，为规划设计提供依据，以及为了在测量时明确测区的范围。城镇准确的用地面积，需在城镇建设规划方案确定以后才能算出。

城镇规划期末用地规模估算，可以用下列公式计算：

$$F = N \cdot P \qquad (式3\text{-}4)$$

式中 F——城镇规划期末用地面积，hm²；

N——城镇规划人口规模，人；

P——人均建设总用地面积，m²/人。

公式中，人均建设总用地面积与自然条件、城镇规模大小、人均耕地多少密切相关。因此，就全国范围来说，不可能做出统一规定，而应根据各省、市、自治区的具体情况确定。

【例4】山西省某平原中心集镇，规划人口规模为6500人，据山西省城镇建设规划定额指标，平原中心集镇人均建设总用地面积为 70～120m²/人，取 100m²/人，求该中心集镇的用地规模。

【解】$F = N \cdot P = 6500 \times 100 = 650000$m² $= 65$hm²

3.4 镇域总体规划中其他主要项目的规划

在镇域总体规划中，除了城镇的分布规划和确定城镇的性质及规模外，还包括主要公共建筑的配置规划，主要生产企业的安排，城镇之间的交通、电力、电讯、给水、排水工程设施等项规划。这些都是城镇总体规划的重要组成部分。

3.4.1 主要公共建筑的配置规划

城镇主要公共建筑的配置规划，主要是解决镇域范围内规模较大、占地较多的主要公共建筑的合理分布问题。在一个镇域范围内，村镇的数量较多，而且规模大小、所处的位置以及重要程度等都不一样，人们不像城市人口那样集中居住，而是分散居住在各个居民点里，这是由农业生产特点所决定的。因此，不必要也不可能在每个村镇都自成系统地配置和建设齐全、成套的公共建筑，特别是一些主要的公共建筑，要有计划地配置和合理地分布。既要做到使用方便，适应村镇分散的特点，又要尽量达到充分利用，经营管理上合理。村、镇公共建筑的配置和分布，要结合当地经济状况、公共建筑状况，从实际出发，要注意避免下列偏向：一是配置公共建筑项目偏全，规模偏高；二是不先建广大农民急需的一些生活服务设施，而是花费大量资金、材料、劳动力先建办公楼、大礼堂等大型公共建筑；三是有些城镇。建了不少新的住房，但对农民生活必需的服务设施没有很好安排，农民虽然住进了新房，改善了居住条件，但由于缺乏必需的生活服务设施，生活仍然很不方便。进行主要公共建筑的规划配置，可以指导各城镇的建设，使各城镇的公共建筑，能够科学地、合理地分布，避免盲目性。主要公共建筑配置和分布时，要考虑下面几个因素。

（1）根据村镇的层次与规模，按表3-2的规定，分级配置作用与规模不同的公共建筑。

（2）结合村镇体系布局考虑，公共建筑应安排在有发展前途的村镇，对某些从长远看没有发展前途，甚至会逐步淘汰的村镇，近期就不应安排公共建筑。

（3）充分利用原有的公共建筑，逐步建设，不断完善。我国城镇建设，绝大多数是在原有的基础上进行改建或扩建，这些城镇一般都兴建了一些公共建筑，应当充分利用，不要轻易拆除。确实需要新建的项目，也要区别不同要求，在标准上有所区别。在主要公共建筑的建设顺序上，要根据当地的财力、物力等情况，对哪些项目需要先建、哪些可以缓建做出统一安排。

表3-2 城镇公共建筑项目配置表

类别	项目	中心集镇	一般集镇	中心村
行政经济	(1) 乡（镇）政府、派出所	●	●	
	(2) 区公所、法庭	△		
	(3) 建设、土地管理所	●	●	
	(4) 农、林、水、电管理站	●	●	
	(5) 工商、税务所	●	●	
	(6) 粮管所	●	●	
	(7) 邮局	●	●	
	(8) 银行、信用社	●	●	
	(9) 交通监理站	●		
	(10) 居委会、村委会	●	●	●
教育机构	(1) 高级中学、职业中学	△		
	(2) 初级中学	●	●	△
	(3) 小学	●	●	●
	(4) 幼儿园、托儿所	●	●	●
文体科技	(1) 文化站(室)、青少年之家	●	●	
	(2) 影剧院	●	△	△
	(3) 灯光球场	●	△	
	(4) 体育场	●	△	
	(5) 科技站	●	△	
医疗保健	(1) 中心卫生院	●		
	(2) 卫生院(所、室)	●	●	△
	(3) 防疫、保健站	●	●	△
商业服务	(1) 百货店	●	●	△
	(2) 食品店	●	●	△
	(3) 生产资料、建材、日杂店	●	●	
	(4) 粮店	●	●	
	(5) 煤店	●	●	
	(6) 药店	●	●	
	(7) 书店	●	●	
	(8) 饭店、饮食店、小吃店	●	●	△
	(9) 旅馆、招待所	●	●	
	(10) 理发、浴室、洗染店	●	●	△
	(11) 照相店	●	●	
	(12) 综合修理、加工、代购店	●	●	△
集贸设施	(1) 粮油、土特产市场	●	●	
	(2) 蔬菜、副食市场	●	●	
	(3) 百货市场	●	●	
	(4) 燃料、建材、生产资料市场	●	△	
	(5) 畜禽、水产市场	●	△	

注：●为应设置的项目；△为根据条件可设置的。

3.4.2 主要生产企业基地的安排

随着农村经济的发展和产业结构的调整，出现了各种类型的生产性建筑。为了避免盲目建设和重复建设，造成浪费，必须根据当地自然资源、劳动力、技术条件、产供销关系等因素，在全镇范围内合理布点，统筹安排其项目和规模。

城镇中的各类生产建筑，有的可以布置在城镇中的生产建筑用地内，有些则由于其生产特点和对居民点有较严重的污染，必须离开城镇而安排在适于生产要求的独立地段上。这就是我们所指的主要生产企业的安排。安排这类生产企业的一般原则如下。

（1）就地取材的一些工副业项目，如砖瓦厂、采石厂、砂厂等，需要靠近原料产地安排相应的生产性建筑和工程设施，以减少产品的往返运输。

（2）对居住环境有严重污染的项目，如化肥厂、水泥厂、铸造厂、农药厂等，应远离城镇，并在城镇的下风、河流的下游地带，选择适当的独立地段安排建设。

（3）生产本身有特殊要求，不宜设在城镇内部的，如大中型的养鸡场、养猪场等，除了污染环境外，其本身还要求有较高的防疫条件，必须设立在通风、排水条件良好的独立地段上，宜在城镇盛行风向的侧风位，与城镇保持必要的防护距离。这些生产企业地段，可以看做是没有农民家庭生活要求的"村镇"，应与一般村镇同时进行统筹安排。

生产企业基地用地的选择，除了首先要各类专业生产的要求外，还要分析用地的建设条件，包括用地的工程地质条件、道路交通运输条件、给水、排水、电力及热力供应条件等。至于现有的生产企业，应在规划中作为现状统一考虑。对那些适应生产要求而又不影响环境的，可以考虑扩建或增建新项目；对那些有严重影响而又靠近城镇的生产企业，应在规划中加以统一调整或采取技术措施给予解决。

3.4.3 镇域道路交通规划

镇域道路交通规划，主要是指镇域范围内村镇间的道路联系，在南方水网地区还包括水路运输，目的是解决村镇之间的货流和客流的运输问题。其规划要点如下。

（1）规划方便畅通的镇域道路系统，使村镇之间及村镇与各生产企业之间有方便的联系，并考虑好、安排好与对外交通运输系统的连接，以便使各村镇和生产企业对外也有较方便的联系。联系村镇之间的道路属于公路范围，沟通县、乡、村等的支线公路属于四级公路，应按《公路工程技术标准》规定进行设计，见表3-3。

表 3-3　各级公路主要技术指标

公路等级	汽车专用公路						一般公路					
	高速公路				一		二		三		四	
地型	平原微丘	重丘	山岭	山岭	平原微丘	山岭重丘	平原微丘	山岭重丘	平原微丘	山岭重丘	平原微丘	山岭重丘
计算行车速度/(km/h)	120	100	80	60	100	60	80	40	60	30	40	20
行车道宽度/m	2×7.5	2×7.5	2×7.5	2×7.0	2×7.5	2×7.0	9.0	7.0	7.0	6.0	3.5	3.5
路基宽度/m　一般值	26.0	24.5	23.0	21.5	24.5	21.5	12.0	8.5	8.5	7.5	6.5	6.5
路基宽度/m　变化值	24.5	23.0	21.5	20.0	23.0	20.0	12.0				7.0	4.5
极限最小半径/m	650	400	250	125	400	125	250	60	125	30	60	15
停车视距	210	160	110	75	160	75	110	40	75	30	40	20
最大纵坡	3	4	5	5	4	6	5	7	6	8	6	9
桥涵设计车辆荷载	汽车-超20级 挂车-120				汽车-超20级 挂车-120 汽车-20级 挂车-100		汽车-20级 挂车-100		汽车-20级 挂车-100		汽车-20级 挂车-100	汽车-10级 履带-50

（2）在有铁路、公路和水路运输各项设施的村镇，要考虑客流和货流都有较方便的联运条件，但要注意尽量避免铁路和公路穿越村镇内部，已经穿越村镇的要结合规划尽早移出村镇或沿村镇边缘绕行。并注意安排好火车站、汽车站的位置。具有水路运输条件的城镇，要合理布置码头、渡口、桥梁的位置，并与道路系统密切联系。

（3）道路的走向和线型设计要结合地形，尽量减少土石方工程量。

（4）充分利用现有的道路、水路及车站、码头、渡口等设施。

（5）结合农田基本建设、农田防护林、机耕路、灌排渠道等，布置道路系统，做到灌、排、路、林、田相结合。

（6）镇域内村镇之间的道路宽度，应视城镇的层次和规模来确定。一般乡镇之间的道路宽度为 10～12m，由乡镇至中心村的路宽度为 7～9m，中心村至基层村的道路宽度为 5～6m。

（7）道路路面设计，要考虑行驶履带式农机具对路面的影响。

3.4.4 基础设施

城镇的工程基础设施是城镇的经济活动、生产活动和居民生活服务必不可少的设施，是现代城镇建设的主要内容。它包括以下 7 个方面：

（1）能源系统——供电、供气（煤气或天然气）、供热；

（2）供水及排水系统；

（3）道路、交通系统；

（4）邮电通信系统；

（5）环境保护与生态平衡系统；

（6）土地平整工程；

（7）安全防灾系统。

城镇基础工程设施的供水、排水、电信、煤气、供热管道部分，一般都埋在地下，电力有的也采用地下电缆，埋在道路下面。由于它们埋在地下，因此在建设某个镇区或某个居住小区时，在平整好场地之后，应先建设地下管线工程，把供水、排水、电信、煤气、供热、电力等先埋设好，然后再修建道路、再建各类建筑物，进行绿化。这种方法叫作"先地下、后地上"。这是合理规划和建设城镇的最经济、最有效的方法，可以避免不少工程返工的浪费，节省了建设投资。

另外，根据我国城镇的具体特点，在编制镇域规划时要求编写供水、排水、电力、电信、防洪等工程的总体规划；在编制镇区和村庄建设规划阶段，相应编制各工程的详细规划。在编制工程规划时，应与该地区城建部门、供水部门、供电部门、邮电局、水利局等专业部门共同工作；并以这些事业部门的规划意见为主，结合当地的具体要求，进行协调和平衡。其原则是，既要符合专业部门的要求，也要贯彻城镇规划的意图。

总之，城镇基础工程设施包括的内容比较多，是城镇生活当中时刻不能缺少的设施，是现代城镇建设中一个极其重要的组成部分。

3.4.5 环境保护

环境，是人类赖以生存的基本条件，是发展农业、渔业、牧业和工副业生产，繁荣经济的物质源泉。长期以来，由于对环境问题缺乏足够的认识，以致对环境的保护工作得不到应有的重视。我国各地环境的污染，自然环境和生态平衡遭到破坏的现象，已影响到居民的生活，妨碍了生产建设，成为国民经济中的一个突出问题。

（1）环境

环境是指大气、水、土地、矿藏、森林、草原、野生动物、野生植物、水生生物、名胜古迹、风景游览区、温泉、疗养区、自然保护区、生活居住区等。从广义而言，环境是人们周围一切事物、状态、情况三方面的客观存在。也可以说，环境就是由若干自然因素和人工因素有机构成的，并与生存在内的人类互相作用的物质空间。

城镇环境中所谓的"环境"，一般认为包括两个部分：

一为自然环境，人类的生存与发展离不开周围的大气、水、土壤、动植物以及各种矿物资源。自然环境就是指围绕着我们周围的各种自然因素的总和，它是由大气圈、水圈、岩石圈和生物圈等几个自然圈所组成。

二是人为环境（社会环境），即人类社会为了不断提高自己的物质和文化生活而创造的环境，如城镇、房屋、工业、交通、娱乐场所、仓库等，它是人类社会的经济活动和文化活动所创造的环境。

（2）环境污染

城镇环境污染是多方面的，内容与形式也较为广泛。受污染领域有大气污染、水体污染和土壤污染3个主要部分；污染物作用的性质可分为物理性的（光、声、热、辐射等）、化学性的（有机物和无机物等）、生物性的（霉素、病菌等）等3类；污染的主要形式有大气污染、水体污染、固体废弃物污染、土壤污染和噪声污染等。

（3）环境污染的原因

造成城镇环境污染的原因很多，综合起来大体有以下几个方面。

1）缺乏统筹规划乡镇工副业在发展项目的选择上往往带有盲目性和随意性，这就是什么项目来钱快、利润高或者花费劳动力少，就发展什么项目，而不管其污染是否严重，只要能够办到的都愿意干。尤其是一些污染严重、在城市中发展比较困难的项目，为扩大生产，增加产品产量，要求乡镇为其加工或生产部分零配件等工业项目较为普遍。

2）缺乏整体观念，城镇用地布局不够合理　不少有污染的工副业随意布点，有的占用民房，布置在住宅建筑用地内；也有的布置在城镇主导风向的上风位；有的甚至布置在水源地的附近。

3）缺乏环境保护知识和治理环境污染的技术力量　一般说来，乡镇工副业规模比较小，设备较差，技术力量薄弱，管理也不完善，所排放的废气、废水、废渣中有害物质含量比较高。毒性比较大，加之缺乏环境保护知识，不知道污染工厂排出的废物的严重危害性；有的即使知道，也因增加污染物处理设备后，会提高产品成本，降低利润，影响经济收入而不采取任何有效措施。另外，农业生产上使用化肥、农药及某些农畜产品加工和生活废水污染水体。还有部分农畜产品在水体中作业加工，往往造成水体变色发臭。也有一些卫生院的含菌废水、废物不经过处理，倾倒或排入河塘水体；再加上人畜粪便管理不严，任意在河塘、水井旁倒洗马桶等，造成水库污染日趋严重。

（4）环境保护的原则要求

1）全面规划、合理布局　对城镇各项建设用地进行统一规划，无论是城市搬到乡镇的工业，还是本地的工副业，必须根据本地区的自然条件和具体情况进行合理布点，应尽量缩小或消除其污染影响。特别要注意污染工副业和禽畜饲养场切忌布置在城镇水源地附近或居民稠密区内。而要设在城镇主导风向的下风或侧风位和河流的下游处，并与住宅建筑用地保持一定的卫生防护距离。个别工业或饲养场也可离开城镇，安排在原料产地附近或田间。医院位置要设在住宅建筑用地的下风位，远离水源地，以防止病菌污染。

2）对已经造成污染的厂（场），必须尽快采取治理或调整措施对确实不宜在原地继续生产、污染严重、治理又比较困难的应坚决下马或者转产；对其他有污染的厂（场）要分类排队，按轻重缓急、难易程度、资金的可能，制定分期分批进行治理的规划方案。

3）必须认真做好城镇水源、水源地的保护工作。

4）搞好城镇绿化，充分发挥其对环境的保护作用。

（5）城镇环境保护的具体措施

1）城镇中一切具有有害物排出的单位（包括工厂、卫生院、屠宰场、饲养场、兽医站等），必须遵守有关环境保护的法规及"三为"排放标准的规定。

2）在乡村，要积极提倡文明生产，加强对农药、化肥的统一管理，以防事故发生。同时，要遵守农药使用安全规定，加强劳动保护。

3）改善生活用水条件，凡是有条件的地方，都应积极使用符合水质要求的自来水。

4）改善居住，搞好绿化，讲究卫生，做到人畜分开。有条件的城镇要积极推广沼气，减少煤、柴灶的烟尘污染。

5）加强粪便的管理，要结合当地生产习惯，进行粪便无害化处理；同时要妥善安排粪肥和垃圾处理场地，将其布置在农田的独立地段上，搞好城镇卫生。

6）城镇内的湖塘沟渠要进行疏通整治，以利排水。对死水坑要填垫平整，防止蚊蝇孳生。

7）积极开展环境保护和"三废"治理科学知识的宣传普及工作，为保护城镇环境做出贡献。

3.4.6 防灾规划

自然界的灾害有许多种类，有火灾、风灾、水灾、地震等灾害。有些灾害往往还会互相影响，互相并存。如台风季节中常伴有暴雨，造成水灾、风灾并存；又如在较大的地震灾害中往往使大片建筑物、构筑物倒塌，常会引起爆炸和火灾。

造成直接危害的灾害被称为原发性灾害。例如，人在林区活动因不慎引起的森林大火，会毁灭大片的树木及其范围内的建筑物和构筑物；迅速的洪水能冲毁大片的庄稼和居民点等人工设施等。非直接造成的灾害称次生灾害，如地震引起的大火、地震引起的山崩、造成的泥石流等。有时次生灾害要比直接灾害所造成的危害更大。如1933年3月3日，日本三陆附近海域发生了地震，地震本身造成的灾害并不大，但是引起的海啸则造成了巨大的损失，高达10～25m高的海浪，冲毁房屋7353户，船舶流失7304艘，有3008人死亡。

（1）灾害分类

1）根据灾害发生的原因，可进行如下分类

①自然性灾害。因自然界物质的内部运动而造成的灾害，通常被称为自然性灾害。具体还可以分为下列四类：

a. 由地壳的剧烈运动产生的灾害，如地震、滑坡、火山爆发等；

b. 由水体的剧烈运动产生的灾害，如海啸、暴雨、洪水等；

c. 由空气的剧烈运动产生的灾害，如台风、龙卷风等；

d. 由于地壳、水体和空气的综合运动产生的灾害，如泥石流、雪崩等。

②条件性灾害。物质必须具备某种条件才能发生质的变化，并且由这种变化而造成的灾害称为条件性灾害。如某些可燃气体在正常条件下不会燃烧，只有遇到高压高温或明火时才有可能发生爆炸或燃烧。当我们认识了某种灾害产生的条件时，就可以设法消除这些条件的存在，以避免该种灾害的发生。

③行为性灾害。凡是由人为造成的灾害，不管是什么原因，我们统称之为行为性灾害。因人为造成的灾害，国家有关部门将根据灾害损失的严重程度，追究其法律责任。

2）在防灾规划中，对自然灾害还有以下几种分类法。

①受人为影响诱生或加剧的自然灾害，如森林植被遭大量破坏的地区易发生水灾、沙化，因修建大坝、水库以及地下注水等原因改变了地下压力荷载的分布而诱发地震等。

②部分可由人力控制的自然灾害，如江河泛滥、城乡火灾等。通过修建一定的工程设施，可以预防其灾害的发生，或减少灾害的损失程度。

③目前尚无法通过人力减弱灾害发生强度的自然灾害，如自然地震、风暴、泥石流等。

（2）灾害的影响

对于人类来说，灾害会在各个方面造成严重的后果。

1）危及人们的生命和健康，造成避难和移民。

2）破坏生产力，造成地方与国家的就业问题，降低国民收入，影响物价；在一些国家甚至会影响政局的稳定。

3）将给人们的衣、食、住、行、基础设施、社会服务、急救等方面造成很大困难，对文化教育和社会交往也会造成大的损害。

4）破坏自然生态系统及其组成部分和环境质量，以及由环境恶化而引起的瘟疫等疾病。

（3）防灾规划

城镇防灾规划目前常做的为3种，即防洪规划、防震规划、防火规划，其主要包括的任务如下。

1）防洪规划

根据城镇用地选择的要求，对可能遭受洪水淹没的地段提出技术上可行、经济上合理的工程措施方案，以达到改善城镇用地或确保城镇人民生命、财产安全目的。

2）防震规划

通过进行防震规划，防止因地震而造成的人员伤亡，使人民的生命财产损失降到最小限度；同时使地震发生时诸如消防、救护等不可缺少的活动得以维持和进行。根据我国的具体情况，以设计烈度7度为设防起点，即小于7度时不设防。抗震设计规范规定的设施重点，放在7度、8度和9度烈度地震范围内，并在规划中设置必要的疏散通道和避难场地。

3）防火规划

通过进行防火规划，将城镇易燃易爆工厂、仓库、加油站、灌瓶站的设置地点与周围建筑等严格按防火间距布置；结合旧区改造，提高耐火能力，拓宽狭窄消防通道，增加水源，布置消火栓，为灭火创造有利条件；对于建筑和重点文物单位考虑保护措施；设置消防设施。

4 城镇建设规划

4.1 城镇用地及其用地指标

4.1.1 城镇建设用地

城镇建设用地指城镇建成区和已列入城镇建设规划区范围而尚待开发使用的土地。建成区是指某一发展阶段城镇建设在地域分布上的客观反映，是城镇行政管辖范围内征用的土地和实际建设发展起来的非农业生产建筑地段。

（1）城镇用地分类

为了正确反映城镇用地情况，便于分门别类地进行研究城镇用地按土地使用的主要性质进行分类，划分为 9 大类、28 小类，具体分类见表 4-1。

表 4-1　城镇用地的分类和代码

类别代码		类别名称	范围
大类	小类		
4R		居住建筑用地	各类居住建筑及其间距和内部小路、场地、绿化等用地；不包括路面宽度等于或大于 3.5m 的道路用地
	R1	村民住宅用地	村民户独家使用的住房和附属设施及其户间间距用地、进户小路用地；不包括自留地及其他生产性用地
	R2	居民住宅用地	居民户的住宅、庭院及其间距用地
	R3	其他居住用地	属于 R1、R2 以外的居住用地，如单身宿舍、敬老院等用地
C		公共建筑用地	各类公共建筑用地及其附属设施、内部道路、场地、绿化等用地
	C1	行政管理用地	政府、团体、经济贸易管理机构用地
	C2	教育机构用地	幼儿园、托儿所、小学、中学及各类高、中级专业学校、成人学校等用地
	C3	文体科技用地	文化图书、科技、展览、娱乐、体育、文物、宗教等用地
	C4	医疗保健用地	医疗、防疫、保健、休养和疗养等机构用地
	C5	商业金融用地	各类商业服务的店铺、银行、信用、保险等机构及其附属设施用地
	C6	集贸设施用地	集市贸易的专用建筑和场地；不包括临时占用街道广场等用地
M		生产建筑用地	独立设置的各种所有制的生产性建筑及其设施和内部道路、场地、绿化等用地
	M1	一类工业用地	对居住和公共环境基本无干扰和污染的工业，如缝纫、电子、工艺品等工业用地
	M2	二类工业用地	对居住和公共环境有一定干扰和污染的工业，如纺织、食品、小型机械等工业用地
	M3	三类工业用地	对居住和公共环境有严重干扰和污染的工业，如采矿、冶金、化学、造纸、制革、建材、大中型机械制造等工业用地
	M4	农业生产设施用地	各类农业建筑，如打谷场、饲养场、农机站、育秧房、兽医站等及其附属设施用地；不包括农林种植地、牧草地、养殖水域

(续)

类别代码		类别名称	范围
大类	小类		
W		仓储用地	物资的中转仓库、专业代购和储存建筑及其附属道路、场地、绿化等用地
	W1	普通仓储用地	存放一般物品的仓储用地
	W2	危险品仓储用地	存放易燃、易爆、剧毒等危险品的仓储用地
T		对外交通用地	村镇对外交通的各种设施用地
	T1	公路交通用地	公路站场及规划范围内的路段、附属设施等用地
	T2	其他交通用地	铁路、水运及其他对外交通的路段和设施等用地
S		道路广场用地	规划范围的道路、广场、停车场等设施用地
	S1	道路用地	规划范围内宽度等于和大于3.5m以上的各种道路及交叉口等用地
	S2	广场用地	公共活动广场、停车场用地；不包括各类用地内部的场地
U		公用工程设施用地	各类公用工程和环卫设施用地，包括其建筑物、构筑物及管理、维修设施用地
	U1	公用工程用地	给水、排水、供电、邮电、供气、供热、殡葬、防灾和能源等工程设施用地
	U2	环卫设施用地	公厕、垃圾站、粪便和垃圾处理设施等用地
G		绿化用地	各类公共绿化、生产防护绿地；不包括各类用地内部的绿地
	G1	公共绿地	面向公众、有一定游憩设施的绿地，如公园、街巷中的绿地、路旁或临水宽度等于和大于5m的绿地
	G2	生产防护绿地	提供苗木、草皮、花卉的圃地，以及用于安全、卫生、防风等的防护林带和绿地
E		水域和其他用地	规划范植围内的水域、农林种植地、牧草地、闲置地和特殊用地
	E1	水域	江河、湖泊、水库、沟渠、池塘、滩涂等水域；不包括公园绿地中的水面
	E2	农林种植地	以生产为目的的农林种植地，如农田、菜地、园地、林地等
	E3	牧草地	生产各种牧草的土地
	E4	闲置地	尚未使用的土地
	E5	特殊用地	军事、外事、保安等设施用地；不包括部队家属生活区、公安消防机构等用地

（2）城镇建设用地规模

城镇建设用地是指城镇的居住建筑、公共建筑、生产建筑、仓储、道路交通、公用工程设施和绿化等各项建设用地的总和，一般以公顷（hm²）表示。用地规模估算的目的，主要是为了在进行城镇用地选择时能大致确定规划期末需要的用地面积，为规划设计提供依据，以及为了在测量时明确测区的范围。城镇准确的建设用地面积，需在建设规划方案确定以后才能定出。

1）人均建设用地

人均建设用地是指城镇建设用地面积与城镇人口之比值，单位为 m²/人。其标准分为五级，详见表4-2。

表 4-2 人均建设用地标准分级

级别	一	二	三	四	五
人均建设用地指标/（m²/人）	>50 ≤60	>60 ≤80	>80 ≤100	>100 ≤120	>120 ≤150

其中，新建的城镇，其人均建设用地指标宜按第三级确定，当发展用地偏紧时，可按第二级确定。对已有的城镇进行规划时，其人均建设用地指标应以现状建设用地的人均水平为基础，根据人均建设用地指标级别和允许调整幅度按表4-3所列确定。第一级用地指标仅可用于用地紧张地区的村庄，集镇不得选用。地多人少的边缘地区的城镇，应根据所在省、自治区政府规定的建设用地指标规定。

表 4-3　人均建设用地指标

现状人均建设用地水平 / (m²/人)	人均建设用地指标级别	允许调整幅度 / (m²/人)
<50	一、二	应增 5 ~ 20
50.1 ~ 60	一、二	可增 0 ~ 15
60.1 ~ 80	二、三	可增 0 ~ 10
80.1 ~ 100	二、三、四	可增、减 0 ~ 10
100.1 ~ 120	三、四	可减 0 ~ 15
120.1 ~ 150	四、五	可减 0 ~ 20
>150	五	应减至 150 以内

注：允许调整幅度是指规划人均建设用地指标对现状人均建设用地水平的增减数值。

2）城镇建设用地规模

规划期末的建设用地规模估算可用下式：

$$F=N \cdot P \qquad (式 4-1)$$

式中 F——规划期末建设用地面积，hm^2；

N——人口发展规模，人；

P——人均建设用地面积，m^2/人。

【例 1】山西省某平原镇镇区规划人口规模为 6500 人，据山西省规划定额指标，人均建设总用地为 70 ~ 120m^2/人，取 100m^2/人，求该镇的建设用地规模。

【解】

$F=N \cdot P = 6500 \times 100 = 650000m^2 = 65hm^2$

4.1.2 城镇建设用地指标

城镇建设用地指标是显示城镇各项建设在技术上达到经济合理性的数据，在具体规划设计工作中起着依据和控制作用。

（1）人均建设用地

城镇的建设用地是由居住建筑用地、公共建筑用地、生产建筑用地、仓储用地、对外交通用地、道路广场用地、公用工程设施用地和绿化用地构成的。用它除以人口规模，得出人均建设用地指标。该指标又有现状人均建设用地和规划人均建设用地之分，规划人均建设用地指标可依照国家及当地省、自治区政府制定的有关标准进行控制。

（2）建设用地构成

编制城镇建设规划时，应调整各项建设用地的构成比例，使之符合表 4-4 的规定。

表 4-4　建设用地的构成比例

类别代号	用地类别	占建设用地比例/%		
		中心镇	一般镇	中心村
R	居住建筑用地	30 ~ 50	35 ~ 55	55 ~ 70
c	公共建筑用地	12 ~ 20	10 ~ 18	6 ~ 12
s	道路广场用地	11 ~ 19	10 ~ 17	9 ~ 16
G	公共绿地	2 ~ 6	2 ~ 6	2 ~ 4
四类用地之和		55 ~ 95	57 ~ 96	72 ~ 102

对于通勤人口和流动人口较多的城镇，其公共建筑用地所占比例宜选取规定幅度内的较大值。邻近旅游区及现状绿地较多的城镇，其公共绿地所占比例可大于 6%。

（3）人均单项建设用地

各地应结合本地区的具体情况，包括自然地理条件、土地利用情况、镇区建设现状、生产生活习俗、社会发展需求等方面的多项因素，制定出地区性人均单项建设用地标准。

由以上各表可以看出：各地的自然条件等实际情况差异及各单项用地定额指标相差也很大，因此不可能在全国制定一个通用单项指标，各单项用地指标必须由各省建设主管部门综合考虑各种因素制定。

（4）用地平衡表

城镇是一个有机的整体，这个有机整体要求能在生产与生活各个方面协调发展，在建设上和用地上必然存在着一定的内在联系。城镇建设规划通过编制城镇用地平衡表，分析城镇各项用地的数量关系，用具体的数量来说明城镇现状与规划方案中各项用地的内在联系，为合理分配城镇用地提供必要的依据。用地平衡表反映了城镇现状用地的使用状况及各项用地之间的比例关系，作为调整用地和制定规划用地指标的依据之一，同时反映城镇规划用地的指标和各 项用地之间的比例关系，如表4-5所列。

表4-5 村镇建设用地平衡表

分类代号		用地名称	现状 ___ 年			规划 ___ 年		
			面积/hm²	比例/%	人数/(m²/人)	面积/hm²	比例/%	人数/(m²/人)
R		居住建筑用地						
C		公共建筑用地						
其中	C1	行政管理						
	C2	教育机构						
	C3	文体科技						
	C4	医疗保健						
	C5	商业金融						
	C6	集贸市场						
M		生产建筑用地						
其中	M1	无污染工业（一类工业）						
	M2	轻污染工业（二类工业）						
	M3	重污染工业（三类工业）						
	M4	农业生产设施						
W		仓储用地						
T		对外交通用地						
S		道路广场用地						
U		公共工程设施用地						
G		绿化用地						
镇区建设用地			100			100		
E		水域和其他用地						
其中	E1	水域						
	E2	农林种植地						
	E3	牧草地						
	E4	闲置地						
	E5	特殊用地						
镇区规划范围用地								

4.2 镇区的组成要素与用地布局

镇区的组成要素是多种多样的，但其主要的组成要素有居住建筑、公共建筑、生产建筑、仓储、道路交通等几大类。这些组成要素在规划中涉及的问题是多方面的，要统筹兼顾，全面发展，使各组成要素有机联系、各得其所。镇区规划的主要目的在于合理组织镇区各组成要素，使它们的作用得以充分发挥，因此有必要全面熟悉其各组成要素，并研究它们规划布置的要求。

4.2.1 居住建筑用地的规划布置

城镇是人类定居地之一，为居民创造良好的居住环境，是城镇规划的主要目标之一，为此要选择合适的用地，并处理好居住建筑用地与其他用地的功能关系，确定居住建筑用地的组成结构，并相应地配置公共设施系统，特别要注意居住建筑用地的环境保护，做好绿化规划。

（1）居住建筑用地的内容组成

居住建筑用地在城镇用地中占有较大的比重，是由几种不同类型住宅用地所构成，主要包括村民住宅用地、居民住宅用地与其他居住用地，并包含住宅及其间距和内部小路、场地、绿化等用地。这些用地按居住的需要和一定时期内城镇建设的可能各占一定比例，错综复杂地交织在一起，形成一个有机的整体，为居民服务。

（2）居住建筑用地的分布

居住用地的分布与组织是城镇规划工作的一部分。它是在总体规划所确定的原则基础上，按照其自身的特点与需要，及其与工业等城镇组成要素内在的相互联系，和某些外界的影响条件，确定其在城镇中的分布方式和形态。

1）影响居住建筑用地分布的主要因素

①自然条件

主要是用地的地形、地貌和城镇的气候特征，以及它对居住建筑用地布置的适应性情况。苛刻的用地条件会导致用地分布的复杂化。例如，在平原地区、河网地区、丘陵山地、寒冷地区、炎热地区等不同的自然环境条件下，其居住用地各具特点。因此在居住用地的分布上不能强求统一，要充分考虑自然条件对居住用地的影响。

②交通运输条件

居住建筑用地与生产建筑用地之间的联系是否便捷，如上、下班所需的交通时间，已成为确定用地之间关系及分布状况优劣的重要依据。

③工业的性质与规模及其在布置上的特殊要求

工业的集中或分散布置，尤其是城镇若干重要工业的不同分布，往往对居住建筑用地的分布起决定

性的作用。另外，不同的工业性质对于居住建筑用地，规定有不同的防护距离。

④城镇建设的技术经济

一般情况下，城镇的居住用地集中紧凑的分布比松散的分布更为经济合理。其原因是，居住用地集中紧凑，为其服务的基础设施和公共建筑服务设施的投资少且利用率高；而松散分布时，基础设施和公共建筑等服务设施的建设量增大而投资相对偏高且利用率较低。但如果城镇的地形条件比较复杂，还一味强调分布的集中紧凑，其效果会适得其反。因此，不能从单一的因素去考虑居住用地分布的经济性，而要从多方面、多因素去分析居住用地分布的经济合理性。

2）居住建筑用地布置的形式

城镇居住建筑用地布置有两种基本形式。

①集中布置

当城镇有足够的用地，且在用地范围内无自然或人为障碍时，常把居住用地集中布置。用地的集中布置，可以缩短各类管线工程和道路工程的长度，减少基础设施的工程量，从而节约城镇建设投资，还可以使镇区各部分在空间上联系密切，在交通、能耗、时耗等方面获得较好效果（图4-1）。

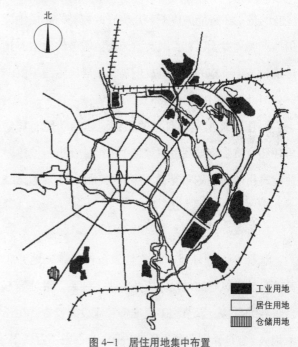

图4-1 居住用地集中布置

②分散布置

当城镇用地受到自然条件限制，如地下有矿藏或工业和交通设施等的分布需要，以及农业良田的保护需要等，需将用地采用分散布置的方式（图4-2）。

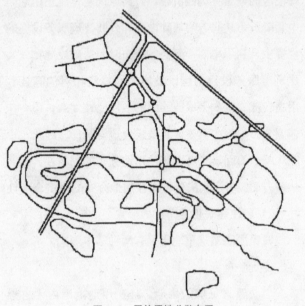

图4-2 居住用地分散布置

居住用地分散布置能较好地适应山地与丘陵地区的地貌特征，便于结合地形，有利于工业与居住成团布置，生产与居住就地平衡，使大多数居民上、下班的距离缩短，村民临近农田，减少交通时耗。应注意的是：在可能条件下，几块分散布置的居住建筑用地不要离得太远，否则会给为全镇服务的大型公共建筑和基础设施的布置造成困难，使居民生活不便。

3）城镇居住用地的布置

居住建筑用地的布置关系到城镇的功能布局、居住环境质量及景观组织等各个方面。在进行城镇居住建筑用地的规划布置时，应慎重对待，主要考虑以下几个方面。

①有良好的自然条件

选择在工程地质和水文地质条件优越，地势较高，自然通风好的地段。避免洪水、地震、滑坡等不良条件的危害，以节约工程准备和建设的投资。在丘陵地区，宜选择向阳和通风的坡面。少占或不占良田，

在可能的条件下，最好接近水面和环境优美的地区，符合居住卫生要求，保证空气、饮用水质不受污染，布置在大气污染源的上风或侧风位以及水污染源的上游，与畜牧业用地、易燃易爆物的生产建筑和仓储设施的距离要符合有关规定。

②注意与工业用地的相对关系

居住建筑用地的选择应按照工业区的性质和环境保护的要求，确定相对的距离与位置，在保证安全、卫生与效率的前提下，尽可能地接近工业用地，以减少居民上、下班的时耗。

③用地数量与形态的适用性

用地面积大小应符合规划用地所需；用地形态宜集中而完整，以利于集中紧凑的布置，节约公用工程管线和公共交通的费用。

④充分利用原有的基础设施

在旧居住区改建与扩建时，尽可能地利用原有的建筑、道路、管线等基础设施，以节约新区开发的投资和缩短建设周期，用地选择与规划布置应配合原有镇区的功能结构。切忌抛开现状一概推倒重建的做法。

⑤留有适当的发展余地

随着城镇现代化进程的加快，居民生活水平逐渐提高，对居住环境的要求也越来越高。城镇的居住建筑用地应留有必要的发展余地，使城镇的规划与建设具有一定的可调性。

4.2.2 公共建筑用地的规划布置

公共建筑是为居民提供社会服务的各种行业机构和设施的总称。公共建筑用地一般包含有公共建筑及其附属设施、内部的道路、场地、绿化等用地。公共建筑与居民生活和工作有着多方面的密切联系，公共建筑网点的内容和规模在一定程度上反映城镇的物质和文化生活水平，其布局是否合理直接影响居民的使用，也影响着城镇经济的繁荣和今后的合理发展。

（1）公共建筑的分类

城镇公共建筑种类繁多，管理体制也较复杂，大体上可以按以下几方面进行分类。

1）按使用性质分

依照国家《建制镇规划建设管理法规文件汇编》规定，城镇公共建筑分为以下 6 大类。

①行政管理类

各级党政机关、社会团体、工商企业、事业管理、税务、银行、邮政等机构用房。

②教育机构类

幼儿园、托儿所、小学、中学及各类高、中级专业学校、成人学校等。

③文体科技类

文化图书馆、俱乐部、电影院、体育场、青少年活动中心和科技站、文物局等。

④医疗保健类

医疗、防疫、保健、休养和疗养等机构用房。

⑤商业金融类

各类商业服务业的店铺、银行、信用、保险等机构及其附属设施。

⑥集贸设施类

百货布场、畜禽水产市场、粮油土特产市场、蔬菜副食市场等。

2）按居民使用频率分

①居民吕常生活使用的 粮油店、菜市场等。

②居民非经常使用的 防疫站、旅馆等。

3）按与周围环境关系分

①对周围环境有影响、但没有要求的 供销社、影剧院等。

②对周围环境有影响、也有要求的 医院、学校等，既要求周围环境保持宁静、清洁、不受污染，同时又对周围环境产生污染，如细菌、噪声等。

③对周围环境无影响、但有要求的行政管理机构等。

这种分类方法对于合理地布置公共建筑的位置，研究公共建筑与总体布局、周围环境的协调等问题有着重大意义。

（2）公共建筑的指标

公共建筑指标的确定，是城镇规划技术工作的内容之一。它不仅直接关系到居民的生活，同时对城镇建设经济也有一定的影响。在城镇规划中，为了给公共建筑项目的布置、建筑单体的设计、公共建筑总量计算及建设管理提供依据，就必须有各项公共建筑的用地指标和建筑指标。此外，有的公共建筑还有公共建筑设置的数量指标等。

1）确定指标需考虑的因素

①使用上的要求

公共建筑既然是为城镇居民服务，其指标应首先满足居民使用上的要求。它包括两个方面：一是指所需的公共建筑项目的多少；二是指对各项公共建筑使用功能上的要求。这两方面的要求是拟定指标的主要依据。

②各地生活习惯的要求

我国地域辽阔，自然地理条件各异，又是多民族国家，因而各地有着不同的生活习惯，反映在对各地公共建筑的设施项目、规模及其指标的制定上就应有所不同。例如，南方茶楼、摊床等户外项目居多；北方则多室内商店和市场；有的城镇居民对体育运动特别爱好，体育设施较多；有的城镇有较多的集市贸易设施。因此，有关设施的指标应因地制宜，有所不同。

③城镇性质、规模及布局的特点

城镇性质不同，公共建筑的内容及其指标应随之而异。如规模较大的城镇，公共建筑项目比较齐全，规模相应也较大，因而指标就比较高；而规模较小的一些集镇，公共建筑项目较少、规模小，因而指标就相应比较低。

④经济条件和居民生活水平

公共建筑指标的拟定要从国家和所在地区的经

济条件和民居生活实际需要出发，如果所定指标超越了现实或规划期内的经济条件和居民生活的需要，就会影响居民对公共建筑的实际使用，造成浪费。如果盲目降低应有的指标，就不能满足居民的正常生活需要。此外，还应充分估计到城镇经济的迅速发展，带来居民生活水平提高而引起的变化。

⑤社会生活的组织方式

城镇生活随着社会的发展，而不断充实和变化。一些新的设施项目的出现，以及原有设施内容和服务方式的改变，都将需要对有关指标进行适当调整或重新拟定。

总而言之，公共建筑指标的确定涉及社会、经济、自然、技术等各种因素，应该在充分调查研究的基础上，从实际的需要和可能出发，全面地、科学地、合理地予以制定。

2）指标确定的方法

在确定城镇公共建筑指标时，要从城镇对公共建筑设置的目的、功能要求、分布特点以及城镇的经济条件和现状基础等多方面来进行分析研究，同时也要遵照当地省（自治区）、市政府等有关的方针与政策的规定，综合地加以考虑。

具体指标的确定方法，根据不同的公共建筑物而异，一般有下面3种。

①按照人口增长情况，通过计算确定。这主要是指与人口有关的中、小学和幼儿园等设施，它可以从城镇人口年龄构成的现状与发展的资料中，根据教育制度所规定的入学、入园年龄和学习年制，并按入学率和入园率（即入学、入园人数占适龄儿童人数的百分比）计算出规划期限内各级学校和幼儿园的入学、入园人数。通常是换算成"千人指标"，也就是以每1000个居民所占若干名学生（或幼儿）人数来表示；然后再根据每名学生所需要的建筑面积和用地面积，计算出总的建筑面积与用地面积的需要量；之后，还可以按照学校的合理规模和规划设计的要求

来确定各所学校的班级和所需要的面积数。

【例2】某镇规划期末镇区人口达到12000人，考虑普及小学教育，入学率为100%。试求该镇区规划期末应设几所小学？每所小学的规模为多少？

【解】

a. 规划期末应入学的学生人数

$12000 \times 80‰ = 960$ 位（注：80‰是按所在省、市规定的公共建筑指标中取的，即每1000个居民中有80位小学生）

b. 小学校的数目

小学的合理规模按规定一般为12班、每班以40人计，则每所小学生人数为$12 \times 40 = 480$人，该镇区应有960/480=2所。

c. 小学的规模

根据规范每位学生需要建筑面积为2.5～3.0m²/位，取3m²/位；每位学生需要用地面积8～12m²/位，取10m²/位。则：

每所小学的建筑面积 $= 3m²/位 \times 480位 = 1440m²$

每所小学的用地面积 $= 10m²/位 \times 480位 = 4800m²$

②各专业系统和有关部门规定来确定如银行、邮电局等，由于它们本身业务的需要，都各自规定了一套具体的建筑与用地指标。这些指标是从其经营管理的经济与合理性来考虑的，这类公共建筑指标，可以参考专业部门的规定，结合具体情况来拟定。

③根据实际需要，通过现状调查、统计与分析，或参照其他城镇的实践经验来确定这类公共建筑多半是与居民生活密切相关的设施，如医院、电影院、理发店等，可以通过实际需要的调查，并分析城镇生活的发展趋向，来确定它们的指标。一般也是以千人占有多少座位（或床位）来表示。

3）公共建筑用地的面积标准

公共建筑的面积标准，应按各项公共建筑的建筑面积和用地面积两项指标加以规定。各类公共建筑的用地面积指标应符合表4-6规定。

表 4-6　各类公共建筑人均用地面积指标

层次	分级	各类公共建筑人均用地面积指标/（m²/人）				
		行政管理	教育机构	文体科技	医疗保健	商业金融
中心镇	大型	0.3 ~ 1.5	2.5 ~ 10.0	0.8 ~ 6.5	0.3 ~ 1.3	1.6 ~ 4.6
	中型	0.4 ~ 2.0	3.1 ~ 12.0	0.9 ~ 4.3	0.3 ~ 1.6	1.8 ~ 4.5
	小型	0.5 ~ 2.2	4.3 ~ 14.0	1.0 ~ 4.2	0.3 ~ 1.9	2.0 ~ 6.4
一般镇	大型	0.2 ~ 1.9	3.0 ~ 9.0	0.7 ~ 4.1	0.3 ~ 1.2	0.8 ~ 4.4
	中型	0.3 ~ 2.2	3.2 ~ 10.0	0.9 ~ 3.7	0.3 ~ 1.5	1.0 ~ 4.6
	小型	0.4 ~ 2.5	3.4 ~ 11.0	1.1 ~ 3.3	0.3 ~ 1.8	1.0 ~ 4.8
中心村	大型	0.1 ~ 0.4	1.5 ~ 4.0	0.3 ~ 1.6	0.1 ~ 0.3	0.2 ~ 0.6
	中型	0.12 ~ 0.5	2.6 ~ 6.0	0.3 ~ 2.0	0.1 ~ 0.3	0.2 ~ 0.6

（3）公共建筑的规划布置

城镇公共服务设施占地较大，而且由于它们的性质和服务对象的不同，其规划布置的要求也有所不同。公共建筑的分布不是孤立的，它们与居住用地和绿地的分布与组织紧密相关，因此，应通过规划进行有机的组织，使其成为城镇整体的一部分。

1）公共建筑规划布置的基本要求

①各类公共建筑要有合理的服务半径

根据服务半径确定其服务范围大小及服务人数的多少，以此推算出公共建筑的规模。服务半径的确定首先是从居民对设施使用的要求出发，同时也要考虑到公共建筑经营管理的经济性和合理性。不同的服务设施有不同的服务半径。某项公共建筑服务半径的大小，将随它们的使用频率、服务对象、地形条件、交通的便利程度以及人口密度的高低而有所不同。如城镇公共建筑服务于镇区的一般为 800 ~ 1000m，服务于广大农村的则以 5 ~ 6km 为宜。

②公共建筑的分布要结合城镇交通组织来考虑

公共建筑是人流、车流集散的地方，其规划布置要从其使用性质和交通状况，结合城镇一并安排。如幼儿园、小学等机构最好是与居住地区的步行道路系统组织在一起，避免交通车辆的干扰；而车站等交通量大的设施，则应与城镇主干道相联系。

③根据公共建筑本身的特点及其对环境的要求进行布置

公共建筑本身既作为一个环境所形成的因素，同时它们的分布对周围环境也有所要求。例如，医院一般要求有一个清洁安静的环境；露天剧场或球场的布置，既要考虑它们自身发生的音响对周围环境的影响，同时也要防止外界噪声对表演和竞技的妨碍；学校、图书馆等单位不宜与影剧院、集贸市场紧邻，以免相互之间干扰。

④公共建筑布置要考虑城镇景观组织的要求

公共建筑种类很多，而且建筑的形体和立面也比较丰富多彩。因此，可以通过不同的公共建筑和其他建筑的协调处理与布置，利用地形等其他条件，组织街景与景点，以创造具有地方风貌的城镇景观。

⑤公共建筑的布置要充分利用城镇原有基础

旧镇的公共建筑一般布点不均匀，门类余缺不一，用地与建筑缺乏，同时建筑质量也较差。具体可以结合城镇的改建、扩建规划，通过留、并、造、转、补等措施进行调整与充实。

2）城镇主要公共建筑的规划布置

①商业、服务业和文化娱乐性的公共建筑大多为整个城镇服务，要相对集中布置，使其能形成一个较繁华的公共活动中心，并体现城镇的风貌特色。

②城镇行政办公机构一般不宜与商业、服务业混在一起。而宜布置在城镇中心区边缘，且比较独立、

安静、交通方便的地段。

③学校的规划布置。学校应有一定的合理规模和服务半径。小学的规模一般以 6 ~ 12 班为宜，服务半径一般可为 0.5 ~ 1km。学生上学不宜穿越铁路干线和城镇主干道以及城镇中心人多车杂的地段。中学的规模以 12 ~ 18 班为宜，为整个镇域服务。校址宜在城镇次要道路且比较僻静的地段，要远离铁路干线 300m 以上。校门避免开向公路，运动场地的设置符合国家教育部门要求，也可以与城镇的体育用地结合布置。此外，学校本身也应注意避免对周围居民的干扰，应与住宅保持一定的距离。

④医院的规划布置。医院是城镇预防与治疗疾病的中心，其规模的大小取决于城镇的人口发展规模。由于医院对环境有一定的影响，如排放带有病菌的污水等，还要求环境安静、卫生，所以在规划布置时应注意以下几点。

院址应尽量考虑规划在城镇的次要干道上，满足环境幽静、阳光充足、空气洁净、通风良好等卫生要求。不应该远离城镇中心和靠近有污染性的工厂及噪声声源的地段。适宜的位置是在城镇中心区边缘，交通方便而又不是人车拥挤的地段。最好还能与绿化用地相邻，同时院址要有足够的清洁度。

另外，医疗建筑与邻近住宅及公共建筑的距离应不少于 30m，与周围街道也不得少于 15 ~ 20m 的防护距离，中间以花木林带相隔离。

4.2.3 生产建筑用地的规划布置

生产建筑用地是独立设置的各种所有制的生产性建筑及其设施和内部道路、场地、绿化等用地，是城镇用地的重要组成部分，也是城镇性质、规模、用地范围及发展方向的重要依据。工业生产有一定的人流和交通运输，它们对城镇的交通流向、流量起着巨大影响。某些工业产生的"三废"及噪声将导致城镇环境质量下降、生态失衡，所以，城镇生产建筑用地

安排的是否合理，对生产项目的建筑速度、投资效益、经营管理乃至长远的发展起着重要的作用，同时也影响整个城镇的用地布局形态、居民居住的生活环境、交通组织及基础设施等。城镇生产建筑用地规划布置的任务在于全面分析与研究工业对城镇的影响，使城镇工业布局，既能满足工业生产工艺、交通运输等方面的要求，又能避免或减少工业生产对城镇环境的污染等不利因素，以促进城镇健康发展。

（1）生产建筑的分类和面积标准

1）生产建筑用地的分类

生产建筑用地可分为以下 4 类。

①一类工业用地

对居住和公共环境基本无干扰和污染的工业，如缝纫、电子、工艺品等工业用地。

②二类工业用地

对居住和公共环境有一定干扰和污染的工业，如纺织、食品、小型机械等工业用地。

③三类工业用地

对居住和公共环境有严重干扰和污染的工业，如采矿、冶金、化学、造纸、制革、建材、大中型机械制造等工业用地。

④农业生产设施用地

各类农业建筑，如规划建设用地范围内的打谷场、饲养场、农机站、兽医站等及其附属设施用地，不包括农林种植地、牧草地、养殖水域。

2）生产建筑用地的面积指标

生产建筑用地的面积指标，应按各种工业产品的产量和农业设施的经营规模等进行制定。由于各地生产条件、技术水平、发展状况差异很大，就业人员来源不同，可变因素以及不可预见因素较多，很难统一标准。

新建工业项目用地选址尽可能利用荒地、薄地、废地，不占或少占耕地，所形成的工业小区内部平面布置，既要符合生产工艺流程又要紧凑合理、节约用

地。其用地标准可参考表 4-7。

表 4-7 部分工业生产建筑用地参考指标

项目	单位	建筑面积/(m²/单位)	用地面积/(m²/单位)
粮米加工厂	t/年	0.08 ~ 0.13	0.8 ~ 1
植物油加工厂	t/年	4	20
食品厂	t/年	0.03 ~ 0.05	1.5 ~ 2
饲料加工厂	t/年	0.2 ~ 0.25	0.4 ~ 0.75
农机修造厂	台/年	1 ~ 1.3	10
预制件厂	m³/年	0.025	0.75 ~ 1
木器加工厂	万元/年产值	10 ~ 13	100
啤酒厂	t/年	0.25 ~ 0.3	1.4 ~ 1.5
饮料厂	t/年	0.22 ~ 0.25	1.1 ~ 1.5
罐头厂	t/年	0.35 ~ 0.4	2 ~ 2.1

(2) 工业用地选择的一般要求

工业是城镇发展的重要因素之一。从我国实际情况看,除了少量以集散物资、交通运输、旅游风景等为主的城镇,大多数城镇的经济收入、建设资金,主要靠工业、手工业以及各种家庭副业的生产。城镇工业门类很多,由于它们的规模、生产工艺的特点、原料、燃料来源及运输方式的不同,对用地的要求也不同,城镇工业用地选择一般要求如下。

1) 节约用地,考虑发展

工业用地在满足生产工艺流程的前提下,做到用地紧凑,外形简单。工业用地应尽量选择荒地、薄地,少占农田或不占良田。工业用地的规划布置应坚持分期建设、分期征用土地的原则,不宜把近期不用的土地圈入厂内,闲置起来。同时还应考虑与生活居住用地的关系,使它们之间既符合卫生防护的要求,又不宜拉大它们之间的距离而增加职工上、下班的时间。此外,工业用地规划布置应考虑工业发展的远景,并留有发展余地。在工业发展预留用地的安排上,一般有以下几种方式。

①以工业区为单位统一预留发展用地,这种安排有利于紧凑布局,但各工厂企业或生产车间缺少发展用地。

②在各工厂企业附近预留发展用地,使各工厂企业和生产车间均有扩展的可能,但发展用地预留太多且分散,则可能形成一定时间内的布局松散,造成土地利用不经济。

③在工业区内预留新建项目用地,即在一些工厂企业旁按需要有计划地预留一定数量的扩建用地。

2) 靠近水电,能源供应充沛

工业用地应靠近水质、水量均能满足工业生产需要的水源,并在安排工业项目时注意工业与农业用水的协调平衡。用水量大的工业项目,如火力发电、造纸、纺织、化纤等,应布置在水源充沛的地方。对水质有特殊要求的工业,如食品加工业对水的味道和气味的要求,造纸厂对水的透明度和颜色的要求,纺织业对水温的要求,丝织业对水的铁质等的要求等,在工业用地选择时均应考虑给予满足。工业用地必须有可靠的能源,否则无法保证生产正常进行。在没有可靠能源或能源不足的情况下建厂,必然造成资金的严重积压和浪费。用电量大的炼铝合金、铁合金、电炉炼钢、有机合成与电解厂要尽可能靠近电源布置,争取采用发电厂直接输电,以减少架设高压线、升降电压带来的电能损失。某些工业企业在生产过程中由于加热、干燥、动力等需大量蒸汽与热水,如染料厂、胶合板厂、氨厂、人造纤维厂等,应尽可能靠近热电站布置。

3) 工程地质和水文地质较好的地段

工业用地一般应选在土壤的耐压强度不小于 $1.5t/m^2$ 处,山区建厂时应特别注意,不要位于滑坡、断层等不良地质的地段。工业用地的地下水位最好是低于厂房建筑的基础,并能满足地下工程的要求;地下水的水质,要求不致对混凝土产生腐蚀作用。工业用地应避开洪水淹没地段,一般应高出当地最高洪水位 0.5m 以上;在条件不允许时,应考虑围堤与其他防洪措施。

4) 交通运输的要求

工业企业所需的原料、燃料、产品的外销、生产废弃物的处理以及各工业企业之间的生产协作，都要求有便捷的交通运输条件。若能在有便捷交通运输条件的地段建设工业企业，不仅能节省建设资金，加快工程建设进度，还能保证日后工业生产的顺利进行，提高经济效益。因此，许多城镇的工业用地在条件适宜情况下大多沿公路、铁路、通行河流进行布置。

5）环境卫生的要求

工业生产中排出大量废水、废气、废渣，并产生强大噪声，造成环境质量的恶化。对工业"三废"进行处理和回收，改革燃料结构，从生产技术上消除和减少三废的产生，是防止污染的积极措施。同时，在规划中注意合理布局，也有利于改善环境卫生。排放有害气体和污水的工业应布置在城镇生活居住用地的下风位和河流下游处，这类工业企业用地不宜选择在窝风盆地，以免造成有害气体弥漫不散，影响城镇环境卫生，应特别注意不要把废气能够相互作用而产生新的污染的工业布置在一起，如氮肥厂和炼油厂相邻布置时，两个厂排放的废气会在阳光下发生复杂的化学反应，形成极为有害的光化学污染。此外，还应考虑工业之间，工业与居住用地之间可能产生的有碍卫生的不良影响，在它们之间设置必要的卫生隔离防护带，以有效地减少工业对居住区的危害。绿带应选用对有害气体有抵抗能力、最好能吸收有害气体的树种。

（3）工业在城镇中的布置

1）工业在城镇中布置的一般原则

城镇中工业布置的基本要求应满足：为工厂创造良好的生产和建设条件，并处理好工业与其他部分的关系，特别是工业区与居住区的关系，其布置的一般原则如下。

①有足够的用地面积，用地基本上符合工业的具体特点和要求，减少开拓费用，有方便的交通运输条件，能解决给排水问题。

②工业区与居住区既要有一定的卫生安全防护间隔，又要有方便直接的交通联系，简化城镇交通组织，方便职工上、下班。

③工业区与城镇的其他组成部分在各发展阶段应保持相对平衡，布局集中而紧凑，且相互不妨碍。

④有利于工业企业之间的协作及原材料的综合利用，性质相近或生产协作关系密切的工业企业要尽可能集中布置，形成工业区，以减少城镇货运量和基础设施的建设费用。

⑤要"统筹兼顾、全面安排"，确保城镇与乡村、工业与农业的良好协作关系。共同协调利用水资源，节约土地，充分利用荒地、薄地，力求不占或少占良田。并在供水、供电、废水处理上积极采取支农措施，使城乡、工农共同发展。

2）工业在城镇中的布置方式

工业在城镇中的布置方式受多种因素的影响，这些因素主要包括城镇规模、工业性质、城镇建设条件和自然环境条件等。工业在城镇中的布置，可以根据生产的卫生类别、货运量及用地规模，分为以下3种布置方式。

①布置在远离城镇的工业 在城镇中，由于经济、安全和卫生的要求，有些工业宜布置在远离城镇的独立地段，如放射性工业、剧毒性工业以及有爆炸危险的工业；有些工业宜与城镇保持一定的距离，如有严重污染的钢铁联合企业、石油化工联合企业和有色金属冶炼厂等。为了保证居住区的环境质量，这些厂应按当地主导风向布置在居住区的下风位，工业区与居住区之间必须保留足够的防护距离。对城镇污染不大的工业，规模又不太大时则不宜布置在远离城镇的地段，否则由于居民人数有限，公共设施无法配套，造成生活上的不方便。

②布置在城镇边缘的工业对城镇有一定污染、用地规模较大、货运量大或需要采用铁路运输的工业企业，应布置在城镇边缘。在城镇中，由于这样的工业门类很多，若布置在一个工业区内，往往形成

高峰时交通流量集中在通往工业区的道路上，但也要避免一厂一区的分散设置。比较好的处理方法是，按工业性质与自身要求和工业企业间协作联系来分，划分成两个工业区，分别布置于城镇边缘。这样，一方面满足工业自身的要求，另一方面又考虑到工业区与居住区的关系，既减少性质不同的工业企业之间的相互干扰，又使城镇职工上、下班人流适当分散。在城镇中，若能形成两个工业区时，则可将它们分别布置在城镇的不同方向，如将工业组成为不同性质工业区，按照其产生污染的情况布置在河流上、下游或盛行风向的上、下风位。这种布置方式既有利于减少工业对城镇环境的污染，又有利于城镇交通的组织，缩短职工上、下班的路程，但在工业区布置时应注意不妨碍居住区的再发展。

③布置在城镇内或居住区内的工业 有些工业用地规模较小，货运量不大，用水和用电量少，生产的产品与城镇关系密切，整个生产过程基本没有干扰、污染，这类工业可布置在城镇内或居住区内。它们包括：

a. 小型食品工业，如牛奶加工、面包、糕点、糖果业等；

b. 小型服装工业，如缝纫、服装、刺绣、鞋帽、针织业等；

c. 小五金、小百货、日用工业品，如小型木器、编织、搪瓷等；

d. 文教、卫生、体育器械工业，如玩具、乐器、体育器材、医疗器械业等。

工业布置在居住区内为居民提供了就近工作的条件，方便了职工步行上、下班，减少了城镇交通量。在城镇中，对居住区毫无干扰的工业为数不多，一般的工厂企业都有一定的交通量产生和噪声排放。但由于布置在居住区内的工厂企业一般规模较小，如布局得当，居民生活基本上不受影响。对于机械化与半机械化操作、对外有协作联系的、货运量大、有噪声和微量烟尘污染、用地规模较大的工业，如食品厂、粮食加工厂、制药厂等，则应布置在城镇内靠近交通性道路的单独地段，而不宜布置在居住区内部。

（4）工业区规划应考虑的因素

1）乡镇企业向城镇工业园区集中的必然性

①促进农村城镇化水平的提高

分散布局的乡镇企业使农村城镇化严重滞后，环境污染日益加重，只有以城镇为依托，相对集中发展，使一大批进入乡镇企业做工的农民也同时进入城镇，成为城镇的新居民；为之服务的从事第三产业的农民也随之进入城镇，扩大城镇规模。所以说乡镇企业向城镇工业园区集中，可促进农村城镇化水平的提高。

②提高生产率、降低成本

乡镇企业集中到工业园区后，可以充分利用城镇原有的基础设施、公共服务设施、商品流通的服务体系等，仅需要部分资金用于完善它们的功能即可。这样可以降低产品成本，而且把重新建设的资金用于企业设备改造，更有利于企业的发展。

③有利于企业上质量、上水平、上效益

镇区建设为工业园区创造了良好的生产条件，工程的精心设计和施工为乡镇企业提供了工艺流程先进、投资少、质量高又能保证产品质量的工业厂房；企业规模经营，有利于合理节约使用人才，使科研、生产、购销相结合，向专业化、系列化发展。由此看来，工业园区使乡镇企业形成规模发展，节约基础设施投资，有利于专业分工协作，提高生产力水平，实现经济、社会、环境综合效益。

④有利于环境保护与治理

工业园区使污染源集中，便于治理。要有科学、全局的观点，不能只考虑对河流下游城镇的影响，要先处理后排放，同时综合考虑排放废物的危害成分。对于无能力处理的严重污染企业要停、转。

2）工业生产的协作关系

①产品、原料的相互协作产品、原料有相互供

应关系的工厂，宜布置在工业区内，以避免长距离的往返运输，造成浪费。

②副产品及废渣、废料回收利用的协作。能互相利用副产品及废渣进行生产的工业布置在工业区内，如磷肥厂和氮肥厂之间的副产品回收与利用。

③生产技术的协作。有些厂在冶炼和加工的生产过程中需要两个以上厂进行技术上的协作，这些厂要尽可能布置在一个地区内。

④厂外工程协作。工业园区内的工厂，厂外工程应进行协作，共同修建铁路专用线、给水工程、污水处理厂、变电站及高压线路，能减少设备、设施，节约投资。

⑤厂前建筑的协作。可联合修建办公室、食堂、卫生所、消防站、车库等以节约用地和投资。

（5）工业厂区总平面布置

总平面布置要解决的问题是在保证生产，满足生产工艺要求的前提下，根据自然、交通运输、安全卫生及生产规模等具体条件，按照原料进厂到成品出厂的整个生产工艺流程，决定工厂的功能分区，经济合理的布置厂区建、构筑物；处理好平面和竖向的关系；组织好厂区内外交通运输，生产中人流和货流的关系。做到生产工艺流程合理，总体布置紧凑，节省投资，节约用地，建成后能较快投产发挥投资效益。总平面布置的主要依据是上级计划部门的批准计划、设计任务书、工艺流程文件，规划设计部门依据工艺工程师提供的工艺流程简图，进行总平面设计。

1）厂区的组成与生产工艺流程

①厂区的组成

生产建筑的厂区按各工程项目的用途及性质一般由生产车间、辅助车间、动力车间、仓库设施、工程管网、绿化设施和行政管理建筑等组成。在城镇中，工业规模较小，可将有些生产与使用上有联系的项目合并，使生产建筑的项目减少，总体平面布置也随之简化，一般以主体车间为中心，布置相关生产的服务

设施、动力设施，而不像大型厂矿那样划分为若干个生产区和生活区。

②生产工艺流程

从原料进厂到成品（或半成品）出厂，是一个完整的加工过程，常称为工艺流程。它是厂区总平面布置的基本依据之一。厂区的生产线（或称工艺流程）基本上可分为三种形式。

a. 纵向生产线路。纵向生产线指原材料和半成品的生产是沿依次纵列布置的生产建筑纵轴直线方向进行，纵向生产线也可以分为两条或两条以上的分线，在这种情况下，生产建筑应依生产流程的顺序布置成几行，如图4-3所示。这种单行和多行的纵向生产线路的布置，适用于地形狭长的地段。

在纵向生产线路中，有时也把一部分厂房的纵轴垂直于主要运输道路来布置，这就出现了L形、U形、环形等生产线路。如图4-4所示。这类生产线适用于近似方形的厂区地段。

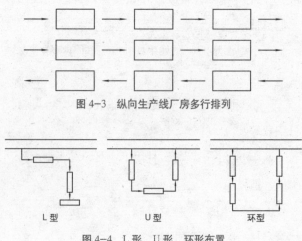

图4-3　纵向生产线厂房多行排列

L型　　U型　　环型

图4-4　L形、U形、环形布置

b. 横向生产线。横向生产线是指原材料和半成品的生产是沿依次横列布置的生产建筑横轴方向流动的，如图4-5所示。横向生产线，适用于短而宽的厂区地段。

混合生产线是指原材料和半成品的流动方向，一部分为纵向，另一部分为横向。如图4-6所示。在

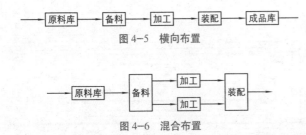

图 4-5　横向布置

图 4-6　混合布置

厂区用地不规则或山区中经常遇到，因为车间布置受到地形现状或地形坡高的限制，而因地制宜地采用混合生产线路布置灵活又适用。

2) 厂区总平面布置

① 厂区总平面布置应满足的要求

a. 厂区总平面图应在满足工艺要求的前提下，注意节约用地，尽量采用合并车间、组织综合建筑和适当增加建筑层数的措施。

b. 要在符合生产工艺的要求下，使生产作业线通顺、连续和短捷，避免交叉或往返运输。

c. 厂区内建、构筑物的间距必须满足防火、卫生、安全等要求，应将产生大量烟尘及有害气体的车间布置在厂区内的下风位。

d. 要结合厂区的地形、地质等自然条件，因地制宜地进行布置。

e. 考虑厂区的发展，使近期建设和远期发展相结合。

f. 满足厂区内外交通运输要求，避免或尽量减少人流与货流路线的交叉。

g. 应满足地上、地下工程管线敷设的要求。

h. 厂区总平面布置应符合城镇规划的艺术要求，生产建筑物的体型、层数，进出口位置，厂内道路的布置，厂区总平面布置的空间组织处理等，均应与周围环境相协调。

② 厂区总平面布置形式

按照厂区内建筑物的数量、层数及建设场地的大小和周围环境，厂区总平面布置大致可分为下几种形式。

a. 周边式或沿街式。主要适用于布置在城镇生活区内的小型工业。在规划空间艺术方面对其有较高要求。生产建筑可沿地段四周的道路红线或退后红线布置，形成内院，故称周边式，如图 4-7 所示。这种布置方式，东西两边的建筑朝向不好，在南方炎热地区不宜采用。对于城镇密集型手工业，因其生产设备较少，产品和部件又是轻型的，可采用适当增加厂房层数的沿街布置，如图 4-8 所示。这不仅能争取较好的采光通风条件，而且能改善城镇街道景观，是我国各地城镇均能行之有效用的一种较好的布置方式。

b. 自由式。这种布置方式能较好地适应工厂生产特点、工艺流程的要求及地形的变化。如化工厂、水泥厂等工厂的工艺流程多半是较复杂的连续生产，厂区各主要车间一般采取自由式布置，如图 4-9 所示。这种布置的缺点是不利于节约用地，且占地面积大，但能适应厂区不规则的用地和破碎地形的利用。

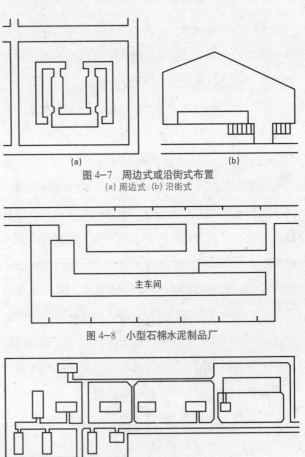

图 4-7　周边式或沿街式布置
(a) 周边式　(b) 沿街式

主车间

图 4-8　小型石棉水泥制品厂

图 4-9　小型石棉水泥制品厂布置

c.整片式。这种布置方式是生产车间、行政管理设施、辅助车间等,尽可能集中布置成一个联合车间,形成一个连续整片的大建筑。这种布置方式能使总平面布置紧凑、节约用地、缩短各种工程管线,从而节省投资。另外,整片式布置简化了建设布局,为形成大体量建筑形体提供了有利条件,如图4-10、图4-11所示。

③厂区绿化

工业生产有多种类型,有些工厂在生产过程中会对环境造成污染,除依靠专用设备、采取工业措施回收利用和加以控制外,还必须借助绿色植物的合理布局才能取得较好的效果。应用树木、花草可以创造整个厂区的优美环境,通过绿化开辟空气清新、静谧舒适的场地,补救可能被破坏的生态环境,改善劳动条件。厂前区一般面临城镇道路,是厂内外联系的枢纽,也是城镇容貌的组成部分,必须重视绿化。小型工厂为了节约用地,可不单设厂前区,如图4-12所示是一个小型玻璃厂,将办公室、食堂、化验室一并组织在与厂房毗连的建筑物内,且道路布置较好,并安排了充分衬托建筑的绿地。

工厂区的绿化布置,要重视建筑群、道路、广场、总出入口和绿化的整体效果,以形成一个清洁、优美、宁静的环境。边缘地带和临近城镇道路部分配植高篱,并适当栽植乔木,隔绝外部的干扰;建筑物前列植或丛植花草灌木和常绿树,栽植树木的位置应注意建筑物室内采光和通风的要求,一般在窗前应避免栽植乔木,全区的核心位置或重点地段,在可能条件下设置花坛,种植宿根性和一二年生花草,从色彩上增进全区的美化;裸露的土面最好用草皮覆被,通向生产区的道路两侧,栽植落叶绿荫树;生产污染物质的工厂,应普遍应用对污染物质具有一定抗性和具有一定吸收能力的树种,形成绿化隔离带。

4.2.4 仓储用地的规划布置

仓库用地是指专门用作储存物资的用地。在城

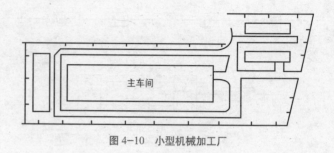

图4-10 小型机械加工厂

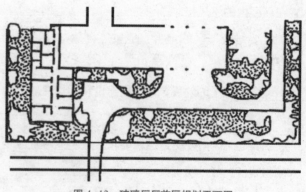

图4-11 小型食品加工厂

图4-12 玻璃厂厂前区规划平面图

镇规划中,仓库用地不包括工业企业内部、对外交通设施内部和商业服务机构内部和商业服务机构内部的仓库用地,而是指在城镇中需要单独设置的、短期或长期存放生产与生活资料的仓库和堆场。它是城镇规划的重要组成部分,与城镇工业、对外交通、居住等组成要素有密切的联系,是组织好城镇生产活动和生活活动不可缺少的物质条件。

（1）仓库的分类

仓库的分类方法有多种，一般可做如下分类。

1）从城镇卫生安全观点看，可按贮存货物的性质及设备特征分

①一般性综合仓库。一般性综合仓库的技术设备比较简单，贮存货物的物理、化学性能比较稳定，对城镇环境没有什么污染，如百货、五金、土产仓库、一般性工业成品库和食品仓库（不需冷藏的）等。

②特种仓库。这类仓库对交通、设备、用地有特殊要求，对城镇环境、安全有一定的影响，如冷藏、活口、蔬菜、粮、油、燃料、建筑材料以及易燃、易爆、有毒的化工原料等仓库。

2）从城镇使用的观点看，按使用性质分

①储备仓库。主要用于保管、贮存国家或地区的储备物资，如粮食、石油、工业品、设备等。这类仓库主要不是为本镇服务的，存放的物资流动性不大，但仓库的规模一般较大，而且对外交通运输便利。

②转运仓库。转运仓库是专门为路过城镇，并在本城镇中转的物资作短期存放用的仓库，不需作货物的加工包装，但必须与对外交通设施密切结合。

③供应仓库。主要存放的物资是为供应本镇生产和居民生活服务的生产资料与居民日常生活消费品，如食品、燃料、日用、百货与工业品等。这类仓库不仅存放物资，有时还兼作货物的加工与包装。

④收购仓库。这类仓库主要是把零碎物资收购后暂时存放，再集中批发转运出去，如农副产品等。

（2）仓库用地的规模估算

城镇仓库用地有库房、堆场、晒场、运输通道、机械动力房、办公用房和其他附属建筑物及防护带等。城镇仓库用地的规模估算，可首先估算城镇近、远期货物的吞吐量，而后考虑仓库的货物年周转次数，再按如下公式估算所需的仓容吨位数，其计算公式为：

$$仓容吨位 = 年吞吐量 / 年货物周转次数$$

根据实际仓容吨位分别确定进入库房与进入堆场的堆位比例，再分别计算出库房用地面积和堆场用地面积，其公式如下：

$$库房用地面积 = 仓容吨位 \times 进仓系数 / （单位面积荷重 \times 库房面积利用率 \times 层数 \times 建筑密度）$$

$$堆场用地面积 = 仓容吨位 \times （1 - 进仓系数） / 单位面积荷重 \times 堆场面积利用率$$

上述公式中的进仓系数是指需要进入仓内的各种货物存放数量占仓容吨位的百分比。

单位面积荷重是指每平方米存放面积堆放货物的重量。主要农业物资仓库单位有效面积的堆积数量见表4-8。

库房面积利用率是以库房堆积物资的有效面积除以库房建筑面积所得的百分数。一般来说，采用地面堆积可达60%～70%，架上存放为30%～40%，囤堆、垛堆为50%～60%，粮食散装堆积为95%～100%。

堆场面积利用率是以堆场堆积物质的有效面积除以堆场面积所得的百分数。一般堆场利用率为40%～70%。库房建筑的层数，在城镇多采用单层库房，多层库房要增加垂直运输设备和经营管理费用，同时由于楼荷载大，造成建筑物结构复杂，增加土建费用，故一般情况下不宜采用。库房建筑密度的大小与运输、防火等要求有关，但主要受库房建筑的基底面积和跨度的影响较大。在城镇由于受建筑材料和施工技术条件的制约，常以砖木、砖混结构为多，跨度大约在6～9m之间，因此库房建筑密度一般可取35%～45%。

（3）仓库在城镇中的规划布置

城镇各种仓库用地的规划布置应根据其用途、性质、规模。结合规划布局考虑，尽量减少城镇范围的货物运输交通量及二次搬运费用，其用地布局的一般原则如下。

1）满足仓库用地的一般技术要求。仓库用地地

表 4-8　农业物资仓库单位有效面积堆积数量参考数据

名称	包装方式	单位容积质量 / (t/m³)	堆积方式	堆积高度/m	有效面积堆积数量 / (t/m²)	贮存方式
稻谷	无包装	0.57	散装	2.5	1.4	室内
大米	袋	0.86	堆垛	3.0	2.6	室内
小麦	无包装	0.80	散装	2.5	2.0	室内
玉米	无包装	0.80	散装	2.5	2.0	室内
高粱	无包装	0.78	散装	2.5	2.0	室内
大豆	无包装	0.72	囤堆	3.0	2.2	室内
豌豆	无包装	0.80	囤堆	3.0	2.4	室内
蚕豆	无包装	0.78	囤堆	3.0	2.3	室内
花生	无包装	0.40	囤堆	3.0	1.2	室内
棉籽	无包装	0.38	囤堆	3.0	1.1	室内
化肥	袋	0.80	堆垛	2.0	1.6	室内
水果、蔬菜	篓		堆垛	2.0	0.7	室内
小米	无包装	0.78	囤堆	3.0	2.3	室内
稞麦	无包装	0.75	囤堆	3.0	2.3	室内
燕麦	无包装	0.50	囤堆	3.0	1.5	室内
大麦	无包装	0.70	囤堆	3.0	2.1	室内

势要求较高,不能受洪水和日常雨水的淹没,并应有一定的排水坡度,其坡度为 0.5%～3.0%。地下水位不能过高,不应把仓库布置于潮湿低洼地段,否则会使贮存物质变质,且装卸作业困难。地基土壤应有较高的承载力,特别是沿江、河、湖岸修建仓库时应考虑到堤岸的稳定性和土壤的承载力。

2)仓库用地必须有方便的交通运输条件。仓库用地应接近货运量大、供应量大的地区,其位置应靠近主要交通干道、车站和码头。

3)尽可能把同类仓库集中,紧凑布置,兼顾发展,既要易于近期建设和便于经常使用,又要利于远期发展和留有余地。要有充足的用地,但不应浪费用地,在条件允许时,提高仓库建筑层数,以提高土地利用率。

4)注意城镇的环境保护,防止污染,保证城镇卫生安全。易燃、易爆、毒品等仓库应远离城镇布置,并有一定的卫生、安全防护距离。防护距离可参考表4-9、表 4-10 和表 4-11。

在城镇中,仓库区的数目应有限制,不宜过于分散,必须设置单独的地段来布置各种性质的仓库。

表 4-9　仓库用地与居住街坊之间的卫生防护带宽度标准

仓库种类	宽度/m
大型水泥供应仓库、可用废品仓库、起灰尘的建筑材料露天堆场	300
非金属建筑材料供应仓库、煤炭仓库、未加工的二级无机原料临时储藏仓库、500 m³ 以上冷藏仓库	100
蔬菜、水果储藏库、600t 以上批发冷藏库、建筑与设备供应仓库(无起灰材料的)、木材贸易和箱桶装仓库	50

注:所列数值至疗养院、医院和其他医疗机构的距离,按国家卫生监督机关的要求,可增加 0.5～1 倍。

表 4-10　各类用地设施与易燃、可燃液体仓库的防火隔离宽度

名称		防火间距/m	
		一级库	二、三级库
工业企业		100	50
森林和园林		50	50
铁路	车站	100	80
	会让站或货物站台	80	60
	区间线	50	40
公路	I～II 级	50	30
	IV～V 级	20	10
仓库宿舍		100	50
住宅建筑用地和公共建筑用地		150	75
高压架空线		电杆高度的 1.5 倍	
木材、固体燃料、干草、纤维物资仓库以及大量蕴藏泥炭的地区		100	50

注:1. 一级库,容量在 30000m³ 以上;二级库,容量在 6000～30000m³;三级库,容量在 6000m³ 以下。
2. 距离的量法应从库区危险性大的建筑(例如油罐装卸设备等)至另一企业、项目设施的边界。
3. 在特殊情况下根据当地条件以及有适当的理由时,上表的距离可减少 10%～15%。

表 4-11　炸药总库和分库与建筑物的安全距离　　　　　　　　　　　　　单位：m

项目名称	分库按储藏量分 /kg						总库
	250	500	2000	8000	16000	32000	
距离易燃的仓库及爆炸材料制造厂	300	500	750	1000	1500	2000	3000
距离铁路通过地带、火车站、住宅建设用地、工厂、矿山，高压线及其他地面建筑物	200	250	500	750	1000	1250	1500
距独立的住宅、通航的河流及运河	100	200	300	350	400	450	800
距离警卫岗楼	50	75	100	125	150	200	250

4.2.5 城镇用地布局的方案比较

城镇用地布局是反映城镇各项用地之间的内在联系，是城镇建设和发展的战略部署，关系到城镇各组成部分之间的合理组织，以及城镇建设投资的经济，这就必然涉及许多错综复杂的问题。所以，城镇用地布局一般必须多做几个不同的规划方案，综合分析各方案的优缺点，集思广益地加以归纳集中，探求一个经济上合理、技术上先进的综合方案。综合比较是城镇规划设计中重要的工作方法，在规划设计的各个阶段中都应该进行多次反复的方案比较。考虑的范围和解决的问题，可以由大到小、由粗到细。分层次、分系统地逐个解决。有时为了对整个城镇用地布局做不同的方案比较，达到筛选优化的目的，需要对重点的单项工程，诸如道路系统、给排水系统进行深入的专题研究。总之，需要抓住城镇规划建设中的主要矛盾，提出不同的解决办法和措施，防止解决问题的片面性和简单化，才能得出符合客观实际、用以指导城镇建设的方案。

（1）从不同角度多做不同方案

对于一个比较复杂的规划设计任务，必须多做几个不同的方案，作为进行方案比较的基础。首先要抓住问题的主要矛盾，善于分析不同方案的特点，一般是对足以影响规划布局、起关键性作用的问题，提出不同的解决措施和规划方案；在广开思路的基础上，对必须解决的问题有一个明确的指导思想，使提出的方案具有鲜明的特点。其次是必须从实际出发，

设想的方案可以是多种多样的，但真正能够付诸实践、指导城镇建设的方案必须是结合实际，一切凭空的设想对于解决具体实际问题是无济于事的。此外，在编制各种方案时，既要广泛考虑面上有关的问题，又要对需要解决的问题有足够的深度，做到有粗有细、粗细结合。这样，经过反复推敲，逐步形成一个切合实际、行之有效的方案。

一般地讲，新建城镇的规划布局，由于受现状条件的限制比较少，通过各种不同的规划构思，分别采取不同的立足点和解决问题的条件与措施，可以做出不同的规划方案。对于原有的城镇，需要充分考虑现状条件，根据实际情况，针对主要问题，也同样可以做出多种规划方案来。

（2）方案比较的内容

一般是将不同方案的各种条件用扼要的数据、文字说明来制成表格，以便于比较。通常考虑的比较内容有下列几项。

1）地理位置及工程地质等条件

说明其地形、地下水位、土壤耐压力大小等情况。

2）占地、迁民情况

各方案用地范围和占用耕地情况，需要动迁的户数以及占地后的影响，在用地布局上拟采取哪些补偿措施和费用。

3）生产协作

工业用地的组织形式及其在城镇布局中的特点，重点工厂的位置，工厂之间的原料、动力、交通运输、厂外工程、生活区等方面的协作条件。

4）交通运输

可从铁路、港口码头、机场、公路及市内交通干道等方面分析比较。

①铁路。铁路走向与城镇用地布局的关系、旅客站与居住区的联系、货运站的设置及其与工业区的交通联系情况。

②港口码头。适合水运的岸线使用情况、水陆联运条件、旅客站与居住区的联系、货运码头的设置及其与工业区的交通联系情况。

③公路。过境交通对城镇用地布局的影响、长途汽车站、燃料库、加油站位置的选择及其与城镇主要干道的交通联系情况。

④城镇内部的道路系统。道路系统是否明确、完善，居住区、工业区、仓库区、城镇中心、车站、货场、港口码头以及建筑材料基地等之间的联系是否方便、安全。

⑤环境保护。工业"三废"及噪声等对城镇的污染程度、城镇用地布局与自然环境的结合情况。

⑥居住用地组织。居住用地的选择和位置恰当与否，用地范围与合理组织居住用地之间的关系，各级公共建筑的配置情况。

⑦防洪、防震、人防等工程设施。比较各方案的用地是否有被洪水淹没的可能，防洪、防震、人防等工程方面所采取的措施，以及所需的资金和材料。

⑧工程设施。给水、排水、电力、电讯、供热、煤气以及其他工程设施的布置是否经济合理；包括水源地和水厂位置的选择、给水和排水管网系统的布置、污水处理及排放方案、变电站位置、高压线走廊及其长度等工程设施逐项进行比较。

⑨城镇用地布局。城镇用地选择与规划结构合理与否，城镇各项主要用地之间的关系是否协调，处理好近期与远景、新建与改建、需要与可能、局部与整体等关系。

⑩城镇造价。估算各方案的近期造价和总投资。

上述各点，应尽量做到文字条理清楚，数据准确明了，图纸形象深刻。同时要根据各城镇的具体情况加以有所取舍，抓住重点，区别对待，经过充分讨论，提出综合意见。最后确定以某个方案为基础，吸取其他方案的优点再做进一步修改、补充和提高。

（3）综合评定方案，归纳汇总提高

方案比较是一项复杂的工作，由于每个方案都有各自的特点，因此，在确定方案时要对各方案的优缺点加以综合评定，取长补短，归纳汇总，进一步提高。在进行方案比较时，应从各种各样的条件中抓住能起主要作用的因素。一般来说占地多少，特别是占用耕地的情况作为评定方案的重要条件之一。但由于各城镇的具体条件不一，应根据具体情况区别对待。例如，在化工、冶炼等为主的城镇中，保护环境、提供良好的生活居住条件是起首要作用的因素；又如地形、地质条件较差（如地势低洼、土质松软、地下水位较高等）的城镇，就要着重比较城镇用地工程措施和所耗费的投资。此外，近期投资是否经济、收效是否显著也是具有同样重要的意义。进行方案比较不能单纯地从狭隘的经济观点出发，应当首先考虑城镇用地布局的合理性。如果在城镇建设投资上是节省的，但却使城镇经常处于卫生条件恶劣的情况下，这是不合理的，也是不符合经济观点的。因此，必须从整体利益出发，全面地考虑问题，对规划方案既要看到它有利的一面，也不能忽视它不利的一面，尤其不可被一时或一事所偏见，造成城镇用地布局上有无法弥补的隐患。

4.3 公共中心及广场规划

4.3.1 公共中心规划

（1）公共活动中心的构成

公共活动中心应有各类公共建筑物、各类活动场地、道路、绿地等设施。公共建筑可以组成一个广场，或组织在一条道路上，也可以是在街道和广场上结合布置，形成一个建筑群体。有的公共活动中心的规模范围较大，可由几个建筑群体空间系列的道路和广场组合而成。城镇中心的建筑群以及由建筑群为主体形成的空间环境，不仅要满足居民活动功能上的要求，还要能满足精神和心理上的需要。城镇中心为居民提供了活跃的社交活动场所，体现城镇的面貌和特色。

（2）城镇公共活动中心的布局

1）公共活动中心的位置选择。公共活动中心的位置，要根据城镇规划布局，统筹考虑后确定，具体工作中应注意以下几点。

a. 利用原有基础。城镇公共活动中心的位置应从现状出发，满足建设经济的要求，充分利用原有基础。尤其是在扩建、改建城镇中，必须调查研究原有公共活动中心的实际情况、发展条件，同时分析城镇的发展对公共活动中心的建设要求，尽量利用原有设施。可分别情况，采取保留、改造、扩建等方法，将它们合理地组织到规划中来。但是如果由于城镇的发展，使原有的中心位置不适当，或原有中心的基础较差，或原有中心改建时的条件不足，也可考虑重新选址，将原有中心改作他用。

b. 位置适中，交通方便。城镇中心是为整个城镇服务的，在理论上一般应位于城镇的中心，有最佳的服务半径。但城镇是多因素的综合体，自然的、社会的因素的聚焦点，其中心并不一定是地面的几何中心。根据自然条件、历史文化和传统习惯、交通联系、人流主要方向等，其中心应选在位置适中、交通方便、居民能便捷到达的地位优异、自然条件良好的地段。城镇中心不仅是其自身的中心，而且在某些情况下也是城镇辐射关系影响覆盖地区的公共中心。对于某些开放型、外向型的城镇，中心也可以偏于对外联系的某一方向上，而仍不失为位置的适中。城镇及其影响区共同影响城镇中心的位置，城镇内部人口分布极不均匀，如居住区、园林风景区、工业仓储区等，

因此中心位置也应考虑人口分布的重心，同时考虑交通联系。避免过境交通干扰。

c. 适应性的要求。城镇公共活动中心的位置应与城镇用地发展方向相适应，近远期结合。城镇中心的位置既要使近期比较适中，又要使远期趋向于合理，在布局上保持一定的灵活性。公共活动中心各组成部分的修建时间有先后，不同时期的建筑技术与经济条件也不一样，应注意公共中心在不同时期都能有比较完整的面貌，使其既满足分期建设的要求，又能达到完整统一的效果。

d. 节省建设资金。选择公共活动中心的位置时，除考虑充分利用现状，避免大量拆迁外，还应考虑工程地质、水文地质条件和现状，避免进行大量的、复杂的工程技术措施，以节省建设资金。

2）公共活动中心的交通组织。公共活动中心集中了各类公共建筑，形成一定的建筑及其空间环境，并且人流、车流、货流量大，这就要求既要有良好的交通条件，又要避免交通拥挤，人车干扰。为了符合行车安全和交通通畅的要求，必须组织好公共活动中心的人、车及客运、货运的交通。城镇中心要与城镇所辖各区及主要车站、码头等保持便捷的联系，是公共交通比较集中的地方。在旧城镇基础上形成的中心，一般情况是建筑较多而空间有限，人、车密集，在一定程度上增加了城镇交通的矛盾。为了解决交通矛盾，更好地满足城镇中心各项功能的要求，在交通组织上可以考虑以下几点：疏解与中心活动无关的交通，如有大量交通通过，可开辟与城镇中心主干道相平行的交通性道路，或在城镇中心地区外围开辟环行道路，或控制车辆的通行时间和方向，如图4-13所示。

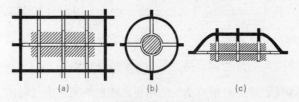

图4-13 城镇中心过往车辆绕行方式
(a) 方环绕过中心；(b) 圆环绕过中心；(c) 半环绕过中心

合理布置吸引人流的大型公共建筑也是一种交通分散的措施。人流量大的公共建筑,当安排在交通量较大的道路上时宜布置在干道的一侧,并加宽人行道和行人活动的面积,以减少可能来回穿越交通干道的人流。如影剧院、体育场的出入口前应组织相应的集散场地。在繁忙的交叉口上,不宜布置吸引人流量大的建筑,更不能将这些建筑的出入口布置在转弯地带。

3)公共活动中心的空间布局。根据城镇的不同性质、不同条件可有不同的布局形式,使之既满足使用功能要求,又满足代表城镇风貌的建筑艺术要求,不能千篇一律地追求某种固定模式。最常见的空间布局形式有沿街布置、街坊式和广场式布置,结合地形、路网自由布置等形式。

a.沿街布置。城镇中心主要公共建筑布置在街道两侧,沿街呈线形发展,易于创造街景,改善城镇外貌,交通便利,街道两侧的公共建筑,应将不同使用功能上有联系的在街道一侧成组布置,以减少人流频繁穿越街道;城镇中心由于公共建筑项目较少,有的可以单边街布置公共建筑,以减少人流过街穿行,或将人流大的公共建筑布置在街道的单侧,另一侧少建或不建大型公共建筑。街道较长时,应分段布置,设置街心花园和小憩场所。在分段规划中,形成高潮区、平缓区,"闹""静"结合,街景适当变幻,削减行人疲劳。此外,在交通方便的地段,可开设全步行街或半步行街等,利于人车联系与分离,安全而方便,且步行街建筑及街面尺度空间也不宜太大。

b.街坊式布置。在城镇干道划分的街区内,布置城镇中心公共建筑群、步行道路、广场、停车场、建筑小品及绿化休息设施。这种布局避免了城镇交通对其中心内部的公共活动的干扰,为国内外较多采用。与一条街布置形式相比较,它具有丰富多彩曲折多变的内部空间,商业中心可形成街道带顶盖的市场小区,这样可使市场在刮风下雨等自然条件变化时内部活动少受或不受其影响,规划时为其盖上公共屋顶,街面门面不能直接和自然环境相融合,店铺门面特色减弱。有的以带顶的市场小区发展为多跨连续式屋顶的商场,内部的街巷已由走道代替,走道两旁也不再是各具特色的店面,而是不同品类的柜台。这在节约用地,统一使用仓库、电器等辅助设施方面有较大优点。

c.结合地形自由布置。利用自然条件,结合地形,将山坡地、河湖水面等天然要素组织在城镇中心内。城镇中心的各项用地如建筑、道路广场、园林绿地及各种设施,巧妙布置在这种地段内,创造优美的公共中心环境,排除交通运输车流干扰,同时又与城镇干道有方便的联系。这些要素的布置,以巧用地形为规划章法,巧在灵活。或临河湖水面,充分利用水的环境进行灵活布置,如图4-14所示。

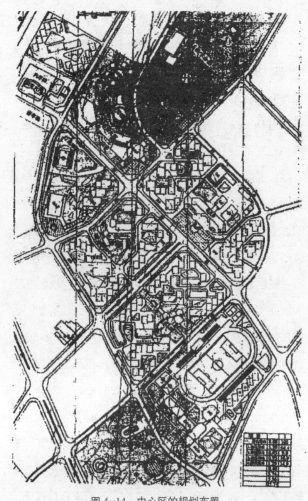

图4-14 中心区的规划布置

d. 公共活动中心的艺术处理。公共活动中心的规划应考虑艺术布局的要求，它主要通过广场、道路、建筑群的组合，形成各种空间，再结合绿化布置，来体现它的艺术面貌。城镇公共中心的艺术布局，应建立在充分解决活动功能、交通要求的基础上，不能单纯追求艺术面貌。活动中心的建成有时需要较长的时间，在这期间，客观条件可能发生变化，如建设内容的增减，不同的建筑材料的使用，不同的施工技术措施，不同的布置手法和规划设计理论的发展，对公共中心的艺术面貌都会产生影响，应前后照应，精心处理。利用历史文化建筑创造环境美。古建筑和新建筑在城镇中心规划中应予适当依托和利用，令人抚古仰新，增加城镇风貌的感染力。拓视廊、辟广场，新与旧巧妙联系和过渡，形成整体建筑的群体美，创造城镇特色。政治活动或纪念活动要求较好的活动中心设施，宜均衡对称。商业活动或文娱活动中心的布置，则宜自由灵活。在平原地区或较平坦的地段，可采用均衡对称处理；而在丘陵山区、滨水地段或地形复杂之处，可采用自由灵活的处理。在自由灵活的布置中，体现出相应的规律。

4.3.2 广场规划

广场是由城镇功能上的要求而设置的，是供人们活动的空间，是车辆和行人交通的枢纽，在城镇道路系统中占有重要的地位，同时也是城镇政治、经济、文化活动的场所。广场上一般布置着城镇中的重要建筑物和设施，集中地表现了城镇的艺术面貌。

（1）广场的类型

城镇广场的分布取决于城镇的性质、规模以及广场的功能。城镇广场按其性质、用途大致可分为以下几类。

1）中心广场

它是城镇中心主要组成部分之一，可布置一些公共建筑，平时可供游览及一般活动，需要时可供群众集会、节日联欢之用。广场要有足够的游行集会面积，并能合理组织交通，保证集会、游行时大量人流的迅速聚散。广场应与城镇干道取得密切的联系。

2）纪念性广场

在有历史意义的地区，需要建筑有重大纪念意义的建筑物，其前庭广场主要供人们瞻仰和欣赏纪念物或进行传统教育之用。

3）商业广场

城镇商店、餐馆、旅馆及文化娱乐设施集中的商业区，常常是人流最集中的地方，为了疏散人流和满足建筑上的要求，需要布置商业广场。

4）交通集散广场

交通集散广场主要解决人流、车流的交通集散，如影剧院前的广场，体育场、展览馆前的广场，交通枢纽站的站前广场等，均起着交通集散的作用。交通集散广场的车流和人流应很好地组织，以保证广场上的车辆和行人互不干扰，畅通无阻。广场要有足够的行车面积、停车面积和行人活动面积，其大小根据广场上车辆及行人的数量决定。广场上建筑物的附近设置公共交通停车站、汽车停车场等，其具体位置应与建筑物的出入口协调，以免人、车混杂，或车流交叉过多，使交通阻塞。

（2）广场的形状

广场因内容要求、客观条件的不同，形状是多种多样的，按其平面布置形式，大体可分为规整形和不规整形两类；城镇广场一般采用规整的几何形为多。现将各种形状广场的主要特点加以说明。

1）规整形广场

广场的形状比较严整对称，有比较明确的纵横轴线，广场上的主要建筑物往往布置在主轴线的主要位置上。

①正方形广场。在平面布局上无明确的方向，可以根据城镇道路的走向和主要建筑物的位置、朝向来表示出广场的朝向。

②矩形广场。在平面布局上有纵横方向，能强调出广场的主次方向，有利于分别布置主次建筑和组织交通及人流队伍。矩形广场的长、宽比没有统一规定，根据历史上著名广场形状的分析有3:4、2:3和1:2等比例，效果比较好；有时为了加强对比的感觉也可设计较长的矩形广场，但宽与长的比例不宜大于1:3或1:4，否则，会使广场有狭长感，成为广阔的干道，而减少了广场的气氛。

③梯形广场。广场的平面布置是梯形，两边倾斜，因为广场的轴线有明显的方向，容易突出主题。广场只有一条主轴线，主要建筑布置在主轴线上，若布置在短边上容易获得主要建筑的宏伟效果。若布置在长边上，容易获得主要建筑与人较亲近的效果。罗马的卡比多广场，其主要建筑沿着梯形的长边布置，梯形广场的斜边向广场的主要立面敞开，如图4-15所示。

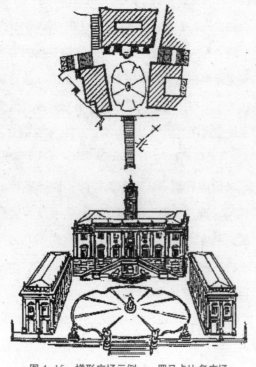

图4-15 梯形广场示例——罗马卡比多广场

④圆形和椭圆形广场。圆形和椭圆形的广场，四周的建筑面向广场的立面往往按圆弧形设计，以形成圆形或椭圆形的广场空间，给建筑的功能要求和施

工建造带来一些困难。再加上人的视力关系，广场半径不大时才能感到有圆形、椭圆形广场的形象感觉，但半径超过100m以上时，圆形和椭圆形的感觉逐渐降低，如图4-16所示。

有的地区由于自然条件、用地条件、交通条件等要求，因而有不规整的广场平面的规划。不规整广场实际上是有规律可求的，只是不同于规整广场的严谨对称而已，如我国就有这样的广场，见图4-17。在山区，由于平地不可多得，有时在几个不同标高的台地上也可组织不规整形广场。

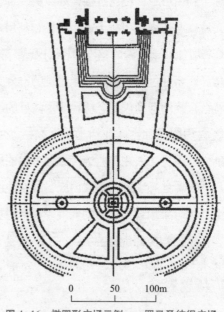

0   50   100m

图4-16 椭圆形广场示例——罗马圣彼得广场

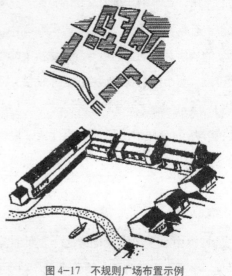

图4-17 不规则广场布置示例

2) 广场的规划设计

①广场的规模与比例尺度。广场的规模取决于广场的性质、在城镇中的地位以及广场上主要建筑物的尺度与交通状况等因素，交通广场取决于交通流量的大小、车流运行规律和广场四周交通组织的方式等。集会游行广场取决于集会时需要容纳的人数，要求在规定的游行时间内能将游行队伍输送完毕。影剧院、体育馆、展览馆前的集散广场，则取决于在许可的集聚和疏散时间内能满足人流、车流的组织要求。此外，广场面积还要满足相应的附属设施的场地，如停车场、绿化种植、公用设施等。广场的大小除考虑其功能需要外，还要同时考虑自然条件及广场建筑艺术空间的比例尺度的要求，所以广场面积的大小没有固定的模式。

广场的比例有较多的内容，包括广场的用地形状，各边的长度尺寸之比，广场大小与广场上建筑物的体量之比，广场上各组成部分之间相互的比例关系，广场的整个组成内容和周围环境，如地形地势、城市道路以及其他建筑群等的相互比例关系。广场的尺度应根据广场的功能要求、广场的规模与人的活动要求而定。大广场中的组成部分应有较大的尺度，小广场中的组成部分应有较小的尺度。踏步、石级、人行道的宽度应根据人的活动要求处理。车行道宽度、停车场地的面积等要符合人和交通工具的尺度。

②广场上建筑物和设施的布置。建筑物是构成广场的重要因素，广场上除了主要建筑物外，还有其他建筑和各种设施，它们在广场上组成有机的整体，主从分明，关系良好，满足各组成部分的关系要求。广场的性质往往是由广场上主要建筑物的性质决定的，因此主要建筑物的布置是广场规划设计中的首要任务，其布置一般有下列几种方法。

a. 将主要建筑布置在广场中心。主要建筑布置在广场中心时它的体型必须是从四个方向观看都是完整的。采用这种布置方法必须特别注意交通组织问题，如主要建筑四周均为交通繁忙的车辆通道，不宜采用此种布置方式。

b. 主要建筑沿广场的主要轴线布置在广场周边或纵深处，建筑物主要立面朝向广场，这是最常见的布置方式。

c. 广场轴线不明显时，可根据建筑物的朝向，广场四周的道路性质决定主要建筑的位置。这种情况，最好使主要建筑物比其他一般建筑物有更为丰富或更突出的轮廓线，可将主要建筑物布置在广场的转角上，使其立面突出在广场之中。

广场中纪念性建筑的位置，主要根据纪念建筑物的造型和广场的形状来确定的。纪念物是纪念碑时，无明显的正背关系，可从四面观赏，宜布置在方形、圆形、矩形等广场的中心。当广场为单向入口时，则纪念物宜对着主要入口一面。在不对称的广场中，纪念物的布置应与整个广场构图取得平衡。纪念物的布置应不妨碍交通，并使人流与良好的观赏角度取得关联，并且需要有良好的背景，使其轮廓、色彩、气氛等更加突出，以增加艺术效果。广场上的照明灯柱与扩音设备等的设置应与建筑物、纪念物等密切配合。亭、廊、坐椅、宣传栏等小品体量虽小，但与人活动的尺度比较接近，有较大的观赏效果，其位置应不影响交通和主要的观赏视线。

③广场的交通流线组织。有的广场还必须考虑广场内的交通流线组织问题，以及城镇交通与广场内各组成部分之间的交通组织问题。组织交通的目的主要在于使车流通畅、行人安全、方便管理。广场内的行人活动区域，要限制车辆通行。

④广场的地面铺装与绿化。广场的地面是根据不同的要求而铺装的，如集会广场需有足够的面积容纳参加集会的人数，游行广场要考虑游行行列的宽度及重型车辆通过的要求，其他广场也需要考虑人行、车行的不同要求。广场的地面铺装要有适宜的排水坡度，能顺利地解决场地的排水问题。有时因铺装材料、

施工技术和艺术处理等的要求，广场地面上必须划分网格或各种图案，增强广场的尺度感。铺装材料的色彩、网格图案等应与广场上的建筑，特别是主要建筑和纪念物等取得密切的配合，起到引导、衬托的作用。广场上主要建筑前或纪念物四周，可做适当重点处理，以示一般与特殊之别。在铺装时，要同时考虑地面下沟管系统的埋设，沟管的位置要不影响场地的使用和便于检修。

有绿化和绿化艺术较高的广场，不仅能增加广场的表现力，还具有一定的功能作用。在规整形的广场中多采用规则式的绿化布置，在非规整形的广场中，多采用自由式的规划布置，在靠近建筑物的地区宜采用规则式的绿化布置。绿化布置应不遮挡主要视线，不妨碍交通，并与建筑物组成优美的景观。绿化也可以遮挡不良的视线并作为地区的障景。

4.4 城镇道路系统规划

4.4.1 对外交通运输规划

城镇对外交通运输是指城镇与外部城镇、农村进行联系的各类交通运输的总称。它是城镇形成和发展的重要条件，也是构成城镇的不可缺少的物质要素，它把城镇与各有关地区联系起来，促进它们之间的政治、经济、科技、文化等交流，为发展工农业生产、提高人民生活服务质量创造了条件。

下面介绍各种对外交通设施在城镇中的布置。

（1）公路在城镇中的布置

公路运输是非常重要而又最普遍的一种对外交通运输方式。目前，我国城镇之间、城镇与乡村之间几乎都有公路联系，可见公路在工农业生产、人民生活、沟通城乡物资交流、促进城乡共同繁荣等方面起着十分重要的作用。城镇范围内的公路，有的兼有城镇道路的某些功能，有的则是城镇道路的延续。在进行城镇用地布局时，应结合总体规划合理地选定

公路线路的走向及其站场的位置。

1）公路线路在城镇中的布置

从我国现有城镇的形成和发展来看，多数城镇往往是沿着公路两边逐渐形成的，在旧的城镇中，公路与城镇道路并不分设，也没有明确的功能分工，它们既是城镇的对外交通性道路，又是城镇内部的主要道路，逐步形成了某些城镇在公路两旁商业服务设施集中、行人密集、车辆往来频繁的混乱现象，使各种车辆、车辆与行人之间产生很大干扰。由于对外交通穿越城镇，分割居住区，不利于交通安全，也影响居民的生活安宁，如图 4-18 所示。这种布置不能适应城镇交通现代化的要求，必须认真加以解决。

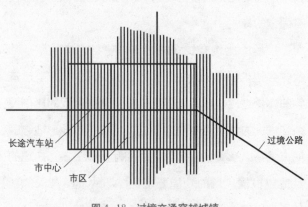

图 4-18 过境交通穿越城镇

在进行城镇规划时，通常是根据公路等级，城镇性质和规模等因素来确定公路布置方式，常见的公路布置方式有以下几种。

a. 将过境交通引至城镇外围，以"切线"的布置方式通过城镇边缘。这种布置方式可将车站设在城镇边缘的入口处，使过境交通终止于此，不再进入镇区，避免与城镇无关的过境车辆进入镇区所带来的干扰。

b. 将过境公路迁离城镇，与城镇保持一定的距离，公路与城镇的联系采用引进入镇道路的布置方式。这种布置方式适宜于公路等级较高且经过的城镇的规模又较小的情况。公路等级越高，经过的城镇规模越小，则在公路行驶的车辆中需要进入该城镇的车流比

重也就越小，而过境车流所占比重则越大，所以公路迁离城镇布置是适宜的。

c. 当城镇集多条过境公路时，可把各过境公路的汇集点从城镇内部移到城镇边缘，采用过境公路绕城镇边缘组成城镇外环道路的布置方式。这种布置方式外环道路既能较好地引出过境交通，又能兼作布置于城镇边缘工业仓库之间的交通性干道，以减轻城镇内部交通的压力和对居住区的干扰。原过境公路伸入城镇内部的路段可改作城镇道路。

2) 公路汽车站在城镇中的布置

公路车站又称长途汽车站，按其使用性质不同，可以分为客运站、货运站和客货混合站等几种。长途汽车站场的位置选择对城镇规划布局有很大的影响。汽车站场的位置要合理，使它既使用方便，又不影响城镇的生产和生活，且与铁路车站、轮船码头有较好的联系，便于组织联运。

a. 客运站。对于城镇，由于镇区面积不大，客运人数不多，长途汽车客运班次较少，大都设 1 个客运站，布置在城镇边缘，主要是为了减少过境车流进入镇区；若城镇铁路交通量不大时，还可将长途汽车站和铁路车站结合布置。

b. 货运站。货运站位置的选择与货源和货物性质有关。一般布置在城镇边缘，且靠近工业区和仓库区，便于货物运输，同时也要考虑与铁路货场、货运码头的联系，便于组织货物联运。

（2）铁路在城镇中的布置

铁路对城镇发展的影响是很大的，在大多数城镇，铁路用地已成为城镇不可分割的组成部分，而且在很大程度上影响或决定了城镇总体布局的形式。在城镇规划中，要认真分析并科学预见城镇与铁路的扩充和发展，尽量避免跨铁路两侧进行发展，以免给城镇的生产、生活、交通、环境以及今后城镇建设方面设置障碍。在规划布置时，为了避免铁路切割城镇，最好铁路从镇区的边缘通过，并将客站与货站都布置

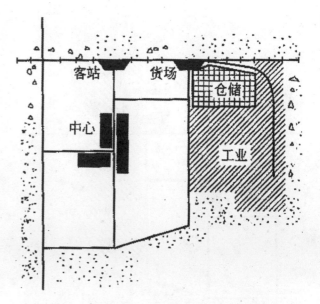

图 4-19 铁路客站、货场与镇区主要部分同侧布置

在镇区这一侧，使货场接近于工业和仓库用地，而客站靠近居住用地的一侧，如图 4-19 所示。在布置时应注意客站与货站的两侧要留有适当的发展用地。

这种布置形式比较理想，但由于客货同侧布置对运输量有一定的限制，从而又限制了城镇工业与仓库的发展，所以这种布置方式只适宜于工业与仓库规模较小的城镇。否则，由于城镇发展过程中布置了过多的工业，运输量增加，专用线增多，必须影响到铁路正线的通行能力。当城镇货运量大，而同侧布置又受地形限制时，可采取客货对侧布置的形式，应将铁路运输量大、职工人数少的工业有组织地安排在货场一侧，而将镇区的主要部分仍布置在客站一侧，同时还要选择好跨越铁路的立交道口，尽量减少铁路对镇区交通运输的干扰，如图 4-20 所示。

当工业货运量与职工人数都比较多时，也可采取将镇区主要部分设在货场一侧，而将客站设在对侧，如图 4-21 所示。这样，大量职工上、下班不必跨越铁路，主要货源也在货场同侧，仅占镇区人口比较少的旅客上、下火车时跨越铁路。

总之，由于多种原因当车站必须采取客货对侧布置，城镇交通将不可避免地要跨铁路两侧，应保证

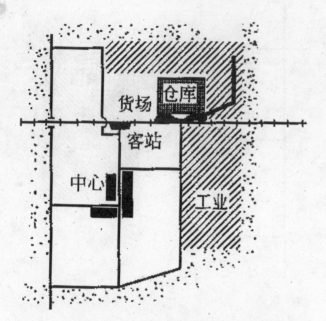

图 4-20 铁路货场与镇区主要部分对侧布置，客站与镇区主要部分同侧布置

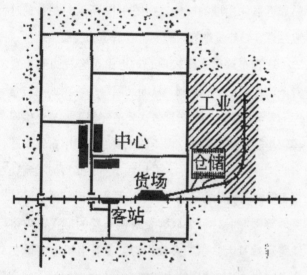

图 4-21 铁路客站与镇区主要部分对侧布置，货场与镇区主要部分同侧布置

镇区布置以一侧为主，货场与地方货源、货流同侧，充分发挥铁路运输效率，并在布局时尽量减少跨越铁路的交通量。

（3）港口在镇区中的布置

水路运输运量大，运费低廉。水路运输的站场就是港口，它是港口城镇的重要组成部分，在港口城镇规划中应合理地部署港口及其各种辅助设施的位置，妥善解决港口与城镇其他各组成部分的联系。

港口由水域和陆域两大部分组成。水域是指供船舶航行、运转、锚泊和停泊装卸所用的水面，要有合适的深度和面积，适宜水上作业。陆域是供旅客上下船、货物装卸及堆存或转载所用的地面，要求有一定长度的岸线和纵深。

1）港口位置的选择

港口位置的选择应根据港口生产上的要求及其发展需要，自然地形、地质、水文条件与陆路交通衔接等要求，从政治、经济、技术上全面比较后进行选定。只有在港口位置确定以后，城镇其他各组成要素才能合理地规划布置。港口选址是在河流流域规划或沿海航运区规划的基础上进行的。港口应选在地质条件较好、冲刷淤积变化小、水流平顺、具有较宽水域和足够水深的河（海）岸地段。港址应有足够的岸线长度和一定的陆域面积，以供布置生产和辅助设施；要与公路、铁路有通畅的连接，并且有方便的水、电、建筑材料等供应。同时，港址应尽量避开水上贮木场、桥梁、闸坝及其他重要的水上构筑物，要与公路、镇区交通干道相互配合，且不影响城镇的卫生与安全。港区内不得跨越架空电线和埋设水下电缆，两者应距港区至少100m，并设置信号标志。客运码头应与镇区联系方便，不为本镇服务的转运码头，应布置在镇区以外的地段。

2）港口布置与城镇布局的关系

在港口镇区规划中，要妥善处理港口布置与城镇布局之间的关系。

a. 合理地进行岸线分配与作业区布置。岸线占据十分重要的位置，分配、使用合理与否是关系到城镇布局的大问题。分配岸线时应遵循"深水深用，浅水浅用，避免干扰，各得其所"的原则。在用地布局时，将有条件建设港口的岸线留作港口建设区，但要留出一定长度的岸线给镇区生活使用，避免出现岸线全部被港口占用的现象，否则必然导致港口被镇区其他用地包围而失去发展可能，又使得居住区、风景游览区等与河或海的水面隔离，因此在规划时，要留出一部分岸线，尤其是那些风景优美的岸线，供城镇居民和旅游者游览休息。

b.加强水陆联运的组织。港口是水陆联运的枢纽，旅客集散、车船转换等都集中于此，在城镇对外交通与城镇道路交通组织中占有重要的地位。在规划设计中应妥善安排水陆联运，提高港口的流通能力。在水陆联运问题上，经常给城镇带来的困难是通往港口的铁路专用线往往分割镇区，铁路与港口码头联系的好坏直接关系到港区货物联运的效益、装卸作业速度的快慢以及港口经营费用的大小等。水陆联运往往需要铁路专用线伸入港区内部，常见的布置方式有三种：铁路沿岸线从镇区外围插入港区，如图4-22所示；铁路绕过镇区边缘延伸到港区，如图4-23所示；铁路穿越镇区边缘延伸到港区，如图4-24所示。这三种形式中，前两种较好，后一种应尽量避免，因为它将给镇区带来一定的干扰。

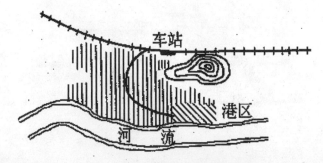

图 4-24　铁路穿越镇区边缘延伸到港区

沿河两岸建设的城镇，还应注意两岸的交通联系。桥梁位置、轮渡、车渡等位置，均应与城镇道路系统相衔接。且与航道规划统筹考虑，既满足航运的效益，又方便城镇内部交通联系。

4.4.2 城镇道路系统规划

道路是为满足交通的要求而采取的工程措施。一般把城镇内部的街道叫做城镇道路，简称道路。城镇道路规划是按道路功能、分别主次而组成的系统，称之为城镇道路系统。

（1）布置城镇道路系统的基本要求

1）在满足交通运输发展的前提下，组成合理的道路交通系统

城镇中各组成部分都是通过城镇道路的联系，构成一个相互联系的整体。城镇道路系统的规划应以城镇合理的用地布局为前提，充分满足城镇交通的要求。两者紧密结合，才能得到较为完善的方案。城镇内人流、车流的方向和流量的大小是合理地规划道路系统的主要依据。也是城镇主次干道规划的决定因素。所以常常根据收集的道路网交通量普查资料，来绘制路网交通流量图，即是用于交通量成比例的线条表示出各条道路的交通量，并注以数字（见图4-25）。绘制路网交通流量图最好采用年平均日交通量绘制，也可以用平均日交通量或高峰小时交通量以及其他周期的交通量。

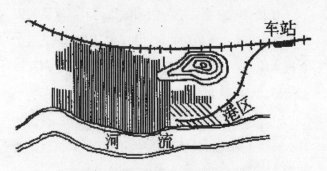

图 4-22　铁路沿岸线从镇区外围插入港区

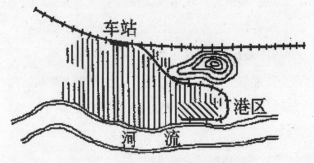

图 4-23　铁路绕过镇区边缘延伸到港区

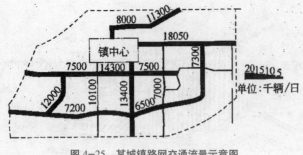

图4-25 某城镇路网交通流量示意图

在分析、研究路网流量的基础上，结合用地布局，尽可能使交通在整个镇区范围内均衡分布，避免过于集中在少数干道上，使交通复杂化或造成突出的单向交通。组织城镇内外运输，连接企业、仓库、车站、码头、货场等用地的道路，不宜穿越人流量大的城镇中心地段。布置有城镇文化娱乐、商业服务等大型公共建筑的道路，应安排必要的人流集散场地、绿地和停车场地。商业、文化、服务设施集中的路段，也可规划成商业步行街，禁止机动车穿越，入口处应设置停车场地。

2）充分利用地形，减少工程量

镇区主干道的选线，要结合地形、地质、水文条件，尽可能做到节约用地与投资，减少土方工程量和房屋拆迁量，少占农田。一般情况下，道路的走向与等高线平行或斜交比较合理。这样既能使道路保持较平缓的纵坡，以满足车辆行驶的要求，又能减少土石方工程量，降低了工程建设费用。若地下水位较高，则需提高道路标高或采取降低地下水位的措施。在道路规划时，还应尽量绕过工程地质和水文地质不良的地段，以减少工程费用。

3）符合各种管线布置与人防工程相结合的要求

镇区中各种工程管线，大多沿道路敷设，各种工程管线的用途不同，性能与布置要求各异。如电信管道，本身占地不大，但检查井很大，要考虑有足够的用地供它设置检查井；排水管道，埋设较深，若采用开槽施工，施工时所占道路用地就比较多；煤气管道，有发生爆炸的危险，要考虑与地面建筑物的

安全距离。当几种管线平行敷设时，相互之间应保持一定的水平距离，以便在施工养护检修时不至于影响相邻管线的工作与安全。因此，规划道路时要考虑有足够的道路宽度来满足各种管线的布置。道路系统规划应与城镇人防工程相结合，以利战备防灾疏散。

4）要考虑城镇环境卫生和景观面貌的要求

城镇主要道路的走向应与城镇夏季盛行风向相一致，以利于城镇通风。但在沿海地区、沙漠地区和寒冷地区，为避免暴风、沙尘和风雪直接侵袭，城镇主要道路的走向应与风沙、雨雪季节的主导风向相垂直或成一定的偏斜角度。城镇道路是用以联系城镇各主要组成要素，同时也通过它来反映城镇面貌。城镇道路系统在力求通畅、完整的同时，要注意城镇道路与建筑、绿化、广场、江湖水面、名胜古迹的配合，以形成优美的城镇景观艺术效果。可考虑利用与引借城镇的制高点、风景点和大型公共建筑，来丰富街道景观。

5）要与田间道路相结合

对发展以农业经济为主的城镇，内部道路的规划要方便从事农业生产的居民和农机通往田间。要结合机车库的布置统一考虑城镇内部道路的走向及相互衔接，尽量避免农机对城镇内部的干扰。

（2）城镇道路的分级

城镇道路是指城镇建设规划区内宽3.5m以上道路的总称，城镇道路按其宽度可分以下四级。

1）主干道或一级道路

用于城镇对外联系或城镇内生活区、生产区与公共活动中心之间的联系，是城镇道路网中的中枢。

2）次干道或二级道路

通常与主干道平行或垂直，与主干道一起，构成城镇道路骨架，主要解决城镇内部各生活、生产地段的交通。

3）一般道路或三级道路

是城镇的辅助道路。

4）巷道或四级道路

是城镇内各建筑物之间联系的通道。主要解决人行、住宅区内的消防等。城镇道路的分级，应根据城镇规模大小而定，较大的城镇可分为四级，即主干道路、次干道、一般道路和巷道；一般城镇道路分为三级（表4-12），并符合表4-13的规定。表中道路红线是指规划道路的路幅边界线，红线宽度即红线之间的宽度，也就是路幅宽度。

表4-12 城镇道路系统组成

村镇层次	规划人口指标/人	道路分级			
		一	二	三	四
中心集镇	10001人以上 3001～10000 3000人以下	● △	● ● ●	● ● ●	● ● ●
一般集镇	3001以上 1001～3000 1000以下		● ● △	● ● ●	● ● ●
中心村	1001以上 301～1000 300以下		△	● ● ●	● ● ●
基层村	301以上 101～300 100以下			● △	● ● ●

注：表中"●"和"△"分别表示道路系统应设和可设级别，当大型中心镇规划人口大于30000人时，其主要道路红线宽度可大于32m。

表4-13 村镇道路分级标准

规划设计指标	集镇道路分级			
	一	二	三	四
计算行车速度/(km/h)	40	30	20	—
道路红线宽度/m	24～32	16～24	10～14	4～8
车行道宽度/m	14～20	10～14	6～7	3.5
每侧人行道宽度/m	3～6	2.5～5	1.5或不设	不设
交叉口建议间距/m	≥500	300～500	150～300	80～150

（3）道路网的基本形式

1）方格式

方格式俗称棋盘式，是常见的一种形式，如图4-26所示。这种道路系统的布置形式比较简单，其特点是道路呈直线，道路交叉点多为直角，方格网划分的街坊较整齐，有利于建筑物的布置，易于识别方向，交通组织比较机动灵活。它适用于地形平坦地区的城镇。其缺点是对角线方向的交通不够方便，布局较呆板。

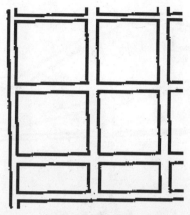

图4-26 方格式

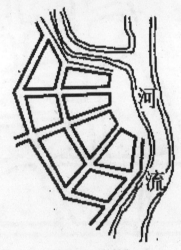

图4-27 放射式

2）放射式

这种道路形式一般由城镇的公共中心或车站、码头作为放射道路的中心，向四周引出若干条放射性道路，并围绕中心布置若干环形道路以联系各放射道路，如图4-27所示。它的优点是能充分利用原有道路，有利于旧镇区与新镇区的联结，交通便捷通畅。缺点是在中心地区易引起机动车交通集中，交通的灵活性不如方格网好。另外，道路的交叉形成很多钝角与锐角，街坊用地不规整，不利于建筑物的布置。又由于城镇规模不大，从中心到各地段的距离较小，一般来说，没有必要采取纯放射式道路系统。

3）自由式

这种形式多用于山区、丘陵地带或地形多变的地区，道路为结合地形变化而布置成路线曲折不一的

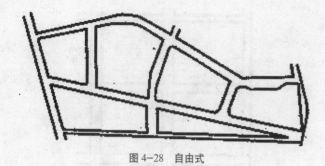

图 4-28 自由式

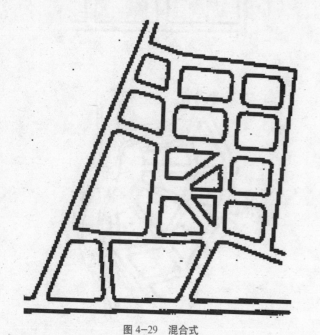

图 4-29 混合式

几何图形，如图 4-28 所示。它的优点是充分结合自然地形，节省道路建设投资，布置比较灵活，并能增加自然景观效果，组成生动活泼的街景。但道路弯曲，不易识别方向，不规则形状的地块多。

4) 混合式

混合式道路系统是结合城镇用地条件，采用上述几种道路形式组合而成，如图 4-29 所示。因此，它具有前述几种形式的优点。在城镇规划建设中，往往受各种条件的限制，不能单纯采用某一种形式，而是因地制宜地采用混合式道路系统，主要是因为它比较灵活，对不同地形有较大的适应性。

以上 4 种道路网形式，各有优缺点，在实际规划中，应根据自然地理条件、地形地貌、建设现状、经济条件及城镇特点进行合理选择和运用。

(4) 城镇道路断面设计

1) 道路横断面设计

①道路横断面的组成

沿道路宽度方向，垂直于道路中心线所作的断面，称之为道路横断面。道路横断面设计的主要内容是在满足交通、环境、管线敷设等的前提条件下，经济合理地确定道路横断面组成部分及其宽度。其形式根据道路的性质、交通功能的不同，可有不同的组合形式。无论何种形式，道路横断面一般都是由车行道、人行道、分隔带和行道树等组成的，如图 4-30 所示。

图 4-30 道路横断面的组成

a. 车行道宽度。车行道的宽度包括机动车道和非机动车道，是保证来往车辆安全和顺利通过所需要的宽度。机动车道宽度的大小以"车道"为单位来确定，所谓车道是指在道路上提供每一纵列车辆安全行驶的地带。车道的宽度取决于车辆的车身宽度及车辆在行驶时的安全距离，一般按 3.5 ~ 4m 计算。机动车道宽度的确定按照道路上机动车交通量的大小，单行车的通行能力与通行的车速（一般为每小时 400 辆混合机动车）和单车道宽度等因素，通过计算得出：

机动车道宽度 = 单车道宽度 × 预测单向高峰小时交通量／单车道通行能力 ×2

非机动车道是供自行车、三轮车、马（牛）车和架子车辆行驶的车道。其宽度的确定方法与机动车道相似。城镇中非机动车道单向行驶宽度一般可采用 3 ~ 5m。

b. 人行道宽度。人行道主要是为满足行人步行的需要，还要供种植绿化带（或行道树）、立灯杆或架空线杆、埋设地下工程管线之用。其宽度应包括人流通行宽度，浏览橱窗、宣传廊等滞留宽度，绿化种植带宽度。一般每条步行宽度以 0.75m 计，其中，步行带指一个人在人行道上行走时所需要的宽度，其通行能力为 800 ~ 1000 人 /h，在商业街及通行集市贸易道路上为 600 ~ 700 人 /h。步行带条数，一般主干道上 4 ~ 6 条，次干道上 2 ~ 4 条，则人行道宽度一般不小于 3 ~ 5m。地下工程管线尽可能埋设在人行道下，只有当人行道宽度不够时才可考虑把排水或给水管线埋设在车行道下。绿化种植带的宽度由种植情况来决定，一般种植一排行道树所需宽度为 1.25 ~ 2.0m；而种植两排行道树所需宽度为 2.25 ~ 4.0m。

c. 分隔带。分隔带又称分车带或分流带。其主要作用是分隔机动车与非机动车，有时可设在路中心，分隔两个不同方向行驶的车流。种植的树木不应遮挡车辆驾驶人员的视线，以低矮灌木为主。为了保证行车安全，除交叉口和有较多机动车出入的单位出入口处，分隔带应该是连续的。

②道路横断面的形式

城镇道路横断面常用的基本形式有 3 种：一块板、两块板和三块板。

一块板是指机动车与非机动车都在同一车行道上混合行驶；两块板是在车行道中间（或中心线上）设一条分隔带，将车行道分为单向行驶的两条车行道，机动与非机动仍然混合行驶；三块板是由两条分隔带把车行道分成三部分，中间为机动车道，两旁为非机动车道，机动车与非机动车分道行驶，如图 4-31 所示。

一般来说，三块板适用于道路红线宽度较大，一般在 30m 以上，机动车辆较多，行车速度较高，以及非机动车较多的主要交通性干道。两块板可减少对向机动车相互之间的干扰，适用于双向交通比较均匀的过境道路或城镇交通性道路。一块板适用于道路

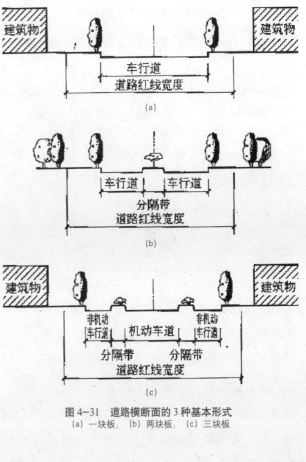

图 4-31 道路横断面的 3 种基本形式
(a) 一块板；(b) 两块板；(c) 三块板

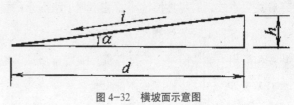

图 4-32 横坡面示意图

红线较窄，一般在 30m 以下，机动车辆较少，行车速度不高，且自行车与人流较多的城镇生活性道路。

③道路横坡的确定

道路横坡是指道路路面在横向单位长度内升高或降低的数值，一般用 i 表示。$i=\tan\alpha=h/d$，如图 4-32 所示。道路横坡值以 %、‰ 或小数值来表示。为了使道路的雨水通畅地流入边沟，必须使路面具有一定的横坡，横坡的大小取决于路面材料、路面宽度和当地气候条件的影响。道路横坡值可参考表 4-14。

2）道路纵断面设计

沿道路中心线的纵向剖面称为道路纵断面。纵断面设计的主要内容是确定道路中心线的设计标高

表 4-14　道路横坡值

车道种类	路面面层类型	横向坡度 / %
车行道	水泥混凝土路面	1.0 ~ 2.0
	沥青混凝土路面	1.0 ~ 2.0
	其他黑色路面	1.5 ~ 2.5
	整齐石块路面	1.5 ~ 2.5
	半整齐、不整齐路面	2.0 ~ 3.0
	碎、砾石等粒料路面	2.5 ~ 3.5
	各种当地材料加固和改善路面	3.0 ~ 4.0
	砾石、碎石	2.0 ~ 3.0
	砖石或混凝土块铺砌	1.5 ~ 2.5
	砂土	3.0
	沥青表面	1.5 ~ 2.0

注：降雨量大宜采用上限，降雨量小或有积雪和冰冻的路上宜采用下限。

和原地面标高、纵坡度、纵坡长度。城镇道路的纵断面设计，一般是在平面线型确定以后进行，两者之间是相互联系、相互制约的，应综合考虑。

①道路纵坡。道路纵坡是指道路纵向的坡度。道路纵坡的大小要有利于车辆的安全行驶和路面雨雪水的迅速排除。若纵坡值过大，上下坡行车不方便，容易发生事故；若纵坡值过小，又不利于路面水的排除和地下各种工程管线的埋设。因此，对道路的最大纵坡和最小纵坡应有一个限度范围，一般平原地区纵坡不大于 6%，丘陵地区与山区纵坡不大于 7%，特殊情况可达 8% ~ 9%，考虑到城镇非机动车较多，在确定纵坡时不宜过大，一般以不大于 3% 为宜。道路最大坡度与最小坡度限制值参考表 4-15。

表 4-15　不同路面类型的纵坡限制

路面面层类型	最小纵坡 / %	最大纵坡 / %
水泥混凝土路面	0.3	3.5
沥青混凝土路面	0.3	3.5
其他黑色路面	0.8	3.5
整齐石块路面	0.4	4.0
半整齐或不整齐路面	0.5	7.0
碎、砾石等粒料路面	0.5	6.0
结合料稳定土壤路面	0.5	6.0
级配砂土路面	0.5	6.0

②道路纵坡长度。道路的纵坡长度与纵坡坡度有直接关系，道路纵坡在 2% 以下时，其坡长不受限

制；如果道路纵坡坡度大，坡长就不宜太长，太长则机动车上坡时必须低档行驶，燃料消耗增加，发动机燃烧过热，机件磨损较大；下坡时需不断刹车，容易发生交通事故。但纵坡坡长也不宜过短，过短则路线起伏，行车容易颠簸，乘客感觉不舒服，货物也易受震荡。在道路纵坡值发生变化的地方，即转坡点处，一般需设置竖曲线。当相邻的两个纵坡差在主要道路上大于 0.5% 或在次要道路上大于 1% 时，应设置竖曲线，其半径可参考表 4-16。

表 4-16　竖曲线最小半径　　单位：m

道路类型	凸形竖曲线	凹形竖曲线
过境道路	2500 ~ 4000	1000 ~ 1500
主要道路	2000 ~ 2500	800 ~ 1000
次要道路	500 ~ 1500	500 ~ 600

（5）城镇道路平面线型

道路平面线型是以道路中心线为准，按照行车技术要求和两旁用地条件，确定道路在平面上的直、曲线路段及其衔接。道路在平面上的弯道采用圆曲线，一般称为平曲线，平曲线的半径称为曲线半径。汽车在转弯时受到离心力作用，车速加大；曲线半径愈小，离心力愈大。所以在小半径的曲线上高速行车对行车安全是一个威胁，因此，在道路曲线段上，如果条件许可，尽量采用大半径的平曲线，只有在条件不允许时，才选用最小平曲线半径。城镇道路平曲线半径参考值见表 4-17。

表 4-17　城镇道路平曲线半径参考值　　单位：m

道路类型	建议平曲线半径	最小平曲线半径
过境道路	500 ~ 1000	250
主要道路	200 ~ 500	50
次要道路	100 ~ 200	30

（6）城镇道路交叉口

1）平面交叉口的类型

道路交叉口是道路与道路相交的部位，可分为平面交叉和立体交叉两种类型，其中平面交叉在城镇

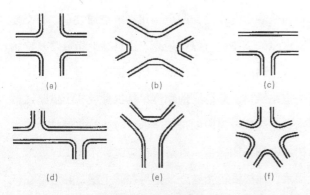

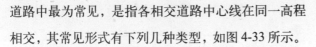

图 4-33　交叉口的类型
(a) 十字型交叉口；(b) X 型交叉口；(c) T 字型交叉口；
(d) 错位型交叉口；(e) Y 型交叉口；(f) 复合交叉口；

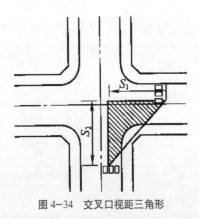

图 4-34　交叉口视距三角形

道路中最为常见，是指各相交道路中心线在同一高程相交，其常见形式有下列几种类型，如图 4-33 所示。

①十字形交叉口见图 4-33（a），两条道路相交，互相垂直或近于垂直，这是最基本的交叉口形式，其交叉形式简洁，便于交通组织，适用范围广，可用于相同等级或不同等级的道路交叉。

② X 交叉口见图 4-33（b），两条道路以锐角或钝角斜交。由于当斜交的锐角较小时，会形成狭长的楔形地段，对交通不利，建筑也难处理，应尽量避免这种形式的交叉口。

③ T 形、错位形、Y 形交叉口见图 4-33（c）、(d)、(e)，一般用于主要道路和次要道路相交的交叉口。为保证干道上的车辆行驶通畅，主要道路应设在交叉口的顺直方向。

④复合交叉口见图 4-33 (f)，用于多条道路交叉，这种交叉口用地较大，交通组织复杂，应尽量避免。

⑤环行交叉口：车辆沿环道按逆时针方向绕中心岛环行通过交叉口。

2）交叉口的视距

交叉口是车辆交通最复杂的地方，为使行车安全，要保证司机在进入交叉口之前的一段距离内能看清相交道路驶来的车辆，以便安全通过或及时停车，这段距离应不小于车辆行驶时的停车视距（车辆在道路上行驶时，司机从看到前方路面上的障碍物开始刹车起直到达障碍物前安全停止所需的最短距离）。

当设计行车速度为 15～25km/h 时，停车视距一般为 25～30m；当设计行车速度为 30～40km/h 时，停车视距为 40～60m。由两相交道路的停车视距在交叉口所组成的三角形，称为视距三角形。在视距三角形以内不得有任何阻碍驾驶人员视线的建、构筑物和其他障碍物，此范围内如有绿化，其高度应不大于 0.7m。视距三角形是设计道路交叉口的必要条件，应从最不利的情况考虑，一般为最靠右的第一条直行车道与相交道路最靠中的一条车道所构成的三角形，如图 4-34 所示。

3）交叉口的转角缘石半径

为了保证各个方向的右转弯车辆以一定的速度顺利地转弯，交叉口转角处的缘石应做成圆曲线，其半径为缘石半径（也有称转弯半径）。缘石半径过小，则要求转弯时行驶车辆降低速度，否则右转弯车辆会侵占相邻车道，影响其他车道上车辆正常行驶。道路等级不同，交叉口的缘石半径也不一样，缘石半径的取值为：主要交通干道 R_1=15～20m，次要干道及居住区道路 R_2=9～15m，支路 R_3=6～9m。由于城镇交通运输的车辆将向着载重量增大、车辆尺寸增大、行车速度增快的方向发展，为了避免右转弯车辆的速度降低太多，并考虑今后交通发展的需要，应尽量争取较大的缘石半径。

（7）回车场设计

当采用尽端式道路时，为方便回车，应在道路

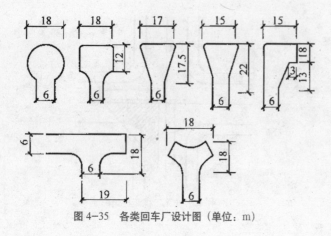

图 4-35　各类回车厂设计图（单位：m）

尽端处设回车场。回车场面积应不小于 12m×12m，各类回车场具体尺寸见图 4-35。

（8）城镇道路的改建

在国民经济不断发展，城镇建设日益扩大，促使城镇运输迅速增长的情况下，原有的城镇道路的路线、宽度及路面强度等已不能满足交通和行车的要求，需进行道路改建。城镇道路改建的内容与措施很多，总的来说，大致分以下 5 种情况。

①调整旧道路的各个组成部分，拓宽旧道路宽度。

②缓和旧道路的过大纵坡。

③加大旧道路平曲线转弯半径，道路局部改线或截弯取直。

④加大路口缘石半径，改善交叉口视距条件，拓宽邻近交叉口的道路宽度。

⑤提高路面强度。

城镇道路改建的范围，往往不限于单纯的一个项目，而是综合性的，它有时包括了道路平面和纵断面上的路线改造，并联系到地上、地下公用设施的改建和路面的改建。拓宽旧道路还要牵连到拆迁沿街建筑物，尤其是比较彻底的线路改建，势必要同时考虑纵断面、横断面及路面的全部改建。

（9）城镇道路绿化

为了发挥道路绿化在改善城镇生态环境和丰富城镇景观中的作用，避免绿化影响交通安全，有必要对城镇的道路进行绿化规划。道路绿地指道路及广场用地范围内可进行绿化的用地。道路绿地在城镇中分为道路绿带、广场绿地和停车场绿地。其中道路绿带指道路红线范围内的带状绿地，分为分车绿带、行道树绿带和路侧绿带。道路绿化应以乔木为主，乔木、灌木、地被植物相结合，不得裸露土壤，并应符合行车视线和行车净空高度。种植乔木的分车绿带宽度不得小于 1.5m；主干道上的分车绿带宽度不宜小于 2.5m；行道树绿带宽度不得小于 1.5m，道路绿地率为 15%～30%。道路绿化应选择适应道路环境条件、生长稳定、观赏价值高和环境效益好的植物种类。行道树应选择深根性、分枝点高、冠大荫浓、生长健壮、适应城镇道路环境条件，且落果对行人不会造成危害的树种；花灌木应选择枝繁叶茂、花期长、生长健壮和便于管理的树种；绿篱植物和观叶灌木应选用萌芽力强、枝繁叶盛、耐修剪的树种。地被植物应选择茎叶茂密、生长势强、病害虫少和易管理的木本或草本观叶、观花植物。

4.5 城镇园林绿地系统规划

4.5.1 园林绿地的含义

园林是由山水地貌、建（构）筑物、道路、植物和动物等要素，并根据功能要求、经济技术条件和艺术布局等方面综合组成的统一体。是在一定的范围内利用并改造天然山水地貌或人为开辟的山水地貌、结合植物的栽植和建筑的布置，而构成一个供人观赏、游憩、居住的环境。它包括各类公园、花园、动物园、植物园、森林公园及风景名胜区、自然保护区以及休养胜地等。园林的规模大小不一，内容有繁有简，但都包含着地貌、道路、广场、建筑和植物等基本要素。绿地的含义比较广泛，凡是种植树木花草所形成的绿化地块，均可称为绿地。绿地的大小相差悬殊，小的如宅旁绿地，大的如风景名胜区。绿地的质量水平相差也很大，精美的如古典园林，粗放的如卫生防护林带等。园林与绿地属同一范畴，但在概念上是有区别的。按范围看，"绿地"比"园林"广泛，"园林"必可供游憩，且必是绿地；然而"绿地"不一定被称为"园林"，也不一定都供人游憩。所以，"园林"是绿地中设施质量与艺术标准较高、可供人们游憩的部分。园林绿地既包括了环境和质量要求较高的园林，又包括了居住区、乡镇企业、机关单位、学校、街道广场等普遍绿化的用地。

4.5.2 园林绿地的基本功能

（1）环境保护功能

目前我国的乡镇企业发展迅猛，其产生的废气、废水、烟尘和噪声也日益增加，严重地影响居住生活的环境。如果有足够量的绿色植物，会使环境得到一定的改善，因为绿色植物对空气、水体和土壤能起到净化作用。众所周知，绿色植物是地球上氧气的主要来源，同时，植物对空气中的粉尘、细菌及有害气体均有较强的吸附、杀灭和化解作用。据有关测定表明，每公顷阔叶树林在生长季节每天可吸收 1000kg 的二氧化碳和生产 750kg 氧气，可供 1000 人 1 天呼吸氧气所用；$1hm^2$ 的柏树林每天能分泌出 30kg 左右的杀菌素，可杀死白喉、肺结核、伤寒、痢疾等病菌；40m 宽的林带可以降低噪声 10 ～ 15dB，若公路两侧乔灌混植的 15m 宽绿化带，可降低道路交通噪声的一半；当发生火灾、地震乃至战争时，园林绿地也能发挥其实用功能，成为阻隔火源、容纳避难人群和防止放射性污染的最佳屏障与空间。另外，绿地的重要功能还有能改善城镇局部的气候，如调节温度、湿度以及通风防风的作用。研究材料证明，当夏季城市气温为 27.5℃时，草坪表面温度为 22 ～ 24.5℃，比裸露的土地的温度低 6 ～ 7℃，比柏油路面温度低 8 ～ 9℃，而冬季的林地气温较无林地区域的气温高

0.1 ～ 0.5℃。上述数据表明了园林绿地能有效地调节物体表面湿度及气温。植物，尤其是乔木林，具有较强的蒸腾能力，使有植物区域空气的相对湿度和绝对湿度都比未绿化区域的要大。$1hm^2$ 阔叶林在夏季约 3 个月的时间内可蒸腾 2500t 水，比同等面积的裸露土地蒸发量高 20 倍。夏季园林绿地的相对湿度较非绿化区域的高 10% ～ 20%。城镇中的带状绿地，是城镇绿色的通气走廊，特别是当带状绿地的走向与夏季主导风向一致时，可将空气趁风势引入城镇中，为炎热的城镇创造良好的通风条件。在冬季种植的防风林带与寒风方向垂直，从而减弱寒风气流，达到改善城镇气候的目的。

（2）使用与活动功能

园林绿地作为一种空间形式，为居民提供了最理想的室外活动场地，大部分的日常游憩功能可以在园林绿化环境中得到满足，如文娱活动、体育活动、儿童活动等。园林绿地也是文化宣传、科普教育的理想场所，如风景区、名胜古迹等都可以采用展览区、陈列室、纪念馆、宣传廊、园林题咏等多种形式进行活动。另外，城镇处于大自然环境之中，其中的风景自然保护区以及周围的山山水水都是旅游、度假和休、疗养的好去处，尤其是随着人民物质生活、文化水平的提高，以及工作时间的缩短，园林绿地的游憩功能将会得到更大的发挥和利用。

（3）景观功能

园林绿地与城镇的建筑、道路、地形有机联系在一起，使城镇绿荫覆盖、生机盎然，构成了城镇景观的轮廓线。所以说绿化的质量与水平是创造美好镇容村貌的关键。另外，园林绿地还可以起到衬托建筑、增加其艺术效果的作用，通过采用园林艺术的各种手法，利用植物来突出建筑物的个性，增强了建筑物的艺术感染力。同时绿化在风景透视、空间组织、季节变化、色彩和体形对比等方面城镇建筑互相衬托，又丰富了城镇的面貌。

4.5.3 园林绿地的分类

城镇园林绿地，按其功能和使用性质，一般可分为以下几类。

（1）公共绿地

向公众开放，有一定游憩设施的绿化用地，并包括其范围内的水域。例如公园，有综合性公园、纪念性公园、动物园、植物园、古典园林和风景名胜公园等；街头绿地，包括沿道路、河湖、海岸和城墙等，设有一定游憩设施或起装饰性作用的，其宽度等于和大于5m的绿地。

（2）生产防护绿地

包括园林生产绿地和防护绿地。园林生产绿地指提供苗木、草皮和花卉和圃地；防护绿地用于隔离、卫生和安全的防护林带及绿地。如防风林带、卫生防护林带及生产建筑的隔离带等。

（3）专用绿地

具有专门用途和功能要求的绿地，它指专属某一部门、单位使用的，不对外开放的绿地。例如，生产建筑用地、仓库用地、公共建筑用地、公用工程设施用地及住宅用地中的绿化等。此项绿地不参与建设用地平衡，即不作为绿地参加用地的平衡。城镇建设用地中的绿化用地仅包括公共绿地和生产防护绿地。

4.5.4 园林绿地的指标和规划指标

（1）园林绿地指标

1）城镇公共绿地比例

指城镇公共绿地占建设用地的比例。根据《城镇规划标准》（GB 50188-2007），中心镇、一般镇为2%～6%；中心村为2%～4%。

2）人均公共绿地

是以居民平均每人拥有公共绿地面积来表示的。如集镇的人均公共绿地则按下式计算：

人均公共绿地（m^2／人）＝镇区公共绿地总面积／镇区总人口

3）绿地率

指绿化用地在一定用地范围内所占面积的比例，如居住区的绿地率，是在居住区用地范围内各类绿地的总和占居住区用地的比率（%）。其绿地应包括公共绿地、宅旁绿地、公共服务设施等专属绿地以及道路红线内的绿地，不应包括屋顶、晒台的人工绿地。

居住区绿地率（%）＝（各类绿地的总和／居住区用地）×100%

4）绿化覆盖率

指各种植物垂直投影面积在一定用地范围内所占面积的比例。

绿化覆盖率（%）＝（各类绿地覆盖总面积／用地面积）×100%

绿地覆盖面积是指乔木、灌木和多年生草本植物的覆盖面积，按植物的垂直投影测算。乔木树冠下垂叠的灌木和草本植物不再重复计算。绿化覆盖率不是用地指标，但它是研究绿化和衡量绿化环境效能的重要指标。此外，据林学方面研究，一个地区的绿化覆盖率至少应达到30%以上才能起到改良气候的作用，所以从环境保护的观点出发，绿化覆盖率最低限度以不低于30%为宜。

（2）规划指标的确定

2001年国务院关于加强城市绿化建设通知提出：到2005年，全国城市规划建成区绿地率达30%以上，绿化覆盖率达35%以上，人均公共绿地面积达到$8m^2$以上，城市中心区人均公共绿地达到$4m^2$以上；到2010年，城市规划建成区绿地率达35%以上，绿化覆盖率达40%以上，人均公共绿地面积达$10m^2$以上，城市中心区人均公共绿地达到$6m^2$以上。由于各地城市经济、社会发展状况和自然条件差别很大，各地应根据当地的实际情况确定不同的绿化目标。上述指标是根据我国目前的实际情况，经过努力可以达到的水平标准，离满足生态环境需要的标准还相差甚远，它"只是规定了指标的低限"，因此城镇的绿化指标可参考《城市绿化规划建设指标的规定》，并结合本地区的自然、社会、经济、环境保护等方面的实际需求来定，但指标不应低于上述标准。

4.5.5 园林绿地规划的原则

（1）均衡分布，构成完整的园林绿地系统

规划时，应将各种不同功能的绿地在城镇中均衡分布，做到点（公园、游园）、线（街道绿化、游憩林荫带、滨水绿地）、面（分布广的小块绿地）有机结合；大、中、小相结合；集中与分散相结合；重点与一般相结合，构成园林绿地有机的统一整体。

（2）因地制宜、突出地方特色

要从实际出发，结合当地特点，因地制宜地布置各类绿地。例如，北方城镇多数以防风固沙、水土保持为主；南方城镇则以遮阳降温为主；山区、水网地区应与河湖山川结合进行绿化规划；以工业为主导的城镇其卫生防护绿地在绿化系统中比较突出；有名胜古迹、风景游览的城镇，要充分利用条件，与名胜古迹、风景区密切结合。城镇一般很容易同周围自然环境相连，甚至有农田、山林、果园等嵌入城镇内，利用这一条件，可适当减少绿化用地，充分利用自然条件，适当加以改造，既体现地方特点，又构成丰富多彩的绿化空间。

（3）充分利用地形、节约土地

在绿化规划中要充分利用河湖山川、破碎地段以及不宜建筑的地段，将它们组织到城镇园林绿地系统中去，不仅不影响绿化的质量，相反可节约土地。

（4）有利经营管理，创造社会效益与经济效益

园林绿化要考虑有利经营管理，在发挥其休息游览、保护环境、美化镇容村貌等功能的前提条件下，结合生产，创造财富，增加经济收入。所以要从绿化的主题、功能、活动内容、植物种类以及自然资源的多重利用上做文章，使其在产生良好的环境效益的同时，也发挥其社会效用和经济效用，使城镇绿化建设

形成自身的内在发展动力。

（5）加强生态环境建设

为促进城镇可持续发展，加强生态环境建设，创造良好的人居环境。坚持政府组织、群众参与、统一规划、讲求实效，以种植树木为主，建成植物多样、分布合理、利于生态、景观优美的城镇绿地系统。

（6）搞好园林绿化设计

在园林绿化设计中，要借鉴国内外先进经验，体现本地特色和民族风格，突出科学性和艺术性。在植物种类上注重乔、灌、花、草的合理配置，优先发展乔木；以乡土植物为主，积极引进适合在本地区生长的园林植物，使城镇的园林绿化既满足绿化质量水平，又符合绿化环境要求。

4.5.6 园林绿地组成要素及其规划设计

基本要素有园林植物、园林建筑及小品、园林石与水、园林道路与地等，每种要素都有在景观、使用等方面的特性。

（1）植物

植物是构成绿地的主要元素，也是形成生态环境效应的主要因素，了解植物的种类、生长习性等是进行设计的基本前提。

1）植物的基本种类

从设计的角度，重点应了解各种植物的形态和适用性，常用的类型：乔木，适用于行道树、景观树、树林、防护林带等，乔木又分为常绿、落叶两大类；灌木，树形矮小，可做树丛、行列式间植、绿篱，也可孤植，防噪声、防风林带等也需一定灌林配植，灌木对空间划分、阻隔也有一定的作用；藤本植物，也称攀缘植物，适用于做垂直绿化，如墙面、花架等；竹类，有乔木状也有灌木状，适用于丛植或成林；花卉，有草本、宿根和水生等，可做花坛、花台、花境等；草，主要做草坪或运动场，也可做植物雕塑和文字、图案造型。

2) 植物的生长习性与应用

植物的许多生长习性是应用的依据和价值。例如，根据植物阳性和阴性可以安排不同植物在阳光和阴影区的绿化；根据植物对土壤酸碱度的适应性解决不同土壤绿化；根据植物耐干湿性确定其种植的环境；根据植物对粉尘、有害气体的抗性，选作防护林树种等。

3) 植物的观赏性

根据植物根、枝、花、叶、果、形色等各部分的特点，确定观赏特性和使用方式，如花期、花色的搭配、变色叶的季相设计及孤植、间植、混植的利用等。

4) 植物主要种植方式

①孤植。树形完美、色彩鲜明、具有较强观赏性的植物，单株植于空间构图中心，视焦点轴线等处。

②对植。沿轴线用相同树种进行的对称或均衡的种植；多株配合的自由三角形原则；三株或三株以上树林自由种植时采用非等边和非等腰三角形的种植方式。

③群植。单纯树群、树林和混植树群、树林的种植方式。

④绿篱。可修剪的整形绿篱和非修剪的自然式绿篱。

⑤植床的多种形式。花台、花坛、花境、树台、垂直绿化植床等。

另外，还有草坪的平面式、图案方式和立体雕塑式等的应用。

5) 树林与建、构筑物及工程管线的关系

树林的栽植，常出现与建筑物、构筑物相邻或与地上架空线、地下管线位置发生矛盾的问题，如果不妥善处理，不但树木无法生长，对建（构）筑物的使用、安全也产生不良影响；树木根系的伸展力很强，可能破坏路面、管线工程设施。因此，应根据树种的根系、高度、树冠大小、生长速度等确定适宜的距离。

在一般情况下，最小距离分别如表4-18、表4-19、表4-20所列。

表4-18 树木与建筑物、构筑物的水平间距

名称	最小间距/m	
	至乔木中心	至灌木中心
有窗建筑外墙	3～5	3～5
无窗建筑外墙	2	3～5
道路侧右外缘	1	0.5
人行道	0.75	3～5
高2m以下的围墙	3	0.75
冷却塔	高1.5倍	不限
体育场地	3	3
排水明沟边缘	1～1.5	0.5～1
一般铁路中心线	8	4
厂内铁路中心线	4	3
测量水准	2	1

表4-19 树木与地下工程管线水平间距

名称	最小间距/m	
	乔木	灌木
给水管、闸井	1～2	不限
污水管、雨水管、探井	1～2	不限
电力电缆、探井	1.5～2	1
热力管	2	1～2
弱电电缆沟、电力、电讯杆	2	1
路灯电杆	2	不限
消防笼头	1.2	1.2
煤气管、探井	1.5～2	1.5～2
乙炔、氧气管	2	2
压缩空气管	2	1
石油管	1.5	1
天然瓦斯罐	1.5	1.2
排水明沟	1	0.5

表4-20 树木与架空电线间距

电线电压	树木至电线的水平距离/m	树冠至电线的垂直距离/m
1kV以下	1	1
1～20kV	3	3
35～110kV	4	4
154～220kV	5	5

（2）园林建筑与小品

1）园林的类型

园林建筑按功能有如下几种类型。

①文教宣传类：如展览、宣传、阅览等。

②文娱体育类：如活动室、游艺室、乒乓球等球类室等。

③服务类：如餐厅、小卖部、厕所等。

④景点游憩类：如亭、廊及景观小品等。

⑤行政管理类；如办公、库房等。

2）具体形式

①亭：观景与点景，有圆形、四角、三角、六角、八角、双亭等。

②廊："有顶的过道"，有直廊、曲廊、桥廊、爬山廊等多种形式。

③榭："或水边，或花畔"，或顶或敞，形式多样。

④舫："不系舟"，可观赏，可作餐厅、茶室等。

此外，还有如厅、堂、楼、阁、殿、斋、轩馆等多种多样的建筑形式。

3）建筑小品与设施

在园林中除观赏及装饰性的小品，其他功能性设施也都应纳入小品设计的范畴之中，如桥梁、围墙、指示牌、园灯、坐椅、垃圾箱等，在满足功能要求的基础上，从其造型、色彩到装饰上都应满足观看与景观环境的要求，应当通过仔细的设计，创造出有个性和艺术性价值的园林建筑小品。

（3）石与水

园林，尤其是中国传统园林，以自然山水园为代表性特征。石与水是最具自然属性的园林要素，借鉴自然山水的神与形，石与水在园林中有多种造景的方式。

1）石

①石的造景

a. 自然石景的发现、利用和景观组织。

b. 峰石独立造景，利用奇峰怪石，自成景观如庭院山石等。

c. 石缀山：人造假山，有石山、土包石、石包土等多种方式。

②石景的材料

一般以湖石、黄石、房山石或混凝土仿石等几种，根据石材的不同特征而利用，如湖石的特点为："瘦、皱、透、漏、清、丑、奇、顽"，既可独立观赏又可组合成山。

③石山的种类

a. 庭山：在庭院中的叠石，配植少量树木。

b. 壁山：依墙壁叠石或嵌山石于墙壁之上。

c. 楼山：以叠石为基础，上建楼阁，作眺望之用。

d. 池山：在水池或水中叠石成景。

④石景的基本塑造方法

根据石材的质、色、纹、面、体、姿等不同的观赏特征，采用不同的支撑和受力方式创造种种景观，如"挑、飘、透、挎、连、悬、垂、斗、卡、剑"等。

2）水

①水体存在形式与观赏特征

a. 液态水体：常态，最具有观赏和使用性，造景方式多样，如静水形成的海、湖的反光、倒影等景观，流动的水形成的江、河、溪流等景观，受重力或人为力形成瀑布、喷泉等水景。

b. 汽态水体：雾、云、虹等由于水的蒸发等而形成的自然景观。

c. 固态水体：冰、雪、冰雕、雪雕、雾凇及冰雪活动。

②水面空间的处理

较大水面空间开阔、平坦。为了丰富其空间形态，可采取些水面的划分与竖向景观的设计。

a. 岛：作为划分水面空间，增加层次，创造竖向景物的一种常用方式，既可形成景观，又是观赏水景的眺望点，岛的形式有山岛、平岛（洲）、群岛、礁石、半岛等。

b. 堤：是将大水面划分成不同景区的方法，同时具备供人游览和交通功能。

c. 桥与汀步：既可对水面进行划分，组织交通，又不对水面整体感影响太大；桥的形式可根据水面的形态、大小而定，有拱桥、曲桥、廊桥等；汀步作为桥的一种特殊形式，可使人接近，跨越一些较浅、窄的水面。

③水源与水位的处理

"水贵有源"，水源是水景构成的条件，一般分自然水源和人工水源两种。自然水源包括自然降水和自然水体的利用，人工水源是供水系统及城市废水的利用，如洗涤水、冷却水等。水体水位的控制是保持特定水景的需要，可以用水泵排水、补水，堤坝、闸门蓄水、放水和溢水口控制固定水位等方法。

④水岸的处理

对坡度较缓的水岸、宜采取自然草坪或平岸方式；对稍陡的堤岸可用驳岸处理，如自然山石驳岸、斜面驳岸或垂直驳岸；对自然水体水位变化较大的水岸，可采用多层台阶式驳岸，以方便人接近水体活动。

⑤水的游憩性

根据水体的面积、深度、环境及其自然条件，可以结合其观赏性，同时组织水上活动，如划船、垂钓、游泳、戏水、冲浪及冬季的滑冰、滑雪等活动。

（4）地形与道路

1）自然地形的处理

根据功能需要，往往要对原有自然地形进行改变，一般方法有以下几种。

①保留。即按原有地形安排相应的功能设施与活动。

②阶梯化。在原有坡度上以台阶的方式解决通行、活动及建筑要求。

③整平化。将原有地形通过填挖方式拉平，以作建筑或场地使用，这种方式对地形原貌破坏最大。

④强调变化。将原地形突出地势加高，下凹地

势挖深，形成较大的对比，并且可以依势造山、设水，或者在平坦地势上挖池堆山，创造丰富地形景观。

2）地形与空间

通过对地形的变化处理，对空同形成分隔、划分、围合等效果，主要通过不同坡度的利用、活动安排；地形凹凸的划分、阻隔作用；坡高及坡界面对空间的限制程度等手段，达到利用地形创造丰富园林空间的目的。

3）园林道路的作用与基本形式

园路是园林绿地中联系景区、景点的交通线，也是展开园林空间序列的主要线索，道路的形式也基本决定了园林整体布局的结构。园路在分级层次上一般有主路、次路和小路，主要道路或主要游览线分为单环、双环、树形、放射形和网格形等几种典型形式。形式的选择是根据园林的地形地物、大小、形态与内容等确定。

4.6 城镇竖向规划

4.6.1 竖向规划的意义和任务

（1）竖向规划设计的意义

在规划中除了对各类建设用地、建筑物和道路进行平面布置外，还要根据实际地形的起伏变化确定用地地面标高，以便使改造后的地形适于修建各类建筑物的要求，满足迅速排除地面水、地下敷设、各种管线及交通运输的要求等；使规划中的建筑、道路、排水等设施的标高互相协调，互相衔接。同时，综合城镇用地的选择，对于不利于城镇建设的自然地形加以适当的改造，或者提出工程措施，使土方量尽量减少，节省投资。这种垂直方向上的规划设计，称为竖向设计（也称垂直设计或竖向布置）。

（2）竖向规划的任务

1）解决规划范围内各项用地的竖向设计标高和坡向，确定地面排水方式和相应的构筑物，使之能畅

通地排除雨水。

2）决定城镇建筑物、构筑物、室外场地以及道路、铁路、防洪、水系的主要控制点（道路交叉点、桥梁、排水出口等）的标高和坡度，并使之相互间协调。

3）通过竖向设计，充分发挥各种地形的特点，增加可以利用的城镇用地，如冲沟、破碎地等，经过适当的工程措施后加以利用。

4）通过竖向设计调整平面布局和各类建筑安排，使之最能体现出地段特色，丰富城镇空间艺术，并使土石方工程量最小。

5）确定道路交叉口坐标、标高，相邻交叉口间的长度、坡度，道路围合街坊汇水线，分水线和排水坡向。主次干道的标高，一般应低于小区场地的标高，以方便地面水的排除。

6）确定计算土石方工程量和场地土方平整方案，选定弃土或取土场地。避免填土无土源挖方土无出路或土石方运距过大。

7）合理确定城镇中由于挖、填方而必需建造的工程构筑物，如护坡、挡土墙、排水沟等。

8）在旧区改造竖向设计中，应注意尽量利用原有建筑物与构筑物的标高。

4.6.2 竖向规划的要点、方法

（1）建筑物标高的确定

建筑物标高的确定，是以建筑物与室外设计地坪标高的差值来决定的。一般要根据建筑物的使用性质，来确定室内外标高的最小差值。经验表明，住宅建筑类（包括职工单身宿舍）差值一般为 15 ~ 45cm；办公楼、学校、公共建筑类一般为 30 ~ 60cm；一般性工厂厂房、仓库类为 15cm；沉降较大的建筑物为 30 ~ 50cm；有汽车站台的仓库，可根据常用汽车型号、货箱底板高度确定为 90 ~ 120cm。建筑物的标高要与街坊地坪、道路地面标高相适应，建筑室外标高一般要高于道路中心的标高，或等于道路中心的标高。

（2）地面排水

根据总平面规划布置和地形情况划分排水区域，决定排水坡向以及排水管道的系统。排水区域的划分要综合考虑自然地形、汇水面积和降水量的大小等因素。一般要求地面设计坡高不应小于 3‰，如果可能，最好在 5‰ ~ 10‰ 之间，集镇还可以采取明沟排水方式，沟底最小坡度为 2‰。正常坡度在 5‰ 左右即可保证重力自流式、排水流速大于 0.4m/s，明沟出水口标高应高于排入的湖泊、河流、沟渠的正常水位。明沟水面以上至少保留 0.15m 的高度。

（3）道路标高与坡度

从建筑用地与道路网的关系来说，建筑物室外标高，一般应高于周围次要道路的标高，次要道路的标高要高于主干道中心标高，标高差值可在 15 ~ 30cm 之间。

道路纵向坡度的确定要根据地形情况来考虑，一般最大纵坡度在干道为 6%，一般道路为 8%。大量自行车行驶的坡段在 3% 以下的坡度比较舒适。至 4% 以上、坡长超过 200m 时，非机动车行驶就比较困难。另外，为利于地面水的排除和地下管道的埋设，道路的最小纵坡度不宜小于 0.3%。

相邻两个纵坡，坡度差大于 2% 的凸形交点，或大于 0.5% 的凹形交点，必须设置圆形竖曲线，最小半径分别为 300m 或 100m。

人行道的纵坡不能大于 8%，大于 8% 的应设置踏步。对于北方严寒地区，积雪时间较长的城镇控制人行道纵坡还可再低一些。

车行道的横坡一般都是双向的，坡向两侧排水沟，一般横坡控制为 1% ~ 2%。

镇区停车场的坡度最大不应超过 4%，一般以 0.3% ~ 3% 为宜。

（4）土石方工程量计算与平衡

在竖向设计中，要结合地形进行规划，特别是山地、丘陵地区的城镇，最好依山就势布置建筑，但

仍会有一定数量的土（石）方工程。比较合理的土（石）方工程，应该是就近就地取得平衡。岩石类土壤地段，土石方工程费用较高，应尽量避免挖方；若建筑用地表皮土壤为粘散土（回填土、垃圾土等）时，而下层土壤承载力较高，可考虑挖方多一些；反之，地表皮土壤较好，而下层承载力较差时，应避免挖方。土壤经过挖掘后，原结构组织遭到破坏，常常是体积增加（个别地区也有减少现象，如东北山区某些沙砾土），再以此回填时，往往超过挖方体积。因此，在计算土石方平衡中，要注意土壤的可松性系数。这样计算的挖方，经过一段时间雨水湿润和夯实后，使填方符合设计要求。

1）余方工程量估算

考虑土方平衡时还应考虑建筑施工中的场地余方。建筑基础挖方、工程设施和设备基础挖方、各种地下工程挖方、建筑垃圾等都是余方的来源，因此，对这部分余方要预留消方的场地。余方工程量可参照下列参数进行估算。

①建筑物、设备基础的余方量估算公式：

$$V_1=K_1 \cdot A_1 \qquad (式4-2)$$

式中 V_1——基槽余方数量，m^3；

A_1——建筑占地面积，m^2；

K_1——基础余方量参数，m^3/m^2，详见表4-21。

表4-21 基础余方量参数

名 称		基础余方量指标 $K_1/$（m^3/m^2）	备 注
车间	重型	0.3～0.5	有大型机床和设备
	轻型	0.2～0.3	
居住建筑			
公共建筑		0.2～0.3	
仓库			

②地下室的余方量估算公式：

$$V_2=K_2 \cdot N_1 \cdot V_1 \qquad (式4-3)$$

式中 V_2——地下室挖方工程量，m^3；

K_2——地下室挖方时的参数（包括垫层、放坡、室外标高差），一般取 1.5～2.5，地下室位于填方量多的地段取下限值，填方量少或挖方地段取上限值；

N_1——地下室面积与建筑物占地面积之比。

③道路路槽余方量估算（指平整场地后再做路槽）公式：

$$V_3=K_3 \cdot F \cdot h \qquad (式4-4)$$

式中 V_3——道路路槽挖方量，m^3；

K_3——道路系数，详见表4-27；

F——建筑场地范围总面积，m^2；

h——拟设计路面结构层厚度，m。

④管线地沟的余方量估算公式：

$$V_4=K_4 \cdot V_2 \qquad (式4-5)$$

式中 V_4——管线地沟的余方量，m^3；

K_4——管线系数（与地形坡度有关），详见表4-22。

表4-22 道路和管线系数

项目	名称	平坡地	5%～10%	10%～15%	15%～20%
道路系数（K_3）		0.08～0.12	0.15～0.20	0.20～0.25	>0.25
管线地沟系数（K_4）	无地沟	0.15～0.12	0.12～0.10	0.10～0.05	<0.05
	有地沟	0.40～0.30	0.30～0.20	0.20～0.08	<0.08

当土方工程费用一般略低一些时，在符合排水、防洪要求下可以"多挖少填"，以减少基础工程量，使基础处理工作简化。若土方工程费较高，一般可尽量避免土方的挖方工程。应尽量减少土方运输距离，最好都能就地平衡。布置重型建筑物地段，挖方可以多一些，轻型建筑、道路场地、绿化地段等可以适当填方，但当土方回填区深度超过 2m 时，近期布置建筑物就有一定困难，规划中要注意这一点。如果场地的土方工程量超过 6000m^3/hm^2 时，即平均填方或挖方高度超过 63cm，则应考虑经济效益，这时也会影响建设速度。坡度比较大时，每公顷土方工程量也不宜超过 800m^3。当超过 800m^3 时，则应考虑调整或修改竖向设计。

2）土（石）方工程量的计算

土（石）方工程量一般可采用方格网法计算或横断面法计算。方格网法又分方格网一般计算法与综合近似计算法；综合近似法适用于作场地选择和方案比较时使用，其精确度较低。方格网一般计算法精确度较高，常用于需要比较准确了解土方工程量的竖向设计中。

①方格网计算法。根据地形的复杂程度，在地形图上划分疏密不同的方格网；1:500 的地形图，可划分为 20m×20m 的方格网；1:1000 的地形图，可划分为 40m×40m 的方格网。这些方格网均应与测量坐标或建筑坐标方位重合。地形简单、比较平坦，方格网可以适当放大到 50m×50m（1:500 图）或 100m×100m（1:1000 图），地形复杂的还可以适当加密，或局部加密，如 10m×10m 的方格网。

方格网十字线右下角填写自然地面标高，右上角填写设计地面标高，左上角填写填方(+)或挖方(-)的施工高度值。

进行土方计算时，可将每个方格网的挖方或填方算出，并用数字标在方格中，填方"+"号，挖方为"-"号。将各个方格内的挖方或填方相加，就是场地总土方量，如图 4-36 所示。方格网计算，精度较高，一般用于场地平整时土方工程量计算。表 4-23

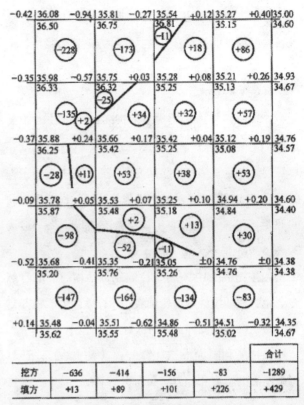

图 4-36 土方量计算方格网

					合计
挖方	−636	−414	−156	−83	−1289
填方	+13	+89	+101	+226	+429

给出了方格网土方计算公式 [四方棱挖方计算式（四方棱柱体法）]。

方格网土方计算公式，也可采用三角棱柱体法。沿地形等高线，将每个方格对角点连接形成多个三角形，根据各角点施工高度与符号以及零线可能形成三角形的情况等，分别采用不同的计算公式计算土方量。

表 4-23 方格网土方计算公式

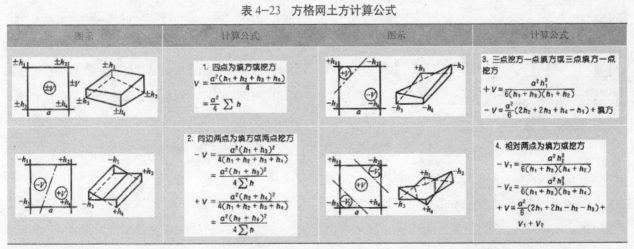

注：V 为填方（+）或挖方（−）的体积，m³；h_1、h_2、h_3、h_4 分别为方格网四角点的施工高度，m，用绝对值代入；a 为正方格网的边长 m。

②横断面计算法。横断面近似计算法，是计算土石方工程量的第二种方法，这种方法较为简便，但精度较低。

计算步骤如下。

a. 划横断面。根据地形图及竖向设计图，将建筑场地划分横断面 1-1'，2-2'，3-3'······划分的原则是尽量同场地建筑坐标方格网方向一致，或垂直于工程的轴线（如道路中心线）或地形等高线；横断面之间的间距不等，在地形变化较复杂的情况下，一般为 20 ~ 50m，但不大于100m。

b. 按比例 1:100 ~ 1:200 绘制每个横断面的自然地面轮廓线和设计地面轮廓线。设计地面轮廓线与自然地面轮廓线之间即为填方或挖方的体积。

c. 按所列断面面积计算公式（表4-24），计算每个断面的填方和挖方断面面积。

表 4-24 横断面的常用断面面积公式

图示	断面面积计算公式
	$F=h(b+mh)$
	$F=h[b+(m+n)/2]$
	$F=b(h_1+h_2/2)+nh_1h_2/2+mh_1h_2/2$
	$F=ba_1h_1/2+(h_1+h_2)a_2/2+(h_1+h_2)a_3/2+\cdots+(h_{n-1}+h_n)a_n/2+a_{n-1}h_n/2$
	$F=ba(h_0+2h+h_n)/2$ $h=h_1+h_2+h_3+\cdots+h_{n-1}$

d. 按公式计算土方工程量为：

$$V=L(F_1+F_2)/2 \qquad (\text{式}4\text{-}6)$$

式中 V——相邻两断面间土方工程量，m^3；

F_1、F_2——相邻两断面之间的填方（+）或挖方（-）的断面积，m^2；

L——相邻两断面间距离，m。

e. 汇总全部土方工程量。其总挖方应乘以可松系数，再进行挖填平衡。

4.6.3 竖向设计图的绘制及地面设计形式

（1）竖向设计图的绘制

1）设计等高线法

用设计等高线法来改造自然地面。设计等高线的距离（高程间距）主要取决于地形坡度和图纸比例的大小。设计等高线的高程应尽量与自然地形图的等高线高程相吻合。

设计方法是：先将建筑物用地的自然地形按不同情况画几个横断面，按竖向设计形式，确定台阶宽度和坡度，找出填挖方的交界点，作为设计等高线的基线，按所需要的设计坡度和排水方向，试画出设计等高线；设计等高线用直线或曲线来表示，尽可能使设计等高线接近或平行于自然地形等高线；试将设计等高线画在描图纸上，覆在自然地形图上进行土方计算，填挖方量大致平衡时，则设计等高线为正确，否则应重新确定设计等高线，再进行土方计算，直到土方量大致平衡为止。设计等高线有利于表明竖向规划各方面的相互关系，但缺点是需要计算、设计，图面表示比较复杂。

2）设计标高法

设计标高法是以建筑物、构筑物的室内外地坪标高、道路的纵坡标高和坡距、坡度来表示，并辅以箭头表示地面排水方向，组成竖向设计图的方法。这是城镇规划竖向设计中最常用的一种方法，其优点是图面比较简单。其缺点是设计示意图不易交代清楚，只能由施工部门自行调整。

（2）竖向规划设计形式

1）地面形式

在进行竖向规划设计时，拟将自然地形加以适当改造，使其成为能够满足使用要求的地形。这一地形，称之为设计地形或称设计地面。设计地面按其整平连接形式，一般分为 3 种。

①平坡式。把建设用地处理成一个或几个坡向的平整面，坡度变化大。

②台阶式。由几个标高高差较大的不同平面相连接而成，在连接处一般设置挡土墙或护坡等构筑物。

③混合式。即平坡式与台阶式混合使用。根据使用要求与地形特点，把建设用地划分为几个地段，每个地段用平坡式改造地形，而坡面相接处用台阶式连接。平坡式与台阶式又可以分为单向倾斜和多向倾斜两种形式。在多向倾斜形式中，又可分为向建设用地边缘倾斜和向建设用地中央倾斜两种形式。

2）设计地面连接方式

根据设计地面之间的连接方法不同，可分为以下 3 种方式。

①连续式。用于建筑密度较大，地下管线较多的地段。连续式又分为平坡式与台阶式 2 种。

a. 平坡式一般用于不大于 2% 坡度的平原地区；3%～4% 坡度在地段面积不大的情况下，也可采用。

b. 台阶式适用于自然坡度不小于 4%；用地宽度较小；建筑物之间的高差在 1.5m 以上的地段。

②重点式。在建筑密度不大的情况下，地面水能够顺利排除的地段，只是重点地在建筑附近进行平整，其他都保留自然坡度，称为重点式自然连接方式。多用于规模不大的城镇和生产建筑用地地段。

③混合式。建筑用地的主要部分采用连续式连接方式，其余部分为重点式自然连接。

4.7 给排水工程规划

4.7.1 给水工程规划

（1）给水工程规划的任务、作用、内容及用水类型

1）任务

为经济合理、安全可靠地提供居民的生活和生产用水，为保障人民生命财产安全的消防用水，并满足不同用户对水量、水质、水压的要求。

2）作用

集取天然的地表水或地下水，经过一定的处理，使之符合工业生产用水和居民生活饮用水的标准，并用经济合理的输配水方法输送到各种用户。

3）内容

确定用水定额、用水总量、各单项工程设计水量；根据当地实际情况制定给水系统的组成；合理选择水源、确定取水位置及取水方式；选择水厂位置、水质处理方法；布置输水管道及给水管网、估算管径及泵站提升动力；进行给水系统方案比较、做好工程造价和年运行费、选定给水工程规划方案。

4）用水类型

生活用水、生产用水、市政用水、消防用水、未预见用水。

（2）给水系统

按其工作过程，大致可分为 3 个部分。取水工程、净水工程和输配水工程，并用水泵联系，组成一个供水系统。

1）取水工程

选择水源和取水地点，建造适宜的取水构筑物，其主要任务是保证村镇取得足够水量和良好质量的原水。

2）净水工程

指当原水水质不符合用户要求，对水质处理的净化构筑物，包括混合反应、沉淀或澄清、过滤消毒等。

3）输配水工程

将足够的水量输送和分配到各用水地点，并保证足够水压和水量。为此需铺设输水管道、配水管网和建造泵站以及水塔、水池等调节建筑物。

图 4-37 和图 4-38 所示是给水系统常用组成形式。

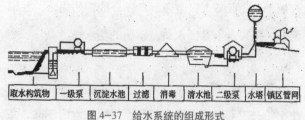

图 4-37 给水系统的组成形式

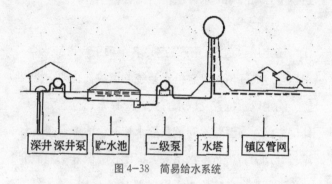

图 4-38 简易给水系统

（3）用水量标准的确定

1）生活用水量标准

每人每日的用水量称为生活用水量标准，它乘以镇区居民总数就得生活用水量。它包括镇区中居住区居民生活饮用水、工业企业职工生活饮用水、洗浴用水以及镇区公共建筑用水等。生活饮用水水质应无色、透明、无嗅、无味、不含致病菌或病毒及有害健康物质，且应符合生活饮用水水质标准。生活饮用水管网上的最小水头应根据多数建筑物层数确定。由于我国幅员辽阔，各地气候条件不同，人民生活习惯等情况也不同，故生活用水定额差异很大。

2）生产用水量标准

生产用水量标准是指生产单位数量产品所消耗的水量。它包括冷却用水，如高炉和炼钢炉和冷凝器的用水；生产过程用水，如纺织厂和造纸厂的洗涤、净化、印染等用水；食品工业用水是食品原料之一；交通运输用水，如机车和船舶用水等。由于生产工艺过程的多样性和复杂性，生产用水对水质和水量要求的标准不一。在确定生产用水的各项指标时，应深入了解生产工艺过程，并参照厂矿实际用水量或有关规范、手册数据等，以确定其对水量、水质、水压的要求。

3）消防用水

一般是从街道上消火栓和室内消火栓取水。此外，在有些建筑物中采用特殊消防措施，如自动喷水设备等。消防给水设备，由于不是经常工作，可与生活饮用给水系统合在一起考虑。对防火要求高的场所，如仓库或工厂，可设立专用的消防给水系统。

（4）变化系数

工业用水、生活用水和消防用水，其用水量是经常变化的，因此，在设计给水工程时，一般以最高日用水量来确定给水系统各项构筑物的规模。在 1 年中，最高日用水量与平均日用水量的比值，叫做日变化系数，即

日变化系数＝最高日用水量／平均日用水量

村镇的日变化系数一般较城市为大，可取用 1.5～2.5。

实际用水的情况除了有最高日与平均日的区别外，在一天当中各小时中的用水量也是不一样的（当然，严格地讲，每小时之内的用水量也是变化着的，但是分析这种细微的变化并没有实用上的意义，因此可以假定 1 小时内的用水量是均匀的）。

在给水工程中，为了给确定管网流量和有关设备的选择提供依据，提出了时变化系数的概念，以计算最大的时用水量：

时变化系数＝最高日最大时用水量／最高日平均时用水量

在规划中一般可取时变化系数为 2.5～4.0。时变化系数与村镇规模、镇区中工业的配备、工作班制、作息时间的统一程度、人口组成等多种因素有关，一般来说，村镇规模小的取上限、规模大的取下限。

关于平均时用水量的计算，通常为日用水量按 24h 计的平均值。

（5）设计用水量估算

给水工程的设计水量是各项用水量的总和，它包括生活用水、工业用水、消防用水、水厂自用水、

未预见水量等。现分别叙述如下。

1）生活用水量

根据居住条件、生活习惯和卫生设备条件等因素，选取适当的最高日用水量标准，分别计算各类生活用水的最高日用水量并汇总。

2）工业用水量

根据各工业生产的规模和产品的最高单位耗水量等，计算最高日工业用水量；企业有自备水源可以利用的则不再计入总的工业用水量中。

3）消防用水量

按同一时间内的火灾次数、一次灭火的用水量、火灾延续时间（一般可取定 2～3h）以及补水时间来计算。

4）水厂自用水量

按前 3 项总和的 5%～10% 计算。

5）未预见水量

按上述各项总和的 10%～20% 计算；第 3 项未计入总用水量时可取上限，反之则取下限。

上述几项的总和即为规划的给水工程设计水量。

（6）水源选择及其保护

水源选择的任务是保证提供良好而足够的各种用水，选择水源时应从水质、水量、取水条件和基建投资等方面综合考虑。

供水水源可分为两大类：地下水水源和地表水水源。地下水水源包括潜水（无压地下水）、自流水（承压地下水）和泉水；地表水水源包括江河、湖泊和水库等水源。

大部分地区的地下水水质清澈、无色无味、水温稳定，而且不宜受环境的污染，但径流量较小、矿化度和硬度较高。地表水具有矿化度和硬度低、水量充足的特点，但大部分地区的地表水由于受地面各种因素的影响，用于生活饮用水一般需经过处理。因此，在当地下水水量充沛的条件下，生活饮用水水源一般应优先选用地下水。

1）水源选择原则

①水量充足可靠　既要满足目前需要，又要适应发展要求，不仅丰水期，即使枯水期也能满足上述要求。这就需要在水源选择时对水源的水文和水文地质进行周密的调查研究，综合分析，防止被一时的表面现象所迷惑。

②水质良好　要求原水的感官性状良好，不含有害化学成分，卫生、安全。作为生活饮用水水源的水质，必须满足国家现行的《生活饮用水卫生标准》的规定。

③考虑农业、水利、渔业的综合利用　选用水库、池塘或灌溉渠道中的水作为水源时，必须考虑不致影响农业、灌溉、渔业生产。

④取水、净水、输水设施安全可靠，经济合理，有利于管道布置。

⑤水源位置应符合规划布局，卫生条件好，便于卫生防护。

⑥注意地下水与地表水相结合，集中供水与分散供水相结合，近期与远期相结合。

水源选择对供水工程的建设是非常重要的一个环节。在选择中，既要掌握详细的第一手材料，又要认真细致地分析研究。同时应根据村镇近远期规划的要求，考虑取水工程的建设、使用、管理等情况，通过技术经济比较，确定合理的水源。此外，还应充分注意当地的地方病和群众用水习惯等实际情况。

2）水源的卫生防护

水源是城镇发展以及居民点生存的命脉，水质的好坏直接影响到人民的健康。因此，水源的卫生防护是保护水资源的重要措施。

对集中式供水水源的卫生防护地带，其范围和保护措施，应符合下列要求。

①地表水

a. 取水点周围半径不小于 100m 的水域内，不得停靠船只、游泳、捕捞和从事一切可能污染水源的活动，并应设有明显的保护范围标志。

b. 河流取水点上游 1000m 至下游 100m 的水域内，不得排入工业废水和生活污水；其沿岸防护范围内，不得堆放废渣、设置有害化学物品的仓库或堆栈、设立装卸垃圾、粪便和有害物品的码头；沿岸农田不得使用工业废水或生活污水灌溉及施用有持久性和剧毒的农药，并不得从事放牧。

c. 供生活饮用的专用水库和湖泊，应根据具体情况，将整个水库湖泊及其沿岸列入防护范围，并应满足上述要求。

d. 在水厂生产区或单独设立泵站时，沉淀池和清水池外围不小于 10m 的范围内，不得设立生活居住建筑和修建禽兽畜饲养场、渗水厕所、渗水坑；不得堆放垃圾、粪便、废渣或铺设污水管道；要保持良好的卫生状况，在有条件的情况下，应充分绿化。

②地下水

a. 取水构筑物的防护范围，应根据水文地质条件、取水构筑物的形式和附近地区的卫生状况进行确定。其防护措施应按地表水水厂生产区的要求执行。

b. 在单井或井群的影响半径范围内，不得使用工业废水或生活污水灌溉及施用有持久性和剧毒的农药，不得修建渗水厕所、渗水坑、堆放废渣或铺设污水渠道，并不得从事破坏深层土的活动。

c. 分散式水源，水井周围 20～30m 的范围内不得设置渗水厕所、渗水坑、粪坑、垃圾堆和废渣堆等，并应建立必要的卫生制度。

（7）给水管网布置

在城镇供水系统中，管网担负着输、配水任务。其基建投资一般要占供水工程总投资的 50%～80%，因此在管网规划布置中必须力求经济合理。

1）管网布置形式

供水管网是根据村镇地形、道路及其发展方向、用水量较大用户的位置、用户要求的水压、水源位置

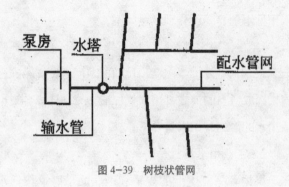

图 4-39　树枝状管网

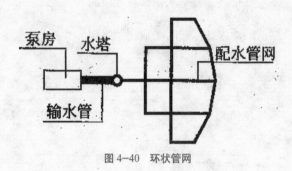

图 4-40　环状管网

等因素进行布置。管网平面布置形式有树枝状和环状两种，也可两种混合使用。如图 4-39、图 4-40 所示。

①树枝状管网。配水干管和支管间的布置如同树干和树枝的关系。其优点是管线短、构造简单、投资较省。其缺点是一处损坏，将使其下游各管段全部断水；管网有许多末端，有时会恶化水质等。对供水量不大，而且对不间断供水无严格要求的村镇采用较多。

②环状管网。干管之间用联络管互相接通，形成许多闭合环，每个管段都可以从两个方向供水，因此供水安全可靠，保证率高，但总造价较树枝状高。在供水中，对供水要求较高的村镇，应采用环状管网。

2）管网线路选择

①干管布置的主要方向与供水的主要流向一致，使干管通过两侧负荷较大的用水户，并以最短距离向最大用水户或水塔供水。

②管线总长度应短，便于施工与维修，使管网造价及管理费用低。

③要充分利用地形。输水管要优先考虑重力自

流，减少经常动力费用，管网平差选用最佳方案。

④施工与维修要方便，管线应尽量沿现有道路或规划道路敷设，避免穿越街坊，平面位置应符合村镇建设规划要求。

4.7.2 排水工程规划

（1）排水工程规划的任务

主要任务如下。

1）估算镇区的各种排水量，分别估算生活污水量、生产废水和雨水量，一般将生活污水和生产废水量之和称为城镇的总污水量，雨水量单独估算。

2）拟定镇区污水、雨水的排放方案。包括确定排水区界和排水方向，研究生活污水、生产废水和雨水的排水方式，旧镇区原有排水设施的利用与改造，以及研究在规划期限内排水系统建设的远近期结合、分期建设等问题。

3）研究镇区污水处理与利用的方法及污水处理厂（站）位置选择。根据国家环境保护规定及城镇的具体条件，确定其排放程序、处理方式以及污水综合利用的途径。

4）布置排水沟管，包括污水管道，雨水管渠、防洪沟的布置等。要求确定主干管、干管的平面位置、高程、估算管径，泵站设置等。

5）估算镇区排水工程的造价及年费用。一般按扩大经济指标计算。

（2）排水量估算

镇区排水根据它的来源和性质，可分为三类，即生活污水、工业废水和降水。

1）生活污水

生活污水是指居民日常生活活动中所产生的污水。其来源为住宅、工厂的生活污水和学校、机关、商店等公共场所等排出的污水。生活污水量一般可采取与城镇生活用水量相同的定额，若室内没有卫生设备，流入污水管网的生活污水往往要比用水量少。

污水量与用水量一样，是根据卫生设备情况而定。

生活污水量总变化系数，随污水平均日流量而不同，其数值为 2.3 ~ 1.2；污水流量越大，总变化系数越小。

2）工业废水

工业废水包括生产污水和生产废水（指有轻度污染的废水或水温升高的冷却废水）两种。工业废水量根据各工厂的设备和生产工艺过程来决定，这要由工厂提供数值。若无工厂提供的资料，可参照附近条件相似工厂的废水量确定。

3）降水

降水包括地面径流的雨水和冰雪融化水。降水量可根据降雨强度、汇水面积、径流系数计算而得。

（3）排水体制

对生活污水、工业废水和降水所采取的排除方式，称为排水体制，也称排水制度。按排水方式，一般可分为分流制和合流制两种。

1）分流制

用管道分别收集雨水和污水，各自单独成为一个系统。污水管道系统专门排除生活污水和工业废水；雨水管渠系统专门排除不经处理的雨水，如图4-41所示。

2）合流制

只埋设单一的管道系统来排除生活污水、工业废水和雨水，如图4-42所示。如何合理地选择排水

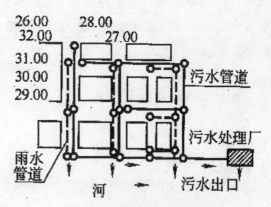

图4-41 分流制排水系统示意图

体制，是城镇排水系统规划中一个十分重要的问题，它关系到城镇排水系统是否经济实用，能否满足环境保护的要求，同时也影响维护管理和施工。排水体制的选择，应根据城镇规划布局、当地自然条件和水体条件、城镇污水量和水质情况、城镇原有排水设施情况等综合考虑，并通过技术经济比较后确定。一般城镇，宜采用分流制，用管道排除污水，用明渠排除雨水。这样可分别处理，分期建设，又比较经济适用。

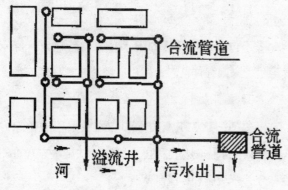

图 4-42　合流制排水系统示意图

4.8 电力工程规划

电是工农生产动力，也是城镇居民物质生活和精神生活不可缺少的能源。因此，供电系统是现代城镇的一项重要的工程设施。供电工程规划，一般以区域动力资源、区域供电系统规划为基础，调查收集城镇电源、输电线路及电力负荷等现状资料，并分析其发展要求，对城镇供电做出综合安排，以满足城镇各部门用电增长的要求。

4.8.1 电力工程规划的基本要求

（1）供电工程规划主要解决的问题

1）电力负荷的分布

即确定城镇各类用电单位的用电量、用电性质、最大负荷和负荷变化曲线等。

2）确定电源

发电厂和变电所部是城镇的电源，所以要明确电能的来源是靠本地区的发电厂，还是靠外地区电源送电。

3）布置电力网

确定电力网的电压等级；变电所的数量、容量和位置；电力网的走向等。考虑上述诸因素后，提出供电方案，进行技术经济比较，选定最佳方案。

（2）供电工程规划的基本要求

1）城镇各部门用电增长的要求。

2）满足用户对供电可行性和电能质量的要求，尤其是电压的要求。

3）要节约投资及运营费用，减少主要的设备和材料消耗，达到经济合理的要求。

（3）远近期相结合，以近期为主，要有发展的可能

总之，要根据国家计划和城镇电力用户的要求，按照国家规定的方针政策，因地制宜地实现电气化的远景规划，做到技术先进、经济合理、安全适用。

4.8.2 电力负荷

电力负荷分析城镇供电工程规划的基础。供电系统中各组成部分，如发电厂和变电所规划、线路回数、电压等级都是取决于这个基础。电力负荷一般分为工业用电、农业用电、市政及生活用电。

（1）工业用电负荷

一般根据工业企业提供的用电数字，并根据它的产量校核。对尚未设计及提不出用电量的工业，可根据典型设计或同类型企业的用电量来估算，也可按年产量与单位产品耗电量来计算。

（2）农业用电负荷

农业用电负荷种类很多，仅用单位产品耗电定额来计算农业用电是不够的。一般可根据调查的农业用电器具的类型、数量、用电量的大小，使用时间来

计算，也可采用每耕种一亩田、饲养一头牲畜的用电定额来计算。

（3）市政及生活用电负荷

要按人均用电指标计算，参照类似的指标或本乡镇逐年负荷增长比例制定的指标。也可按以下不同用电户分别计算。

1）住宅照明用电。以住宅面积及额定照明标准计算住宅照明年用电量。

2）其他公共建筑用电除特殊要求的建筑外，可参照住宅用电量的计算方法，计算公共建筑照明年用电量。

3）给排水设备用电。

4）街道照明用电。

4.8.3 电源的选择及高压走廊

（1）电源的选择

城镇电源是供电工程的主体，电源种类有发电厂和变电所两种。发电厂主要有水力发电和火力（以煤、油、天然气等为燃料）发电，另外还有风力、热核发电、太阳能发电和地下热能发电等。变电所有变压变电所和变流变电所。电源的选择和分布关系着城镇供电可靠性和经济合理性。要采取集中与分散相结合的原则进行综合安排。

1）电厂厂址选择

发电厂厂址必须满足其一般工程技术的要求，如发电厂对地形、地质、水文、运输、供水、排灰、卫生等方面的要求。从许多城镇的实践来看，选择火力发电厂厂址主要是取决于水源、专用线、储煤场、环境保护等因素。

2）变电所的选址

变电所位置的选择要考虑下面一些问题。

①接近负荷中心或网络中心。

②便于各级电压线中的引入或引出，进出线走廊要与变电所位置同时确定。

③不受积水浸淹，枢纽变电所要在百年一遇洪水水位之上。

④工业企业的变电所不要妨碍工厂发展。

⑤变电所靠近公路和城镇道路时，应有一定间隔。

⑥区域性变电所不宜设在城镇内部。

变电所的用地面积，由电压等级、主变压器容量及台数、出线回路数目多少而不同。小的有 50m×40m，大的占地 250m×200m。变电所合理的供电半径见表 4-25。

表 4-25　变电所合理的供电半径

变电所合理等级 /kV	变电所二次侧电压 /kV	合理供电半径 /km
35	6, 10	5 ～ 10
110	35, 6, 10	15 ～ 20
220	110, 6, 10	50 ～ 120

（2）高压走廊在城镇中的位置

在城镇总体规划中除了确定电厂、变电所位置外，还应留出高压输电线走廊的走向及宽度。

1）高压走廊宽度的确定

高压架空线进入村庄后，带来很多问题，比较突出的是安全问题。因此，高压架空线行经的通道，即高压线走廊（见图 4-43），要有一定的宽度，并与其他物体之间保持一定的距离。

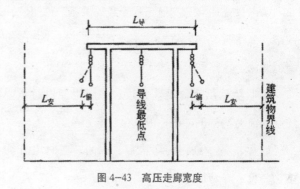

图 4-43　高压走廊宽度

高压线走廊宽度一般按下列公式计算：

$$L = 2L_安 + 2L_偏 + L_导 \qquad (式 4-7)$$

式中 L——高压线走廊宽度；

$L_{偏}$——导线最大偏移，与风力及导线材料有关；

$L_{导}$——电杆上面外侧导线间距离，与悬垂绝缘子串的长度、导线的最大弧垂、电压大小有关；

$L_{安}$——高压线对房屋建筑物的安全距离，见表4-26。

如考虑高压线倒杆的危险，则高压线走廊宽度应大于杆高的2倍。

表4-26 高压架空线中对房屋建筑物的安全距离 单位：m

最小间距	线路额定电压水 /kV			
	35	110	220	330
最大弧垂时垂直距离	4	5	6	7
最大偏斜时的距离	3	4	5	6

2）确定高压线路走向的一般原则

①线路应短捷，既可减少投资又可节约贵重的有色金属。

②要保证居民及建筑物的安全，有足够的走廊宽度。

③高压线不宜穿过城镇中心地区和人口密集地区，并且要注意城镇面貌的美观，必要时采用地下电缆。

④考虑高压线与其他工程管线的关系。跨河流、铁路、公路时要加强结构强度，要尽可能减少高压线跨越河流、铁路和公路的次数。

⑤避免从洪水淹没区经过；在河边架设时，要注意河流对基础的冲刷，或发生倒杆事故。

⑥尽量减少线路转弯次数，因为转弯时电杆的结构强度大，造价高。

⑦注意远离污浊空气区域，以免影响线路绝缘，造成短路事故，对有爆炸危险的建筑物也应避免接近。

4.9 燃气供热工程规划

4.9.1 燃气工程规划

燃气是种清洁、优质、使用方便的能源。燃气供应是城镇公用事业中项重要设施。燃气化是实现城镇现代化不可缺少的一个方面。燃气工程规划是编制城镇燃气工程计划任务书和指导城镇工程分期建设的重要依据。

（1）燃气工程规划的任务

1）根据能源资源情况，选择和确定燃气的气源。

2）确定燃气供应的规模和主要供气对象。

3）推算各类用户的用气量及总用气量，选择经济合理的输配系统和调峰方式。

4）做出分期实施城镇燃气工程规划的步骤。

5）估算规划期内建设投资。

（2）燃气的气源及燃气量

1）燃气的气源及其选择

①燃气的分类

燃气按其成因不同，可分为天然气和人工煤气两大类。

天然气：包括纯天然气、含油天然气、石油伴生气和煤矿矿井气等。

人工煤气：包括煤、煤气和油煤气。

液化石油气既可从天然气开采过程中得到，也可以从石油炼制过程中得到。

②燃气气源选择

a. 根据国家有关政策，结合本地区燃料资源的情况，通过技术、经济比较来确定气源选择方案。

b. 应充分利用外部气源。当选择自建气源时，必须落实原料供应和产品销售等问题。

2）燃气厂和储配站址选择

选择燃气源厂的厂址，一方面要从城镇的总体规划和气源的合理布局出发；另一方面也要从有利生产、方便运输、保护环境着眼。厂址选择有如下要求：

①应符合城镇总体规划的要求，并应征得当地规划部门和有关主管部门的批准。

②尽量少占或不占农田。

③在满足环境保护和安全防火要求的条件下，尽量靠近负荷中心。

④交通运输方便，尽量靠近铁路、公路或水运码头。

⑤位于城镇下风向，尽量避免对城镇的污染。

⑥工程地质良好，厂址标高应高出历年最高洪水位 0.5m 以上。

⑦避开油库、交通枢纽、飞机场等重要战略目标。

⑧电源应能保证双路供电，供水和燃气管道出厂条件要好。

⑨应留有发展余地。

⑩应符合建筑防火规范的有关规定。

3）燃气供应系统的组成

燃气供应系统由气源、输配和应用三部分组成，如图 4-44 所示。

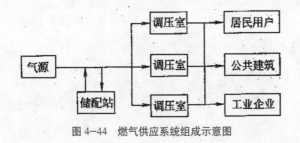

图 4-44 燃气供应系统组成示意图

在燃气供应系统中，输配系统是由气源到用户之间的一系列煤气输送和分配设施组成，包括煤气管网、储气库（站）、储配站和调压室。在城镇燃气规划中，主要是研究有关气源和输配系统的方案选择和合理布局等一系列原则性的问题。

4）燃气用量计算

①燃料的折算方法

其他燃料（如煤）的年用量可以用下式折算为燃气年用量：

$$v=1000G_I \times Q_d \times \eta_1 / Q_p \times \eta_2 \qquad (\text{式 } 4\text{-}8)$$

式中 v——燃气的年用量，m^3/a；

G_I——其他燃料的年用量，t/a；

Q_p——燃气低热值，kJ/m^3；

Q_d——其他燃料的低热值，kJ/m^3；

η_1——使用其他燃料时的热效率，%；

η_2——使用燃气时的热效率，%。

②生活用气量的确定

居民生活和公共建筑的燃气用量，同燃气用具的配置、生活习惯、气候条件、有无集中热水供应等许多因素有关。在规划阶段要精确计算是很困难的。通常是根据实际统计资料所得到的用气定额来确定。当缺乏用气量的实际统计资料时，一种方法是向当地煤炭供应部门调查当年的煤炭消耗量，并根据历年统计资料推算出增长率，考虑自然增长后折算为燃气量，在折算时需要考虑烧煤和烧燃气的不同热效率；另一种方法是根据当地居民的生活习惯、气候条件等具体情况，参照相似条件的城镇用气定额来确定。

③房屋采暖用气量的计算

房屋采暖用气量与建筑面积、耗热指标和采暖期长短等因素有关，一般可按下式计算：

$$Q_c=F_{qn} \times 100 / Q_\eta \qquad (\text{式 } 4\text{-}9)$$

式中 Q_c——年采暖用量，（标）m^3/a；

F——使用煤气采暖的建筑面积，m^2；

q——耗热指标，$KJ/(m^2 \cdot h)$；

n——最大负荷利用小时，h；

Q——燃气的低热值，kJ/m^3；

η——燃气采暖系统热效率，%。

由于各个地区的冬季室外采暖计算温度不同，各种建筑物对室内温度又有不同的要求，所以各地的耗热指标 q 是不一样的，一般可由实测确定。η 值因采暖系统不同而异，一般可达 70% ~ 80%。最大负荷利用小时 n 可用下式计算：

$$n=n_1(t_1-t_2)/(t_1-t_3) \qquad \text{（式 4-10）}$$

式中 n——采暖最大负荷利用小时，h；

n_1——采暖期，h；

t_1——室内温度，℃；

t_2——采暖期室外空气平均温度，℃；

t_3——采暖期室外计算温度，℃。

4）工业用气量的确定

工业用气量的确定与工业企业的生产规模、工艺特点等有关。在规划阶段，由于各种原因，很难对每个工业用户的用气量进行精确计算，往往根据其煤炭消耗量折算燃气用量，折算时应考虑自然增长、使用不同燃料时热效率的差别。作为概略计算，也可以参照相似条件的城镇工业和民用用气量比例，取一个适当的百分数来进行估算。

如果有条件时，可利用各种工业产品的用气定额来计算工业用气量。

（3）燃气的输配系统

燃气的输配系统包括气源厂（或天然气远程干线的门站）以后到用户前的一系列燃气输送和分配设施。燃气的输送与分配必须把燃气供应的安全性和可靠性放在重要地位。

1）燃气管道压力的分级

我国城镇燃气管道的压力分级见表 4-27。

表 4-27 燃气管道的压力分级

燃气管道分级	压力 /MPa
低 压	< 0.005
中 压	0.005 ~ 0.15
次高压	0.15 ~ 0.3
高 压	0.3 ~ 0.8

在进行城镇燃气规划时，要考虑将来发展的需要。

2）燃气管网系统

燃气管网系统一般可分为单级系统、两级系统、三级系统和多级系统。

①单级系统

只采用一个压力等级（低压）来输送、分配和供应燃气的管网系统（见图 4-45）。其输配能力有限，故仅适用于规模较小的城镇。

②两级系统

采用两个压力等级（中低压）来输送、分配和供应燃气的管网系统见图 4-46，包括有高低压和中低压系统两种。中低压系统由于管网承压低，有可能采用铸铁管，以节省钢材，但不能大幅度升高远行压力来提高管网通过能力，因此对发展的适应性较小。高低压系统因高压部分采用钢管，所以供应规模扩大时可提高管网运行压力，灵活性较大；其缺点是耗用钢材较多，并要求有较大的安全距离。

③三级系统

是由高、中、低三种燃气管道所组成的系统（图 4- 47），仅适用于大城市。

④多级系统

在三级系统的基础上，再增设超高压管道环，从而形成四级、五级等多级系统（图 4-48）。

3）燃气管网的布置

首先要保证安全、可靠地供给各类用户具有正常压力、足够数量的燃气；其次，要满足使用上的要求；再次，要尽量缩短线路，以节省管道和投资。

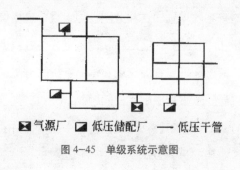

▨气源厂　▱低压储配厂　——低压干管

图 4-45 单级系统示意图

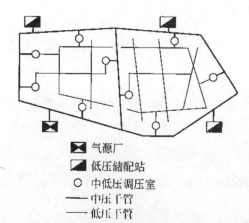

图 4-46　中低压两级系统示意图

气源厂
低压储配站
○ 中低压调压室
—— 中压干管
—— 低压干管

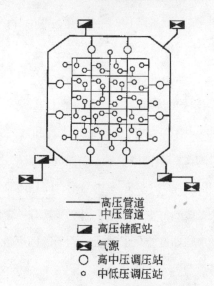

—— 高压管道
—— 中压管道
高压储配站
气源
○ 高中压调压站
∘ 中低压调压站

图 4-47　高、中、低三级系统示意图

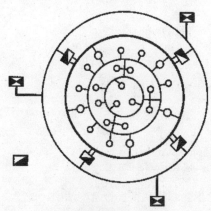

══ 高压管道（5.5MPa）
—— 高压管道（2MPa）
—— 高压管道（0.3MPa）
—— 中压管道（0.1MPa）
气源厂或天然气门站
高压储配站
○ 高中压调压室
∘ 中低压调压室

图 4-48　多级系统示意图

管网布置的原则是：全面规划，分期建设，近期为主，远近期结合。管网的布置工作应在管网系统的压力级制及原则上确定之后进行，其顺序按压力高低，先布置高、中压管网，后布置低压管网。对于扩建或改建燃气管网的城镇，应从实际出发，充分利用原有管道。

①燃气管网布置

在镇区里布置燃气管网时，必须服从镇区管线综合规划的安排。同时，还要考虑下列因素。

a.高、中压燃气干管的位置应尽量靠近大型用户，主要干线应逐步连成环状。低压燃气管最好在居住区内部道路下敷设。这样既可保证管道两侧均能供气，又可减少主要干管的管线位置占地。

b.一般应避开主要交通干道和繁华的街道，采用直埋敷设以免给施工和运行管理带来困难。

c.沿街道敷设管道时，可单侧布置，也可双侧布置。在街道很宽、横穿马路的支管很多或输送燃气量较大，一条管道不能满足要求的情况下可采用双侧布置。

d.不准敷设在建筑物的下面，不准与其他管线平行上下重叠，并禁止在下列地方敷设燃气管道：各种机械设备和成品、半成品堆放场地；易燃、易爆材料和具有腐蚀性液体的堆放场所；高压电线走廊、动力和照明电缆沟道。

e.管道走向需穿越河流或大型渠道时，根据安全、经济、镇容镇貌等条件统一考虑，可随桥（木桥除外）架设，也可以采用倒虹吸管由河底（或渠底）通过，或设置管桥。具体采用何种方式应与城镇规划、消防等部门协商。

f.应尽量不穿越公路、铁路、沟道和其他大型构筑物。必须穿越时，要有一定的防护措施。

②管道的安全距离

为了确保安全，镇区地下燃气管道与建（构）筑或相邻管道之间，在水平和垂直方向上应保持一定的安全距离，详见有关的国家规范。

4.9.2 供热工程规划

城镇集中供热（又称区域供热）是在镇区和镇域某些区域，利用集中热源向工厂、民用建筑供应热能的一种供热方式。集中供热工程规划是编制城镇集中供热工程计划任务书、指导集中供热工程分期建设的重要依据。

（1）发展集中供热的意义

1）节约能源。集中供热可使锅炉热效率提高20%。

2）减轻大气污染。集中供热减少燃煤，相应地减少污染物总的排放量；同时，把分布广泛的污染物"面源"改为比较集中的"点源"，污染状况也能减轻。

3）减少城镇运输量。

4）节省用地。一个集中热源可代替多个分散小锅炉，相对就会节省许多用地。

5）节省建设投资。采用集中供热，可对各种用户用热高峰出现的时间不同进行互相调整，从而减少设备总容量，节约了建设投资。

总之，实行集中供热，有利于供热管理科学化，提高供热质量，能收到综合的经济效益和社会效益。

（2）集中供热系统

1）供热系统的组成

集中供热系统由热源、热力网和热用户三大部分组成。

根据热源的不同，一般可分为热电厂和锅炉房两种集中供热系统，也可以是由各种热源（如热电厂、锅炉房、工业余热和地热等）共同组成的混合系统。

2）热负荷计算

集中供热系统的热负荷，分为民用热负荷和工业热负荷两大类；其中前者包括居民住宅和公共建筑的采暖、通风负荷和厂区的生活热水负荷。

①民用热负荷

a. 采暖热负荷。为了保证冬季寒冷地区的室内温度符合有关规定的要求，使人们能进行正常的工作、学习和进行其他活动，就必须由采暖设备向房屋补充与热损失相等的热量。每小时需要补充的热量称为采暖热负荷，通常用 kJ/h 来表示。

房屋的基本热损失一般可用下式表示：

$$Q=\sum KF\left(t_n-t_w\right)a \qquad （式 4-11）$$

式中 F——某种围护结构的面积，m^2；

K——某种围护结构的传热系数，$W/(m^2 \cdot ℃)$；

t_n——室内计算温度，℃；

t_w——采暖室外计算温度，℃；

a——围护结构的温差修正系数。

b. 通风热负荷。在一些公共建筑和散发有害气体及粉尘的工厂车间以及某些有特殊要求的建筑中，在冬季不仅要保持一定的室内温度，而且还要不断向室内送入一些新鲜空气，使室内空气具有一定的清洁度。用于加热新鲜空气的热量，称为通风热负荷。

通风热负荷可按下式计算：

$$Q_T=nV_nC_v\left(t_n'-t_w'\right) \qquad （式 4-12）$$

式中 Q_T——通风热负荷，W；

n——通风换气频率，次/h；

V_n——室内空间体积，m^3；

C_v——空气的容积比热容，$kJ/(m^3 \cdot ℃)$；

t_n'——室内计算温度，℃；

t_w'——通风室外计算温度，℃。

c. 生活热水热负荷。日常生活中，洗脸、洗澡、洗器皿等所消耗热水的热量，称为生活热水热负荷。

生活热水热负荷的大小与生活水平、生活习惯、用热人数和用热设备情况等有关。生活热水热负荷可由下式确定：

$$Q_z=q_zn\left(t_h-t_c\right)C_z/P \qquad （式 4-13）$$

式中 Q_z——生活热水热负荷，W；

q_z——用水量标准，L/（人·d）；

n——使用热水的人数，人；

t_h——热水温度，℃；

t_c——冷水温度，℃；

C_z——水的热容量，KJ/（L·℃）；

P——昼夜中负荷最大值的小时数，h/d。

在用户处装有足够容积的储水箱时，供热系统可以均匀地向储水箱供热，而与使用热水的状况无关，P 可取 24h。在用户处没有储水箱时，供热系统为满足高峰时的用热需要就应根据热水的使用情况降低 P 值。例如，对于居民住宅、医院、旅馆、浴室和食堂等，一般取 P=10～12h；体育馆、学校等使用热水集中的用户可取 P=2～5h。

d. 热指标。在规划阶段，当不具备热负荷详细计算的条件，一般采用热指标进行估算民用热负荷。热指标是在采暖室外计算温度下单位建筑面积每小时所需要的热量，用 W/m² 表示。如果已知各类建筑物的热指标，即可求出民用热负荷的总量。当需要计算较大供热范围的民用总热负荷，又缺乏建筑物的分类建筑面积详细资料时，也可根据建筑面积和平均热指标进行估算。

②工业热负荷

在工业企业中，为了满足工艺过程中加热、烘干等需要，就要供应一定数量的蒸汽或热水，这部分热负荷称为工艺热负荷。此外，由于生产上的要求，厂房要保持一定的温度、湿度等条件，以及厂房的采暖、通风等各项用热的热负荷均为工业热负荷。工艺热负荷的大小及其对热媒种类和参数的要求，与生产工艺过程的性质、用热设备的种类和管理等因素有关。由于各个工业企业的工艺过程是各不相同的，用热设备也是多种多样的，所以工艺热负荷的确定是很难用一个统一的公式来表示。工业热负荷，特别是生产工艺过程的用热量、热媒的种类和参数、工厂的最大小时热负荷等，一般都是通过调查得到的。对于尚未建成的工厂和规划中的工厂企业，可以采用设计热负荷资料或根据相同企业的实际热负荷资料进行估算。

3）热电厂的厂址选择和锅炉房用地

①热电厂的厂址选择。热电厂厂区占地面积参考指标，见表4-28。

表4-28　热电厂厂区占地面积参考指标

单机容量 /MW	0.12	0.25～0.50	1.0～2.0
单位容量占地 /（hm²/MW）	15～20	8～12	4～6

热电厂厂址选择一般要考虑以下几个问题。

a. 应符合城镇总体规划的要求，并应征得规划部门和电力、环境保护、水利、消防等有关部门的同意。

b. 应尽量靠近热负荷中心，提高集中供热的经济性。

c. 应有连接铁路专用线的方便条件，以保证燃料供应。

d. 要有良好的供水条件。

e. 要妥善解决排灰问题，最好能将灰渣进行综合利用。

f. 应有一定的防护距离，降低对城镇的污染。

g. 节约用地，尽量少占或不占农田。

②锅炉房的用地。锅炉房的用地大小与采用的锅炉类型、锅炉容量、燃料种类和储存量有关，如表4-29所列。

表4-29　不同规模热水锅炉房的用地面积

锅炉房容量 /(GJ/h)	用地面积 /hm²	锅炉房容量 /(GJ/h)	用地面积 /hm²
4.8～1.6	0.3～0.5	>58～116	1.6～2.5
>11.6～35	0.6～1.0	>116～232	2.6～3.5
>35～58	1.1～1.5	>232～350	4～5

（3）集中供热的管网布置

热源至用户间的室外供热管道及其附件总称为

供热管网，也称热力网。必要时供热管网中还要设置加压泵站。供热管网的作用是保证可靠地供给各类用户具有正常压力、温度和足够数量的供热介质（蒸汽或热水），满足其用热需要。

根据输送介质的不同，供热管网有蒸汽管网和热水管网两种。

1）供热管网布置的基本形式

供热管网布置的基本形式有3种，如图4-49所示。

枝状或辐射状管网比较简单，造价较低，运行方便，其管网管径随着与热源距离的增加而逐步减少。缺点是没有备用供暖的可能性，特别是当管网中某处发生事故时，在损坏地点以后的用户就无法供热。

环状和网状管网主干管是互相联通的，主要的优点是具有备用供热的可能性，其缺点是管径比枝状管网大，消耗钢材多，造价高。

在实际工程中，多采用枝状管网形式。因为枝状管网只要设计合理，妥善安装，正确操作，一般都

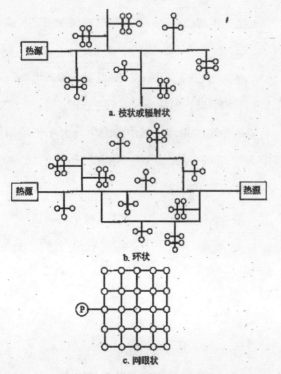

图4-49 供热管网布置的基本形式

能无故障地运行。环状和网眼管网形式使用得极少。

2）供热管网布置的要求

在布置供热管网时，必须符合地下管线综合规划的要求。同时还应考虑下列要求。

①主干管应靠近大型用户和热负荷集中的地区，避免穿越无热负荷的地段。

②供热管道要尽量避开主要交通干道和繁华街道。供热管道与铁路、公路应保持适当距离。

③供热管道穿越河流或大型渠道时，可随桥架设或单独设置管桥，也可采用倒虹吸管由河床底部（渠底）通过。采用的具体方式应与有关部门协商后确定。

④和其他管线合并敷设或交叉时，热力网和其他管线之间应有必要的距离。

3）供热管网的敷设方式

供热管网的敷设方式有架空和地下敷设两类。

①架空敷设。是将供热管道敷在地面上的独立支架或带纵梁的桁架以及建筑物的墙壁上。按照支架的高度不同，又分为低支架、中支架和高支架3种形式。

低支架距地面净高不小于0.5m；中支架距地面净高为2.5～4m，一般在人行交通频繁地段宜采用高支架距地面净高为4.5～6m，主要在跨公路或铁路时采用。

架空敷设不受地下水位的影响，检修方便，施工土方量小，是一种较经济的敷设方式。其缺点是占地多、管道热损失大、影响城镇的景观容貌。

②地下敷设。地下敷设分为有沟敷设和无沟敷设两类。有沟敷设又分为通行地沟、半通行地沟和不通行地沟3种。

地沟的主要作用是保护管道不受外力和水的侵袭，保护管道的保温结构，并使管道能自由地热胀冷缩。

a.有沟敷设

(a) 通行地沟。因为要保证运行人员能经常对管道进行维护，地沟净高不应低于1.8m，通道宽度不应小于0.7m，沟内应有照明设施和自然通风或机械通风装置，以保证沟内温度不超过40℃。因此造价较高，一般只在重要干线与公路、铁路交叉和不允许开挖路面检修的地段，或管道数目较多时，才局部采用这种敷设方式。

(b) 半通行地沟。考虑运行工人能弯腰走路进行正常的维修工作，一般半通行地沟的净高为1.4m，通道宽度为0.5~0.7m。因工作条件差，很少采用。

(c) 不通行地沟。这是有沟敷设中广泛采用的一种敷设方式，地沟断面尺寸只需满足施工的需要。

b.无沟敷设。无沟敷设是将供热管道直接埋设在地下。由于保温结构与土壤直接接触，它同时起到保温和承重两个作用，是最经济的一种敷设方式。一般在地下水位较低、土质不会下沉、土壤腐蚀性小、渗透性质较好的地区采用。

c.地下小室。当供热管道地下敷设时，为了便于对管道及其附属设备的经常维护和定期检修，在设有附件的地方应设置专用的地下小室。其高度一般不小于1.8m，底部设蓄水坑，入口处的入孔一般应设置两个。在考虑管线位置时，要尽量避免把地下小室布置在交通要道或车辆行人较多的地方。

4.10 邮电通信工程规划

4.10.1 邮电通信的特点和分类

城镇邮电通信包括邮政通信和电讯通信。电讯通信主要是电话和电报通信。

(1) 邮电通信建设的意义

邮电通信是城镇公用设施不可缺少的组成部分，邮电通信直接或间接地与各部门的经营管理、生产调度、工作效率和经济效益相联系。它直接为城镇的生产建设和人民生活服务，与村镇的建设发展关系极为密切。在改革开放的今天，它已成为城镇经济、社会发展的重要基础设施工程之一。邮电通信质量的好坏直接影响各行各业和千家万户，必须重视和加强邮电通信建设，在城镇的规划中，应合理安排好邮电通信的建设，以免影响发展或造成浪费。在拟定城镇规划建设方案时，应该同当地邮电部门或其他主管部门，编制好邮电通信专业规划，统一纳入城镇的总体规划中。城镇在规划发展新的工业用地、生活用地时，也要考虑相应的邮电通信的发展规划。新辟道路时，同有关部门要紧密配合，尽可能同时敷设相应的电信管道；新建公路要根据需要预设好电信管线，以使城镇的邮电通信建设搞得更加合理和完善。

(2) 邮电通信的特点

电讯通信包括电话、电报、传真等，其中电话占通信业务的90%以上，它们的共同特点是：

1) 生产过程即为用户的使用（消费）过程；

2) 全程全网，联合作业；

3) 昼夜不停，分秒必争；

4) 保密性强；

5) 必须绝对保证质量，一旦发生差错或因机构设备发生障碍，不仅会使通信失效，而且会给用户直接造成一定损失。

4.10.2 邮电通信网路和技术要求

(1) 网路组织

电信通信网路包括乡镇域范围内的通信网和长途通信网。小城镇通信网直接联系用户，它们是长途通信网的始端和末端。大中城市一般采用多局制，即把市话的局内机械设备、局间中继线及用户线路网加接在一起构成的。一个城市有两个或两个以上的市话局，它又分为直达式（个个相连）和汇接式。城镇一般是单局制。

（2）长途通信网的结构形式

长途通信网的结构形式有 3 种：直达式、辐射式、汇接辐射式。

1）直达式

任何两个长话局之间都设有直达电路，通话时不需要其他局转接，接续最迅速，调度灵活。缺点：需电路数多，投资大，不经济。

2）辐射式

以一个长话局为中心，进行转接，其他各局设有直达电路。这就明显减少了电路数目和线路长度。提高了线路利用率。缺点：中心局负荷重，接续迟缓，易中断通信。

3）汇接辐射式

是综合上述两种方式组成。

4）四级汇接辐射式

根据我国幅员广大和国民经济发展水平这两个具体条件，我国使用四级汇接辐射式长途通信网。所谓四级系指：省间中心、省中心、县间中心、县中心。从我国情况来看，一般是以行政区划（政治、经济中心）来组织通信网络的，所以省中心即各省省会所在地；县中心即县城。以北京为全国长途通信网的中心，逐级向下辐射。它能适应我国的政治经济的组织结构，电路比较集中，利用率高，投资少；网络调度有一定灵活性，可以迂回转接。省中心以上的线路为一级线路，这是长途通信的干线网；省中心以下县中心以上的线路为二级线路，它构成省内长途通信网；县中心以下至镇区，线路为三级线路（镇乡线路），它构成县内通信网即农村电话网。

（3）技术要求

电信线路包括明线和电缆两种。明线线路就是我们常见的架设在电杆上的金属线；电缆可以架空，也可以走地下，随着建设事业的发展，在已确定的主干道路上，容量较大电缆线路转入地下。这时可根据实际情况选用铠装电缆直埋地下，也可选用铅包电缆（或光缆）通过预制管孔，即所谓管道电缆。不管是架空线路还是地下电缆，根据邮电通信要求必须质量高，时刻都不能中断的特点，它所共同的技术要求如下。

1）在地形位置上，应尽量避开易使线路损伤、毁坏的地方。特别是地下电缆管道应避免经常有积水、路基不坚实、有塌陷可能的地段，有流沙、翻浆，有杂散电流（电蚀）或有化学腐蚀的地方都应避开。地下管道一般是永久性建筑，不能迁改，因此，不应敷设在预留用地或规划未定的场所，或者穿过建筑物。

2）在建筑上要尽量短、直、坡度小，安全稳定，便于施工及维修。减少与其他管线等障碍物的交叉跨越，以保证通信质量。为此，在城镇街道规划时，一般要求在一侧的人行道上（下）应留有电信管线的位置。

（4）各种线种及其特殊要求

1）架空明线

①弱电（通信线）与强电（电力线）原则上应分杆架设，各走街道一侧。特别是通信线路严禁与二线一地式电力线同杆架设，因为二线一地式电力线对同杆架设的通信线感应电压可高达数百伏，造成电报、电话通不了，烧毁通信设备，危及人身安全。

②通信架空线路与其他电力线路交越时，其间隔距离应符合有关技术要求。

③架空杆线与自来水龙头水平空距为 1m，与火车轨道的最小空距为杆高的 11/3% 倍；与房屋建筑的水平空距为 3.5m，与人行道边的水平空距 0.5m。

2）电缆管道

电缆管道是预埋在地下作穿放通信电缆之用。一般在街道定型、主干电缆多的情况下普遍采用，维修方便，不易受外界损伤。我国一般仍使用水泥管块，特殊地点如过公路、铁路、水沟等使用钢管或塑料管。

电缆管道每隔 100m 左右设一个检查井——入孔。入孔位置应选择在管道分歧点，引上电缆汇接点和屋内用户引入点等处，在街道拐弯地形起伏大，穿过道路、铁路、桥梁时均需设置入孔。各种入孔的内部尺寸大致宽为 0.8～1.8m，长 1.8～2.5m，深 1.1～1.8m，占地面积大，应与其他地下管线的检查井相互错开。其他地下管线不得在入孔内穿过。入孔是维护检修电缆的地方，通常应避开重要建筑物，以及交通繁忙的路口。电缆管道的技术要求较高。

①所有管孔必须在一直线上，不能上下左右错口，只有这样才能穿放电缆。因此电缆管道的埋设深度及施工方法都有严格要求。

②电缆管道与地下其他管线和建筑物的间距应符合有关技术要求。所以城镇规划不仅要考虑地上的建筑，还要对地下的建筑，进行管线综合考虑，使其最合理、最节省。

③直埋电缆。选用特殊护套的电缆直接埋入地下作为通信用电缆，叫直埋式电缆。一般用户较固定，电缆条数不多情况下，而且架空困难，又不宜敷设管道的地段可以采用这种方式。

④长途线路。长途线路是实现远距离通信手段之一，要求通信质量高。因此，在长途杆路上不允许附挂电力线、有线广播和其他电话线（市话、农话等）。

⑤邮政电缆。邮政业务涉及每家每户，所以邮政网路密布全国城乡。从城市到农村沿途设有千万个邮政局所。只要有人居住的地方，就要有邮路通达。为了改善服务，方便群众邮寄，邮电部对城镇邮电局所设置标准为：大城市的市区不超过 500m；中城镇的市区和大城市的近郊区局所服务半径不超过 1km；并根据服务区内人口的密度和邮电业务量大小确定局所等级规模、局所的业务功能等。邮电通信的方针是迅速、准确、安全、方便。为此，邮电局所的设置其邮路分布必须经济合理，讲究效率。

（5）邮电通信设施与城镇规划

1）地面设施

①电话局（所）址的选定。一般都设在镇上，尤其是乡（镇）政府所在地的镇、集镇多为单所制，营业区域一般不应大于 5km（即服务半径）。根据城镇规划，计算出用户密度中心和线路网中心，从而理想地确定电话局（所）址。电话普及率（百人拥有电话部数）可根据发展水平选定规划标准。

②邮政处理中心。一般集镇应有一处较大规模的，县城关镇最少要有两处，一处在县城中心适当位置；一处在对外交通设施附近。如果是火车站应在火车站台占有一定的位置，以便于邮件接发。

③长途通信中心。包括长途报、话处理中心及微波传播中心，地址要适中。

④邮政所。应按镇邮电局所设备标准考虑，以提高服务质量，方便群众。因为每个支局（所）面积有限，有时不能单独建设，宜在镇区规划公共建筑时与商业网点一样拨给邮电局，邮政所建筑的建设由邮电部门投资。

⑤电信杆线。它延伸到每一街道、各种建筑物，形成了通信网络。新规划的城镇街道，有条件的应把通信线路改走地下，入户线也能改用电缆埋进建筑物内，既安全又减少维修工作。

2）地下设施

包括管道直埋和槽道两种形式。在有条件把通信线路改走地下的城镇居民点，应注意与其他地下设施的关系，它的断面位置要求使整个通信线路网分布合理，施工维护方便，经济节省，保证管线安全，为此应做好管线综合设计。

4.11 管线工程综合

4.11.1 管线工程综合的意义

为满足工业生产及人民生活需要，所敷设的各种管道和线路工程，简称管线工程。

管线工程的种类很多，各种管线的性能和用途各不相同，承担设计的单位和施工时间也先后不一。对各种管线工程不进行综合安排，势必产生各种管线在平面、空间的互相冲突和干扰；厂外和厂内管线；管线和居住建筑；规划管线和现状管线；管线和人防工程；管线与道路；管线与绿化；局部与整体等。这些矛盾如不在规划设计阶段加以解决，就会影响到工业建设的速度和人民生活的质量，还会浪费国家资金。因此，管线工程综合是镇区建设规划的一个重要组成部分。

管线工程综合，就是搜集镇区规划范围内各项管线工程的规划设计资料（包括现状资料），加以分析研究，进行统筹安排，发现并解决它们之间以及它们与其他各项工程之间的矛盾，使它们在用地上占有合理的位置，以指导单项工程下一阶段的设计，并为管线工程的施工以及今后的管理工作创造有利的条件。

所谓统筹安排，就是将各项管线工程按统一的坐标及标高汇总在总体规划平面图上，进行综合分析，发现矛盾并去解决。如单项工程原来布置的走向不合理或与其他管线发生冲突，就可建议该项管线改变走向或标高，或做局部调整。如单项工程不存在上述问题，则根据原有的布置，确定它们的位置。

4.11.2 管线工程分类

（1）按性能和用途分类

根据性能和用途的不同，城镇中的管线工程，大体可以分以下几类。

1）铁路。包括铁路线路、专用线、铁路站场以及桥涵、地下铁路以及站场等。

在管线工程综合中，将铁路、道路以及和它们有关的车站、桥涵都包括在线路范围内。因此，综合工作中所称的管线比一般所称的管线含义要广一些。

2）道路。包括城镇道路、公路、桥梁、涵洞等。

3）给水管道。包括工业给水、生活给水、消防给水等管道。

4）排水沟管。包括工业污水（废水）、生活污水、雨水、管道和沟道。

5）电力线路。包括高压输电、生产用电、生活用电、电车用电等线路。

6）电信线路。包括镇内电话、长途电话、电报、广播等线路。

7）热力管道。包括蒸汽、热水等管道。

8）可燃或助燃气体管道。包括燃气、乙炔、氧气等管道。

9）空气管道。包括新鲜空气、压缩空气等管道。

10）液体燃料管道。包括石油、酒精等管道。

11）灰渣管道。包括排泥、排灰、排渣、排尾矿等管道。

12）地下人防工程。

13）其他管道。主要是工业生产上用的管道，如氯气管道以及化工用的管道等。

（2）按敷设形式分类

根据敷设形式不同，管线工程可以分为地下埋设和空中架设两大类（铁路、道路明沟除外）。各种管道，如给水、排水、燃气、热力等大部分埋在地下。

电力、电信目前在城镇中多架设在地面。

热力、燃气、灰渣等管道既可埋在地下，又可敷设在地面。敷设形式主要取决于工业部门的要求。

地下埋设管线据覆土深度不同又可分为深埋和浅埋两类。

划分深埋和浅埋的主要依据：①有水的管道和含有水分的管道在寒冷的情况下是否怕冰冻；②土壤冰冻的深度。

深埋的覆盖厚度大于 1.5m。北方土壤冰冻线较深，一般给水、排水、燃气等管道宜采取深埋；热力、电信、电力、电缆等不受冰冻的影响，可浅埋。

我国南方土壤不冰冻，给水管道不深埋，排水管道也不一定深埋。

（3）按输送方式分类

根据输送方式不同，管道又可分为压力管道和重力自流管道。

给水、燃气、热力、灰渣等通常采用压力管道。

排水管道一般采用重力自流管道。

管线工程的分类方法很多，主要是根据管线不同用途和性能而加以划分。

4.11.3 规划综合与设计综合的编制

在城镇规划的不同工作阶段，对管线工程综合有不同的要求，一般可分为：规划综合；初步设计综合；施工详图检查。各阶段是互相联系的，内容逐步具体化。

（1）规划综合

在镇区建设阶段，主要以各项管线工程的规划资料为依据，进行总体布置。主要任务是解决各项工程干线在系统布置上的问题，如确定干管的走向，找出它们之间有无矛盾，各种管线是否过分集中在某

一干道上。对管线的具体位置，除有条件的及必须定出的个别控制点外，一般不做肯定。经过规划综合，可以对各单项工程的初步设计提出修改意见，有时也可以对镇区道路的横断提出修改的建议。

（2）初步设计综合

相当于镇区的详细规划阶段，它根据各单项管线工程的初步设计进行综合。设计综合不但确定各种管线的平面位置，而且还确定其控制标高。将它们综合在规划图上，可以检查它们之间的水平间距和垂直间距是否合适，在交叉处有无矛盾。经过初步设计综合，对各单项工程的初步设计提出修改意见，有时也可以对镇区道路的横断面提出修改的建议。

（3）施工详图的检查

经过初步设计的综合，一般的矛盾已解决，但是各单项工程的技术设计和施工详图中，由于设计工作进一步深入，或由于客观情况变化，也可能对原来的初步设计有修改，需要进一步将施工详图加以综合核对。在一些复杂的交叉口，各管线之间的垂直标高上的矛盾及解决的工程技术措施，需要加以校核综合。这一阶段的工作，一般是在规划的实施过程，即城镇规划的管理工作中加以解决。这几个阶段也不是截然划分的，有时在编制全镇区的规划综合阶段，而修建地区就要进行初步设计综合。在这种情况下，就必须双管齐下，甚至先编制镇区的初步设计综合。

4.11.4 管线工程布置的一般原则

管线工程综合布置的一般原则如下。

（1）厂界、道路、各种管线的平面位置和竖向位置应采用城镇统一的坐标系统和标高系统，避免发生混乱和互不衔接。如有几个坐标系统和标高系统时，需加以换算，取得统一。

（2）充分利用现状管线。只有当原有管线不适

应生产发展的要求和不能满足居民生活需要时，才考虑废弃和拆迁。

（3）对于基建期间施工用的临时管线，也必须予以妥善安排，尽可能使其和永久管线结合起来，成为永久性管线的一部分。

（4）安排管线位置时，应考虑今后的发展，应留有余地，但也要节约用地。

（5）在不妨碍今后的运行、检修和合理占有土地的情况下，应尽可能缩短管线长度以节省建设费用。但需避免随便穿越和切割可能作为工业企业和居住区的扩展备用地，避免布置零乱，使今后管理和维修不便。

（6）居住区内的管线，首先考虑在街坊道路下布置，其次在次干道下，尽可能不将管线布置在交通频繁的主干道的车行道下，以免施工或检修时开挖路面和影响交通。

（7）埋设在道路下的管线，一般应和路中心线或建筑红线平行。同一管线不宜自道路的一侧转到另一例，以免多占用地和增加管线交叉的可能。靠近工厂的管线，最好和厂边平行布置，便于施工和今后的管理。

（8）在道路横断面中安排管线位置时，首先考虑布置在人行道下与非机动车道下，其次才考虑将修理次数较少的管线布置在机动车道下。往往根据当地情况，预先规定哪些管线布置在道路中心线的左边或右边，以利于管线的设计综合和管理。但在综合过程中，为了使管线安排合理和改善道路交叉口中管线的交叉情况，可能在个别道路中会变换预定的管线位置。

（9）各种地下管线从建筑红线向道路中心线方向平行布置的次序。要根据管线的性质、埋设深度等来决定。可燃、易燃和损坏时对房屋基础、地下室有危险的管道，应该离建筑物远一些，埋设较深的管道

距建筑物也较远。一般布置次序如下：

　　a. 电力电缆；

　　b. 电信管道或电信电缆；

　　c. 天然气或乙炔管道；

　　d. 热力管道；

　　e. 给水管道；

　　f. 雨水管道；

　　g. 污水管道；

（10）编制管线工程综合时，应使道路交叉口的管线交叉点越少越好，这样可减少交叉管线在标高上发生矛盾。

（11）管线发生冲突时，要按具体情况来解决，一般是：

　　a. 还未建设管线让已建成管线；

　　b. 临时管线让永久管线；

　　c. 小管道让大管道；

　　d. 压力管道让重力自流管道；

　　e. 可弯曲的管线让不易弯曲的管线。

（12）沿铁路敷设的管线，应尽量和铁路线路平行；与铁路交叉时，尽可能成直角交叉。

（13）可燃、易燃的管道，通常不允许在交通桥梁上跨越河流。在交通桥梁上敷设其他管线，应根据桥梁的性质、结构强度，并在符合有关部门规定的情况下加以考虑。管线穿越通航河流时，不论架空或在河道下通过，均必须符合航运部门的规定。

（14）电信线路和供电线路通常不合杆架设，在特殊情况下，征求有关部门同意，采取相应措施后（如电信线路采用电缆或皮线等），也可合杆架设。同一性质的线路应尽可能合杆，如高低压供电线等。高压输电线路和电信线路平行架设时，要考虑干扰的影响。

（15）综合布置管线时，管线之间或管线与建筑物、构筑物之间的水平距离，除了要满足技术、卫生、安全等要求外，还必须符合国防上的规定。

4.11.5 管线布置规范要求

表4-30　地下工程管线最小水平净距　　　　　　　　　　　　　　　　单位：m

序号	管线名称		1 基础边缘建筑物	2 给水管	3 排水管	4 煤气管 低压	4 煤气管 中压	4 煤气管 次高压	4 煤气管 高压	5 热力管 直埋	5 热力管 地沟	6 电力电缆 直埋	6 电力电缆 缆沟	7 电信电缆 直埋	7 电信电缆 管道	8 乔木(中心)	9 灌木	10 地上杆柱 通信、照明及10kV以下	10 地上杆柱 高压铁塔基础边 ≤35kV	10 地上杆柱 高压铁塔基础边 >35kV	11 无轨电车直流供电电缆	12 道路边石	13 铁路堤肩
1	建筑物基础边缘			3.0	3.0	2.0	3.0	4.0	6.0	3.0	1.2	1.0	1.2	1.5	1.2	3.0	2.5						
2	给水管		3.0		1.0	1.0	1.0	1.5	2.0	1.0	1.0	1.0	1.0	1.0	1.0	1.0		1.0	1.0	1.0	1.0	1.5	3.0
3	排水管		3.0	1.0		1.0	1.0	1.0	1.5	1.0	1.0	1.0	1.0	1.0	1.0	1.5		1.0	1.0	1.0	1.0	1.5	3.0
4	煤气管	低压	2.0	1.0	1.0					1.0	1.0	1.0	1.0	1.0	1.0	1.2	1.5	1.0	1.0	5.0	2.0	1.5	6.0
		中压	3.0	1.0	1.0					1.0	1.0	1.0	1.0	1.0	1.0	1.2	1.5	1.0	1.0	5.0	2.0	1.5	5.0
		次高压	4.0	1.5	1.5					1.5	1.5	1.0	1.0	1.0	1.0	1.2	1.5	1.0	1.0	5.0	2.0	1.5	6.0
		高压	6.0	2.0	2.0					2.0	2.0	1.0	1.0	2.0	1.2	2.0	2.0	1.0	1.0	5.0	2.0	1.5	5.0
5	热力管	直埋	2.5	1.0	1.0	1.0	1.0	1.5	2.0			1.0	1.0	1.5	1.0	1.0		1.0	1.0	1.0	2.0	1.5	3.0
		地沟	0.5	1.0	1.0	1.0	1.0	1.5	1.0			1.0	1.0	1.5	1.0	1.0		1.0	1.0	1.0	2.0	1.5	3.0
6	电力电缆	直埋	1.0	1.0	1.0	1.0	1.0	1.0	1.0	1.0	1.0			0.5	1.0	1.0		1.0	1.0	1.0	2.0	1.5	3.0
		缆沟	1.2	1.0	1.0	1.0	1.0	1.0	1.0	1.0	1.0			0.5	1.0	1.0		1.0	1.0	1.0	2.0	1.5	3.0
7	电信电缆	直埋	1.0	1.0	1.0	1.0	1.0	1.0	1.0	1.0	1.0	0.5	0.5			1.0		1.0	1.0		2.0	1.5	3.0
		管道	1.2	1.0	1.0	1.0	1.0	1.0	1.0	1.0	1.0	0.5	0.5			2.0		1.0	1.0		2.0	1.5	3.0
8	乔木(中心)		3.0	1.0	1.5	1.2	1.2	1.2	1.2	1.0	1.0	1.0	1.0	1.0	2.0			3.0	3.5	4.0	1.0	0.5	1.0
9	灌木		1.5			1.5	1.5	1.5	2.0	1.0	1.0												0.5
10	地上杆柱	通信、照明及10kV以下		1.0	1.0	1.0	1.0	1.0	1.0	1.0	1.0	1.0	1.0	1.0	1.0	2.0					1.0	0.5	
		高压铁塔基础边 ≤35kV		1.0	1.0	1.0	1.0	1.0	1.0	1.0	1.0	1.0	1.0	1.0	1.0	3.5						0.5	
		高压铁塔基础边 >35kV		1.0	1.0	5.0	5.0	5.0	5.0	1.0	1.0	1.0	1.0	1.0	1.0	4.0						1.0	
11	无轨电车直流供电电缆			1.0	1.0	2.0	2.0	2.0	2.0	2.0	2.0	2.0	2.0	2.0	2.0	1.0		1.0				1.0	6.0
12	道路边石			1.5	1.5	1.5	1.5	1.5	1.5	1.5	1.5	1.5	1.5	1.5	1.5	0.5	0.5	0.5	0.5	1.0	1.0		6.0
13	铁路堤肩		1.0	3.0	3.0	5.0	5.0	5.0	5.0	3.0	3.0	3.0	3.0	3.0	3.0	1.0	0.5				6.0		

注：1. 表中所列数字除指明者外，均系管线与管线之间净距；
2. 当给水管线、排水管线、热力管线管径大于400mm，管线之间以及管线与建筑物基础高差大于0.5m，开挖坡度大于0.75时，表中最小水平净距可适当增加；
3. 排水管线埋浅于建筑物基础时其净距不小于2.5m，排水管埋深于建筑物基础时其净距不小于3.0m。

表4-31　地下管线之间的最小水平间距　　　　单位:m

名称 / 规格间距	给水管/mm <75	给水管/mm 75~150	给水管/mm 200~400	给水管/mm >400	排水管 生产废水管与雨水管 <800	800~1500	>1500	排水管 生产与生活污水管 <300	400~600	>600	热力沟(管)	煤气管压力P/MPa <0.005	0.005~0.2	0.2~0.4	0.4~0.8	0.8~1.6	压缩空气管	乙炔管	氧气管	电力电缆/kV <1	1~10	<35	电缆沟	通信电缆 直埋电缆	电缆管道
给水管/mm <75	—	—	—	—	0.7	0.8	1.0	0.7	0.8	1.0	0.8	0.8	0.8	0.8	1.0	1.2	0.8	0.8	0.8	0.6	0.8	1.0	0.8	0.5	0.5
75~160	—	—	—	—	0.8	1.0	1.2	0.8	1.0	1.2	1.0	0.8	1.0	1.0	1.2	1.2	1.0	1.0	1.0	0.6	0.8	1.0	1.0	0.5	0.5
200~400	—	—	—	—	1.0	1.2	1.5	1.0	1.5	1.5	1.5	0.8	1.2	1.2	1.5	1.5	1.2	1.2	1.2	0.8	1.0	1.2	1.0	1.0	1.0
>400	—	—	—	—	1.0	1.2	1.5	1.0	1.5	2.0	1.5	1.0	1.2	1.5	1.5	1.5	1.5	1.5	1.5	0.8	1.0	1.5	1.2	1.2	1.2
排水管/mm 生产废水管与雨水管 <800	0.7	0.8	1.0	1.0	—	—	—	—	—	—	1.0	0.8	0.8	0.8	1.0	1.2	0.8	0.8	0.8	0.6	0.8	1.0	0.8	0.5	0.5
800~1500	0.8	1.0	1.2	1.2	—	—	—	—	—	—	1.2	0.8	1.0	1.2	1.2	1.5	1.0	1.0	1.0	0.8	1.0	1.0	1.0	0.5	1.0
>1500	1.0	1.2	1.5	1.5	—	—	—	—	—	—	1.5	1.0	1.2	1.2	1.5	2.0	1.5	1.5	1.5	0.8	1.0	1.5	1.5	1.0	1.0
生产与生活污水管 <300	0.7	0.8	1.0	1.0	—	—	—	—	—	—	1.2	0.8	0.8	0.8	1.0	1.0	0.8	0.8	0.8	0.6	0.8	1.0	0.8	0.5	0.5
400~600	0.8	1.0	1.2	1.5	—	—	—	—	—	—	1.2	0.8	1.0	1.2	1.2	1.5	1.0	1.0	1.0	0.6	0.8	1.0	1.0	0.5	1.0
>600	1.0	1.2	1.5	2.0	—	—	—	—	—	—	1.5	1.0	1.2	1.2	1.5	2.0	1.5	1.5	1.5	0.8	1.0	1.5	1.5	1.0	1.0
热力沟(管)	0.8	1.0	1.5	1.5	1.0	1.2	1.5	1.2	1.2	1.5	—	1.0	1.0	1.0	1.0	1.5	1.5	1.0	1.0	1.0	1.0	2.0	2.0	0.8	0.6
气管压力P/MPa P<0.005	0.8	0.8	0.8	1.0	0.8	0.8	1.0	0.8	0.8	1.0	1.0	—	—	—	—	—	1.0	1.0	1.0	1.0	1.0	1.2	1.0	0.8	1.0
0.005<P<0.2	0.8	1.0	1.2	1.2	0.8	1.0	1.2	0.8	1.0	1.2	1.0	—	—	—	—	—	1.0	1.0	1.0	1.0	1.0	1.2	1.0	0.8	1.0
0.2<P<0.4	0.8	1.0	1.2	1.5	0.8	1.2	1.2	0.8	1.2	1.2	1.0	—	—	—	—	—	1.0	1.5	1.5	1.0	1.0	1.2	1.0	0.8	1.0
0.4<P<0.8	1.0	1.2	1.5	1.5	1.0	1.2	1.5	1.0	1.2	1.5	1.0	—	—	—	—	—	1.0	2.0	2.0	1.0	1.0	1.2	1.0	0.8	1.0
0.8<P<1.6	1.2	1.2	1.5	1.5	1.2	1.5	2.0	1.0	1.5	2.0	1.5	—	—	—	—	—	1.5	2.0	2.5	1.5	1.5	2.0	1.5	1.5	1.5
压缩空气管	0.8	1.0	1.2	1.5	0.8	1.0	1.5	0.8	1.0	1.5	1.5	1.0	1.0	1.0	1.0	1.5	—	1.5	1.5	0.8	0.8	0.8	1.0	0.5	1.0
乙炔管	0.8	1.0	1.2	1.5	0.8	1.0	1.5	0.8	1.0	1.5	1.0	1.0	1.0	1.5	2.0	2.0	1.5	—	1.5	0.8	0.8	0.8	1.0	0.5	1.0
氧气管	0.8	1.0	1.2	1.5	0.8	1.0	1.5	0.8	1.0	1.5	1.0	1.0	1.0	1.5	2.0	2.5	1.5	1.5	—	0.8	0.8	0.8	1.0	0.5	1.0
电力电缆/kV <1	0.6	0.6	0.8	0.8	0.6	0.8	0.8	0.6	0.6	0.8	1.0	1.0	1.0	1.0	1.0	1.5	0.8	0.8	0.8	—	—	—	0.5	0.5	0.5
1~10	0.8	0.8	1.0	1.0	0.8	1.0	1.0	0.8	0.8	1.0	1.0	1.0	1.0	1.0	1.0	1.5	0.8	0.8	0.8	—	—	—	0.5	0.5	0.5
<35	1.0	1.0	1.2	1.5	1.0	1.0	1.5	1.0	1.0	1.5	2.0	1.2	1.2	1.2	1.2	2.0	0.8	0.8	0.8	—	—	—	0.5	0.5	0.5
电缆沟	0.8	1.0	1.2	1.5	0.8	1.0	1.5	0.8	1.0	1.5	2.0	1.0	1.0	1.0	1.0	1.5	1.0	1.0	1.0	0.5	0.5	0.5	—	0.5	0.5
通信电缆 直埋电缆	0.5	0.5	1.0	1.2	0.5	0.5	1.0	0.5	0.5	1.0	0.8	0.8	0.8	0.8	0.8	1.2	0.5	0.5	0.5	0.5	0.5	0.5	0.5	—	0.5
电缆管道	0.5	0.5	1.0	1.2	0.5	1.0	1.0	0.5	1.0	1.0	0.6	1.0	1.0	1.0	1.0	1.5	1.0	1.0	1.0	0.5	0.5	0.5	0.5	0.5	—

注：1. 表列间距均自管壁、沟壁或防护设施的外缘或最外一层电缆算起;

　　2. 当热力沟(管)与电力电缆间距不能满足本表规定时,应采取隔热措施,以防电缆过热;

　　3. 局部地段电力电缆穿管保护或加隔板后与给水管道、排水管道、压缩空气管道的间距可减少到0.5m,与穿管通信电缆的间距可减少到0.1m;

　　4. 表列数据系给水管在污水管上方制定的,生活饮用水给水管与污水管之间间距应按本表数据增加50%;生产废水管与雨水沟(渠)和给水管之间的间距可减少可减少20%,但不得小于0.5m;

　　5. 当给水管与排水管共同埋设的土壤是沙土类,且给水管的材质为非金属或非合成塑料时,给水管与排水管间距不应小于1.5m;

　　6. 仅供采暖用的热力沟与电力电缆、通信电缆及电缆沟之间的间距可减少20%,但不得小于0.5m;

　　7. 110KV级的电力电缆与本表中各类管线的间距,可按35kV数值增加50%,电力电缆排管(即电力电缆管道)间距要求与电缆沟同;

　　8. 氧气管与同一使用目的的乙炔管道同一水平敷设时,其间距可减至0.25m,但管道上部0.3m高度范围内,应用沙类土、松散土填实后再回填土;

　　9. 煤气管与生产废水管及雨水管的间距系指非满流管,当满流管时可减少10%,与盖板式排水沟(渠)的间距宜增加10%;

　　10. 天然气管与本表各类管线的间距同煤气管间距;

　　11. 表中"—"表示间距未做规定,可根据具体情况确定。

表 4-32　地下管线与建筑物、构筑物之间的最小水平间距　　　　　单位：m

名称＼规格间距	给水管/mm				排水管/mm						热力沟（管）	煤气管压力 P/MPa					压缩空气管	乙炔管氧气管	电力电缆/kV		电缆沟	通信电缆
					生产废水管与雨水管			生产与生活污水管				<0.005	0.005~0.2	0.2~0.4	0.4~0.8	0.8~1.6			<10	10~35		
名称	<75	75~150	200~400	>400	<800	800~1500	>1500	<300	400~600	>600												
建筑物、构筑物基础外缘	2.0	2.0	2.5	2.5	1.5	2.0	2.5	1.5	2.0	2.5	1.5	1.0	1.0	1.5	4.0	6.0	1.5		0.5	0.6	1.5	0.5
铁路（中心线）	3.3	3.3	3.8	3.8	3.8	4.3	4.8	3.8	4.3	4.8	3.8	4.0	4.0	4.0	5.0	5.0	2.5	2.5	2.5	3.0	2.5	2.5
道路	0.8	0.8	1.0	1.0	0.8	1.0	1.0	0.8	0.8	1.0	0.6	0.6	0.6	0.6	1.0	1.0			0.8		0.8	0.8
管架基础外缘	0.8	0.8	1.0	1.0	0.8	1.0	1.2	0.8	1.0	1.2												
照明、通信杆柱（中心）	0.8	0.8																				
围墙基础外缘	1.0	1.0											0.6	0.6	0.6				0.5	0.5	0.5	0.5
排水沟外缘	0.8	0.8																			0.8	0.8

注：1. 表列间距除注明者外，管线均自管壁、沟壁或防护设施的外缘或最外一根电缆算起，道路为城市型时自路面边缘算起，为公路型时自路肩边缘算起；

2. 当排水管道为压力管时，与建筑物、构筑物基础外缘的间距，应按表列数值增加 1 倍；

3. 给水管道至铁路路堤坡脚的间距，不宜小于路堤高度，并不得小于 4.0m；至铁路路堑坡顶的间距，不宜小于路堑高度，并不得小于 10m；排水管道至铁路路堤坡脚或路堑坡顶的间距，不宜小于路堤或路堑高度，并不得小于 4.0m；

4. 乙炔管道距有地下室及生产火灾危险性的甲类建筑物、构筑物的基础外缘和通行沟道的外缘的间距为 3.0m，距无地下室的建筑物基础外缘的间距为 2.0m；

5. 氧气管道距有地下室的建筑物基础外缘和通行沟道的外缘水平间距，当氧气压力 ≤ 1.6MPa 时采用 3.0m，当氧气压力 >1.6MPa 时采用 4.0m；距无地下室的建筑物基础外缘净距，当氧气压力 ≤ 1.6MPa 时采用 1.5m，氧气压力 >1.6MPa 时采用 2.5m；

6. 通信电缆管道距建筑物、构筑物基础外缘的间距应为 1.2m，电力电缆排管（即电力电缆管道）间距要求与电缆沟同；

7. 表列埋地管道与建筑物、构筑物基础的间距，均指埋地管道与建筑物、构筑物的基础在同一标高或其以上时，当埋地管道深度大于建筑物、构筑物基础深度时，按土壤性质计算确定，但不得小于表列数值；

8. 高压电力杆柱或铁塔（基础外缘）距本表中各类管线间距，应按表列照明及通信杆柱间距增加 50%；

9. 当为双柱式管架分别设基础时，在满足本表要求时可在管架基础之间敷设管线。

表 4-33　地下工程管线最小覆土深度　　　　　单位：m

序号	管线名称		最小覆土深度
1	给水管道 不间断供水管径 >400mm 间断供水管径 >800mm		冰冻线以上 0.3，但不小于 0.7
2	排水管道	管径 <500mm	冰冻线以上 0.3，但不小于 0.7
		管径 >500mm	冰冻线以上 0.5，但不小于 0.7
3	燃气管道（水煤气）		冰冻线以上 0.3，但不小于 0.7
4	热力管道	地沟埋设	冰冻线以上，但不小于 0.2
		直接埋设	冰冻线以上，但不小于 0.7
5	电缆	直接埋设	不小于 0.7
		地沟埋设	不小于 0.2

表 4-34　地下工程管线交叉时最小垂直净距表　　　　　单位：m

序号	埋设在下面的管线名称＼安设在上面的管线名称	1	2	3	4	5	6	7	8	9	10
		给水管	排水管	热力管	燃气管	电信电缆	电力电缆	沟渠（基础底）	涵洞（基础底）	电车（轨底）	铁路（轨底）
1	给水管	0.10	0.25	0.10	0.15	0.5	0.5	0.5	0.15	1.0	1.2
2	排水管	0.25	0.15	0.15	0.15	0.5	0.5	0.5	0.15	1.0	1.2
3	热力管	0.10	0.15	0.15	0.15	0.5	0.5	0.5	0.15	1.0	1.2
4	燃气管	0.15	0.15	0.15	0.15	0.5	0.5	0.5	0.15	1.0	1.2
5	电信电缆	0.15	0.15	0.15	0.15	0.25	0.5	0.5	0.5	1.0	1.2
6	电力电缆	0.5	0.5	0.5	0.5	0.5	0.5	0.5	0.5	1.0	1.0

注：表中所列为净距数字，如管线敷设在套管或地道中或者管道有基础时，其净距自套管、地道的外边或基础底边（如果有基础的管线在其他管线上面越过时）算起。

表 4-35　有关规范规定的排水管、氧气管、乙炔管、热力管与地下管线之间的最小水平间距　　　单位：m

管线名称		排水规范(排水管)	锅炉房规范(热力管)	氧气站规范(氧气管)		乙炔站规范(乙炔管)	钢铁总图规范(排水管)	化工总图规范(排水管)	机械总图规范(排水管)	电力总图规范(排水管)	有色总图规范(排水管)	工业企业总平面设计规划(排水管)
给水管/mm	≤200	1.5	1.5	1.5		1.5	1.0 ~ 1.5①	1.5②	1.5	1.5 ~ 3.0	1.5 ~ 3.0 / 5.0③	0.8 ~ 2.0④
	>200	3.0										
排水管		1.5	1.5	0.8 ~ 1.2		1.2	1.0 ~ 1.5②	—		1.5	—		1.5	
煤气管压力P/MPa	低压	1.0		P<0.005	1.0	1.0	1.0	1.0	1.0	1.0	1.0	0.8 ~ 1.0
	中压	1.5	1.0	0.005<P<0.2	1.2	1.0	1.0	1.0	1.0	1.0	1.0	0.8 ~ 1.2
	高压	2.0	1.5	0.2<P<0.4	1.5	1.0	1.5	1.5	1.5	1.0	1.5	0.8 ~ 1.2
	特压	5.0	2.0	0.4<P<0.8	2.0	2.0	2.0	2.0			2.0	1.0 ~ 1.5
		—		0.8<P<1.6	2.5	—	—	—			—	1.2 ~ 2.0
热力沟（管）		1.5	—	1.5		1.5	1.5	1.5	1.5	1.5	1.5	1.0 ~ 1.5
电信电缆		1.0	2.0	1.0		0.8 ~ 1.5	0.5 ~ 1.0	1.0	1.0	1.0	1.0	0.8 ~ 1.0
电缆沟		—		1.5		1.5	0.5 ~ 1.0					1.0 ~ 1.5
电力电缆		1.0	2.0	1.0		0.8 ~ 1.5	0.5 ~ 1.0	1.0	1.0	1.0	1.0	0.8 ~ 1.2
压缩空气管		1.5	1.5	1.5		0.8	1.0	1.0	1.5/1.0	1.0	1.0	0.8 ~ 1.2
氧气管		1.5	1.5	—		1.5	1.5	1.5	1.5	1.5	1.5	0.8 ~ 1.2
乙炔管		1.5	1.5	1.5		—	1.5	1.5	1.5	1.5	1.5	0.8 ~ 1.2

注：1. 生活给水管>200mm 时采用 3.0m;　　　3. 当给水管与排水管垂直间距>0.5m 时采用 4.0m;　　　5. 当管径>1000 ~ 1500mm 时采用 1.5m。
　　2. 生活给水管与排水下水管间距 3.0m;　　　4. 生活饮用水管与污水管之间间距可增加 50%;

表 4-36　各种架空管线与建筑物等最小水平净距表　　　单位：m

名　称		建筑物(凸出部分)	居民区(边缘)	道路(路基边缘)	铁路(路基边缘)	通讯管线	热力管线
电力管线	3kV 以下	1.0	1.5	0.5	杆高加 3.0	1.0	1.5
	3 ~ 10kV	1.5	3.0	0.5	杆高加 3.0	2.0	2.0
	35kV	3.0	4.0	0.5	杆高加 3.0	4.0	4.0
电信管线		2.0	—	0.5	4/3 杆高	—	1.5
热力管线		1.0	—	1.5	3.0	1.0	—

表 4-37　管架与建筑物、构筑物之间的最小水平间距　　　单位：m

建筑物、构筑物名称	最小水平间距	建筑物、构筑物名称	最小水平间距
建筑物有门窗的墙壁外缘或突出部分外缘	3.0	人行道外缘	0.5
建筑物无门窗的墙壁外缘或突出部分外缘	1.5	厂区围墙（中心线）	1.0
铁路（中心线）	3.75	照明及通信杆柱（中心）	1.0
道路	1.0		

注：1. 表中间距除注明者外，管架从最外边线算起；道路为城市型时自路面边缘算起，为公路型时自路肩边缘算起；
　　2. 本表不适用于低架式、地面式及建筑物支撑式；
　　3. 火灾危险性属于甲、乙、丙类的液体、可燃气体与液化石油气介质管道的管架与建筑物、构筑物之间最小水平间距应符合有关规范的规定。

表 4-38　各种架空管线交叉时最小垂直净距

単位：m

名　称		建筑物（顶端）	居民区（地面）	道路（地面）	铁路（轨顶）	通讯管线		热力管线
						电力线有防雷装置	电力线无防雷装置	
电力管线	3kV 以下	2.5	6	6	7.5	1.25	1.25	1.5①
	3～10kV	3.0	6.5	7	7.5	2	4	2.0①
	35kV	4.0	7.0	7	7.5	3	5	3.0①
电信管线		1.5	4.0	4.5	7.0	0.6	0.6	1.0
热力管线		0.6	2.5	4.5	4.5	1.0	1.0	0.25

注：①中数值是指热力管道在电力管线下面通过时管线垂直净距。

表 4-39　架空管线及管架跨越铁路、道路的最小垂直间距

単位：m

名　称	最小垂直间距①
铁路（从轨顶算起）	
火灾危险性属于甲、乙、丙类的液体、可燃气体与液化石油气管道	6.0
其他一般管线	4.5②
道路（从路拱算起）	4.0③
人行道（从路面算起）	2.2/2.5④

注：1. 表中间距除注明者外，管线自防护设施的外缘算起，管架自最低部分算起。
　　2. 架空管线、管架跨越电气化铁路的最小垂直间距，应符合有关规范规定。
　　3. 有大件运输要求或在检修期间有大型起吊设备通过的道路，应根据需要确定；困难时，在保证安全的前提下可减至 4.5m。
　　4. 街区内人行道为 2.2m，街区外人行道为 2.5m。

表 4-40　管线、其他设施与绿化树种间的最小水平净距

単位：m

管线名称	最小水平净距		管线名称	最小水平净距	
	至乔木中心	至灌木中心		至乔木中心	至灌木中心
给水管、闸井	1.5	1.5	热力管	1.5	1.5
污水管、雨水管、探井	1.5	1.5	地上杆柱（中心）	2.0	2.0
燃气管、探井	1.2	1.2	消防龙头	1.5	1.2
电力电缆、电信电缆	1.0	1.0	道路侧石边缘	0.5	0.5
电信管道	1.5	1.0			

4.12 近期建设规划和投资估算

　　城镇建设规划，一方面要着眼长远利益，考虑远期发展；另一方面要立足现实，具体落实近 3～5 年的建设项目。

4.12.1 建设规划中的近期规划

　　城镇建设项目的安排是一个比较复杂的问题，应重点考虑如下几个因素：

　　（1）满足居民生活需要

　　确定近期建设项目，首先应从居民生活需要出发，这是规划的基本指导思想。近期内应尽量安排一些生活服务设施，并使之逐步完善配套。对那些破旧的、质量低劣的危房应安排翻建或改造，以确保居民基本生活条件。

　　（2）资金来源

　　资金来源、数额是决定近期建设的速度、规模、建设标准的重要因素，没有资金规划只能是一纸空文。近期建设项目的安排要根据城镇资金的实际情况，"量体裁衣"，量力而行。资金比较宽裕的地方，可以考虑档次高一些、设备齐全一些的建设项目。

　　（3）考虑远期发展

城镇规划需要若干年动态连续地系统控制，才能完成。在这若干年内，城镇建设都是以城镇规划为依据，采取分期分批的方法来逐步实现。

(4) 各部门的发展计划

城镇近期建设项目的安排应结合各部门的发展计划，在近期内，对各部门有什么打算和安排，应做到心中有数，以便于统筹安排。

4.12.2 城镇建设造价估算

建设造价是指城镇建设规划期限内各项建设费用的总和，它是城镇建设规划经济性的衡量标准之一，特别是城镇的近期建设造价是衡量规划方案现实性的重要方面，也是城镇基本建设规划中确定建设投资的主要依据。

(1) 城镇建设造价估算的方法

进行城镇建设造价估算，必须结合具体城镇的特点，规划设计中考虑的内容和采取的措施，参照当地各类工程的造价标准等因素进行。具体方法是：在一般情况下，根据规划项目、内容，按近、远期分别列出各建设项目的工程量，而后确定各项建设工程的单位造价标准。

(2) 降低综合造价的途径

1) 合理布局

城镇规划的经济性集中地反映在用地选择、规划布局和建设标准等方面，合理的布局可以在物质和时间上取得最大的经济效益。一般地说，集中紧凑的用地布局可以节省城镇用地，方便居民生活，经济合理地安排各项公用工程和公共服务设施。有的城镇受到矿藏资源、自然地形等条件的限制，布局形式可能比较分散，为了方便生活，在分散地基础上应适当加以集中。

2) 统一规划、有序建设

统一规划、有序建设保证了合理的建设程序，使各项建设能够有条不紊地进行。一般新区建设，

可以先铺给水、排水、供电、供热等地下管道，再修路基和临时用路面，施工后期，再铺永久性路面，这样就避免了互相矛盾和返工所造成的浪费，既尽快地形成城镇面貌，又节约了建设资金和材料。

3) 适当提高建设密度

适当提高住宅平均层数和建筑密度，控制适当的建筑容积率，以减少公用工程设施的单位造价，也是节约城镇建设资金的一个方面，同时，也是节约用地的一个措施。

4) 减少城镇经营管理费用

城镇经营管理费用在城镇建设中占有为数不小的比例，而且是经常性的费用，是应引起注意的问题。在选择城镇用地、制定用地布局时必须考虑多方面的因素，不仅要降低建设总造价，而且要减少城镇经营管理费用，以获得更大的投资效益。

(3) 城镇建设资金的筹集

城镇建设资金的来源是规划实施的关键，资金来源大致可从以下几个方面进行筹集。

1) 从城镇镇办的企业上缴利润、税收中提取一定的比例。

2) 城镇可以收取规划管理费、公用设施配套费，环境卫生费等，按一定比例提取，用于村镇建设。

3) 地方财政中可规定适当的投资数额。

4) 征收土地使用税。

5) 采取灵活多样的措施，吸收社会闲散资金，加快城镇的建设与开发。

6) 放宽政策，支持农民到城镇务工、经商发展经济，以扩大资金来源。

7) 设在城镇的非地方政府所属的企事业单位，应交纳一定比例的地方税，或按比例分摊一部分城镇公用设施的建设资金。

总之，各地应按自身的具体条件，在城镇规划设计中提出因地制宜、切实可行的资金来源和措施。

5 村庄建设规划

村庄是农村村民居住和从事各种生产活动的聚居点，当前的村庄规划是对村庄建成区和村庄建设发展需要实行控制的区域进行合理的规划，从而加强村庄的建设管理，科学地、有计划地进行建设，以适应农业现代化建设和广大农民生活水平不断提高的需要；在推动新型城镇化的建设中，为适应繁荣新乡村的建设需要，必须改变仅偏重村庄住区建设规划做倾向，吸取成之有效的创新设计理念，着力于城乡统筹发展，借助创意文化激活全村域的山、水、田、人、文、宅资源，组织建立住房城乡建设、发展改革、财政、国土资源、交通、环境保护、水利、农业、林业、文教、卫生、旅游等部门参与的联合编制机制。开拓涉及城乡建设统筹发展的相关行业紧密合作，实现全村域多规合一的村庄建设规划。

5.1 村庄建设规划的依据、原则及规划期限

为贯彻落实科学发展观，促进城乡统筹，促进农村经济和各项建设事业协调发展，改善农村人居环境，村庄建设规划应根据《中华人民共和国城乡规划法》、《中共中央国务院关于推进社会主义新农村建设的若干意见》，为建设"生产发展、生活宽裕、乡风文明、村容整洁、管理民主"的社会主义新农村

应科学编制村庄建设规划。

5.1.1 村庄建设规划的编制依据

村庄建设规划是以城镇（乡）域总体规划为依据，对村庄的建设进行合理布局和安排建设项目。它是村庄建设的蓝图和指导性文件。

（1）城镇（乡）域总体规划；

（2）城镇（乡）域经济社会发展规划、土地利用总体规划、农村路网建设规划、林地保护利用规划等专项规划；

（3）有关法律、法规、政策、技术规范与标准。

5.1.2 村庄建设规划的编制框架

村庄规划分为村域规划、村主要居民点规划两个层次。

村域规划以村行政地域为规划范围。村主要居民点规划一般指村部所在地规划；与村部所在地邻近或连片的自然村，可并入村部所在地统一规划；现状常住人口规模在800人以上的分散型自然村，可作为村其它主要居民点进行规划。

村主要居民点规划包括用地布局规划、基础设施规划、整治规划、近期集中建设区修建性详细规划（或近期农房整治规划设计）等内容。用地布局规划应在确定各类建设用地的空间布局的基础上，进一步确定

其土地使用强度，提出相应的规划控制要求和指标。

当村庄拟划定近期集中建设区进行统规统建或统规自建时，应编制近期集中建设区修建性详细规划；当村庄需对旧村建筑进行平面改造和立面整饰时，可进行村庄农房整治规划设计。

当村庄规模较大、需整治项目较多、情况较复杂时，可编制村庄整治专项规划。

5.1.3 村庄建设规划的编制原则

编制村庄规划应当保护村落环境和耕地、草地、林地及水域；合理有效利用村庄空闲地，统筹安排建设用地和村民宅基地布局，适当引导迁并散居农户与农牧村落；合理配置村庄公共服务设施和基础设施，改善村庄人居环境。

（1）顺应自然，因地制宜。根据县域城镇体系规划和城镇（乡）总体规划，针对村庄生态环境、发展需要和面临的实际问题进行规划，村庄规划应保护好农村原生态资源，着眼于改善农村生产生活条件。

（2）节约用地，合理布局。保护耕地和集约节约用地，注重旧村庄和空壳村的整治，统一规划，集中建房，完善公共服务设施和基础设施。

（3）注重特色，保护生态。保护历史文化资源及村庄原有肌理，延续传统特色；结合山体、水系等自然生态环境，塑造富有乡土气息的特色景观风貌。

（4）以人为本，尊重民意。应充分听取村民意见，尊重村民意愿，规划成果完成后须经村民会议或者村民代表大会讨论通过方可报送审批。

5.1.4 村庄建设规划的内容

我国地域辽阔，各地自然条件差异很大，山地与平原、内地与沿海，各具特点，村庄建设极不平衡。所以，村庄建设规划的内容和深度，一定要从实际出发，不能搞"一刀切"，而应当根据具体条件，有的粗、有的细，由粗到细、由浅入深，逐步充实，逐步完善。

经济条件好的村庄，可以搞得深一些、细一些，不仅能指导村庄建房，而且能指导水、电、路等公用设施的建设。而经济条件差的地方，近期内只考虑控制村民建房的问题。

村庄建设规划的内容主要包括以下几个方面：

（1）确定村庄各项用地标准和规模。

（2）具体布置各类建筑物、构筑物。

（3）安排道路、绿化及各项公用工程设施，进行竖向规划。

（4）估算工程量和投资，制定实施步骤。

5.1.5 村庄建设规划的规划期限

村庄建设规划的期限应根据本村建设任务和具体建设项目的落实情况予以确定。恰当的规划期限是使客观需要和实际可能得到统一的必要条件。规划期限过长，远水不能解近渴，不能适应当前客观需要，这说明规划内容与当地经济力量有矛盾，需要调整部分建设项目的标准或规模，必须使之与经济的可能性协调起来，做到标准适当，规模合宜，规划期限过短、建设周期太短，也难以实现规划的目标。村庄规划期限为20年。村主要居民点近期建设规划期限为5年。

5.2 村庄规划

村庄规划目的在于更快更直接地促进乡村文化遗产和农业文化遗产的保护，促进乡村旅游和现代农业展示朝着更科学更优化的形态发展。发展现代农业是全面建成小康社会的重要抓手，大力推进高优农业生产的建设，不仅可以推广现代农业技术，促进农业发展方式的转变；还可以培养新型农民，提高农民的致富能力和自身价值，更可拓展农业功能，壮大乡村产业旅游，促进农业提质增收。配合国家以发展乡村旅游拉动内需发展的战略，推动乡村的经济建设、社会建设、政治建设、文化建设和生态文明建设的同步发展，促进城乡统筹发展，拓辟城镇化发展中的社会主义新农村建设蹊径。

5.2.1 村域规划编制内容

（1）综合评价村庄的发展条件，提出村庄建设与治理、产业发展和农村社区管理的总体要求。

（2）分析村域人口构成和发展趋势，选择适当的方法预测规划期限内人口发展规模。

（3）合理安排村域范围内的农业及其他生产经营设施用地，确定村域范围内主要居民点的规划建设用地和其他建设用地布局和范围。

（4）明确村域内闲置地利用和腾退用地的安排，提出空心村整治的要求和措施。

（5）确定村民活动、体育健身、医疗卫生等公共服务设施的用地布局和建设标准。

（6）确定村域各项工程设施配置和建设要求。包括道路、供水、排水、供电、通信等设施的布局、建设要求及管线走向、敷设方式。

（7）确定村域垃圾收集、公厕和农户污水处理设施等环境卫生设施的配置和建设要求。

（8）提出村域防灾减灾的要求，做好村级避灾场所建设规划。对处于山体滑坡、崩塌、地陷、地裂、泥石流、山洪冲沟等地质隐患地段的农村居民点，经国土资源部门鉴定需搬迁的，应提出搬迁意见。

（9）确定村域生态环境保护目标、要求和措施，提出村庄传统民居、历史建筑物与构筑物、古树名木等人文景观的保护与利用措施。

（10）对于历史文化名村的古村落应特别重视进行聚落山水格局全方位的保护和提升的规划编制。

5.2.2 村庄主要居民点规划编制内容

（1）明确村庄主要居民点规划区范围，预测村主要居民点人口规模，在规划区内安排各类建设用地布局，确定建设用地的土地使用强度，提出相应的规划控制要求和指标。

（2）确定村庄主要居民点的公共服务设施用地布局和建设要求。

（3）确定村庄主要居民点内各项工程设施配置和建设要求。

（4）提出村庄主要居民点近期建设及整治的项目和投资估算。

（5）根据村庄主要居民点的具体情况，确定村庄整治改造内容与方法，划定相应整治范围，制定村庄整治项目实施表。

（6）编制近期集中建设区修建性详细规划，划定农户宅基地范围界线，提出农村住宅建设要求。

（7）进行村庄农房整治规划设计，包含建筑的平面改造和立面整饰。

（8）提出实施规划的措施和建议。

5.2.3 村域规划和村庄主要居民点规划的主要任务

村庄规划包括村域规划、村庄主要居民点规划。村域规划的主要任务是对村庄居民点的布局及规模、产业及配套设施的空间布局、耕地、林地等自然资源的保护等提出规划要求，村域范围内的各项建设活动应当在村域规划指导下进行。村主要居民点规划的主要任务是合理确定村庄主要居民点的规划区范围、规模和建设用地界限，统筹进行村民建房以及各类基础设施和公共服务设施的规划建设，对近期集中建设区进行修建性详细规划，提出近期村庄整治改造措施，进行村庄农房整治规划设计，为村庄居民提供切合当地特点、与规划期内当地经济社会发展水平相适应的人居环境。

5.2.4 村域规划应特别强调组织涉及村域发展相关行业的紧密合作

村域规划应建立住房城乡建设、发展改革、财政、国土资源、交通、环境保护、水利、农业、林业、文教、卫生、旅游等部门参与的联合编制机制。借助创意文化激活全村域的山、水、田、人、文、宅资源，开拓涉及城乡建设统筹发展的相关行业紧密合作，实现全村域多规合一的村庄建设规划。

5.3 村庄主要居民点规划

5.3.1 村庄主要居民点的分类

根据规划建设方式，将村庄分为改造型、新建型、保护型/城郊型四大类型。

（1）改造型

1）指村庄主要居住点现有一定的建设规模，便于组织现代农业生产，具有较好的或可能形成较好的对外交通条件，具有一定的基础设施并可实施更新改造，同时其周边用地能够满足扩建需求的村庄。

2）整治建设原则

a.改造型村庄主要居住点建设包括旧村改造和村庄扩建，应妥善处理新旧村的建设关系，积极推进旧村的改造和整治，合理延续原有村庄的空间格局，有序扩建新村。

b.旧村改造：根据当地的实际经济发展水平和农民群众的收入状况，在重视保护和利用历史文化资源、尊重村民意愿的前提下，开展村庄整治。对现有建筑进行质量评价，有步骤地改造和拆除老房、危房。逐步优化旧村布局，完善基础设施，加强村庄绿化和环境建设，提高村庄人居环境质量。

c.村庄主要居住点的扩建：与旧村在空间格局、道路系统等方面良好衔接，在建筑风格、景观环境等方面有机协调；在旧村基础上沿 1～2 个方向集中建设（选择发展方向应考虑交通条件、土地供给、农业生产等因素），避免无序蔓延，尽量形成团块状紧凑布局的形态；统筹安排新旧村公共设施与基础设施配套建设。

（2）新建型

1）根据经济和社会发展需要，确需规划建设的村庄主要居住点，如移民建村、灾后安置点、迁村并点及其它有利于村民生产、生活和经济发展而新建的村庄。

2）建设原则：村庄选址应立足于提高新村的避灾能力，尊重被迁移农民的意愿；应密切结合公路路网，充分考虑村庄的可通达性。村庄主要居住点建设应与自然环境相和谐，用地布局合理，功能分区明确，设施配套完善，环境清新优美，充分体现浓郁乡风民情和时代特征。同时，选择若干条件较为成熟的新建点，着力整合农村资源，深化村民自治，以"集中连片、统规统建"的方式，先行先试，积极探索农村新型社区建设和管理办法，推动社会主义新农村建设，促进城乡一体化进程。

（3）保护型

1）针对各级历史文化名村，以及其它拥有值得保护利用的自然或文化资源的村落，如拥有优秀历史文化遗存、独特形态格局或浓郁地域民俗风情的少数民族聚居村庄，加以保护性修缮和开发利用。

2）保护开发原则：尊重山形水势和村庄肌理，传承建筑文化。对具有传统建筑风格和历史文化价值的古民居、古祠堂和纪念性建筑等文化遗产进行重点保护和修缮，彰显村庄历史文化的底蕴，实现永续利用。

3）古村保护开发方式：编制古村保护建设规划，划定保护范围，请文物部门进行文物普查，邀请专家对古村的历史渊源和建筑风格进行论证，挖掘文化底蕴，为古村保护开发提供依据。逐步投入资金，维修破损严重的古建筑，修复村内道路和水系，在不影响古村格局和建筑风格的前提下，统一规划建设，另辟新区解决新增人口以及为古村落整体保护而疏散的村民生活、生产等要求。

（4）城郊型

1）特指位于城市、开发区、县城、镇规划区内、规划建设用地范围外的村庄主要居住点。

2）建设原则

a. 在符合城市、开发区、县城、镇总体规划的前提下，合理确定村庄主要居住点的发展定位和模式。

b. 促进城镇各类基础设施和公共服务向村庄延伸，逐步实现城乡一体化。

c. 根据城镇、开发区规划要求，允许村庄主要居住点通过一定的政策扶持，运用市场机制，实行综合开发，就地改造或集中迁建成为新型社区，以利于将来自然融入城镇，避免再次改造。

5.3.2 村庄主要居民点的用地选择

（1）村庄主要居住点建设用地宜选择自然环境良好，符合安全、卫生要求，坚持保护耕地和节约用地的原则，充分利用丘陵、缓坡和其它非耕地，避开山洪、风口、滑坡、泥石流、洪水淹没、地震断裂带等自然灾害影响的地段，避开自然保护区、有开采价值的地下资源和地下采空区。

（2）村庄主要居住点应与生产作业区联系方便，村民出行交通便捷，村庄主要居住点对外有两个以上出口，避免被铁路、重要公路和高压输电线路穿越。

（3）应避免村庄主要居住点建设沿过境公路展开布局、蔓延发展。根据《公路安全保护条例》，公路建筑控制区的范围，从公路用地外缘起向外的距离标准为：国道不少于20m，省道不少于15m，县道不少于10m，乡道不少于5m；属于高速公路的，公路建筑控制区的范围从公路用地外缘起向外的距离标准不少于30m。新建村镇、学校和货物集散地、大型商业网点、农贸市场等公共场所，与公路建筑控制区边界外缘的距离应当符合下列标准，并尽可能在公路一侧建设：国道、省道不少于50m；县道、乡道不少于20m。

5.3.3 村庄主要居民点的规模分级

村庄主要居住点规模按人口数量划分为特大、

大、中、小型四级（表5-1）。村庄配套设施内容和标准应与规模相适应。

条件受限的山区村庄应逐步改变其过于分散的现状，但应尊重农民意愿，不搞强行集并。

表5-1 村庄规模分级

人口规模分级	常住人口数量
特大型	>3000人
大型	1001～3000人
中型	500～1000人
小型	<500人

注：村庄人口指主要居民点规划总常住人口（含居住半年以上的外来人口。）

5.3.4 村庄主要居民点的用地布局

（1）各行政村应根据各自具体情况确定村庄主要居民点的规模和数量，并统筹规划全村的功能分区、产业布局、市政基础设施和公共配套设施布局，并注重历史文化、自然资源的保护和利用。

（2）在与土地利用总体规划相衔接的基础上，在村庄主要居民点规划区范围内，对住宅用地、公共设施用地、生产设施和仓储用地、交通设施用地、工程设施用地、绿地等建设用地进行合理布局，原则上不安排新增村庄工业用地，现有村庄工业用地宜逐步向城镇工业区集中。按既方便使用，又符合环保、卫生、安全生产的原则，可根据需要为农民生产劳动配置作业场地，包括晒场、打谷场、堆场及集中养殖区等。集中养殖区的选址应远离饮用水源地，并选在全年主导风向的下风向。

（3）村庄主要居民点用地布局应突出地域特色，充分尊重当地生活习俗及传统布局模式；应结合山形水势、气候植被等自然地理环境，形成地域性的自然、乡村风貌；应结合本地特色，形成各具特色的地域标志。

5.3.5 村庄主要居民点的用地分类和用地指标

（1）用地分类

村庄主要居民点用地依据《城市用地分类与规

划建设用地标准》之城乡用地分类,将村行政地域内用地分为建设用地、非建设用地2大类,村庄建设用地、区域交通设施用地等8中类。参考《镇规划标准》之镇用地的分类,将村庄主要居民点建设用地下分6小类,适用于规划文件的编制和用地的统计工作(表5-2)。

表5-2 村庄主要居民点用地分类

类别名称(类别代码)			范围
建设用地(H)			包括居民点建设用地、区域交通设施用地、区域公用设施用地、特殊用地、采矿用地等。
其中	村庄主要居民点建设用地(H1)		农村居民点的建设用地。
	其中	村庄住宅用地(R)	城市、县城、镇、乡规划建设用地范围外的村民居住的宅基地及其附属用地。
		公共设施用地(C)	各类公共建筑及其附属设施、内部道路、场地、绿化等用地
		生产设施和仓储用地(M-W)	独立设置的各种生产建筑、物资的中转仓库、专业收购和储存建筑、堆场及其设施和内部道路、场地、绿化等用地。
		交通设施用地(T-S)	村庄对外交通的各种设施用地、村居民点道路用地及交通设施用地。
		工程设施用地(U)	各类公用工程和环卫设施以及防灾设施等工程设施用地,包括其建筑物、构筑物及管理、维修设施等用地。
		绿地(G)	包括公园绿地、防护绿地、以硬质铺装为主的村庄公共活动场地等开放空间用地。
	区域交通设施用地(H2)		铁路、公路、港口、机场和管道运输等区域交通运输及其附属设施用地。
	区域公用设施用地(H3)		为区域服务的公用设施用地,包括区域性能源设施、水工设施、通讯设施、殡葬设施、环卫设施、排水设施等用地。
	特殊用地(H4)		特殊性质的用地,包括专门用于军事目的的设施用地,监狱、拘留所、劳改场所和安全保卫设施等用地。
	采矿用地(H5)		采矿、采石、采沙、盐田、砖瓦窑等地面生产用地及尾矿堆放地。
非建设用地(E)			水域、农林、空闲地等非建设用地。
其中	水域(E1)		河流、湖泊、水库、坑塘、沟渠、滩涂等,不包括公园绿地及单位内的水域。
	农林用地(E2)		耕地、园地、林地、牧草地、设施农用地、田坎、农村道路等用地。
	其他非建设用地(E3)		空闲地、盐碱地、沼泽地、沙地、裸地、不用于畜牧业的草地等用地。

注:本分类综合参照《城市用地分类与规划建设用地标准(报批稿)》(GB 50137-2011)和《镇规划标准》(GB 50188-2007)之用地分类确定。

(2)村庄人均建设用地指标

本着严格控制用地的原则,村庄建设用地宜按人均80～120m² 控制。编制规划时,以现状人均建设用地水平为基础,通过调整逐步达到合理水平。现状人均建设用地低于80m²的村庄可适当调高5～10m²;现状人均建设用地超过控制指标的,规划中应逐步调低。现状人均建设用地在80～100m²之间的,可适当增减0～10m²;现状人均建设用地在100.1～120m²之间的,可适当减少0～10m²;现状人均建设用地在120.1～140m²之间的,应适当减少0～20m²;现状人均建设用地在140m²以上的,宜减至120m²以内。

5.3.6 公共服务设施及基础设施配置

(1)公共服务设施

村庄主要居民点规划应配置村委会、医疗室(计生站)、文化中心(站、室)、幼儿园、商业服务网点等公共服务设施和体育、休闲、社交活动等公共场所。村庄公共服务设施和场所宜集中布置,以形成村庄公共活动中心。

公共服务设施配置应符合相关部门规定,按照相关技术指标进行建设。具体指标参见表5-3。

表 5-3　公共服务设施配置标准一览表

序号	项目名称	建筑面积	备注
1	村委会	100～300m²	1～5项应设，村邮所宜设，可与村（社区）综合服务中心联合设置。
2	医疗室（计生站）	≥60m²	
3	文化中心（站、室）（包含农村电影放映室）	≥100m²	
4	老人活动室	≥100m²	
5	村广播室	约10m²	
6	村邮所	≥25m²	
7	公共活动场地（运动场地）	用地面积600～1000m²	
8	农村避灾点	容量不小于100人	
9	集贸市场	100m²（集镇所在村的集贸市场600m²）	可设。
10	农家店	店铺营业面积≥40m²	可设。由市场调节。
11	农资农家店	店铺营业面积≥30m²	
12	公厕	每个主要居民点至少设1处，特大型村庄宜设2处以上，每处建筑面积≤30m²	应设。
13	幼儿园	平均每生用地面积：≤20m²	应设。
14	小学	平均每生用地面积：初小（4班）≤26m²；完小（6班）≤26m²；完小（12班）≤24m²；完小（18班）≤21m²。	按教育部门有关布局规划设置。执行国土资源厅、教育厅、建设厅颁发的《福建省教育用地控制指标》（试行）。

（2）道路交通

根据村庄主要居民点规模等级选择相应的道路等级系统。道路组织形式与断面宽度的选择应因地制宜。村庄主要居民点干路红线宽度一般在6m以上，支路红线宽度在3.5m以上。村庄主要居民点主要道路应进行道路绿化带建设，有条件时应设置照明设施。村庄主要居民点应考虑配置农用车辆和大型农机具停放场所。

道路工程建设应贯彻"充分利用、逐步改造"与"分期修建、逐步提高"的原则。有关村庄道路路幅宽度值目前尚无统一规定，表5-4的数值供参考。

表 5-4　村庄道路规划技术指标（供参考）　　　　　　单位：m

人口规模分级	道路类别	道路红线宽度	单车道宽度	车行道宽度	每侧人行道及绿带宽度
特大型（>3000人）	干路	16～24	3.5	7～10	4.5～7
	支路	10～14	3.5	6～7	1.5～3
	巷路	3.5～4	3.5	3.5	可不设
大、中型（500～3000人）	干路	12～16	3.5	6～7	3～4.5
	支路	7～10	3.5	3.5～7	0～3
	巷路	3.5～4	3.5	3.5	可不设
小型（<500人）	干路	6～10	3.5	3.5～7	0～1.5
	支路（巷路）	3.5～4	3.5	3.5	可不设

注：1. 村庄道路绿带可将行道树绿带及路侧绿带合并设置。
　　2. 道路两侧环境条件差异较大时，可将路侧绿带集中布置在条件较好的一侧。

（3）供水排水

村庄主要居民点应有集中安全的供水水源，水质应符合现行饮用水卫生标准，管网敷设到户，生活用水标准 80～200L／人·日。供水水源与区域供水、农村改水相衔接。

新建村庄主要居民点排水宜采用雨污分流制，以沟渠排雨水、管道排污水。整治改建的村庄可采用合流制、截流式合流制或分流制。村庄主要居民点现有的排水沟渠应进行治理改造，继续发挥作用。生活污水量按生活用水量的 75%～90% 计算，生产污水量及变化系数应按产品种类、生产工艺特点和用水量确定，也可按生产用水的 75%～90% 进行计算，雨水量宜按邻近城市的标准计算。应因地制宜建设污水处理设施。

（4）电力通信

1）供电

a. 高压配电网结合上级电网统筹考虑。中压配电网可采用多分段单联络和放射状接线，线路一般采用架空线方式，沿村通道路架设，中压线路供电长度不宜超过 10～15km。

b. 配变按"小容量、密布点、短半径"原则配置，一般公用三相柱上变压器容量不超过 315kVA；单相变压器容量不超过 80kVA，一般可选择 10～50kVA。

c. 低压线路供电长度不宜超过 500m，农业排灌、偏远地区供电长度可适当延长。

d. 乡村按户平均容量 4kW，家庭中有生产用电的片区可根据生产特点考虑适当增大每户容量；用户应采用"一户一表"的计量方式，电能表应集中安装在计量表箱内。

2）通信

结合当地广电、通信主管部门统一规划，行政村实现村村通电话、有线电视 100% 入户。

（5）环卫设施规划

在垃圾处理运作模式上，城市和县城垃圾处理场有条件接收周边镇（乡）村生活垃圾的，应采用"村收集、镇（乡）中转、县（市）处理"模式；地理单元相对独立且运输成本高的山区，宜采用"村收集、乡镇处理"模式；边远山区、海岛等交通不便的农村，以行政村为单元，可采用"统一收集，就地分类，综合处理"模式，以农家堆肥或减量填埋方式实现资源化利用和低污染排放。镇乡环卫站可配备密闭式专用垃圾收集车辆，制定垃圾收集时间表，定时收集各类垃圾，收集频次可根据实际需要设定。中型以上村庄设置可回收类垃圾的回收点。

结合农村改水改厕，逐步提高无害化卫生厕所覆盖率，推广水冲式卫生公厕。村内须设置公厕，每个主要居民点至少设 1 处，特大型村庄宜设 2 处以上，每处建筑面积不小于 30m²。

村庄主要居民点应积极推广使用沼气、太阳能利用清洁型能源，保护农村生态环境，大力推广节能新技术。

由于农村自然环境、风俗习惯多样，不同村庄经济水平和建设条件差异较大，加之长期自发进行建设，其公共服务设施及基础设施建设的技术指标可根据具体情况加以确定。

5.3.7 绿化景观规划

（1）绿化建设应结合村庄山水林田、民俗民风，展示地方文化，体现乡土气息，留住田园风光。组织发动农民群众大力开发"四旁四地"（村旁、宅旁、水旁、路旁；宜林荒山荒地、低质低效林地、坡耕地、抛荒地），种植乡土树种，建设示范绿色村庄。

（2）村庄主要居民点应设置公园或集中绿地，公共绿地建设宜结合村口与公共中心及沿主要道路布置，适当布置桌椅、儿童活动设施、健身设施、小品建筑等，丰富村民生活。

（3）努力创建绿色村庄，要求建设 1 处以上的公园绿地，"四旁""四地"基本绿化，公园绿地总面积达 200m² 以上，辖区内宜林荒山绿化率达 95% 以上，路旁两侧、水旁宜林地段绿化率达 80% 以上，农田林网控制率达 85% 以上。村旁、宅旁种植乡土树种占 40% 以上；主要路旁两侧边沟以外及水旁宜绿化地段各种植 2 排以上优良乡土树种。

（4）村庄景观风貌建设宜"保护自然之美，注重乡土特色，强调以人为本，坚持形成特色"，避免村庄景观城镇化。

5.3.8 竖向规划

（1）充分利用自然地形，尽量保留原有绿地和水面，少占或不占良田，应综合优化排水、防涝、道路等工程方案，在满足排水管沟的设置要求及有利于建筑布置与空间环境设计的基础上，合理确定建设用地的各项控制标高。

（2）道路及各种场地的适宜坡度：道路纵坡不宜小于 3‰、大于 6%，地形复杂处不大于 8%；地面排水坡度不宜小于 3‰；当用地自然坡度大于 8% 时，宜规划成台阶式，台地之间应用挡土墙或护坡联接，土质护坡的坡比值应小于或等于 0.5，砌筑型护坡的坡比值宜为 0.5 ~ 1.0。

（3）建筑物室外标高应与道路标高相协调。

（4）对可能造成滑坡的山体、坡地，应加砌护坡或挡土墙。

5.3.9 防灾减灾

（1）地处洪涝、滑坡等自然灾害易发地区的村庄应与当地江河流域、农田水利、水土保持、绿化造林等规划相结合，并采取适宜的防灾减灾设施，如修建防洪堤、排（截）洪沟、泄洪沟、蓄洪库、护坡、挡土墙等。在有地质危险隐患的地段，禁止进行农民住宅和公共建筑建设。

（2）宜按照 10~20 年一遇防洪标准，安排各类防洪工程设施，在区域范围内统一设置排洪沟、防洪堤。

（3）村庄消防应贯彻预防为主、防消结合的方针，积极推进消防工作社会化，针对消防安全布局、公共消防设施建设、消防安全组织建立、消防器材装备配置等内容进行村庄消防规划。防火分隔宜按 30 至 50 户的要求进行。5000 人以上村庄宜设置义务消防值班室和义务消防组织，配备通信设备和灭火设施。结合给水管道设置消防栓，间距不大于 120m，并设置不小于 4 米的消防通道，利用现有鱼塘、河流、水库等水体设置消防备用水源。

（4）村庄避灾疏散应综合考虑各种灾害的防御要求，统筹进行避灾疏散场所与道路的安排与整治。村庄道路出入口数量不宜少于 2 个，1000 人以上的村庄与出入口相连的主路有效宽度不宜小于 7m，避灾疏散场所内外的避灾疏散主通道的有效宽度不宜小于 4m。避灾疏散场所应与村庄内部的晾晒场地、空旷地、绿地或其他建设用地等综合考虑，每个行政村原则上建 1 个村级避灾点，人口较多或居住范围较分散的，可根据当地实际建 2 个村级避灾点，单个避灾点容量不小于 100 人。

5.3.10 村庄主要居民点建设用地土地使用强度及规划控制要求和指标

村庄主要居民点布局规划应在确定各类建设用地空间布局的基础上，进一步确定其土地使用强度，提出相应的规划控制要求和指标，主要为建筑密度、建筑高度、容积率、绿地率等控制指标及建筑间距、建筑后退道路红线等要求。村主要居民点建设应本着适度超前、不降低标准的原则，积极引导村民按规划改善居住环境。

（1）农村低层住宅小区建筑密度宜控制在 26 ~ 35%，容积率宜控制在 0.7 ~ 1.0 间，建筑高度不宜超过 12m，绿地率不低于 30%。农村多层单元式住宅小区建筑密度宜控制在 30% 左右，容积率宜控制在 1.4 ~ 1.8，建筑高度不宜超过 24m，绿地率不低于30%。

（2）新建建筑后退过境公路距离应遵守《公路安全保护条例》要求，宜后退村庄干路红线3m以上、支路1m以上。

5.3.11 村庄住宅小区规划设计

（1）村庄住宅小区修建性详细规划

1）村庄住宅小区建设

积极引导村民集中建房，鼓励采取统规统建或统规自建等方式，统一规划、统一设计、统一施工、统一配套、统一外观，集中建设村庄住宅小区。住宅建设应贯彻"一户一宅"政策，低层住宅宜采用并联式或联排式，城郊村庄鼓励建设多层单元式住宅建设、控制建设低层住宅。有下列情形之一的，应当统一规划建设村庄住宅小区：农村居民因国家、集体建设拆迁安置需要集中建设住房的；农村土地整理涉及农村居民新建住房的；农村新村建设的；灾后集中统一建设的。

2）宅基地

农村村民一户只能拥有一处宅基地。村民每户建住宅用地面积限额为80～120m²，但三口以下的每户不得超过80m²，六口以上的每户不得超过120m²，利用空闲地、荒坡地和其他未利用地建设住房，或者对原旧住房进行改建的，每户可以增加不超过30m²的用地面积。各村可根据实际情况，因地制宜划定村民住户院落使用权界线，以发挥村民管理宅前屋后空地的积极性。

3）选址

应避开地质复杂、地基承载力差、地势低洼又不易排涝以及易受风口、滑坡、雷电和洪水侵袭等自然灾害影响的地段。

4）规划

集中建设的成片住宅小区应编制修建性详细规划，建设多层单元式住宅的，参照城市居住区规划设计等相关标准执行。村庄住宅小区规划应处理好与山体、水体、路、街的关系，应充分结合地形地貌、山体水系等自然环境条件，不宜"深开挖、高切坡、高填方"，同时应避免把城市居住区的布局方式简单复制到农村。应结合民情民俗、村组单元组织建筑组群，引导形成自由而有序的空间形态，体现地方特色。建筑布局应高低错落、疏密有致，宜采用院落式、自由式、组团式等形式，避免单调乏味的行列式。

5）建筑朝向、间距及后退道路距离

建筑宜朝南、朝南偏东或偏西布置。建筑间距应满足日照间距的要求，南北向平行布置的建筑其间距不小于南侧建筑高度的1.0倍，低层建筑相邻房屋山墙之间（外墙至外墙）的间距为4m，设置消防通道的多层建筑山墙最小距离不小于6m。

6）配套

a. 集中统规统建或统规自建住宅小区的，给水排水、电力通信、道路、广电、绿化和社区服务等配套设施应同步规划建设。

b. 村庄住宅小区应配套居民健身设施、农家店、垃圾收集点、治安联防站及农用车辆或大型农具停放场、晾晒场等社区服务设施。选址于农村住宅小区的村级公共服务设施与社区服务设施应统筹安排建设。

c. 农村建房应同时配建化粪池等污水处理设施，化粪池应当远离水源，并加盖密封。

d. 小区建筑密度控制在30%左右。应灵活布局包含花木草坪、桌椅、简易儿童设施等的社区绿地，小区绿地率不低于30%。

（2）农村住宅建设标准和规定

1）农村住宅设计应遵循适用、经济、安全、美观、节能的原则，体现农村生活方式，满足面积、通风、采光等要求。平面布局应设有厅堂、厢房、厨房、卫生间、储藏间（农具堆放间）等功能用房，方便使用，避免照搬城市住宅的功能和布局。房屋造型应简洁适用美观，识别性明显，宜采用坡屋面，能反映农村住房特点,具有乡土气息和地方特色,外观宜一次性装修完成,避免"裸房"。

2)农村并联式、联排式或独幢式住宅不得超过三层,每户住房建筑面积控制在300m²以内。建设多层单元式住宅的,每户住房建筑面积控制在200m²以内。层高控制应符合当地的实际情况,以3m左右为宜。

3)农村住宅建筑结构应满足抗震要求。

4)大力推广应用优秀农村住宅设计。

(3)村庄住宅小区总体平面布局与庭院住宅的布置形式

1)村庄住宅小区的总体平面布局

为了使居民生活方便,美化环境,村庄的平面布局一般将一定数量的住宅建筑及其庭院、幼儿园、敬老院、生产管理用房等建筑以及道路、绿化,结合生产管理组织或经济核算单位,组织成建筑组群。这样既便于分期建设,又便于日常生产生活的组织管理,又达到节约用地、降低造价的目的。另外,当村庄规模较大时,可组织成为几个住宅群或划分成若干街坊,将各种院落的不同组合形式与道路网密切结合而形成一个有机的整体。村庄住宅小区的布局形式概括起来有3种,即带状、块状、自由式。

a.带状布局

村民住宅沿着河堤、渠道和道路成带状布置,见图5-1。这种布置形式布局简单,朝向、通风、采光良好,有开阔的环境,离耕地较近,适应规模较小

的村庄。如果规模过大,会造成联系不便,有碍生产和生活及管理。

b.块状布局

块状布局即成片布置。其优点是居住集中,缩短了交通路线,可以充分利用集体福利设施,用地紧凑、节约。但条件是必须有成片的用地.适用于地势平缓的山坡和丘陵,以及平原地区,对于大小规模的村庄都适用,见图5-2。

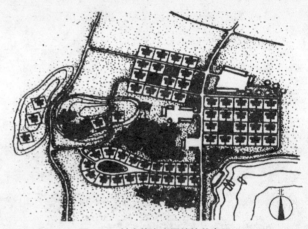

图5-2 村庄住宅小区的块状布局

c.自由布局

结合自然地形或利用道路、河流、渠道等造成居住用地平面形状的变化,依山就势,随形而异,自由地布置各种建筑物。为了避免布局上的紊乱感,应使建筑物的朝向有规律地变化。有时可使建筑物的朝向成组的变化,有时可幢幢建筑都随实际情况逐渐变化,具有丰富的艺术效果,见图5-3。

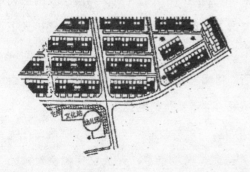

图5-1 村庄住宅小区的带状布局

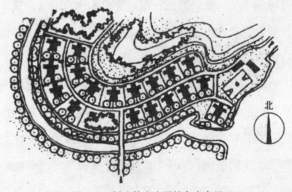

图5-3 村庄住宅小区的自由布局

2）庭院住宅的布置形式

a. 院落住宅的组成

传统的农村住宅是院落式住宅，一般包括三大部分：居住部分、辅助设施、院落。如图5-4。改革开放以来，农村经济发展迅猛，农村的基础设施显著改善，随之，村民对居住条件也有了新的要求。尤其在经济发展较快地区，受用地条件的制约，已不再建设单层的院落住宅，并逐渐向小城镇的低层庭院住宅发展。

（a）居住部分。包括堂屋、卧室、厨房。

a）堂屋。堂屋是整个家庭起居的中心，它肩负着迎来送往、接待亲友、家庭团聚和从事必要的农副业加工等多种功能。因此，堂屋的面积不宜太小，以18m2左右为宜。要求光线明亮，通风良好。

b）卧室。卧室是供睡眠和休息的场所。农村住宅卧室一般是围绕堂屋布置的，卧室要大小搭配，以利合理分居。平面布置要紧凑合理。尽量避免互相穿套。面积以每室7～14m²为宜。

c）厨房。厨房主要是满足烧饭做菜，在一些边远的地区，还应考虑家畜饲料蒸煮加工以及储藏杂物和柴草之用。加上炉灶大小各地不一，以及一些生活用具（碗橱，桌子、水缸等），起火燃料的不同，故厨房面积一般为6～12m²。

（b）辅助设施。包括厕所、禽畜圈舍、围墙门楼、沼气池、杂屋等。这些设施都是居民生活和家庭副业生产所必需的，应当合理地布置，但为了进一步改善居住环境。辅助设施的布局要和各地的生活习惯、气候地理条件、节约用地原则相适应，综合考虑，目前已有较大的变化和发展。

a）厕所。过去，受农村基础设施和经济发展的影响，多数村民住宅的厕所都安排在院落内，独立设置。随着农村经济的发展、基础设施的改善、居住条件和要求的提高，为了节约用地，农村住宅已开始向二、三层的低层庭院住宅发展。因此，厕所均布置在

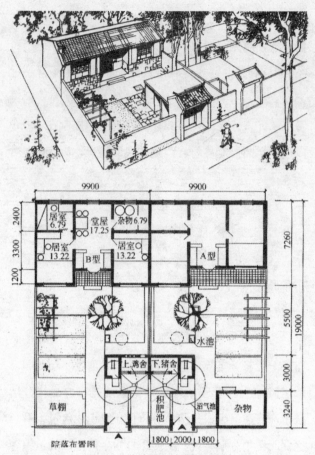

图5-4 传统的农村院落式住宅

室内，并努力做到各层均设厕所，有的主卧室还带有单独的厕所。

b）禽畜圈舍。养猪，羊、鸡、鸭是农民主要的家庭副业，禽畜圈舍要求一年四季都要照到阳光。并且要与居室有适当隔离，一般应设在后院或靠近院墙和大门的一侧。伴随着家居环境的"纯化"和"净化"，目前，在经济较为发达的地区，已提倡尽可能地把禽畜集中饲养。

c）沼气池。推广使用沼气池，为解决我国广大农村燃料开辟了一条新途径。在使用的同时还扩大了肥源，改善了农村住宅与环境卫生。院落设沼气池时，尽量和厕所、猪圈三者结合一起布置修建，要靠近厨房，选土质好、地下水位低的位置。

（c）院落。在村民住宅中一般多设院落，在院落中可饲养畜禽，堆放柴草，存放农具和设置村民住宅辅助设施。是进行家庭副业的场所。也是种树、

种花、种菜的地方。

b.庭院住宅的基本形式

我国村庄住宅形式较多，由于各地自然地理条件，气候条件，生活习惯相差较大，因此，合理选择院落的形式，主要应从当地生活特点和习惯去考虑。一般分以下4种形式。

（a）前院式（南院式）

庭院一般布置在住房南向，优点是避风向阳，适宜家禽、家畜饲养。缺点是生活院与杂物院混在一起，环境卫生条件较差。一般北方地区采用较多。如图5-5。

（b）后院式

庭院布置在住房的北向，优点是住房朝向好，院落比较隐蔽和阴凉，适宜炎热地区进行家庭副业生产，前后交通方便。缺点是住房易受室外干扰。一般南方地区采用较多，如图5-6所示。

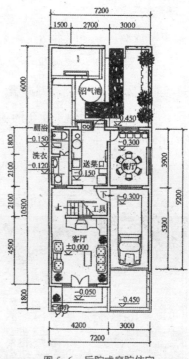

图 5-6　后院式庭院住宅

（c）前后院式

庭院被住房分隔为前后两部分，形成生活和杂务活动的场所。南向院子多为生活院子，北向院子为杂务和饲养场所。优点是功能分区明确，使用方便，清洁、卫生、安静。一般适合在宅基宽度较窄，进深较长的住宅平面布置中使用，如图5-7所示。

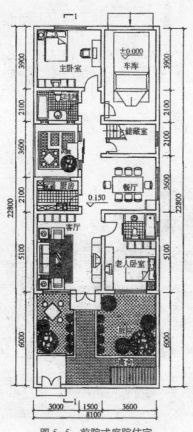

图 5-5　前院式庭院住宅

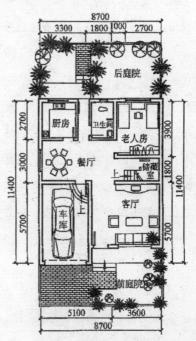

图 5-7　前后院式庭院住宅

（d）侧院式

庭院被分割成两部分，即生活院和杂物院，一般分别设在住房前面和一侧，构成即分割又连通的空间。优点是功能分区明确，院落净脏分明。如图5-8。

此外，在吸收传统民居建筑文化的基础上，天井内庭的运用已得到普遍的重视。

朝向、通风、采光也比较好，较独立式用地和造价方面都经济一些，如图5-10。

图 5-9a 独立式住宅

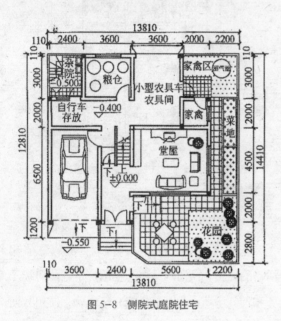

图 5-8 侧院式庭院住宅

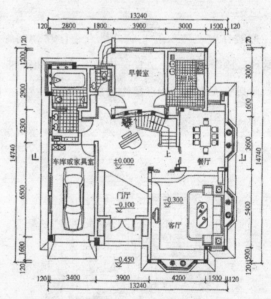

图 5-9b 独立式住宅

3）村庄住宅的形式

一个宅院为一户，每户宅院，在其平面上有四个面（一般为正方形或矩形）与外界相联系。院落的拼接与组合灵活多样，归纳起来有以下几种基本情况。

a. 独立式

院落独立式住宅是指独门、独户、独院，不与其他建筑相连。这种形式的特点是，居住环境安静、户外干扰小；建筑四周临空、平面组合灵活，朝向、通风采光好，房前房后、房左房右朝向院落，可根据生活和家庭副业的不同要求进行布置。独立式住宅的缺点是：占地面积大，建筑墙体多，公用设施投资高。如图5-9。

b. 并联式

并联式是指两栋建筑拼联在一起，两户共用一面山墙。并联式建筑物三面临空，平面组合比较灵活，

图 5-10a 并联式住宅

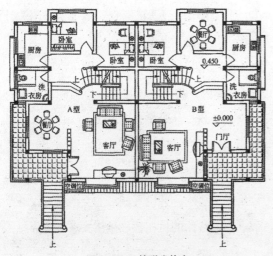

图 5-10b　并联式住宅

c.联排式

联排式是指将三户以上的住宅建筑进行拼联。拼联不宜过多，否则建筑物过长，前后交通迂回，干扰较大，通风也受影响，且不利于防火。一般来说，建筑物的长度以 50m 以下为宜，如图 5-11。

图 5-11a　联排式住宅

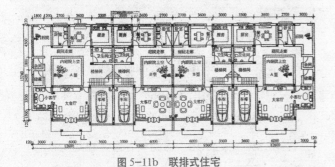

图 5-11b　联排式住宅

5.4 村庄整治专项规划

5.4.1 整治内容

村庄整治规划应突出解决旧村改造、环境卫生、设施完善、村容村貌、住房解危、防治灾害、历史文化遗产和乡土特色保护等方面内容。

5.4.2 整治原则

村庄整治应通过政府帮扶和农民自主参与相结合的形式，以人为本、以居当先，因地制宜、循序渐进，量力而行、尽力而为，综合治理、群防群治，延续特色、改善环境，整体规划、分期实施，村委主导、村民参与。

5.4.3 整治规划技术

（1）旧村改造

整理村庄内废弃宅基地、闲置宅基地、低效利用宅基地、闲置地等，拆除私搭乱盖的违章建（构）筑物，集约调配、复垦村庄用地。对原有建筑物合理增加道路和配置基础设施及公共服务设施，改善人居环境。

充分利用现有房屋、设施及自然和人工环境，通过政府帮扶和农民自主参与相结合的形式，分期分批改造农民最急需、最基本的配套设施，防止大拆大建、破坏原有肌理和景观风貌。

（2）环境卫生

村庄整治应实现垃圾及时收集、清运及粪便无害化处理，保持村庄环境卫生、整洁。

1）结合农村家园清洁行动，村庄应建设足够的垃圾收集池，配备足够的清扫、清运工具，并应规范卫生保护措施，防止二次污染；农户应配置垃圾收集容器，以保证垃圾不乱倒；村庄按人口的 1～2‰ 配备卫生保洁员。做到垃圾集中收集、定点存放、定时清运、科学处理。

2）村庄生活垃圾宜就地分类回收利用，减少集中处理垃圾量。可回收的废品类垃圾由住户暂存在自家宅基地内，定期出售。厨余垃圾经生物技术就地处理，或家庭或村庄堆肥处理。有害垃圾需单独收集、进行特殊安全处理。暂时不能纳入集中处理的其他垃圾，可采用简易填埋处理。

3）鼓励建筑垃圾的再利用。砖、瓦、石块、渣土等无机垃圾宜作为建筑材料进行回收利用，未能回收利用的可在土地整理时回填使用。

4）户厕改造实现一户一厕，宜把厕所合并到住宅内部，把化粪池的出水与村庄污水处理设施连接起来，逐步实现厕所内部设施的城市户厕标准模式。拆除公共场所的所有茅厕和粪坑。

（3）给水和排水设施

村庄给水设施整治应充分利用现有条件，改造完善现有设施，保障饮水安全，逐步实现村庄集中供水，供水到户，满足农村地区人畜安全、方便饮用。排水设施整治包括确定排放标准，整治排水收集系统和污水处理设施。

1）村庄靠近城镇时，应依据经济、安全、实用的原则，优先选择城市或集镇的配水管网延伸供水到户。村庄距离城市、集镇较远或无条件时，倡导通过高位水池、水塔变频泵及配水管网等设施建设联村联片的集中式供水工程供水入户。

2）暂无条件建设集中式供水设施的村庄，应加强对分散式水源（水井、水池、手压机井等）的卫生防护，水井周围 50 米范围内，清除污染源（粪坑、垃圾堆、牲畜圈等），并综合整治环境卫生。

3）通过村庄排水工程整治，应逐步实现"雨污分流"的排水体制，污水处理达标后方可排放沟渠或农业灌溉，应确保雨水及时排放，防止内涝。

4）应加强村内沟渠、水系的日常清理维护，防止生活垃圾、淤泥淤积堵塞，保证排水畅通，可结合排水沟渠砌筑形式进行沿沟绿化。

（4）道路桥梁及交通安全设施

道路桥梁及交通安全设施整治应遵循安全、适用、环保、耐久和经济的原则，利用现有条件和资源，通过整治，恢复或改善道路的交通功能，合理布局村庄道路。

1）村内干路网应通达顺畅，通过整治改造打通主要道路的尽端路、死胡同。

2）村庄道路路面必须硬化。硬化路面一般按每车道 3.5m 考虑。巷路宽度按 1 米左右硬化，也可用当地特有的石材、砖材铺设。

3）村庄应避免沿过境公路两侧发展，当过境公路穿越村庄时，两侧建筑物、构筑物必须根据相关规范满足安全要求，并设置相应的交通安全设施及标志。邻近交通线路的村庄建设港湾式客车停靠站。

（5）公共环境和村貌整治

村庄公共环境和村貌整治应遵循适用、经济、安全和环保的原则，恢复和改善村庄公共服务功能，美化自然和人工环境，保护村庄历史文化风貌，并应结合地域、气候、民俗营造村庄个性。

村庄公共环境和村貌整治应根据村民需要，并考虑老年人、残疾人和少年儿童活动的特殊要求进行，包括：河道水塘、水系整治；晾晒场地等设施整治；建设用地整治；景观环境整治；公共活动场所整治及公共服务设施整治；村庄主要街道两侧建筑外立面整治等内容。

1）拆除严重影响村庄规划和村容村貌、压占道路红线、地下管线、高压走廊、河道控制线、地下文物古迹或压占法律规定不得侵占设施的违章建筑物、构筑物及其它设施。

2）疏理现有的供电、电话、广播、电视、网络等各种管线，规范线路设置，确保线路安全、有序。

3）村庄主要街道两侧可采用绿化等手法适当美化，提倡采用以乔木为主、乔灌草结合的路旁绿化方式。对非干路的绿化，可动员各家各户共同参与，使用灌木和藤类植物，绿化道路和院墙。

4）公共场所的沟渠、池塘、人行便道的铺装宜采用当地砖、石、木、草等材料，手法提倡自然，岸线应避免简单的直锐线条，人行便道避免过度铺装。

5）村庄重要场所（如村庄出入口、公共服务建筑、村民公共活动场所）可与"万村千乡市场工程"、连锁化"农家店"、万村农民健身工程结合建设整治。场所布置及建筑设计宜具乡土特色，简朴亲切。

6）根据村庄历史文化和地域特色确定建筑外观整治的风格和基调，引导村民逐步整合现有农民住宅的形式、体量、色彩及高度，形成整洁协调的村容村貌。

7）坑塘河道应保障使用功能，满足村庄生产、生活和防灾需要。禁止采用填埋方式废弃、占用坑塘河道。河道存在下列情况时，应根据当地建设条件进行整治：影响村庄公共安全，如河道堤岸塌方、淤堵，被垃圾填埋；影响村庄环境卫生，污染地下水；影响村庄经济发展，如渔业等。

8）村庄内部或邻近村庄的水体可结合村庄布局进行景观建设，包括修建水边步道、开辟滨水活动场所、局部设置亲水平台和修整岸边植物等内容。水体护坡宜采用自然护坡、适度采用硬质护砌。

（6）安全与防灾

村庄整治应综合考虑火灾、洪灾、震灾、风灾、地质灾害等的影响，贯彻预防为主，防、抗、避、救相结合的方针，坚持灾害综合防御、群治群防的原则，综合整治、平灾结合，保障村庄可持续发展和村民生命安全。村庄整治应达到在遭遇正常设防水准下的灾害时，村庄生命线系统和重要设施基本正常，整体功能基本正常，不发生次生灾害，保障农民生命安全的基本防御目标。

1）在有地质危险隐患的地段，禁止进行农民住宅和公共建筑建设，既有建筑工程必须拆除、迁建，基础设施现状工程无法避开时，应采取有效措施减轻场地破坏作用，满足工程建设要求。

2）现状存在隐患的生命线工程和重要设施、学校和村民集中活动场所等公共建筑应进行整治改造，存在结构性安全隐患的农民住宅应进行整治，消除危险因素。

3）消防设施布局、建筑防火是村庄消防综合整治的内容。既有的存在火灾隐患的农宅或公共建筑，应依据《农村防火规范》相关技术标准进行整治。

（7）历史文化遗产与乡土特色

村庄整治中应严格、科学保护历史文化遗产和乡土特色，延续与弘扬优秀的历史文化传统和农村特色、地域特色、民族特色。对于国家级和省级历史文化名村、各级文物保护单位，应按照相关法律法规的规定划定保护范围，严格进行保护。

1）国家、省、市、县级文物保护单位，国家级和省级历史文化名村，树龄在50年以上的古树以及在历史上或社会上有重大影响的中外历史名人、领袖人物所植或者具有极其重要的历史、文化价值、纪念意义的名木，应按照现行相关法律、法规、标准的规定划定保护范围，严格进行保护。

2）具有历史文化价值的古遗址、古墓葬、建（构）筑物、石刻及造像、近现代重要史迹、村庄格局和具有农村特色、地域特色以及民族特色的建筑风貌、场所空间和自然景观，包括尚在使用中的乡村传统的或本地域特征的民居、祠堂、古井、古桥、古道路、古塔等村庄历史环境要素，地方植物、水系、湿地、林地、古树等村庄自然环境要素，以及传统村庄格局、空间尺度等，应经过认定，严格进行保护。

3）历史文化遗产周边的建筑物，在需要实施整饰或改造时，可在建筑体量、外形、屋顶样式、门窗样式、外墙材料、基本色彩等方面保持与村庄传统、特色风貌的和谐。历史文化遗产周边的绿化配置宜采用自然手法。

4）村庄整治应注重保护具有乡土特色的建（构）筑物风貌、山水植物等自然景观及与村庄风俗、节庆、纪念等活动密切关联的特定建筑、场所和地点等，并保持与乡土特色风貌的和谐。

5.4.4 整治项目的选择与实施

村庄整治规划包括合理确定整治项目和规模，

提出具体实施方案和要求，规范运作程序，明确监督检查的内容和形式，近期整治内容可用行动计划表来表达。

（1）根据所列整治内容，不同的村庄，应根据自身存在的主要问题，进行评估，确定该村庄急需整治的内容。

（2）对所选定的整治项目，应按轻重缓急排序，集中人力、物力、财力优先解决重大问题，并遵循"先地下，后地上"的程序实施，力戒返工浪费。

（3）确定整治项目的空间布局与技术要求，明确整治项目的主要指标，测算工程量，提出村庄整治的实施计划、实施管理以及整治后的运行维护管理建议。

（4）整治项目的选择应结合福建省"农业村家园清洁行动"、《关于加快城乡绿化建设的实施方案》中创建绿色村庄等工作展开。

5.5 规划成果

5.5.1 规划成果的组成

（1）规划设计成果的表达应当规范且简单明了、通俗易懂，成果文件应当以书面文件和电子文件两种方式表达。

（2）村庄规划成果包括规划图纸、规划文本及说明书。

5.5.2 规划成果要求

（1）规划必绘图纸

规划必绘图纸包括：村域规划图，村主要居民点现状分析图、布局规划图、设施规划图、近期集中建设区修建性详细规划系列图纸或近期农房整治规划设计图纸。村域规划图按 1:2000 ~ 1:10000 比例出图；村主要居民点系列图纸按 1:1000 ~ 1:2000 比例出图；近期集中建设区修建性详细规划系列图纸按 1:500 ~ 1:1000 比例出图；近期农房整治规划设计系列图纸，整治规划按 1:500 ~ 1:1000 出图，整治设计按 1:100 ~ 1:200 比例出图。图纸均应标明图纸要素，如图名、指北针、风向玫瑰、比例、比例尺、规划期限、图例、署名、编制日期等。

1）村域规划图

标明村域产业（含耕地等自然资源）用地布局及范围、各村庄（居民点）用地范围；村域的公益性公共服务设施及重要基础设施布点，道路规划走向和断面形式，工程管线的位置走向等。如无区域位置图，则应在图纸的空白处标明村庄在乡镇域的位置、所在行政村的范围以及和周围地区的关系。

2）现状分析图

包含村主要居民点位置、用地现状、建筑质量评定等内容。标明地形地貌、道路、工程管线及各类用地性质及范围，评价建筑质量，确定保护、保留、整治、改造建筑范围。

3）布局规划图

含各类建设用地的空间布局及相应的控制指标、主要公共服务设施及公共绿地的配置等内容。确定各类建设用地性质、范围，进行主要公共服务设施的分级配置，标明规划建筑、公共绿地、道路、广场、停车场、河湖水面等的位置和范围。近期建设规划内容可在图中表示。

当村庄规模较小时，可将布局规划图和整治规划图合并为布局与整治规划图。

4）设施规划图

标明道路的走向、红线位置、横断面、道路的主要控制点坐标（坡地村庄应包含竖向规划内容，标明道路交叉点、变坡点控制标高，室外地坪规划标高），车站、停车场等交通设施位置及用地界限；标明各类市政公用设施、环境卫生设施及管线的走向、管径、主要控制点标高，以及有关设施和构筑物位置、规模。

5）整治规划图

当整治项目较多、情况较复杂时，应单独绘制"整治规划图"，标明村庄各类建设用地调整情况，整治项目的位置、规模、范围、控制标高、宽度、走向、管径等技术要素。

6）近期集中建设区修建性详细规划系列图纸

包括规划地段现状图、规划总平面图、道路、管线及竖向规划图、表达规划设计意图的分析图或鸟瞰图等。规划总平面图应标明住宅、公建、道路和绿化等空间布局，住宅布局宜落实到建筑、宅基地、院落使用界线。

7）近期农房整治规划设计方案系列图纸

近期无集中建设住宅小区的村庄，应绘制"近期农房整治规划设计方案系列图纸"，包括近期农房整治规划图、平面改造图、立面整饰图及效果图。

（2）按照需要可增加的图纸

1）景观环境规划设计图

村庄主要街道沿街立面、公共活动空间、环境小品等景观设计意向。

2）农村住宅或主要公共建筑单体的设计方案图

新建村民住宅、主要公共建筑单体的设计平、立、剖面图；现有村民住宅、主要公共建筑单体的平面改造、立面整饰方案图。

3）其它分析图纸

（3）规划文本及说明书

1）规划文本

规划文本必须用法规文件的文体，阐述下列内容：

a.总则：包含规划指导思想与原则（应结合村庄特点表述）、规划依据、规划期限等；

b.村域规划：包含总体发展目标，村域产业布局及耕地、林地等自然资源保护的安排，村庄（主要居民点）人口构成及发展规模、建设用地规模及范围，村域配套设施的布局、规模及内容；

c.村主要居民点规划：包含居民点用地布局和土地使用强度控制要求及指标、公共服务设施配置、基础设施规划、绿化建设、住宅建设、近期建设和整治规划及投资估算、近期集中建设区修建性详细规划或村主要居民点农房整治规划设计要点等。

2）规划说明书

规划说明书是对规划文本的具体解释，可包含以下内容：概述、村庄现状情况分析、村域规划、村主要居民点规划（含用地布局规划、基础设施规划、整治规划、近期集中建设区修建性详细规划、近期农房整治规划设计等）、规划实施对策建议、技术经济指标等部分，说明村庄现状问题、潜在需求、规划工作重点、村庄规模和发展目标、规划设计意图等。规划说明书应包含基础资料，可附在说明书后。

单独编制整治专项规划时，其规划说明书应包括现状条件分析与评估，选择确定整治项目的依据及原则，整治项目的技术要领、工程量、实施步骤及投资估算，实施村庄整治的保障措施以及整治后项目的运行维护管理办法等建议，及需要说明的其他事项等。可用行动计划表来表达。

（4）规划技术经济指标

表 5-5　村庄用地汇总表

类别		面积 /hm²		占村域总用地比重 /%	
		现状	规划	现状	规划
建设用地					
其中	村庄建设用地				
	区域交通设施用地				
	区域公用设施用地				
	特殊用地				
	采矿用地				
非建设用地					
其中	水域				
	农林用地				
	其他非建设用地				

注：＿＿年现状村庄总常住人口＿＿人，其中居住半年以上外来人口＿＿人；

　　＿＿年现状村庄总常住人口＿＿人，其中居住半年以上外来人口＿＿人。

表 5-6　村主要居民点建设用地平衡表

用地名称	面积 (hm²)		占村庄建设用地 (%)		人均 (m²/人)	
	现状	规划	现状	规划	现状	规划
村庄住宅用地						
公共设施用地						
生产设施和仓储用地						
交通设施用地						
工程设施用地						
绿地						
村庄总建设用地						

注：_____年现状村庄总常住人口_____人，其中村主要居民点____人。
　　_____年规划村庄总常住人口_____人，其中村主要居民点____人。

表 5-7　近期整治行动计划表

序号	项目类别	项目名称	技术要求	项目工程量	所需资金	资金来源	备注

5.5.3 村庄建设规划的编制程序

村庄建设规划内容比较简单，编制方法和步骤也可相应地简化。

（1）现状测量和调查搜集资料。

（2）编制现状分析图和规划纲要。

（3）进行住宅的选型，计算住宅的需要量。

（4）计算各项公共建筑的建筑面积和用地面积。

（5）计算各项用地面积，包括住宅、公共建筑、道路、绿化及其他等。

（6）规划布置各项用地，包括布置道路、住宅、公共建筑、绿化等。

（7）计算技术经济指标，包括村庄建设用地、总人口、总户数、人均建设用地、住宅层数、住宅用地面积、公共建筑面积和用地面积、建筑密度。

（8）做用地平衡表，估算造价。

（9）编写规划说明书。

6 历史文化名镇（村）的保护规划

历史文化名镇（村）作为历史文化遗产的重要组成部分，它是先人留给我们的珍贵财富，是国家和人类的瑰宝，是一种物质形态的精神文化和科学研究资源，是一种不可再生、不可取代的资源。历史文化名镇（村）的保护与发展是社会主义新农村建设中的重要组成部分。

目前，对保护历史文化名镇（村）有两种呼声，一是加强保护，另一种是旅游开发，两种呼声都出于现实，是从不同角度思考提出的不同看法，它提醒我们在关注一个村镇的历史文化时一定要用多角度的眼光进行考察和研究，一是从生态环境、生产生活方式、居住环境、社会组织、社区文化等各方面加以考察；二是用历史的眼光，从文化演变的过程中寻找历史遗留的民族文化存在；三是用发展的眼光加以分析。历史文化名镇（村）保护的目的是要让人们生活得更好，使保护与提高生活质量和生活水平的愿望相协调。实践证明，历史文化名镇（村）保护必须建立在历史文化价值和经济利益之间的最佳平衡线上，才能调动群众的积极性和创造性，人们应该在现代生活中保持自己的文化传统，在传统文化保护和弘扬中过着现代的新生活。

6.1 历史文化名镇（村）的保护与发展

6.1.1 保护与发展的关系

认识保护与发展孰轻孰重，以及如何正确处理保护与发展的关系，是做好保护工作的基本前提。与其他历史文化遗产相比，发展是历史文化名镇（村）区别于其他历史文化遗产的最大特点。历史文化名镇（村）是人们生长于斯、生活于斯的地方，它在今天不断发展，在今后也要继续向前发展。历史文化名镇（村）保护与发展的关系，实质上就是历史文化村镇能否得到保护、能否建设得好，能否使历史文化名镇（村）的社会经济与现代化生活得到改善和满足的问题。

在对待历史文化名镇（村）时，首先要立足保护。历史文化名镇（村）的保护是一种平衡、有序、和谐发展的观念，不仅要保护有形的物质文化遗产，同时要保护无形的优秀传统文化，应以保护、保存为前提，以可持续利用为条件，推动发展为最终目的。只有保护好遗产的真实性和完整性，充分发挥它的精神文化和科学教育功能，才能体现出它的科学价值和历史文化价值，才能成为所在地区永不枯竭的资源，源源不断地吸引人，价值越高，吸引力越大，从而带动经济的发展，并促进地方相关产业的发展。

6.1.2 如何处理保护与发展的关系

保护与发展并不矛盾，保护不是限制发展，而是促进发展。如何协调保护与发展，主要有以下几个方面：

（1）提高对历史文化名镇（村）保护重要性和必要性的认识。保护文化遗产就是保护生产力。要从发展生产力的角度认识历史文化名镇（村）文化遗产的重要性，认识利用"古代文化"推动和促进社会经济的发展，使文化遗产保护与社会经济发展相得益彰。发展生产力的目的是为了提高物质和精神生活水平。保护文化遗产能让人民享受文化服务。做好文化遗产的保护和利用也就直接间接地发展了生产力，文化遗产是弘扬村镇特色、提高品位、改善环境、发展旅游经济等方面的重要内容。

（2）要完善法律规章制度，要有法可依，历史文化村镇保护条例应尽早出台。要用法来约束，使人不乱拆乱建，引导人们保护历史文化村镇。

（3）要搞好规划，历史文化名镇（村）一定要搞好规划。一是做好保护规划设计，二是做好发展规划设计。规划部门要确定好需要保护的内容，把属于文物的，属于历史文化村镇的，属于风貌保护的，确定下来，不能混淆不清。

（4）要把历史文化名镇（村）保护摆上政府工作的议事日程。随着社会主义市场经济的深化发展，经济建设、社会发展与历史文化名镇（村）保护的矛盾日益突出，一些地方政府和部门在强调经济发展的同时，忽视、轻视、削弱历史文化名镇（村）保护工作；或将两者对立起来，把历史文化名镇（村）保护视为经济建设的障碍，任意处置。有的政府领导片面理解社会发展，轻视历史文化名镇（村）保护在社会发展

中的地位和作用。应该看到，新农村建设是一个全方位的概念，除了环境保护、人口资源、文明道德建设外，历史文化名镇（村）保护是必不可少的重要内容，必须把历史文化名镇（村）保护作为政府的一项重要工作摆上议事日程。

6.1.3 历史文化名镇（村）保护与发展中存在的问题

近年来，我国在历史文化名镇（村）规划、保护、建设和管理上做了多方面的探索和改革，特别是在地区环境和生态系统建设、提高保护意识和规划设计水平、完善保护措施和行政法规等方面做了大量工作，创造了一批成功的实例。但也应该看到保护工作是一项艰巨的任务，需要做长期的工作和付出更大的努力。在建设和发展中，对于保护历史文化村镇、街区的认识不同，解决问题的方法不同，就不可避免地存在许多问题。

（1）政策法规不健全，保护规划滞后。我国正处在一个大建设、大发展时期，在这一过程中必然会遇到建设与保护、发展与继承的矛盾。要建设就要有一定的拆除，就会遇到保护问题；要发展，就有一个如何继承传统的问题。就全国范围而言，我们的传统历史文化村镇保护性规划还不够完善，有些保护区规划还相当滞后，保护性的政策法规也不够健全，致使保护工作无章可循，制约了保护工作的顺利开展。

（2）重视现代化建设，忽视传统保护。一些历史文化村镇的主管部门和主要领导，对村镇发展和建设具有非常迫切地希望，提出了一些不利于保护的发展措施，很多优秀的历史文化街区渐渐失去了它的光彩，破坏了它的文化价值。

（3）只顾眼前利益，不讲可持续发展。随着人们物质生活水平提高，越来越多的人对传统文化有了了解和认识，历史文化名镇（村）的社会价值也逐渐体现出来了，人们对此的关注程度和参与意识越来

越强，越来越迫切。在开发利用和有机保护上，一些单位和部门，受到经济利益的驱动，盲目开发建设，违背了保护建设的基本原则和规律，使大量游客涌入历史文化村镇，使原本高雅质朴的历史文化名镇（村）丧失了特色，变成了商业味十足的旅游点，过多的游客使得不堪重负的历史文化名镇（村）迅速遭受破坏。

（4）注重表象复原，忽视文化内涵。不同的历史年代、不同的地域差别，所产生的历史文化村镇和优秀历史建筑也不尽相同，很多历史文化村镇在开发保护中只注重外在形式的修缮，而忽略了文化内涵的发掘，有些历史建筑和历史文化村镇的修缮没有严格遵守传统建筑的法式和尺度，随意夸大建筑体量和街区的整体空间，给人以错觉。更有甚者在历史建筑和历史文化村镇附近另造假古董，严重破坏了历史文化名镇（村）的建筑形象，玷污了历史文化的整体氛围。

（5）缺少经费支持，开发管理混乱。近年来，我们对历史文化村镇、历史建筑保护和利用虽然加大了资金投入，但与发达国家比，资金支持力度还不够，特别是用于保护的科研经费还不足，使得我们在保护和利用的理论研究上还有一定差距，保护人才缺乏，对于保护的专业指导性不强，在开发和管理上大多停留在表面的旅游价值上，对历史文化价值缺少挖掘和整理，没有形成开发、利用、保护的完整体系，由于管理混乱而造成了许多传统历史文化村镇的品位下降，国内外游客的投诉也影响了我国对外的形象。

（6）许多历史文化名镇（村）人口过于密集，居住条件落后，已经到了难以忍受的地步，保护区内已无法再添房屋。这些过多的人口需要外迁一部分到合适的地方，使历史文化名镇（村）的发展符合一定的人口比例要求。

（7）改善基础设施。基础设施改善与传统建筑维修相结合，旧区历史悠久，遗产丰富，但基础设施落后，房屋状况不佳，许多老区过去虽然也有排水设施，但由于年久失修且已不能满足今天的需要了。

自来水、电力、卫生设施等更是缺乏，还有电气、现代化交通、通讯都很缺乏。这些都是现代生活和生产所必需的，这与居民日益增长的物质文化需求很不适应。为了提高居民的生活质量并使保护取得实效，从根本上改变基础设施，变消极保护为积极保护。

6.1.4 历史文化名镇（村）如何保护与发展

历史文化名镇（村）保护具有双重任务，一是保护文化遗产，二是发展村镇。

（1）历史文化名镇（村）的保护

当前迫切的问题是要抢救属于历史文化遗产、有较高保护价值和研究价值的历史文化村镇，抢救原貌尚存在的但已受到严重破坏的历史建筑，根据继承、保护、发展相结合的原则。注重保护区肌理、格局保护，保留建筑外壳，内部进行改造，保持村镇整体风貌的完整性和真实性，保护中以村镇外部空间和建筑外壳为保存对象，从设施改造入手，进行综合治理。在保护村镇传统格局的前提下，注重环境，突出特点，体现特色。历史文化名镇（村）的保护工作应做到以下几个方面：

1）保护遗产首先应对历史文化名镇（村）内的所有文物古迹进行普查，摸清家底。普查保护区内的自然遗产和文化遗产，前者是与人们生活、生产、生存息息相关的部分；后者不仅包括物质文化遗产，同时包括非物质文化遗产，通过调查，充分发掘村镇的文化内涵和历史文化价值。

2）明确重点突出典型。一是选择有历史、科学、艺术价值的典型村镇有重点进行保护；二是选择在旅游线上历史悠久、文化底蕴深厚、文化独特、生态环境优美的村镇。突出保护，全面保护与重点保护相结合。全面保护就是保护历史文化名镇（村）的整体风貌。

3）保护历史文化名镇（村）的历史环境。历史环境是在特定的历史时期形成的。一般来说，历史环境由自然、人工和人文环境三大部分组成,不仅包括可见的物质形态,同时又包含这些物质形态有关的自然或人工背景,以及与历史地段环境在时空上有直接联系的或经过社会、经济、文化纽带相联系的背景。对历史文化名镇(村)而言,任何存在了的"建成环境"都可看做是一种历史文化环境,不论这个村镇的历史有多长。现存的古镇、历史文化名镇(村)多为明清时期建筑,主要分布在古代经济发达、但近代以来交通闭塞、经济落后的山区或区域环境独立偏僻,地形险要之地。这些村落环境保存完好,且保留了大量的历史文化遗产,具有独特的魅力和珍贵的历史文化价值,图6-1为浙江庆元县交通闭塞的大济历史文化名镇(村)。对历史文化遗产和环境进行保护的结果是使这些"遗产"成为我们现代生活不可缺少的一部分。透视这种事实的背后,是否具有"不可替代性"和"可利用性"是价值判断的重要原则。"不可替代性"主要包含着三方面的内容:①本身的历史、科学和艺术价值;②它在形成村镇特征方面所具有的特殊地位;③对村镇发展所起的平衡作用。

图6-1 浙江庆元县交通闭塞的大济历史文化名镇(村)

(2)历史文化名镇(村)的发展

历史文化名镇(村)不仅要有悠久的历史文化遗存(包括有形的文物史迹和无形的诗歌、音乐、戏剧等传统文化)而且它是生活着发展着的,既然是生活和发展的,就必须要现代化,以适应生活现代化的需要。但是历史文化名镇(村)如何现代化是一个需要认真研究的问题。

我们应认识到历史文化名镇(村)需要现代化,而且必须现代化,也一定能够现代化。这是历史发展的规律,不以人的意志为转移的真理。历史文化名镇(村)现代化的内容主要有两个方面,一是物质方面的,消除贫困,以提高居民的物质文化水平为目的,为人们提供一个工作方便、生活舒服、环境优美、安全稳定的整体环境,才能提高文化的保护能力和村镇文明程度。消除贫困的措施有:提高村民生活质量和村镇文明程度。要对民居进行内部改造,特别要改造卫生间和厨房,做到自来水入户。着力解决基础设施,如照明用电、电视、道路、排污和治理脏、乱、差,看病、读书难等问题。使村镇成为文化、文明和开放条件的村镇;发展家庭旅游接待;发展民俗家庭手工艺制作。为旅游提供商品;挖掘整理民间歌舞,发展旅游等。二是精神方面要为人们提供一个安静和谐、活泼快乐、礼让互助、文化丰富高尚的文明环境。

6.2 历史文化名镇(村)保护内容与保护规划的提出

6.2.1 历史文化名镇(村)的保护内容

(1)历史文化名镇(村)保护内容可分为物质形态方面和非物质形态方面两个方面

1)物质形态方面

a.物质组成要素。建筑是构成历史文化名镇(村)实体的主要要素,由它们构成的旧街区、古迹点仍和现代生活发生密切联系,形成了乡镇文化景观中最重要的部分。一些主要体现实证价值的文物点,如绍兴市越城区尚德当铺(图6-2)和地下文物,则是全面反映历史信息,描绘历史发展过程的重要补充。

b.独特的形态。指有形要素的空间布置形式,如与自然环境的关系、几何形状、格局、交通组织功能分区、历代的形态演变等等。这些形态的形成,一方面受所在地理环境的制约和影响,另一方面受不

图 6-2　绍兴市越城区尚德当铺

图 6-3　永嘉屿北历史文化名镇（村）

同的社会文化模式、历史发展进程的影响，形成文化景观上的差异。如以军事防御进行布局的永嘉屿北历史文化名镇（村）（图 6-3）。

c. 所根植的自然环境。自然地理环境是形成乡镇文化景观的重要组成部分，各种不同的地理环境形成了不同特色的文化景观，历代人类对自然的改造使环境又具有人文和历史的内涵。从某种意义上讲，文物古迹脱离了它所生存的历史环境，其价值就会受到损害。

2）非物质形态方面

a. 当地传统语言，个别地方甚至拥有文字；

b. 传统生活方式的延续和文化观念所形成的精神文明面貌，如审美、饮食习惯、娱乐方式、节日活动、礼仪、信仰、习俗、道德、伦理等；

c. 社会群体、政治形式和经济结构所产生的乡镇生态结构，在人文地理学中，它被形容为一种抽象的观念"氛围"。

（2）历史文化名镇（村）保护涉及物质实体范畴和社会文化范畴两方面内容，根据我国近年来的保护实践，可以具体化为以下四项内容：

1）文物古迹的保护

文物古迹包括类别众多，零星分布的古建筑、古园林、历史遗迹、遗址以及古代或近现代杰出人物的纪念地，还包括古木、古桥等历史构筑物等。

2）重点保护区的保护

重点保护区包括文物古迹集中区和历史街区，文物古迹集中区即由文物古迹（包括遗址）相对集中的地区及其周围的环境组成的地段；历史街区是指保存有一定数量和规模的历史建构筑物且风貌相对完整的生活地区。该地区内的建筑可能并不是个个都具有文物价值，但它们所构成的整体环境和秩序却反映了某一历史时期的风貌特色。如浙江台州市椒江区戚继光祠（图 6-4）。

图 6-4　台州市椒江区戚继光祠

3）风貌特色的保持与延续

这一内容较为广泛，涉及的内容具有整体性与综合性的特点，在实践过程中通常包括空间格局、自然环境及建筑风格三项主要内容。如以越代建筑为特色的奉化市武岭中学（图 6-5）和环境优美的浙江丽水历史文化名镇（村）（图 6-6）均是比较典型的范例。

图6-5　奉化市武岭中学

图6-6　浙江丽水历史文化名镇（村）

a.空间格局。包括平面形状、方位轴线以及与之相关联的道路骨架、河网水系等，它一方面反映历史文化名镇（村）受地理环境制约结果，一方面也反映出社会文化模式、历史发展进程和历史文化名镇（村）文化景观上的差异、特点。

b.自然环境。历史文化名镇（村）景观特征和生态环境方面的内容，包括重要地形、地貌和重要历史内容和有关的山川、树木、原野特征，自然地形环境是形成乡镇文化的重要组成部分。

c.建筑风格。有鉴于建筑风格直接影响历史文化名镇（村）风貌特色，在历史文化名镇（村）中如何处理新旧建筑的关系，尤其是在文物建筑、历史地段周围新建建筑风格的处理与控制是有必要深入

探讨与研究的问题，另一方面也包括新区的建设如何继承传统、创造历史文化名镇（村）特色的内容。建筑风格应包括建筑形式、高度、体量、材料、色彩、平面设计、屋顶形式乃至与周围建筑的关系处理等多因素综合性内容。

4）历史传统文化的继承和发扬

在历史文化名镇（村）中除有形的文物古迹之外，还拥有丰富的传统文化内容，如传统艺术、民间工艺、民俗精华、名人佚事、传统产业等，它们和有形文物相互依存相互烘托，共同反映着历史文化积淀，共同构成珍贵的历史文化遗产。为此应深入发掘、充分认识其内涵，把历代的精神财富流传下去，广为宣传和利用。

6.2.2 保护规划编制提出的原因

从古代到近代，人们对于历史文化遗产的认识，主要是对值得保存和收藏的一些器物，搬得动的东西。即今天我们在《文物保护法》中称之为"可移动文物"，对于历史建筑以及文物建筑等，非但不爱护，而且把它作为一种过去统治的象征和代表，加以破坏和摧毁。在经过众多教训和挫折之后，人们才逐渐认识到历史建筑具有的种种不可替代的价值和作用。

今天随着我们对历史环境风貌保护的重视，开始认识到整体保护的问题。真正意义上的整体保护概念的提出始于20世纪80年代，1982年，我国公布了第一批历史文化名城。现代保护的概念扩大至乡镇、城市的范畴，包括建筑群、街区、乡镇、区域或整个城市。《中华人民共和国城市规划法》第十四条规定"编制城市规划应当注意保护和改善城市生态环境，防止污染和其他公害，加强城市绿化建设和市容环境卫生建设，保护历史文化遗产、城市传统风貌、地方特色和自然景观。"我国开始正式从法律上开始了编制保护规划的要求。

此外，一系列有关城市规划的国际宪章和我国

的规划法规都提出了要求保护历史文化遗产，保护历史地段的要求。1986年《内罗毕建议》中提出："考虑到自古以来历史地段为文化宗教及社会多样化和财富提供确切的见证，保留历史地区并使它们与现代社会生活相结合是城市规划和土地开发的基本因素。"我国制定了《历史文化名城保护规划编制要求》，一些省市还制定了省级历史文化名城、历史文化保护区保护规划编制要求，保护要求与城市、乡镇规划的结合是保护规划编制产生的原因和目的。

6.2.3 保护规划在历史文化名镇（村）保护中的作用

科学规划是实现有效保护和利用的关键，作为一个科学的、有较强可操作性的保护规划，必须具备以下几个方面内容：首先要从全局和整体发展出发，作好保护规划。二是通过规划，解决保护历史文化名镇（村）的传统风貌以及历史形成的肌理、格局，解决好保护区内的人口控制问题；三是提出具体的保护措施；四是划定保护范围和建设控制地带；五是确定保护项目和保护地段，提出保护和整治要求；六是对重要历史文化遗产提出整修、利用意见。此外还要重视整体文化环境的保护，文化环境不仅仅是自然环境和社会环境，它还包括教育、科技、文艺、道德、宗教、哲学、民族心理、传统习俗等。

从保护规划的内容可以明确，历史文化名镇（村）必须从总体上来研究和安排历史文化的保护，在历史文化名镇（村）保护和发展中作为一种总的指导思想和原则，在保护规划中体现出来，并对历史文化名镇（村）的发展形态、发展趋势、结构布局、土地利用、环境规划设计等方面产生重要影响。因此，历史文化名镇（村）一定要认真制定保护规划，并且明确是历史文化名镇（村）建设规划的一个重要组成部分，以使这个历史文化名镇（村）在发展和建设中，继承和发扬优秀历史文化传统，保护好历史文化名镇（村）

的文物古迹、风景名胜及其环境。保护规划既是一项专项规划，又是一份纲领性文件，除了保护历史文化名镇（村）中的文化遗存等物质性的内容，也要保护建筑等以外的文化传统，如语言、文学艺术、地方戏曲、音乐、舞蹈、衣冠服饰、民俗风情、土特名产、工艺品、食品菜肴等精神文化的内容，这也是历史文化名镇（村）的重要组成部分，同样有继承和发展问题。

为了清楚认识历史文化名镇（村），必须对历史文化名镇（村）进行认真分析研究，以便制定有针对性的保护规划与建设发展对策。另一方面要认真研究历史文化特色，这种研究不是简单的研究外貌、建筑物的特征、色彩或一些文物古迹的特点，更重要的是研究它的精神和物质感受，深入到历史文化名镇（村）发展演变形成的因素中去认识它，对历史文化名镇（村）的特色要素进行分析，以便在建设和保护上具有针对性。否则，只是去修复几幢古建筑，恢复和发掘几个历史上的景点，修造几条古街，那么众多的历史文化名镇（村）会丢掉自己特色。

6.2.4 保护规划与小城镇建设规划之间的关系

新农村建设规划的主要任务是综合研究和确定乡镇和村庄的性质、规模和空间发展形态，统筹安排乡镇和村庄各项建设用地，合理配置各项基础设施，处理好远期发展与近期建设的关系，指导乡镇和村庄合理发展。保护规划是新农村建设规划不可分割的一部分，是土地利用规划基本要素之一。乡镇建设规划与保护规划之间的关系为：

（1）新农村建设规划从乡镇和村庄发展的整体和宏观层次上为古镇、历史文化名镇（村）保护奠定坚实的基础，这些宏观决策问题往往是保护规划所无法涵盖的内容。

（2）保护规划属于新农村建设规划范畴的专项规划，与其他专项规划相比较则更具综合性质。

（3）单独或作为新农村建设规划一部分审批后，

保护规划具有与新农村建设规划同样的法律效力，在调整或修订新农村建设规划时应相应调整或继续肯定保护规划的内容。同时保护规划可反馈调整新农村建设规划的某些内容，如人口控制与调整、用地和空间结构调整、道路交通调整等。

6.3 历史文化名镇（村）保护规划的编制

根据国务院、建设部、国家文物局的有关规定，各级历史文化名城必须编制专门的保护规划，名城保护规划由省、市、自治区的城建部门和文化、文物部门负责编制。同样，省级人民政府、建设厅、文物局对历史文化名镇（村）也提出了编制专门的保护规划的要求，如《长沙市历史文化名城保护条例》第八条规定"市规划行政管理部门应当会同建设、文化行政管理部门根据历史文化名城保护专项规划编制历史文化风貌保护区、历史文化街区、历史文化村镇控制性详细规划和修建性详细规划，经市人民政府批准后公布实施。"

6.3.1 保护规划编制的依据

保护规划编制依据主要为法规以及相关文件，根据其级别分为三个内容，即全国的法律法规及相关文件、历史文化村镇所在省、自治区、直辖市的地方性法规及相关文件、所在市、县的地方性法规及文件。此外，还有该历史文化名镇（村）所在地的总体规划、新农村建设规划、土地利用规划等也是保护规划编制的依据之一。

《中华人民共和国文物保护法》《中华人民共和国城市规划法》以及《中华人民共和国文物保护法实施条例》是编制保护规划的主要依据。1994年，建设部、国家文物局在总结各城保护规划编制实践的基础上，颁布了《历史文化名城保护规划编制要

求》，对保护规划的内容深度及成果作了具体规定，为名城保护规划的编制修订及审批工作提供了依据。另外还有国家建设部、国家文物局发布的一系列有关历史文化名城保护的文件。目前，作为编制依据的法律法规主要有：

① 《中华人民共和国城市规划法》
② 《中华人民共和国文物保护法》
③ 《中华人民共和国文物保护法实施条例》
④ 《历史文化名城保护规划编制要求》
⑤ 《城市规划编制办法实施细则》
⑥ 《城市紫线管理办法》
⑦ 《城市规划编制办法》
⑧ 《城市规划强制性内容暂行规定》等等。

但目前我国尚未有全国性的《历史文化名城保护法》或《历史文化名城保护条例》。专门提到历史文化名城、历史文化村镇、街区保护的法律只有《文物保护法》和《文物保护法实施条例》，也仅仅只有提及历史文化名城、历史文化村镇、街区的公布和管理权限归属而已，许多迫切需要在法律上明确的问题，如保护规划的编制、实施以及监管等问题均未提及，这与当前重视保护的局面不相符合。国家有关历史文化名城、历史文化村镇、街区保护的法律急需制定。

我国一些省、自治区、直辖市根据国家有关法规制定了相应的历史文化名城保护条例，规定历史文化村镇在公布一定时间内必须编制保护规划及编制保护规划的一些要求。如《江苏省历史文化名城保护条例》、《浙江省历史文化名城保护条例》等，另外，如北京等也正在着手致力于保护条例的制定。有些省份还发布了指导保护规划的编制办法，如浙江省建设厅与浙江省文物局共同发布了《浙江省历史文化名城保护规划编制要求》（浙建规[2002]106号）。

有些国家历史文化名城也颁布了地方性法规，诸如《广州历史文化名城保护条例》《长沙市历史文

化名城保护条例》等，或者政府颁布的行政性法规，如杭州市人民政府颁布的《杭州市历史文化街区和历史建筑保护办法》等。

此外，保护规划作为总体规划、建设规划的重要组成部分，当地的总体规划、建设规划也是保护规划编制的重要依据，与之相关的一些诸如环境保护、水利建设、农田建设等规划也是必须考虑的。

6.3.2 保护规划编制的指导思想和原则

保护规划编制的指导思想是《中华人民共和国文物保护法》规定的"保护为主，抢救第一，合理利用，加强管理"的文物工作方针。根据这一方针采取有效措施，加强对历史文化名镇（村）内的历史文化遗产进行保护，实现历史文化遗产的永继保存和合理利用，充分发挥文化遗产的价值。

在这一指导思想下，我们在编制保护规划时应遵循如下原则：

（1）正确处理保护与发展的关系。历史文化名镇（村）与文物保护单位最大的区别是历史文化名镇（村）是在继续向前发展的，在为保护历史文化遗存创造有利条件的同时，我们还应推动新农村发展，以适应新农村经济、社会发展和满足现代生活和工作环境的需要，使保护与建设协调发展。

（2）文化遗产保护优先原则。编制保护规划应当突出重点，即保护文物古迹、风景名胜及其环境；对于具有传统风貌的商业、手工业、居住以及其他性质的街区，需要保护整体环境的文物古迹集中的区块，特别要注意对濒临破坏的历史文化遗产的抢救和保护，不使继续破坏。对已不存在的"文物古迹"一般不提倡重建。

（3）注重保护历史文化遗产的历史真实性、历史风貌的完整性以及生活的延续性。保护历史文化名镇（村）内的文物古迹，保护和延续古镇、历史文化名镇（村）的历史风貌特点。

（4）编制保护规划应分析村镇聚落的历史演变、性质、规模及现状特点，并根据历史文化遗产的性质、形态、分布特点，因地制宜地确定保护对象和保护重点。

（5）继承和弘扬无形的传统文化，使之与有形的历史文化遗产相互依存、相互烘托，促进物质文明和精神文明的协调发展。

6.3.3 历史文化名镇（村）保护目标

历史文化名镇（村）保护规划必须有其应要达到的保护目标。然而每个历史文化名镇（村）在村镇格局、风貌、建筑形式、传统生活方式等方面情况各不相同，决定了它们在保护与发展的具体期限的具体目标上各有其自身特色，但是不管具体情况如何，最后总的目标是一致的，就是保护和发展两者兼顾，避免历史文化名镇（村）成为停止发展的文物保护单位，在保护的基础上使历史文化名镇（村）得到发展，适应现代化生活和生产的要求。

6.3.4 保护规划编制单位的编制机构和编制单位的资质要求

根据《文物保护法实施条例》第七条规定"县级以上地方人民政府组织编制的历史文化名城和历史文化街区、村镇的保护规划，应当符合文物保护的要求。"

保护规划具体编制单位应当具有城市规划编制资质，承担编制历史文化名镇（村）保护规划编制单位应当具有乙级以上城市规划编制资质。

6.3.5 保护规划编制的深度和期限

（1）历史文化名镇（村）规划是新农村建设规划阶段的规划，对于保护规划确定的重点保护区、传统风貌协调区和需要保护整体环境的文物古迹应达到详细规划深度。

（2）保护规划应纳入新农村建设规划，并应相互协调。

（3）保护规划的期限应与新农村建设规划期限一致，并提出分期保护目标。

6.3.6 保护规划基础资料的收集

保护规划首先的一项细致深入的调研工作，要对历史文化名镇（村）的发展和演变有一定程度的理解；对当地的建筑风格、地区特色，对具体的房屋建造年代和保护要求都要作出判定、鉴别、考证是一项技术性很强、文化性很高的工作，需要大量的时间投入。保护规划编制之前应对历史文化名镇（村）的历史发展情况做一详细调查，作为保护规划的基础资料。

（1）村镇聚落历史演变、建制沿革、城址、镇址、村址的兴废变迁以及有历史价值的水系、地形地貌特征等。

（2）相关的历史文献资料和历史地图。图 6-7 是临海的古地图。图 6-8 是浙江青田县山阜乡历史地图。

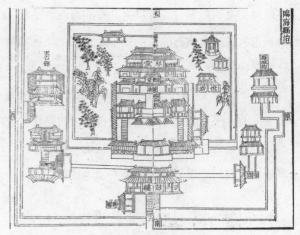

图 6-7 临海古地图

图 6-8 浙江青田县山阜乡历史地图

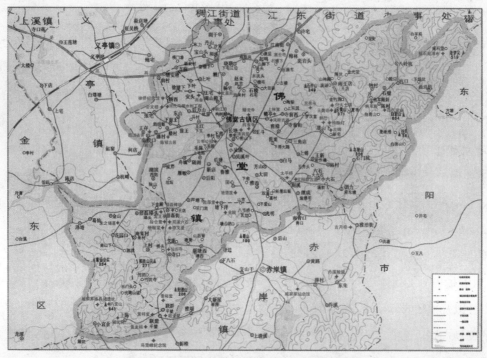

图 6-9 浙江义乌佛堂古镇周边历史遗产分布示意图

1 铁索浮桥
2 福新殿码头
3 友龙公码头
4 官厅前码头
5 猪市码头
6 狗市码头
7 浮桥头
8 盐埠头
9 新码头
10 竹园码头
11 新安会馆
12 渡磬寺
13 毛家大院
14 老街
15 新华剧院
16 金宅弄
17 留轩
18 吴棋记
19 老市基
20 植槐堂
21 义和里
22 友龙公祠
23 留耕堂
24 利记
25 节孝祠
26 鼎二公祠
27 鼎五公祠
28 新屋里
29 商会街
30 商会
31 绍兴会馆
32 官厅
33 古樟

图6-10　佛堂古镇内历史遗产分布图

（3）现存地上地下文物古迹、历史地段、风景名胜、古树名木、历史纪念地、近现代代表性建筑，以及历史文化名镇（村）中具有历史文化价值的格局和风貌。图6-9是浙江义乌佛堂古镇周边历史遗产分布图。图6-10是佛堂古镇内历史遗产分布图。

（4）特有的传统文化、手工艺、民风习俗精华和特色传统产品。

（5）历史文化遗产及其环境遭到破坏威胁的状况。

6.3.7 保护规划的审批程序与机构

我国历史文化名镇（村）保护规划作为新农村建设规划的一部分或单独按照审批程序审批。历史文化名镇（村）保护规划由所在地市、县人民政府报所在省、自治区人民政府审批。

在审批后若需要对保护规划进行调整，若只是一般地局部调整，可由所在市、县人民政府调整，但涉及历史文化名镇（村）中重点保护区范围、界限、内容等重大事项调整的，必须由所在市、县人民政府报原审批机关审批。

6.3.8 保护规划的成果

保护规划的成果分为三个部分，一是规划文本；二是规划图纸；三是附件。

（1）规划文本

规划文本是指表述规划意图、目标和对规划有关内容提出的规定性要求，文字表述应当规范、严密、准确，条理清晰，含义清楚。它一般包括以下内容：

1）历史文化价值概述。

2）保护原则和保护工作重点。

3）整体层次上保护历史文化名镇（村）历史风貌和传统格局的措施，包括乡镇功能的改善、用地布局的选择或调整、空间形态或视廊上的保护等。

4）各级文物保护单位的保护范围、建设控制地带以及各类历史文化保护区的范围界线，保护和整治的措施要求。

5）对重点保护、整治地区的详细规划意向方案。

6）规划实施管理措施。

（2）规划图纸

用图表达现状和规划内容，图纸内容应与规划文本一致。规划图纸包括：

1）相关的历代历史地图。

2）历史文化名镇（村）的文物古迹、历史地段、古镇、历史文化名镇（村）传统格局、风景名胜、古树名木、水系古井现状分布图，图纸比例尺为 1:1000 ～ 1:2000。

3）历史文化名镇（村）土地使用现状图，比例尺为 1:500 ～ 1:1000。

4）历史文化名镇（村）建筑风貌、建筑质量、建筑修建年代、建筑层数与屋顶形式现状分析图，比例尺为 1:500 ～ 1:1000。

5）历史文化名镇（村）建筑高度（层次）现状分析图，比例尺为 1:1000 ～ 1:2000。

6）历史文化名镇（村）保护规划总图，比例尺为 1:1000 ～ 1:2000。图中标绘重点保护区、传统风貌协调区的位置、范围，文物古迹的位置，视线走廊，传统格局的位置和范围，古树名木、水系古井、风景名胜的位置和范围。

7）历史文化名镇（村）的建筑高度控制图，比例尺为 1:1000 ～ 1:2000。如图 6-11 是余姚古城区建筑高度控制图。

8）各文物保护单位的保护范围和建设控制地带图，比例尺为 1:100 ～ 1:1000。在地形图上，逐个、分张地画出文物保护单位的保护范围和建设控制地带的具体界线。

9）土地使用规划图，比例尺为 1:500 ～ 1:1000。

10）重点保护区与传统风貌协调区规划图、建筑高度控制规划图、建筑的保护与整治模式规划图，比例尺为 1:500 ～ 1:1000。图 6-12 是遂昌王村口重点保护区和传统风貌协调区示意图，图 6-13 为余姚武胜门历史街区保护与整治详细规划图。

11）重点保护区修建性详细规划图，比例尺

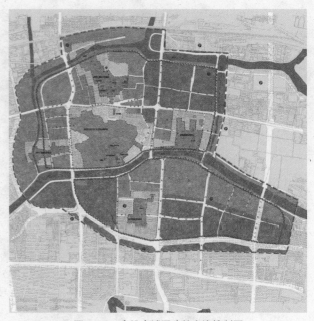

图 6-11 余姚古城区建筑高度控制图

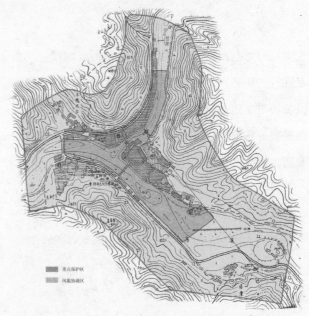

图 6-12 遂昌王村口重点保护区和传统风貌协调区示意图

1:500 ～ 1:1000。

以上图纸根据实际情况，可以按实际需要合并绘制或分别绘制。

（3）附件

附件包括规划说明书和基础资料汇编，规划说明书的内容是分析现状，论证规划意图、解释规划文本等。

图 6-13 余姚武胜门历史街区保护与整治详细规划图

6.3.9 保护区域范围的确定

在历史文化名镇（村）申报或编制保护规划时，有一项很重要的工作内容就是划定村镇聚落保护区域范围。保护区域范围就是对重要的文物古迹、风景名胜、历史文化名镇（村）整个范围内需要重点控制的区域，都要划定明确的自身重点保护区域范围以及周围历史环境风貌控制范围，以便对区域内的建筑采取必要的保护、控制及管理措施。保护区域范围及要求要科学、恰当。划得过小，限制过松，将不能有效保护好历史文化名镇（村）的历史文化遗产；划得过大，控制过严，则会给新农村建设、居民生活造成无谓的影响。明确合理的保护区域范围对于编制完善的保护规划和制定严格的保护管理方法有着控制作用，同时，可使历史文化名镇（村）管理部门分清轻重缓急，采取不同措施，重点投入资金，将保护工作落到实处。

（1）保护区域范围的两个层面

历史文化名镇（村）的保护区域范围一般划分为两个层面，即重点保护区和传统风貌协调区（各省历史文化村镇的保护区域划分命名以当地有关历史文化名镇（村）的保护法规中的法律概念来确定，如《浙江省历史文化名城保护条例》将保护区分为重点保护区和传统风貌协调区两类，只有法律上明确的概念才具有法律效力，否则那些所谓的绝对控制区、核心区等概念是没有法律依据的）。

重点保护区是指文物古迹集中，有一定规模，能较完整地反映某一历史时期的传统风貌和地方、民族特色，具有较高历史文化价值的区域。这一区域是整个历史文化名镇（村）的精华所在，最需要保护的地段。

传统风貌协调区是为了协调重点保护区周围的历史风貌与重点保护区相一致，而对新建筑、环境、道路、基本设施建设等提出控制性要求的区域，其目的是为了历史文化名镇（村）在发展中不破坏整体历史风貌和传统格局。

当然有些保护规划因为考虑到具体的实际情况，如面积较大、保护层次分明等，也可以在这两个层面内部进行具体细分，将重点保护区、传统风貌协调区分为几个等级保护区，但总的来说，都属于重点保护区和传统风貌协调区范围。

（2）保护区域范围确定的影响因素分析

保护区域范围的确定需要经过科学的实地考察和论证，影响保护区域范围的因素有以下方面：

1）历史文化名镇（村）的历史文化价值。这是一个在科学评估保护对象的价值基础上，明确我们要保护的内容、保护的重点、保护的目标，以保护目标、保护内容、保护重点来确定保护区域范围。如浙江永嘉县屿北村最有价值的就是其村落的规划布局，它是一个军事防御型的村落布局，因此，它要保护的重点在其军事防御的设施、村落内部的道路布局和一些重要的节点，以此为重心来划定保护区域范围。

2）根据古镇、历史文化名镇（村）的地形地貌、整体历史风貌等进行具体划定，尽可能地考虑完整性。如江南水乡古镇乌镇、南浔、西塘的聚落布局依河而建，所以其保护区域范围就应以河道为中心，划出一定的范围进行保护，不能随意割断历史发展的脉络；浙江永嘉县苍坡历史文化名镇（村）按照文房四宝进行布局，其保护区域范围就必须涵盖到对面的笔架山。

3）在技术方面应注意从以下几个方面研究确定。

a. 视线分析

正常人的眼睛视线距离 50～100m，如观察个体建筑的清晰度距离为 300m。正常人的视线范围为 60 度角的圆锥面，如从某处观察某个景点，这种视野范围则成为该景点的衬托，而衬景的清晰度为 300m，50～100m 的景物便更能引人注目。因此，根据以上视线分析的原理，就可以拟定 50m、100m、300m 三个等级范围，在分析视线等级的基础上考虑风貌的完整性来划分保护区范围。图 6-14 是从雷峰塔山俯览杭州。

b. 噪声环境分析

保护范围的确定，不仅要满足视线的要求，还要考虑到噪声等对古建筑的破坏及对游览观赏者的干扰。从噪声对人的干扰声及耐受程度分析：65dB 感到很吵闹；80dB 使人心神不宁、听觉疲劳；80dB 对人体健康引起严重危害。因此，有绝对保护要求与游览景点的噪声应控制在 55dB 以内，最理想应

达到不超过 45dB，这样可以达到宁静安全的要求。按照保护要求，距重点保护点 100m，噪声控制在 50～54dB 则较为合适。

c. 文物安全保护要求

文物保护单位按照《文物保护法》规定，其周围要根据实际保护需求划出一定的保护范围，不得有易燃、易爆、有害气体及性质不相符的建筑及设施。同时根据其周围环境保护及景观要求设立建设控制地带以确保历史风貌的完整。

d. 高耸建筑物观赏要求分析

高耸建筑物观赏要求的经验公式如下：$D=2H$，$Q=27°$。式中 D 为视点至建筑物的距离，H 为建筑物视高，Q 为视点的视角。上两式的意思是观赏距离为建筑物高的 2 倍为最佳，视角为 27° 时为最好，$D=3H$ 时，为群体观赏良好景观。当人们登临塔顶，俯瞰景物时 10° 俯角为清晰范围。对于不可登高的古塔，它们的保护范围，则可以减少俯角一项。

此外，历史文化名镇（村）周围是否有正在考虑或即将实施的发展项目，也是保护区域范围划定的参考条件之一。若存在这样的项目，则应考虑将涉及的地区一并划入保护区范围，通过审批同意的保护规划调控新的建设项目对历史文化名镇（村）周边敏感的环境产生影响。对已制定保护规划的地区，当周围有新的发展项目邻近保护区并可能对保护范围及其周围景观产生影响时，应考虑修改保护规划，以将这些地区划入保护区范围。这有助于维护景观的完整性，协调历史文化名镇（村）内外景观。

6.3.10 历史文化名镇（村）特色要素的分析

在进行保护规划编制时，人们常常在基础资料调查时偏重于其历史人文、风景名胜、物产等内容，对于历史文化名镇（村）的特色内涵很少认识，内涵是专业人员通过思考后对这个历史文化名镇（村）的认识和分析，每个历史文化名镇（村）均有不同于

图 6-14 从雷峰塔山俯览杭州

其他历史文化名镇（村）的特色，因而在建设和保护上应有其针对性。也就是应该特别重视其特殊性。这就需要我们认真去思考，对特征要素构成进行分析，这个分析基于人们对事物认识的基本规律、基于物质与文化的综合分析、基于一定的系统与层次的分析方法。特征要素应从如下三个方面来分析，就是含义、构成要素和结构。

历史文化名镇（村）传统特征是物质与精神的结晶，它不仅包括历史文化名镇（村）外貌、建筑和历史遗迹等物质形态，还包括文化传统、历史渊源等精神内容，所谓含义就是指这部分精神内容。如对历史文化名镇（村）性质的确定。我们通过研究历史文化名镇（村）发展历史，观察历史文化名镇（村）特色环境，了解它的文化特征、风景特色以及名土特产和社会风尚等，从而形成对历史文化名镇（村）特色较清楚的认识，也就使保护规划有明确的内容和目标。如湖州南浔虽然有着小莲庄（图6-15）、嘉业堂藏书楼（图6-16）、张氏旧宅（图6-17）等众多名胜古迹，但综合分析，它其实应该是近代浙江的一个商业繁荣的历史文化名镇（村）。

要素是传统特征的具体组成部分，是历史文化名镇（村）产生的物质形态表现，这些物质形态，是人们经过深入地观察、感受以及思考而得到的，它分

图 6-16　湖州南浔嘉业堂藏书楼

图 6-17　湖州南浔张氏旧宅

图 6-15　湖州南浔小莲庄

为三个层次：

（1）形象。人们对历史文化名镇（村）在视觉上直观的感受，历史文化名镇（村）的格局、建筑造型、色彩、天际轮廓、自然风光以及居民服饰、举止等等。

（2）表象。除眼睛以外的其他感官的综合感受。风貌特色、经济发展水平、居民文化素养、情趣等，这是比形象更高一个层次的感受。

（3）抽象。把形象和表象感受联系起来，进行思索，并借助于其他的文字、图纸、人们的介绍，通过认真分析而得出的变迁、格局、文化特征。

明确一个地方的特色要素，就有了具体的保护内容和对象，再根据这些具体的保护内容和对象去确定保护规划所要达到的目标。

另外，历史文化名镇（村）的传统特征是由一系列具有深刻含义要素通过一定组织关系而形成的一个整体，这种非物质的组织关系即结构。历史文化名镇（村）的结构主要是：风貌构成、历史发展轴、特色构件等。历史文化名镇（村）按照其不同的特点和情况，划定一定的范围，这就是风貌分区。有了这些风貌分区也就使历史保护有了一定的针对性，保护范围的划分也有了根据。特色构件是一个历史文化名镇（村）最突出、最具代表性、最能使人们引起历史联想、最能勾起人们思乡情怀，诸如最富有文化内涵的标志性建筑物、构筑物、建筑装饰、风貌特征、名点佳肴、语言风情等。在保护规划中要善于发现和运用这些构件，在新设计中进行加工，就能够使建设

图 6-18　绍兴的咸亨酒店

图 6-19　绍兴的乌篷船

不落俗套，如绍兴这座城市，它的马头墙、石板路、拱背桥、石河沿、台门式住宅以及鲁迅笔下的城市风情，如咸亨酒店（图 6-18）、老酒、乳腐、茴香豆、乌篷船（图 6-19）等就是绍兴的特色构件，由这些构件组合，而使其成为水乡、酒乡、兰乡这样具有特色的城市。

6.3.11 历史文化名镇（村）历史风貌和传统格局保护

在我国的历史文化名城中，保持完整历史风貌的基本上已经没有，但是许多历史文化名镇（村）仍然保持着较完整的历史风貌。作为历史文化名镇（村），必须具有比较完整的历史风貌，才能够反映一定历史时期该地区的传统风貌特征。一般地讲，并不是每个历史文化名镇（村）均有显赫的历史文化遗产，但每个历史文化名镇（村）均有其独特的风貌，这是历史文化名镇（村）乡镇宝贵的遗产，是历史文化名镇（村）纹理赖以发展的基础。

（1）历史文化名镇（村）风貌和格局组成要素

历史文化名镇（村）风貌最为外在的表现是其外部景观，建筑物是构成历史文化名镇（村）外部景观的基本元素。同时，建筑物的特色也是在历史文化名镇（村）景观外部景观中表现出来的。历史文化名镇（村）设立的一个基本目的就是保护一个历史地区的整体风貌。这些景观特征要素反映了历史文化名镇（村）地理特征和发展历史。这些景观要素不仅包括建筑物，还有空间、界面和景观视线等群体要素。

1）建筑物

特别是传统建筑物是组成历史文化名镇（村）的重要因素，建筑物的特色直接反映着历史文化名镇（村）的历史风貌，建筑物主要是从高度、体量、色彩、材料等方面来表现，如桐乡市乌镇青砖、黑瓦、二层坡屋顶是其在建筑物上表现出来的风貌特色（图 6-20）。

图 6-20　桐乡市乌镇

空间也同样起着在不同程度上改善环境品质的作用。在保留这些空间特征的同时，必须指出需要改善的问题，使改变的过程成为一个去除不良因素，提升空间品质的过程。

5）需重新定义的空间

这些空间妨碍了传统风貌的连续性，需重新定义。但其中存在的不良因素并不代表这些空间没有值得保留的内容，对这些空间进行整治活动的目的正是去除不良因素，使新要素的介入在被保留的要素所形成的基础上进行，并共同构成一种新的空间秩序。同时这些空间所处的位置对整个历史文化名镇（村）而言十分重要，是组成完整历史风貌的一部分，必须对其进行重新规划和整治，以提升该空间本身的价值，并带动周围地区的发展，因此，必须对此进行重新规划。

（2）风貌和格局保护方式

历史文化名镇（村）历史风貌和传统格局的保护是一个从全面、整体的角度来把握历史文化名镇（村）的保护，尽可能多地保护留存的文化遗产。不少历史文化名镇（村）的保护规划，把保护规划混同于一般的旧区改造或旅游景点的规划设计，导致一些错误的做法。如遵义会议建筑物所在的历史街区，就按错误的规划设计，把除了文物保护单位的会址建筑物以外，相邻一条街的原有的房屋全部拆光了，而设计成民国式建筑，造成所谓的"完整的历史风貌"，实质上是把历史真实性完全破坏了，降低了其历史价值。建成的历史街区是设计人员今天想象的历史风貌，这是不懂保护科学的结果。保护历史风貌应尽量保护其真实性、完整性，一般采取分等级、分层次的方式进行。

1）点、线、面的保护方式

在确定具体的风貌和格局之后，按照点、线、面的保护方式，分文物古迹、历史街区、历史环境三个等级进行风貌和格局的保护。点，指的是单体的文

2）历史文化名镇（村）的园林景观

在我国传统聚落的园林景观建设中，充分利用河、湖、水系稍加处理或街巷绿化，稍加处理为居民提供了公共交往、休闲、游憩的场所，形成了历史文化名镇（村）各种特色的园林景观，是展现历史文化名镇（村）风貌的重要组成，在规划保护中应严加保护。

3）景观视线或景观视廊

景观视线这个在规划领域中常用的名词代表着一个很不具体的概念。影响景观视线的因素来源于各种组成要素，从自然地形到具体的建筑物，甚至人的观赏位置和角度。景观视线是一种分析的方法和工具，很难就此制定具体的规划规定，但分析的结果将作为制定其相关要素规定的依据，如关于历史文化名镇（村）空间或界面的规划规定。

4）具有特征的历史文化名镇（村）空间

这是指构成历史文化名镇（村）纹理的骨架，保护历史文化名镇（村）必须保护其整个的风貌环境，包括空间格局及其周边的环境与山林、水体和文化内涵，如传统生活习俗和现有社会生活结构。具有特征的历史文化名镇（村）空间在整体景观构成中起关键作用，因此，对这类空间进行改造时，应由具体的保护规划规定对空间特征的保持。同时，具有特征的

物古迹，具体讲，就是一座古寺、一幢古塔、一座古桥、一所老住宅、一只石狮、一根石柱、一口古井等，这里是指被列为文物保护对象和拟推荐为文物保护的对象。线，指的是有许多古建筑或文物古迹连成线的情况，如古街、古巷、古河岸、古道路等。面，指的是更多的古建筑、文物古迹连成一片，如连成一片的街巷、街坊、寺庙群、民居群等。点、线、面的保护方法，就是分等分级、多层次的原则而采取的。就是说有大面积的就大面积保护，构不成面或片而能构成一条线的，就成条线的保护。就是不能成面成线而只能成一个点保护的就单点保护，尽最大可能的多保存一些历史的遗迹，以体现历史文化名镇（村）的历史风貌和传统格局。

2）风貌分区的方式

风貌分区也是根据历史文化名镇（村）现存的情况按照分等分级，分别不同层次的原则所采取的方式。每处历史文化名镇（村）都应有它自己历史风貌和传统格局，不能抄袭别人的形式。只要我们仔细研究一下中外各个城市的各自特点，因为它们都是在各自不同的客观条件之下成长、发展起来的。要体现一个历史文化名镇（村）的风貌主要有两个方面，一是历史文化的遗存，包括格局、古建筑、文物古迹、传统文化等；二是新建筑物的风格，包括建筑形式、装饰艺术、色彩等。两者虽然截然不同，一是保护，一是创新，但它们之间又是密不可分的，彼此要协调，共同体现历史文化名镇（村）乡镇的风貌。风貌分区即是按不同等级、不同层次的要求加以区分。在文物古迹集中区域，对原有古建筑物的保护和新建的要求都要高些，新增建筑物的形式、体量、色彩都应与原来的环境相协调。而对一些原状已经改变很大的地区，则可放宽限制，有的地方已完全改观，就可更为放宽了，但总的要求仍然希望能够表现传统历史文化特色和历史文化名镇（村）风貌。

（3）历史文化名镇（村）空间格局整治

历史文化名镇（村）以其整体特性及其价值而成为被集中保护的地区，并不意味着在历史文化名镇（村）中没有需要调整的要素，历史文化名镇（村）其空间特征表现出广泛的多样性和复杂性，其中既包含应保留和继承的部分，也包括需要调整和重组的部分，各类要素在这里混杂和交织在一起。这些要素包括建筑物，也包括组织起这些建筑物的公共空间。如果被保护区中存在这类空间，这类空间必须以一个整体的规划来进行整治，在规划中应当标示，同时明确对该空间整治时必须遵守的规划原则。历史文化名镇（村）的保护规划必须坚持整治的方式，严禁采用大拆大建的改造方式。由于历史文化名镇（村）的特殊性，因此对历史文化名镇（村）公共空间的整治也就更具特殊意义。整治的效果不仅仅是景观性的有助于改善历史文化名镇（村）的形象，同时也对提升土地价值和优化土地使用效率有着重要作用，对空间的改善有助于恢复历史文化名镇（村）应有的土地价值。随着环境的改善，历史文化名镇（村）对居民的吸引力将会逐渐提高，吸引居民回迁，历史文化名镇（村）的活力也将随之增强。

在空间格局整治中我们按照传统空间格局分区块进行整治，我们将历史文化名镇（村）分为两类地区，一类是传统风貌空间发生断裂的部分，如乱搭建的地区、不卫生的地区等，这类地区已经造成对空间环境的严重影响，并成为一些社会问题的根源，它们破坏了空间的连续性和整体性，阻碍了历史文化名镇（村）机能的进一步完善和发展。一类是代表历史文化名镇（村）特色的空间。但这些特色空间往往还夹杂着其他外来要素。

1）传统风貌空间发生断裂的地区

历史文化名镇（村）肌理发生断裂，导致这类地区与其周围传统景观不连续。出现这种情况主要是发展带来的历史文化名镇（村）功能变更对局部地段造成的影响。另一个原因是历史因素。古老建筑在建造之初是符合当时的使用功能的，但随着现代化的发展，这些建筑物越来越不适应现代生活，缺少独立的卫生设施，并在长期的使用，在缺乏维修的情况下变得残破不堪。随着居民生活需求的提高，这些建筑物越来越不适应居住的要求，这类地区的存在降低了生活环境的整体品质，对这些地区的改造完全是因为卫生状况已经严重影响了居民的健康，采光、通风等基本需求无法满足，因而成为必须被集中整治的对象。由于大多数房屋已经破旧不堪，难以维修，对这些地方的整治多以拆除破旧房屋，降低建筑密度。拆除后的成片用地为发展创造新的机会，尤其是具备了插入新公共活动空间的可能性，并使现代规划和建造观念得以体现。在传统风貌空间发生断裂的地区，新要素的介入可能性是存在的，规模也是最大的。在这类地区新要素的介入是弥合整体纹理缺陷的重要方式。对纹理断裂进行弥合并不意味着全部推倒重来，因为这些地区仍然有构成其存在基础的基本要素，包括个体的建筑物、空间组织方式等。纹理的断裂很大程度上来自于地区功能的改变，而不是失去功能效应的建筑物本身。建筑物作为功能的容器，许多情况下在重置使用功能后仍能成为新的载体，因而对某些建筑物保留和重新使用不仅是延续当地特征的一种方法，也还有实际的使用价值。从这种意义上来说，纹理断裂地区的改造也需要界定被保留的要素。一般地说，建设新建筑物和改造不卫生地区是改善居住条件的两个方面，都是为居民提供健康的生活环境，也就是使住宅适合现代生活。在进行规划和建设时，应为其发展找到一个所依托的空间基础，使新的发展成为整体演化过程中的有机环节，而不是一个凭空想象和一个随处可用的规划方案。而必须通过对纹理特征的保持，去实现纹理有序的新旧更替。

2）代表历史文化名镇（村）特色的空间

被保护的地区。在实际操作中是以保护大多数有价值的乡镇要素为主，以保持乡镇风貌特征为目标，新的建设活动被不同层次的规定约束在一定范围之内。规划中界定被保护的要素，这些要素可以是建筑物、建筑物的一部分、庭院或绿地等各种代表该地区特征的各种要素，如我们今天提出的将新建建筑物的高度限制在二层左右。在对历史的崇敬之下，人们似乎对当今的所有建筑物表示不满意，总是建议拆除那些现代的或高层的建筑物。而事实上这些建筑也成了今天历史文化名镇（村）建筑遗产的一部分，并使整个地区发展更具延续性、更完整、更富生气。

此时，还应注意对历史文化名镇（村）边缘地区的整治，历史文化名镇（村）保护的范围不是客观存在的，是人为划定的，不应将其理解为一条具体的、必然存在的界线，应从整体上统一考虑。历史文化名镇（村）的边缘是一个环境敏感区域，很容易由于对其外围地区的忽视而造成保护区外围环境的不协调。

3）道路交通整治

与历史风貌保护相比，道路、交通空间的重组更具有功能性目的。交通便捷是提高历史文化名镇（村）吸引力的一个重要方面，特别是公共交通，在保护区更为突出。这一方面是由于保护区大多拥有众多的步行区域，对车辆的进入和车辆的停泊都有一定的限制；另一方面，保护区又吸引着大量人流。因而，必须依靠方便的交通来提高保护区的可达性，优化使用功能。除了功能要求外，保护区的道路交通规划还必须特别注意与周围环境的协调，应将其作为保护和改善空间形象的一个重要内容，在介入新要素时考虑所处地区的特有的纹理特征和历史价值。

6.3.12 历史文化名镇（村）传统文化的保护

保护不能简单地理解仅为对文物的保护，也不能只理解为对某些文化事业的保护，而应当把它看做是民族文化系统传承与发展的保护。历史文化名镇（村）

保护是否能够取得成效,除法规制定及大量具体操作以外,还必须对这项保护活动的意义有清晰的认识,特别是当前大量破坏性建设带来巨大损失的时候,提高认识显得尤为重要。一个民族只有意识到自己文化的重要性和独特性,才可能提出保护和发展的主张。传统文化包括文字、戏剧、曲艺、诗歌、民俗风情、土特名产、风味饮食、工艺美术等。应当注意这些传统文化的保护,它们随着时代的步伐在不断的改革、发展,每一步的改革、发展都在不断丰富它的内容。比如一些老的戏曲、曲艺的品种、唱腔,剧本虽然在不断改革,但是它们仍然是本地的、民族的,对原来的东西也应作为文化财富保存下来,以便研究其发展。一些土特产的老生产作坊、生产工艺,如国家级历史文化名城宜宾明朝初期的五粮液老生产作坊,老窖是很重要的遗产,虽然现在已经改进了,但是作为五粮液的发展历史来说很重要,应加以特别的重视。此外还有一种要重视保护的是老艺人、老匠师和他们的手艺、技术、艺术。在日本他们称之为"活文化财富"或"人间国宝"。有些年事已高,还需要找接班人。任何文化的保护与发展尤应建立在对所及文化知识的基础上,当前有形和无形传统文化,更应该加以关注的是保护和发展兼顾,对尚存的濒危历史建筑物,应尽快抢救性修复,这样做不仅是对中国传统文化的抢救,还昭示着传统与现代和谐交融的一种展望。

要解决好历史文化名镇(村)的保护与利用问题,首先应解决传统文化和现代文化的接轨,以及思想观念和文化观念的继承、转变。只有这样保护工作才可能向深层次升华,才能从根本上接受历史的经验教训,处理好继承传统和走向现代化的关系等矛盾,才能真正解决好可持续发展的问题。历史文化名镇(村),代表着一段历史文化,这里涉及一个文化价值的问题,而且关系到对文化判断的标准。世界文化是多元的,每个文化有其存在的理由,有其优点也有其缺点,不能以某种文化价值来判断其他文化。因此

在讨论历史文化名镇(村)保护和利用时,首先必须有一种平等的文化观,看到每种文化存在的合理性,以尊重的态度去努力发现其真实价值。价值是通过人们主观介入,将其潜在的、静态的意义加以开发,并赋予新的意义,使之呈现出表象鲜活,涵义久远的对象。对于历史文化名镇(村)的认知、保护、利用也同样如此。如果不能认识每个历史文化名镇(村)的特殊价值,历史文化名镇(村)的保护就无从谈起。因此,历史文化名镇(村)保护和利用仅沿着商业思路走的方向也就不可能明确。历史文化名镇(村)的保护和利用是文化和经济的有机结合,是两个文明建设的有机结合,做好这个工作必须统筹协调、形成合力,文化资源的利用,切忌目光短浅,只顾眼前有限的经济利益,忽视长远的根本利益和影响,或者盲目无限制地开发利用、消费、耗损,对不可再生的文化资源不注意保护,是绝对错误的。对于历史文化名镇(村),只有树立保护就是增值的观念,在利用中合理消费,把损耗降到最低限度,历史的脉络才能够世代延续。

我们在做保护规划时也应将历史文化传统进行统一的保护、发掘、整理、研究和发展的规划。

6.3.13 历史文化名镇(村)的消防设施规划

近年来,我国连续发生烧毁古建筑的重大火灾事故,造成难以弥补的损失和不良影响。特别是 2003 年 1 月 19 日,湖北武当山的遇真宫因为使用单位私拉电线引发火灾,烧毁遇真宫主殿荷叶殿正殿三间,建筑面积 236m²。

古建筑是历史文化名镇(村)珍贵历史文化遗产的重要组成部分,是不可再生的文化资源。由于古建筑多为木质结构,耐火等级低,特别是一些古建筑管理、使用单位擅自在古建筑内违章开办营业性场所,导致用火用电大量增加,消防安全管理混乱,火灾隐患十分突出。

在制定消防规划之前应以《消防法》、《文物保护法》、《古建筑消防管理规则》等法律法规为依据，以有效预防和遏止古建筑火灾事故为目标，认真细致地对历史文化名镇（村）内的古建筑进行普遍深入细致的消防安全检查，对检查发现的火灾隐患要依法督促管理、使用单位彻底整改。

（1）清理在古建筑内设置的公共娱乐场所；

（2）拆除在古建筑之间及毗连古建筑私搭乱建的棚、房；

（3）清除在古建筑保护范围内堆放的易燃易爆物品及柴草、木料等可燃物；

（4）改造在古建筑内未经穿管保护、私拉乱接的电气线路；

（5）增加和改善古建筑的消防水源和消防设施、器材。

同时，建章立制，明确责任，强化消防安全管理。督促古建筑管理、使用单位认真贯彻国家有关古建筑保护和消防安全管理的法律法规，加强消防基础设施建设，研制和配置适用于历史文化名镇（村）消防的小型消防车，改善历史文化名镇（村）的消防安全条件。明确历史文化名镇（村）消防安全管理人及其职责，成立消防安全组织，配备专、兼职消防管理人员，并结合历史文化名镇（村）的实际情况，建立健全消防安全管理制度，严格落实消防安全责任制。尤其必须严格用火、用电以及易燃易爆物品管理。除宗教活动以外，严禁在古建筑安全范围内使用蜡烛等明火照明。对历史文化名镇（村）消防安全管理人、专兼职消防管理人员等要普遍开展消防安全培训，同时加强消防教育，使他们切实掌握基本的防火知识以及报警、扑救初起火灾的技能和自救逃生常识。要督促历史文化名镇（村）管理、使用单位建立和落实防火巡查制度，制定灭火和应急疏散预案，定期组织演练等。针对本地区历史文化名镇（村）古建筑的分布情况，将保护历史文化名镇（村）的消防站、消防供水、消防车通道、消防通讯、消防装备等基础设施的建设纳入建设规划之中。

6.3.14 历史文化名镇（村）的新区建设

我国的历史文化名镇（村）与文物保护单位中的古城遗址、古建筑遗址不同，它们都是不仅现在仍然还在生活着的，而且还在继续发展着的。随着社会的发展，科技的进步，人们生活方式的改变，居住、交通等条件的改变，必然要对旧村落进行新建、扩建、改建。作为历史文化名镇（村）保护的古镇、历史文化名镇（村），绝大多数都是经历了这样的变化。

（1）建设新区的历史发展

建设新区在历史文化名城、历史文化名镇（村）保护上也并非新路，而是世界各国和我国历史上几千年来已经有过的路子。在历史上古城的发展中另辟新区、另建新城的例子很多。国外如法国巴黎、意大利罗马、瑞士伯尔尼等历史文化名城早已是另辟新区或另建新城了。在我国，如：3000多年前的丰京和镐京，是西周初期的都城，其位置在今西安市古沣河两岸。公元前11世纪商朝末年，周文王为了灭商，统一中国，便在沣河西岸建立国都丰京，但是由于地理条件限制和灭商后发展需要，周武王很快又在沣河东岸营建了新城称为镐京，这两座城市是结合一体的。由于丰京是周王朝发祥之地，许多宗庙宫室建筑都在旧京之内，对周人来说十分重要。因此，不但没有废弃和破坏，而且把它很好地保护起来，这一座古城与新区相结合、相得益彰的王都存在了360多年，到东平王迁都才逐步衰落。另一个例子就是秦始皇的咸阳宫殿的扩展另辟新区，公元前221年，秦始皇统一天下之后，为增强国力，徙天下富豪12万户以充实咸阳并对他们进行控制。由于人口增加，加之原有的宫殿宗庙和新添宫殿等建筑已经非常拥挤了，秦始皇在统一中国之后必须营建更大的宫殿，但旧城中又不能拆除，所以只能采用另辟新区的办法。于是，公元前 212 年，于渭水南岸的上林苑中，另辟新区营建"朝宫"，这就是历史上有名的阿房宫所在。为使新区与咸阳旧区的建筑密切结合与协调，还在渭水之上架了沟通南北的渭水三桥，据《三辅皇图》上记载："桥广六丈，南北二百八十步，六十八间，八百五十柱，二百二十一梁"，以连接南岸的"诸庙及章台、上林"使整个咸阳形成了"渭水贯都，以象天汉，横桥南渡，以法牵牛"的城市格局。

近代的历史文化名城、乡镇发展，特别是历史文化名城公布以来已有不少的城市采取了这一办法。如山西的平遥、辽宁的兴城、陕西的韩城、云南的大理等都先后采取了开辟新区的办法。如苏州、泉州两处第一批国家级历史文化名城采取保护古城、另辟新开发区的做法。苏州古城的格局是 2000 多年来形成的，"人家尽枕河"的小桥流水、河网水道，遍布的园林、寺庙、民居街巷等，如果不在古城外另辟新区，在城区内发展是绝对没有出路的。因为古城区内的格局无法改变，文物古迹、古街巷民居已经布满，而这些东西正是历史文化名城的精华所在，正是需要保护的东西，全部拆除或是大部分改变了，历史文化名城就不复存在了。苏州在对古城进行"改造"以适应新的发展方向，的确做了不少艰苦努力。但其结果却越来越走不通，最后决定走另辟新区的道路，因为旧城就这么大，全部拆了也不能满足苏州发展的需要，何况又不能全拆。另辟新区，的确走出了一条新路，苏州历史文化名城活了，苏州新的发展活了，两全其美，相得益彰。

我国的历史文化名镇（村）的情况很不一致，人口、历史文化传统，文物古迹保存情况，经济基础的情况等等更是千差万别。所以绝对不能采取"一刀切"的保护办法，而是根据不同情况采取分级分等，分别按层次来进行保护。在现有基础上更多更好地进行保护，则是有可能的。为解决保护与发展之间的矛盾，我们在总结教训的基础上，把新的建设都安排在旧城以外，另建新区。这种办法可使旧城的格局，城内的古老街区、文物古迹得到更多的保护。但是具备这样条件的城市不多，只能是个别的小乡镇。在已公布的历史文化名城中只有辽宁的兴城、山西的平遥等几处小城具备这样的条件，采取了另建新区的办法。

（2）建设新区的客观原因

历史文化名镇（村）存在的两个矛盾决定了建设新区的客观可能性。

1）保护区范围内居住人口规模较大，势必导致人口的外迁。一方面居住空间需要改善，另一方面，老区内文物古迹和传统古建筑的用地占历史文化名镇（村）土地面积的 50% 以上，已无能力提供多余土地作为建设用地。原居民不得不迁移到其他地方或另辟新区。

2）原有的传统建筑功能已无法适应现代生活需求。历史文化名镇（村）里的老建筑许多破落不堪，亟待维修，而且卫生、水电、消防、道路等基础设施较差，安全性较低，迫切需要对建筑功能进行改善，在改善成本过高而政府又无力投入保护资金的情况下，居民多选择拆除旧房建新房。

（3）新区建设的两种类型

一般地，从新区建设的角度讲，历史文化名镇（村）的新区建设可以分为两种类型：

1）经济利益驱动下的发展型。经济发展型一般具有可发展旅游资源和房产开发价值，特别是一些地理位置较好、旅游资源丰富的古镇、历史文化名镇（村）等。为了开发旅游资源，在历史文化名镇（村）内建景点、造宾馆、开商店等。目前，国内主要的工作重点在经济建设方面，全国各地都是一片建设高潮，开发区、工业园区、新居住区等，占用了大量耕地，因此，中央政府出台了严格控制耕地使用的规定，这样新区开发基本停止了，因而转为开始了旧城改造、乡镇整治的热潮。

2）解决居民生活需求型。从解决居民生活需求来看，许多历史文化名镇（村），大多有成片的旧时代建筑，虽历史悠久，但建筑质量较差，长期以来得不到维修，且居住人口拥挤。缺乏现代化的基础设施，缺少适合现代生活的环境。与现代建筑之间造成了居民居住环境的事实差距，居住在旧房的居民迫切要求改善居住条件，提高居住水平。在保护区的传统风貌协调区外围开辟一块新地，来发展新区，解决老百姓的生活和生产问题。

（4）新区与老区之间的协调

新区的建设一般都在历史文化名镇（村）的边缘地带，通常都是在保护区域范围之外，也有些是在传统风貌协调区内。总体来说，基本上是在景观视线控制范围之内，因此，在景观上必须考虑建筑色彩、样式、体量、高度等与保护区域的过渡，使新区建设与老区保护尽量在外观上协调，以展现优秀历史文化的传承和发展。同时在功能上，必须考虑新区基础设施的建设和住宅现代生活功能的要求。

新区与老区之间的协调，是历史文化名镇（村）保护中的一项重要内容，建设新区是为了更好地保护老区，适当疏散人口，是为了改善老区的居住环境，为繁荣老区创造条件。当前，一些历史文化名镇（村）的保护规划，强调把新区建设远离老区，使得对老区的管理造成困难，再加上资金投入的困难，使得很多老区缺乏修缮，居住环境未能改变，难以适应现代生活的需要，形成了"小桥、流水、老人家"。江苏苏州在同里古镇隔河建设同里新江南的新区，保护了同里古镇的风貌，新旧区以河为界，新区建设既沿承了传统的江南水乡风貌，又赋予新的时代内容，为同里古镇增添了新的活力。福建邵武和平古镇的新区建设希望在明城墙的西门外，在规划布局中，新区道路与古街环境统一协调；鹅卵石步行小道及水系再现古镇风韵；古城和莲花池的布置增强文化延续和内涵；院落及院落组所的组织延续了与古民居的空间关系；青砖灰瓦、坡顶马头墙的运用，再现传统民居的风貌；

过街亭的布置，加强了新区的文化氛围；五条景观连廊的设计，加强了新区与古城的联系。都是对历史文化名镇（村）新区建设的有益探索。

（5）历史文化名镇（村）保护区域范围内的新建住宅

除建设新区外，历史文化名镇（村）在解决建设土地与居住要求的矛盾上还有另外一种方法。如法国，在保护区中存在一些较大规模、需要被集中整治的公共活动空间，由于保护区规划只是在建筑与环境两者空间关系上制定了原则规定，在保护区中代表当代建筑技术和艺术的作品是被接受的。在我国许多历史文化名镇（村），特别是古镇，人口较多，然而建设土地缺乏，已经没有另建新区的可能了。或者因为建设用地的费用过高，超过了居民的经济承受能力。根据这些实际情况，我们采取另一种方法，即在保护区内建设。

历史文化名镇（村）的保护区域范围内虽然不提倡建设新建筑，但也并不限制新建房屋，而在审批程序合法的前提下，对建筑高度、体量、色彩等方面作了更严格的规定和限制。这种解决方式一般只适合下面两种情况：

1）建设土地资源相对缺少，无法满足居民生活建房需求。或土地费用过高，超出居民经济承受能力。如浙江新叶村，当地居民无法承受较高的土地费用，不得不违法拆迁传统建筑，建造新房，现已有几十处新建房；

2）新建房屋设计水平较高，能够与古镇、历史文化名镇（村）历史风貌融合一体。居民建房增加了设计费用，这对于历史文化名镇（村）的建设显然成本太高，而且目前还没有专门的设计人员来研究古镇、历史文化名镇（村）新建房的设计。什么是好的设计作品很难认定，更由于处于被保护区的敏感地区，在保护区中建造一幢具有较强现代气息的建筑比按照传统样式复杂得多。

但作为历史文化名镇（村），只有历史的记忆，没有现代的痕迹也是很遗憾的，新的建筑应成为未来历史文化名镇（村）遗产的组成部分。法国在保护区中，允许在新建的地块上建造现代建筑逐渐成为被普遍认同的做法，关键是建筑设计如何适应其周围环境。必须保持新建筑与周围建筑体量上的连续性。关于建筑外观：保护区的新建筑外观应当是简洁的，同时又能使其与周围环境融合为一个整体，与周围环境的整体性和协调性同样体现在建筑材料和色彩上。那种与当地建筑毫无关系的标新立异的建筑在保护区中是不允许的。但对新建建筑，现代建筑形式是受到鼓励的。保护区中的新建筑必须注意其周围历史环境，尊重与街道空间的协调性，并将传统的当地典型建筑特征反映在新建筑的样式上。保护区的规划规定是以使新建筑具有与周围环境统一的文脉特征为目标，而实现这一目标的途径是多样的。现代历史文化名镇（村）更应与现代居民生活方式和对空间的使用要求相适应。

保护区域范围内建设与发展新区两种方法都是解决的方式，但是适用的情况不同。从目前的角度来说，保护区域范围内建设无论是资金投入还是对设计要求都相对较高，在条件允许的情况下，还是发展新区比较适合历史文化名镇（村）的保护与发展要求。

6.3.15 建筑高度、色彩等控制要求

《华盛顿宪章》拟订了较为周到的条文：如要求在保护地区建造新屋或协调现有建筑时，必须对现有空间布局作充分的考虑，只要增添历史地区的特色，并不一概否定用现代建筑协调环境，必须控制历史地区的交通，有计划的设置停车场，防止其破坏周围的环境，不准建造宽敞的车行路穿越历史地区等。

历史文化名镇（村）作为一个整体，其价值主要体现在它所保留的历史文化环境，具有比较完整的历史风貌，能够反映一定历史时期该地区的传统风貌

特征。因此，可以认为历史文化名镇（村）要保护的就是历史文化名镇（村）的历史文化环境，这种环境主要就是指外观形象或称之为历史文化景观，包括建筑的体量、色彩、风格、主要是从整体上来把握整个历史文化名镇（村）的协调性，以及形成这种景观的历史文化内涵。

（1）新建建筑高度的控制

今天，多层建筑是对历史文化名镇（村）风貌破坏最大的威胁因素，这并不是说多层建筑不好，而是在历史文化名镇（村）中，座座多层建筑崛起，把历史文化名镇（村）的格局、古建筑、文物古迹全部淹没了，就使得历史文化名镇（村）无传统风貌可言了。因而在历史文化名镇（村）中限制新建建筑的高度，是一件十分重要的事情。当然也不是说历史文化名镇（村）内不许建造较高的建筑，而是要限制，在什么地方造要有个规定，远离重点保护区造多高都可以。新建建筑的高度控制也要依据与重点保护区的远近距离依据分等分级、分层次的原则。

一般地，建筑高度控制是一个相对而言的概念，相对于整体风貌的协调性来说，一般控制在什么样的高度范围之内，但也不是绝对的教条，如果一座高楼可以与环境整体协调，这未尝不是一项好事。任何事物都是有例外的，新建建筑高度的控制一刀切不一定是正确的，要看具体的情况而定，如浙江永嘉屿北历史文化名镇（村），全村风貌完整，仅有两座现代建筑，其中一座为四层楼，位于村主要入口，从高楼平台上俯瞰全村风貌，一览无遗，是观赏村貌的最佳处，这处建筑还是应当作为保留的。只要对外立面适当地处理一下，与周围环境保持协调即可。

（2）"面控制"与"线控制"

对建筑环境（包括高度）的控制，主要是依据各级别保护等级的区别而不同，一般分为"面控制"划出重点保护区、传统风貌协调区两个层次和"线控制"划出视觉走廊两种形式。在重点保护区内一般是

文物古迹相对比较集中的地段，一般不在该地段内考虑新建、复建、扩建等项目。在传统风貌协调区内则必须注意对传统风貌的协调，新建、改建、扩建的建筑物、构筑物，必须在体量、色彩、尺度、高度、材质、比例、建筑符号的方面与历史建筑相协调，不得破坏原有环境风貌。在视觉走廊内应保持历史建筑不同要求的视觉欣赏效果。

另外，在文物保护单位的周围应划分出"面控制"保护范围和建设控制地带两个层次和"线控制"视觉走廊两种形式。由于每幢建筑的高度、形式、功能以及所处环境的不同，保护范围建设控制地带及视觉走廊等的确定必须仔细分析历史建筑的特点、设计意图和环境因素，结合地区改造要求逐个研究确定。

历史文化名镇（村）和历史文化街区确定的保护区域范围内，都有较好的传统风貌，而一般在传统特色地段内建筑高度都不高，要保护这种宜人的尺度和空间轮廓线，这就要在保护区内制定建筑高度的控制。在保护区外有时也有建筑高度的控制要求，这是整个历史环境景观的要求，有的是制高点视线的要求。

历史文化名镇（村）规划中，建筑高度的控制至关重要，许多由于没有控制住新建筑的高度，而造成了原有优美的历史传统风貌遭到破坏，教训极为沉痛。保护范围内高度控制的确定根据如下两个方面：

1) 是根据保护规划总体要求和现状的具体情况以及大范围内的空间轮廓要求，提出几个高度的空间层次。如平遥古城现状高度为10m以下，一层建筑为主，局部二层。为全面保护古城风貌，对高度有严格的控制规定。绝对保护区及一级保护区内建筑在维护、修复、重建必须按照原建筑高度及详细规划指导下进行，不得建造二层楼房；二、三级保护区建筑高度要求坡顶低于视线范围内修建二层。苏州要求古城内建筑高度一律不得超过24m，以保持古城良好的尺度感。

2) 是通过视线分析，它必须满足各个保护对象对周围环境的要求，使景区与周围环境协调统一。如古塔等高耸建筑物周围的高度控制，这些高耸建筑物往往是当地的标志性建筑，在其周围的一定范围，视线应不被遮挡，有视廊高度控制的要求。根据观赏塔的距离要求：距塔200m处，要求能够看到塔的1/3高度；距塔300m，要求能看到塔的1/2的高度，距塔600m处，要求能看到塔的2/3高度。当距塔高3倍的地方观塔时，要求能看到塔的全貌。由以上两个方面分析得出，塔周围建筑的综合高度控制。

大型古建筑群的周围高度控制。为突出大型古建筑，在用地上划出三级保护范围，高度控制为3m、6m、9m，但还应该按视线要求作出平面的视点至景物的视角圆锥面，这样的圆锥面能够满足对古建筑的观赏要求，又相应减少了高度控制的范围。

特色景观视廊高度控制。特色街巷河道两侧高度控制，在街道景观的空间构图中，建筑高度 H 与邻近建筑的间距 D 有以下关系：$D/H=1$ 感觉适中，$D/H<1$ 有紧迫感，$D/H>1$ 有远离感。在一些城中有河道的名城中，如苏州、绍兴等河道一般为 $4\sim6m$ 宽，河道两岸近处应以1层为主（檐高为3m），2层为辅（檐高为6m）。一些名城的传统街巷宽度一般在 $3\sim4m$。这些小巷两旁民居高度以1层为佳，高于2层则给人以紧迫感，也可以将2层楼房稍作退后处理。确定这些河道及街巷两旁的高度控制，以此作为控制性详细规划的依据。

建筑高度控制规定的指标，除了定出檐高度外，还要规定建筑物或构筑物的总高度限制，并注明包括屋顶上的附属设施的高度。建筑高度的总体控制是影响整个外部空间环境的关键因素。在完整的土地利用规划制度形成之前，早期的城市建设规定主要针对道路的宽度和建筑的建造界限，巴黎第一次对建筑高度制定统一的规定是在1668年，将巴黎的最大建筑高度控制在16.6m。

a. 总体高度控制与局部高度控制相结合。根据城市设计的理念，应保持历史文化名镇（村）历史与空间的连续性，保持历史文化名镇（村）的形象、视觉空间和景观品质。从某个中心点仰视角为……度作为总体控制的依据。针对历史文化名镇（村）和文物古迹的具体分布，同时设定局部的建筑高度控制线，在文物及其周围的视觉敏感区域内划定保护范围，修复与文物建筑毗邻的建筑，保护文物周边建筑及街道等外部空间特性。

b. 重点文物和历史文化名镇（村）按照"点、线、面"分层次保护。点的保护——重要文物，尤其是被现代建筑包围、割裂的文物，应考虑在其周围划定一定的保护范围。线的保护——视廊的保护对残缺和破碎的历史片段，通过控制高度，争取在视觉上保持连贯性，以维持其在历史文化名镇（村）中的统治地位，即维持历史文化名镇（村）中的重要景观和地标建筑的视觉可达性，视觉感官对人们形成一个历史文化名镇（村）的意象十分重要。

6.3.16 历史文化名镇（村）内建筑的保护措施和整治方法

针对历史文化名镇（村）的保护内容，结合实际情况，应该制定相应的保护措施和整治方式。除对文物保护单位和文物保护点应依法进行保护和修缮外，对历史文化名镇（村）内其他建筑一般有以下几种保护措施和整治模式：

（1）保护

风貌、特色较为典型，质量较好的历史建筑，参照文物保护要求进行保护。

（2）改善

对建筑风貌和主体结构保存情况较好，但不适应现代生活需要的历史建筑，原建筑结构不动，保持历史外貌，并按照原有的特征进行修缮，重点对建筑内部进行装修改善，配置水电和卫生设施，改善居民生活条件。

（3）整饬

对于建筑质量较好，但风貌较差的现代建筑，通过立面整治达到与环境的协调，或立面局部被改动的历史建筑，进行立面的整饬。包括降低高度、改造屋顶形式、调整外观色彩以及对局部被改的历史建筑进行修复等，根据需要可对建筑内部进行整修改造。

（4）保留

建筑质量好，同时与历史环境较为协调的建筑，维持现状，予以保留。

（5）拆除

对于违章搭建或以后加建的，破坏原建筑布局和历史地段空间形态建筑，应予拆除。

（6）重建

对于无法修缮的危房和与风貌冲突的建筑，予以拆除，再进行有依据地重建，包括外来建筑的迁入。

6.3.17 保护规划中的人口调整措施

在欧洲，德国的历史小镇，原来城里的居民，年轻力壮的几乎都离开家乡到大城市谋生去了，风烛残年的老人守候在家乡度过余生。即使在波斯坦这样的城市，商业也是一片萧条。特别是到了星期天，如坟墓般寂静。奥德河畔的施威德，全城有近三成的房屋空置，一半以上年轻人外出工作，施威德成了一座空城，平均每家只有1.3口人，5家咖啡馆有两家相继关门，城里还有一家邮局，一个储蓄所，一家医院，一家药店。国内的历史文化名镇（村）人口比例虽然基本趋向老龄化，但除了有些乡镇是人口稀少者外，大多数还是处在人口密度过多的状况，因此，有必要在规划中对人口的疏散进行规划，使历史文化名镇（村）人口达到合适的比例，同时采取措施鼓励有保护意识的青壮年搬迁入住。

6.3.18 近期实施规划和强制性措施

强制性内容，是指省域乡镇体系规划、城市总体规划、城市详细规划中涉及区域协调发展、资源利用、环境保护、风景名胜资源管理、自然与文化遗产保护、公众利益和公共安全等方面的内容。城市规划强制性内容是对城市规划实施进行监督检查的基本依据。编制省域乡镇体系规划、城市总体规划和详细规划，必须明确强制性内容。城市规划强制性内容是省域乡镇体系规划、城市总体规划和详细规划的必备内容，应当在图纸上有准确标明，在文本上有明确、规范的表述，并应当提出相应的管理措施。

历史文化名镇（村）强制性内容包括历史文化保护区域范围内重点保护地段的建设控制指标和规定，建设控制地区的建设控制指标。调整详细规划强制性内容的，城乡规划行政主管部门必须就调整的必要性组织论证，其中直接涉及公众权益的，应当进行公示。调整后的详细规划必须依法重新审批后方可执行。历史文化保护区详细规划强制性内容原则上不得调整。因保护工作的特殊要求确需调整的，必须组织专家进行论证，并依法重新组织编制和审批。

根据《国务院关于加强城乡规划监督管理的通知》的规定确定近期建设重点，提出对历史文化名城、历史文化名镇（村）、历史文化街区、风景名胜区等相应的保护措施。编制近期发展规划，必须遵循下述原则：

（1）处理好近期建设与长远发展，经济发展与资源环境条件的关系，注重生态环境与历史文化遗产的保护，实施可持续发展战略。

（2）与城市国民经济和社会发展计划相协调，符合资源、环境、财力的实际条件，并能适应市场经济发展的要求。

（3）坚持为最广大人民群众服务，维护公共利益，完善城市综合服务功能，改善人居环境。

（4）严格依据乡镇建设规划，不得违背总体规划的强制性内容。近期建设规划必须根据乡镇近期建设重点，提出对历史文化名镇（村）的相应保护措施。

6.3.19 保护规划的公众参与

关于民众在保护历史文化遗产中的地位，国际古迹遗址理事会全体大会于1998年10月通过的《保护历史乡镇与城区宪法》中有如下表述："居民参与对保护计划的成功起到重大的作用，应加以鼓励。历史乡镇和城区的保护首先涉及它们周围的居民"。"保护规划应该决定哪些建筑物必须保存，哪些在一定条件下应该保存以及哪些在极其例外的情况下可以拆毁。在进行任何治理之前，应对该地区的现状作出全面的记录。保护规划应得到该历史地区居民的支持。"历史文化名镇（村）的保护应鼓励公众参与，特别是居住在历史文化名镇（村）中的居民的参与，这个参与不单是保护规划的编制要参与，而是应从推荐申报历史文化名镇（村）开始一直到保护规划的实施都需要公众的参与。如浙江仙居高迁历史文化名镇（村），举行村民民主选举决定是否申报历史文化名镇（村）。在这个过程中，政府负责组织引导居民加强保护意识，推动社会力量参与保护。

我们常常谈到历史文化遗产保护时，一般人似乎认为这是政府的事情，是官员们该想的事情，与老百姓无关。还有人以为只有手握大权的党政官员才会从国家民族大局着眼，来考虑历史文化遗产保护这类谈不上近期经济效益的事情，而民众则是些只顾自身眼前利益的人，他们只能是宣传教育和进行普法的对象。人民群众是否在这些事务中就微不足道，没有发言权和参与权了呢？近些年发生在全国各地的文化遗产毁坏事件，告诉我们一个重要的真相：那些给历史文化遗产造成重大损失的行为主体往往不是普通百姓，而是党政官员和政府的行政行为。

最近，建设部开始推行阳光规划，要求每个规划必须通过各种媒体进行公示，征求公众意见，鼓励公众积极参与，浙江省湖州南浔古镇的保护规划为此建设部门和文物部门还与当地居民进行了面对面意见反馈和沟通。历史文化名镇（村）对于当地居民来说是他们的家乡，是生活和工作的场所，有公众的参与，保护工作将朝更加有利的方向发展。

6.3.20 保护规划的实施

我们的保护是自上而下的保护，不像西欧发达国家，特别是法国是属于自下而上的保护。因此我们在保护规划的实施上，更多的是作为一种政府行为来组织实施，同时，也应该积极发动当地住户投入到历史文化名镇（村）的保护之中。

7 城镇建设管理规划

城镇建设涉及城镇住宅、公共建筑、生产建筑、公用基础设施,关系到城镇的工业、农业、商业、交通、科教、卫生、信息、环境等发展。也就是说,城镇建设不仅仅只是盖几间房屋、修几条路的简单工作,而是关系到改善群众的物质文化生活、繁荣城镇经济的大事。城镇建设的质量优劣、水平高低都与城镇规划建设管理工作有着紧密的关系。如果由于城镇建设管理工作不力和不负责任,对工作造成失误,不仅会影响当前建设,而且会贻误子孙后代,造成不可挽回的损失。为此党和国家领导人特别指出:"每个县长,每个乡长,每个镇长都要认真重视城镇建设,如果他们不关心自己的乡镇建设,就是失职。"

7.1 城镇规划管理

一般来说,城镇规划管理的基本任务与城镇规划的基本任务是相联系的,并且是由规划的基本任务所决定的。后者是管理的前提,而前者则是规划实施的保证。因为倘若没有规划,也绝不会有所谓的管理;反之,没有管理,规划的实施便是一句空话。

城镇规划管理大概可分为规划的组织管理和规划的实施管理。

7.1.1 城镇规划的组织管理

城镇规划的组织管理一般包括城镇规划的编制、上报和审批三大部分的管理工作。在这个阶段,乡(镇)长要在城镇建设管理员的协助下,具体参与规划编制的全过程。

(1)城镇规划编制的准备工作

城镇规划的编制,首先要建立以乡(镇)长为组长的领导小组,组织牵头,全面负责。特别是要召集乡镇农、林、土地、水利、环境、水文等部门或管理单位等有关部门开座谈会,与有关部门进行联系,与近邻乡镇协调,解决规划中遇到的重大问题,尤其是城镇的性质、规模和发展方向的预测和确定,城镇体系的确定等。这些工作若仅靠1~2名城镇建设管理员或受托的专业规划部门是解决不了的。

其次,应广泛宣传《村庄和城镇规划建设管理条例》《土地管理法》等法规,以及党和国家有关城镇建设的方针政策,使广大干部群众明确城镇规划的重要意义,提高他们的参与意识。这样,他们就会主动配合规划工作组的调查研究工作,提供资料,介绍情况,提建议,想办法等。这不仅可以保证规划工作组顺利地工作,更主要是可以使规划真正做到从人的生活需要出发，体现出对规划的上帝（当地的居民）的一种爱心。例如城镇敬老院的选址。规划人员从老年人的心理去分析，深知老年人怕孤独，就将敬老院和幼儿园放在一起。娃娃们的欢笑会让老人快乐，但孩子们的妈妈却不一定乐意。村里有人建议给敬老院一点地。因为这些老人干惯了农活，让他们力所能及地种点地干些活，种的菜送给幼儿园的孩子们吃，孩子们欢喜，老人也得到了一种满足。日本有一项获一等奖的方案，就是突出了"对人的关怀"这一主题。方案中在进村的道路一边留一点地给老人种花。老人们的花受村民赞赏，这就无形中给老人安排了一个跟大家接触的机会。

一个好的规划应及时地把村里每一个设施的安排告诉群众，听听不同的人的反映，老人、青年、妇女、小孩，将他们的想法综合起来，分析其中的合理性，再将其体现到规划中。

最后，规划领导小组必须编制规划纲要。在规划编制开始时，规划小组要把收集的资料进行全面的汇总分析，对城镇的性质、规模和今后发展，对当前城镇建设中存在的主要问题，制定要采取的措施，要提出编制规划的重要原则性意见，作为规划的纲要，报乡（镇）人民政府审定。

（2）城镇规划的编制

一方面，要发动群众搞规划；另一方面，要重视规划的科学性，让懂知识的人参与规划。目前经济落后的地区，很不重视这个问题，建设上就十分盲目。其实，不要看规划设计花点钱，花点时间，但是收效将是巨大的，因此，城镇在做好了规划编制准备工作之后，便是联系规划设计单位，与规划设计单位签合同，这是保证规划设计成果的重要条件。当然一些小的基层村的规划，可以由受过训练的城镇建设管理员承担。

（3）城镇规划的上报和审批

在城镇规划成果编制完成后，城镇建设管理要具体办理城镇规划的报批手续。城镇规划只有严格按照审批程序批准才具有法律效力，也才能受法律的保护，从而保证规划的严肃性和权威性。

根据规定，乡（镇）域总体规划和城镇建设规划必须经乡（镇）人民代表大会或乡（镇）人大主席团讨论通过，报县级人民政府批准。

村庄建设需经村民会议或村民代表会议讨论通过，由乡（镇）人民政府审查同意后，报县级人民政府审批。

县级人民政府收到送审的村庄和城镇规划后，应当组织有关部门和专家进行评审，并据评审结果决定是否予以批准。村庄、城镇建设规划应当根据乡（镇）域总体规划的要求进行审批。对于予以批准的规划，县级人民政府要签发批准文件。

（4）村庄、城镇规划的调整与变更

村庄、城镇规划经批准后，必须严格执行，任何单位和个人不得擅自改变，应该保持规划的连续性和严肃性，不能张书记是张书记的意见，换了李书记就是李书记的意见。但是，实施村庄、城镇规划是一个较长的过程，在村庄和城镇的发展过程中总会不断产生新的情况，出现新的问题，提出新的要求。作为指导村庄和城镇建设与发展的城镇规划，也就不可能是静止的，一成不变的。也就是说，经过批准的城镇规划，在实施过程中可能出现某些不能适应当地经济及社会发展要求的情况，需要进行适当调整和修改。

为了保证城镇规划的效力，城镇规划的调整和完善工作应按照法定程序进行。对城镇规划的局部调整，如对某些用地功能或道路宽度、走向等在不违背总体布局基本原则的前提下进行调整等，应经乡级人民代表大会或者村民会议同意，并报县级人民政府备案；对涉及村庄、城镇性质、规模、发展方向和总体布局有重大变更的，应经乡级人民代表大会（或者村民会议）审查（或讨论）同意，由乡级人民政府报县级人民政府批准。

7.1.2 城镇规划的实施管理

对于城镇规划实施，如果说规划是前提，实施是目的的话，那么管理则是规划得以实施的重要保证，正所谓"三分规划，七分管理"。实施城镇规划的基本原则就是要求村庄、城镇规划区内土地的利用和各项建设必须符合城镇规划，服从规划管理。

实践证明，村庄和城镇建设有没有规划作指导、是否真正按规划进行，经济效果大不一样。一些城镇的群众，对城镇规划的法律效力暂时还不能接受，有的认为：院子是我围的，房子是我盖的，地基是老祖宗留下的，朝向是人居环境先生定的，不需要什么规划。所有这些，使规划不能发挥其法定效力，实际上成了"纸上画画，墙上挂挂"的一纸"空图"。但是，只要是坚持按规划进行建设的地方，都有明显的节约的效果，村庄、城镇的道路，供水、排水等公用基础设施也基本配套，整个村庄或城镇才有一个布局合理、整洁卫生的环境。

（1）村庄和城镇建设用地规划管理

城镇规划管理的基本内容是依据城镇规划确定的不同地段的土地使用性质和总体布局，决定建设工程可以使用哪些土地，不能使用哪些土地，以及在满足建设项目功能和使用要求的前提下，如何经济合理地使用土地。县级建设行政主管部门和乡级人民政府对村庄和城镇建设用地进行统一的规划管理，实行严格的规划控制是实施城镇规划的保证。

根据规定，任何单位在城镇进行建设，以及个人在城镇兴建生产建筑，必须按照下列程序办理审批手续。

1）持批准建设项目的有关文件，向乡（镇）城镇建设管理站提出选址定点申请。乡（镇）城镇建设管理站按照城镇规划要求，确定建设项目用地位置和范围并提出建设工程规划设计要求。县级建设行政主管部门审查同意，划定规划红线图后，发给选址意见书。

2）持规划红线图和选址意见书，向土地管理部门申请办理建设用地手续。

3）持用地审批文件和建筑设计图纸等，向县级建设行政主管部门申请办理建设许可证。

4）经乡（镇）城镇建设管理站放样、验线后方可开工。个人建住宅及其附属物的，经村民委员会同意，乡（镇）城镇建设管理站按照城镇规划进行审查，规定规划红线图后，向土地管理部门申请办理用地审批手续；然后，由乡（镇）人民政府发给建设许可证。经乡（镇）城镇建设管理站进行放样、验线，即可开工。

建设单位和个人必须在取得建设许可证之日起1年内开工建设，逾期未开工建设的，建设许可证自行失效。建设中如发现有不实之处或擅自违反规定进行建设的，均按违章建设进行处理。

（2）违章建设的管理措施

在城镇建设管理中，最容易出问题的是农民建房。如有些地方曾出现的城镇建设管理员按标准面积和位置画线定桩后，少数村民不按规划办事，等管理员一走，他们就把桩子向外移动，一是挪位，二是扩占面积，个别地方甚至把桩子移到了规划待建的路面上。此类事件如不能及时发现处理，待房建成后再发现和处理就被动了；如若处理不妥，还会给一些人造成滥占、乱建的机会。因此，解决这类违章问题时，一是要制定违章的惩罚办法；二是快、准、狠，不能手软。

在规划实施、旧城镇改造的新建、搬迁中，为防止出现"钉子户"，可采用先拆迁受奖、后拆迁受罚的措施。如有一个镇，在扩宽一条大道时，规定在限期（30天）内每提前拆1天奖励10元。对个别拒绝拆迁的"钉子户"，则实行重罚，甚至上诉法院，主管部门配合法院强制拆迁，并且一切后果由自己负责。结果约10km长的大道（建设大道）两旁几十户居民住房（公共建筑除外）仅十几天就全部搬迁。使大道提前建设并竣工，保证了建设的顺利进行。另外，有的地方为了防止个别人建房后不拆旧房，也采取收一定保证金，促使其按期拆除旧房。

总而言之，采取各种有效的管理措施，是制止违章建筑和超越宅基地面积标准的行之有效的办法，大大减少违章事件的发生。

7.2 城镇建筑的设计和施工管理

7.2.1 村庄和城镇建筑设计管理

在村庄和城镇建筑管理中，设计管理占有十分重要的地位，因此，国家对村庄和城镇建设的建筑设计进行管理是十分必要的，各级建设行镇主管部门对村庄和城镇建设的设计管理内容大致有以下几个方面。

（1）建筑的规划管理

建筑的规划管理主要内容是按照村庄和城镇规划的要求，对规划区内的各项建筑工程（包括各类建筑物、构筑物）的性质、规模、位置、标高、高度、体量、体型、朝向、间距、建筑密度、建筑色彩和风格等进行审查和规划控制。

少数干部群众认为只要控制了用地标准，节约了耕地，目的就达到了，至于房子地面标高多少、立面造型、颜色如何处理及与周围环境的关系等都无所谓的想法是十分错误的。只有严格进行建筑的规划管理，才能使我们的城镇建设建出新貌来。

（2）建筑设计图纸的审查

村庄和城镇的建筑设计图纸均应由建设行政主管部门审查。进行设计图纸审查时，建设行政主管部门首先要审查承担设计任务的单位是否符合国家有关建筑设计队伍的管理规定，有无越级设计或无证设计。这也就是对建筑设计单位的资质证书进行审查。

资质是指建筑设计单位在工程设计工作中所具有的，并经过设计主管部门确认的技术条件和设计能力。它反映了一个单位的人员素质、管理水平、资金数量、承受能力以及工作业绩等。不同的资质反映了建筑设计单位具有不同的技术条件和能力。1986年8月，建设部发布了《关于建筑、市政工程设计、城市规划和城乡建设勘察单位资格认证分级标准的通知》。《通知》规定，按建筑设计单位的不同技术条件把建筑设计单位划分为四个等级，并对每个等级的建筑设计单位可以承担的设计任务的范围做了具体的规定，这就是我们通常说的甲、乙、丙、丁级设计单位。

为解决当前城镇规划与建筑设计工作任务繁重与城镇规划设计力量严重不足的矛盾，建设部印发了《关于颁发城镇规划设计单位专项工程设计证书的通知》。《通知》规定：在鼓励现有规划设计院（所）更多地从事城镇规划与建筑设计业务的同时，在有条件的单位和县（市）、镇设立专门为城镇建设服务的规划设计室（所），设立专项工程设计证书。

首先各乡镇村建设管理部门应对建设单位提供的图纸，该设计单位的资质和承担任务的范围进行审查。对于不符合标准的或未取得资格证书的单位或个人非法设计的，不予办理发放建设许可证。

其次，在进行设计图纸审查时，建设行政主管部门要审查设计方案，主要看：是否符合国家和地方的各项建筑设计指标，如民宅建设是否超过规定的宅基地标准等；是否符合国事和地方有关节约资源、抗御灾害的规定；是否符合建筑物所在村庄或者城镇规划的要求等。

最后，设计图纸经过审查批准后方可进行施工。设计图纸经批准后，对建筑物的平面布置、建筑面积、建筑结构等需做修改时，必须经原设计批准机关的同意，未经批准不得擅自更改。设计图纸未经批准，建设单位或个人不得开工，施工单位不得承接设计图纸未经批准的建筑工程。

7.2.2 村庄和城镇建筑施工管理

建筑施工是建设的主要阶段，也是把建筑设计蓝图变为现实的过程。在施工过程中，施工单位要按照建筑施工的客观规律，科学合理的组织施工生产要素，建设出质量好、成本低、效益高的项目来。

一般来说，每项建筑工作都由村庄和城镇的建设单位和个人投入了较多的物力和财力。从全国来看，城镇每年新建各类建筑工程约 $6 \times 108m^2$，总投资约 $600 \sim 900$ 亿元。因此，建筑施工的快慢、质量的好坏、效益的高低，直接关系着建设项目的使用效果，影响到整个村庄和城镇建设的总体水平。但是，有些地方。由于对城镇建设施工管理工作未能引起足够的重视，致使建筑市场混乱，施工质量不高，有的地方甚至发生严重的倒塌事故，造成人民的生命和财产的重大损失。因此，加强村庄和城镇建设的施工管理，是一项极为紧迫的任务。

（1）施工队伍管理

城镇建设工程施工队伍管理的主要措施如下。

1）加强施工队伍资质证书审查

1984 年 4 月，建设部发出《关于迅速采取有效措施防止房屋倒塌事故的紧急通知》要求，对城乡建筑施工单位要进行严格的资质审查，坚决杜绝无证施工，确保工程质量。对逃避资质审查、骗取资质证书而造成倒塌事故的，要依法严惩。施工队伍的资质管理包括规划资质等级、进行资质的审批、资质年检、资质升级等管理内容。

2）加强城镇施工队伍流动施工手续管理

对农村个体建设工匠，要把他们组织起来，进行技术培训，学习建筑工作验收规范和操作规程，经应知应会考核合格后，颁发相应技术等级的资质证书，做到持证上岗。在城镇从事工程承包的施工企业必须持有《资质等级证书》或《资质审查证书》并在其规定的营业范围内承担施工任务。

跨省施工或在本省离开所在乡镇到外乡镇承接工程任务的施工队伍和个体建筑工匠，应先到本乡镇城镇建设主管部门办理介绍信再到工程所在地办理从业登记手续。

（2）建筑市场的管理

建筑市场的管理，目的在于保护建筑经营活动当事人的合法权益，维护建筑市场的正常秩序。它包括制定建筑市场管理办法，根据工程建设任务与施工力量，建立平等竞争的市场环境，审核工程发包条件与承包方的资质等级，监督检查建筑市场管理法规和工程建设标准的执行情况，依法查处违法行为，维护建筑市场秩序等。

（3）城镇建筑工程质量管理

城镇建筑工程质量管理的目的是贯彻"百年大计，质量第一"和"预防为主"的方针，监督施工单位严格执行施工操作规程、工程验收规范和质量检验评定标准，预防和控制影响城镇建筑工程质量的各种因素，从而保证建筑产品的质量。

城镇建筑工程质量监督管理，主要应抓好以下几个方面的工作。

1）施工质量监督

城镇建筑工程施工质量监督的主要内容如下所述。

a. 监督用于施工的材料、构配件、设备等物资是否合格，对于那些没有合格证明文件，或经抽样检验不合格的材料、构配件、设备要禁止使用；对现场配制的各种建筑材料、诸如混凝土、砂浆等材料防止施工人员随意套用配合比。

b. 监督施工人员是否严格按操作规程和施工规范进行施工。如混凝土、砂浆的材料配合比分量是否称量；钢筋配置、绑扎，焊接是否合乎规定标准；混凝土工程是否严格按操作规程施工等。

c. 监督是否做好分项工程的质量检查工作。分项工程质量是分部工程和单项工程质量的基础，必须及时进行检查，发现问题，查明原因，迅速纠正，以确保分项工程施工质量。

2) 预制构件质量监督

农村建筑预制构件的生产厂为数众多,绝大多数是因陋就简,生产随意性大,产品质量极不稳定。因此,对城镇所有建筑构件生产厂要加强管理,严格把住预制构件的质量关。

a.审核预制构件厂的生产能力和技术水平,如无生产条件和一定技术水平,以及偷工减料、粗制滥造的预制构件厂应停业整顿,或吊销执照,停止生产。

b.审查预制构件厂是否严格按照项目设计的构件生产图纸或经省级以上主管部门审查批准的构件标准图纸进行生产。凡不按图纸生产的预制构件厂,应给予一定的经济制裁。

c.检查预制构件厂是否严格按照施工规范进行作业,如钢筋的位置,混凝土的配比、振捣、养护都要达到施工规范的要求。

d.检查预制构件厂是否有切实可行的质量保证措施和检验制度,未经质量检查为不合格的产品,不准出厂。

3) 建筑工程质量检查验收

为了保证工程质量和做好工程质量等级评定,必须在施工过程中及时认真地做好隐蔽工程、分项工程和竣工工程的检查验收。

隐蔽工程的检查验收,是指对那些在施工过程中上一道工序的工作成果将被下道工序所掩盖的工程部位进行的检查验收。工程中的钢筋等级、种类、规格、尺寸、布放位置、焊接接头情况;各种埋地管道的标高、坡度、防腐、焊接情况等。这些工程部位,在下一道工序施工前,应由施工单位邀请建设单位、设计单位、乡镇建设主管部门共同进行检查验收,并及时办理验收签证手续。

分部分项工程检查验收,指施工安装工程在某一阶段工程结束或某一分部分项工程完工后进行检查验收,如对土方工程、设计单位、砌砖工程、钢筋工程、混凝土工程、屋面工程等的检查验收。

工程竣工验收,指对工程建设项目完工后所进行的一次综合性的检查验收。验收由施工单位、建设单位、设计单位、乡镇建设主管部门共同进行。所有建设项目和单项工程都要严格按照国家规定进行验收,评定质量等级,办理验收手续,不合格的工程不能交付使用。

4) 建筑工程质量等级评定

建筑安装工程质量评定,要严格依据国家颁发的《建筑安装工程质量检验评定标准》进行,工程质量评定程序是先分项工程、再分部工程、最后是单位工程,工程质量等级分为合格和优良两级。

评定分项工程质量,是以基础挖土开始,直到工程施工的最后一个项目,逐项进行实测实量,检查的主要项目应符合标准规定,有允许偏差的项目,其抽查的总数中有70%以上在允许偏差范围以内的为合格;有90%以上在允许偏差范围以内的为优良。

评定分部工程质量,是在分项工程全部合格的基础上进行的,如有50%以上分项工程的质量为优良,则该分部工程质量为优良;不足50%者为合格。

评定单位工程质量,是指在分部工程全部合格的基础上如有50%以上分部工程质量被评为优良(其中主体工程质量必须优良),则该单位工程的质量为优良;不足50%为合格。

7.3 城镇统一组织、综合建设管理

近几年来,我国城镇建设的方式从过去的自发、分散、零星的建设,迅速地发展成为统一组织、综合建设。这是建设方式上一次历史性突破,是一次大的飞跃,是城镇建设事业的一项重大改革。

7.3.1 统一组织、综合建设的作用

从我国城市建设的历史经验教训和城镇建设的

实践看，统一组织，综合建设与分散建设相比具有不可比拟的优越性，更加适合现代城镇建设的客观要求，越来越显示其重要作用。

（1）有利于实施城镇规划，加快城镇面貌的改变

分散建设的最大弱点是：其一，自成体系，见缝插针，东盖一栋楼，西建一座房，"遍地开花"，色彩杂乱，风格各异，很难改变城镇杂乱无章的面貌；其二，点多面广，建设主管部门难以实施控制、监督、管理，城镇规划难以完全落实。通过统一组织、综合建设，变点多为点少，变分散为集中，这样易于管理，为城镇规划的顺利实施创造了便利条件。同时，通过统一组织、综合建设，就能统一规划、统一设计、统一施工，从而就能避免上述分散建设的种种弊端，保证了城镇规划落实，加快了改变村貌的步伐。

（2）有利于城镇各项设施配套建设，促进生产，方便生活

分散建设，各自投资，各单位只顾建自己的工厂，各家只顾建自己的住房。给水排水、电力电讯、道路交通、环境绿化、公共卫生等设施和相应配套设施，无人负责建设，结果不少房屋盖起来以后，路不通、水不来、灯不亮、环境差，生产无法搞，生活不方便。通过统一组织、综合建设，就可以有计划地、先急后缓地安排好给水、排水、电力电讯、道路交通、环境绿化、公共卫生设施等配套工程和主体工程同步建设，工程竣工后就能使用，就能发挥工程应有的效益。

（3）有利于减轻建房产负担，方便用户

分散建设，农民就要自己跑建筑材料，跑委托施工，跑各种手续，还要自己监督施工，既麻烦又费劲。同时，由于房屋绝大多数是工匠或个体建筑包工头承建，农民除了付给人工费外，还要招待。俗话说："吃喝大于工价"，农民往往要花相当一笔钱用于招待，增加了经济负担。而实行统一组织、综合建设，农民就省心多了，省力多了，就不必花气力跑材料，自己监督施工了，就不必花钱搞招待了。既省力又省钱，既减轻了农民的负担，又方便了用户。

（4）有利于提高工程质量，缩短工期

分散建设，房屋由工匠或个体建筑包工头承建，技术力量薄弱，往往工程质量得不到保证。绝大多数农民又缺乏建筑知识，质量好坏只看其表，结构部分无法检查监督，因而质量事故时有发生。加之工匠或个体建筑包工头施工设备差，往往工期较长。通过统一组织、综合建设，就能统一规划、统一设计、统一施工、统一管理，确保工程质量。实行统一组织、综合建设，还可以统筹施工，组织大流水、立体交叉作业，加快建设速度，缩短工期。

7.3.2 统一组织、综合建设的形式

城镇统一组织、综合建设的主要目的是配套建设，协调发展。近几年来，各地都在不断地探索和尝试综合建设的形式，使综合建设的形式不断发展。目前综合建设的形式主要有以下4种。

（1）集资代建

集资代建就是由房屋开发公司向需要建房的单位或农户集资，以收得资金为本金，按照建房单位或住户提出的建筑式样与具体要求，在城镇规划允许的范围内统一征地，统一设计，统一施工，配套建设。建设完工后收取一定的建筑管理费，房屋交建房单位或农民使用。

（2）土地开发

土地开发是以地产经营为主，由房屋开发公司统一征地，按照城镇建设规划，先进行基础设施和配套服务设施的开发建设。其内容包括清除地上、地下障碍物，平整场地；修通道路（包括开发区内的干道以及连接开发区的马路或公路），以便于人员、生活物资、建筑材料、机械设备等运进开发区；接通给水排水管道，以便于为生活和施工提供用水和排水设施。接通电力、电讯线路，为施工提供动力、照明用电或电讯线路。这就是通常所说的"三通一平"，

即路通、水通、电通,平整场地。达到"三通一平"后,将经过开发的工地划拨或出售给建房单位或建房户,建房单位或建房户再按照建设规划要求进行自建。

(3) 商品房开发

商品房开发,就是按照城镇建设规划。由房屋开发公司对一个区域或一条街道进行统一征地,统一设计、统一施工,然后将建成的商品房出售给用房单位或用房户。这是在土地开发的基础上进一步开发的形式。土地开发出售地皮,需要用户自建。这对于自己组织施工有困难或不便利、怕麻烦的居民来说,显然不够理想。而农用商品房就能满足那些拿钱就能住房的单位或居民。

(4) 小区开发

指对乡村或乡镇成片改造,或新建"农民街"和小区等,在改造或新建区内实行统一规划、统一设计、统一进行房屋和基础设施的建设。近几年来,我国沿海地区在小区开发建设上已取得了一些可喜的成果,证明小区开发这一形式可以推广。

7.3.3 统一组织、综合建设的管理措施

统一组织、综合建设具有工程项目多、牵涉面广、投资量大的特点,针对这些特点,应采取如下管理措施。

(1) 加强城镇统一组织、综合建设的领导 各县、乡镇政府应建立以主管县长、乡镇长为首的由有关部门参加的建设领导小组,建立与之相适应的管理机构,负责领导、协调、监督城镇综合建设工作。

(2) 制定城镇统一组织、综合建设的规章制度 城镇综合建设的优点之一是加强城镇各项基础设施的配套建设。要使配套建设顺利进行,有必要建立一些切实可行的规章制度,并制定实施性保护措施,减少工作中的扯皮现象。这些规章制度应该包括有关方针、政策、规划设计、征地拆迁、工程建设、竣工验收、房屋经营管理和综合造价等。

(3) 统一组织、综合建设要根据经济与社会发展的需要,以及财力、物力的可能,有领导、有计划、有步骤地进行 综合建设的项目多,牵涉面广,工作内容千头万绪。如果没有详细的建设计划,综合建设的目的就难以实现。因此,综合建设应对房屋、给水、排水、道路、环卫、绿化等设施的项目、规模、开工时间、竣工交付使用日期等做出详细的安排,以便综合建设顺利完成。

(4) 科学组织综合建设的全过程 科学地组织综合建设的全过程,能缩短工期,克服浪费,提高建设效益,综合建设包括的工程项目很多,必须按照建设程序,使规划设计、征地拆迁、土地开发、建筑施工、验收交付使用等主要环节,一环扣一环,紧密衔接,周而复始,形成良性循环,以便逐步实现综合建设的目标。这里应抓好3个环节。

1) 规划设计

这是综合建设的前期工作。由于工程项目多,应统一规划、统一设计。应先对建设区域内及周围的基础设施现状进行调整研究,然后合理确定道路、给水、排水、电力、电讯、环卫、绿化等设施的规划设计,作为综合建设的总依据。

2) 统筹施工

应根据统一规划设计方案,按先地下后地上、先深层后浅层的施工顺序,统筹安排,拟定施工计划,组织道路、给水、电力、电讯等部门的施工单位,有计划地进入现场,分批进行施工,按期完成施工计划。

3) 全部配套

综合建设的全过程应是全面配套,同步施工的过程。凡应该配套的工程项目,应同期完成,坚决避免配套不全,建设步调不一致,挖了填,填了挖,或配套项目没跟上,影响交付使用的现象。

a. 加强调度工作。为了保证计划的实施,必须加强调度工作,除按计划进行日常调度外,要定期召开工程调度会议,每月至少1次。调度会议应会同规划设计单位、施工单位、建设单位、公共事业、电力、

电讯等有关单位参加，以便检查季度计划的执行情况，研究解决工程建设中存在的问题，明确解决问题的措施、期限和责任承担者，及时排除建设过程中的障碍，确保计划的实现。

b. 在编制村庄、城镇规划时，要将文物古迹、古树名木、风景名胜的保护措施纳入规划，确定其保护范围和控制建设地带。

c. 新的建设项目选址，要避开文物古迹、古树名木、风景名胜集中的地区。现已占用的、能迁出的要有计划的迁出，一时不能迁出的，也要有严格的保护措施，严禁乱拆、乱挖、乱建，有污染的要迅速治理，并且应创造条件及早迁出。

d. 临近文物古迹、古树名木、风景名胜地区搞建设时，必须注意保护周围环境风貌，在建设项目的性质、规模、高度、体量、造型、色彩等方面要同环境取得协调，设计方案要征得规划部门和文物古迹、古树名木、风景名胜保护部门的同意。

e. 在勘察、建设、维修和拆迁施工中发现文物古迹，应该采取措施保护，并及时报告文物管理部门处理，不得隐瞒或私自处置；在文物古迹、风景名胜周围进行施工时，施工单位要制定保护措施，以防止损毁、破坏文物古迹和风景名胜。经批准迁移的文物古迹，要有切实的措施，保证不改变文物的原貌。

f. 对于在村庄和城镇建设中，对文物古迹、古树名木、风景名胜造成破坏的，由有关主管部门依照有关法规进行处罚。

g. 为确保全国整个国民经济正常的运行和国家安全，各地在建设过程中，要保护好国家邮电通讯、输变电、输油管道和军事、防汛等设施，不得损坏。

7.4 城镇环境管理

7.4.1 村容镇貌和环境卫生

由于历史原因，我国绝大多数的村庄和城镇的容貌和环境卫生都比较差，到处可见粪堆、草堆和垃圾堆。因此，加强村庄和城镇的景观建设和环境卫生管理，对于改善居民的生产、生活环境，保障居民的身体健康，改变农村面貌，具有重要的意义，也是社会主义新农村精神文明建设的具体反映。

乡级人民政府应当把村庄和城镇的容貌建设和环境卫生管理作为重要工作内容，以改变村庄和城镇脏、乱、差的状况。要抓好村容、镇貌，环境卫生工作，需做好以下几方面的工作。

（1）制定村庄和和城镇规划时，注意村庄和城镇的环境规划。要从保护环境、卫生、文明和景观艺术的角度出发，根据当地的自然环境、地形、地势，对大气、地面水体、地下水、土壤、饮用与灌溉水源、污水和固体废弃物的处理、噪声及树木绿化、名胜古迹、河湖水系以及有观赏价值的建筑和街区进行分析评价，恰当地组织和安排村庄和城镇的景观建设。

（2）加强道路两旁的建设和管理。道路红线是根据实际需要而规划确定的道路宽度线，任何建筑物、构筑物都不得侵占红线内的地面和空间；注意街道两侧的建筑物一般不建院墙；居民住宅的围墙，提倡修建通透式围墙、矮墙或绿篱。对建筑色彩忌用繁、乱、浓、艳，沿街不要晾晒有碍观瞻的衣物，要及时修整或拆除残破围墙等。

（3）任何单位和个人都不得随意掘动路面，禁止在人行道上摆摊设点，停放机动车、兽力车，禁止烧、砸、压、泡以及其他腐蚀、损坏道路的活动，不得在道路上晒扬谷物等。

（4）加强绿化管理。要发动群众，分区分段包干，义务种草植树。绿化美化环境；制定村庄和城镇绿化的村规民约及奖惩制度，表彰先进，处罚损害、破坏绿化者。要通过一系列有效措施，加快村庄、城镇绿化美化的步伐，为村民、居民提供娱乐、休息、锻炼的良好场所。

（5）加强环境卫生管理。有条件的村庄、城镇要配备环卫人员负责街道、公共场所、公共厕所的清扫、消毒、垃圾清运工作，做到干净、卫生、清运及时；要实行门前三包，群众动手，处处干净；对生产或经营过程中所产生的垃圾，要实行谁产生、谁清运到指定地点要配备和设置垃圾箱和垃圾集中地点，制定村规民约；人人讲卫生，不乱丢脏物，不随意倾倒垃圾，实行畜禽圈养，并定时清圈除粪、喷药灭蝇，不在主要街道堆放柴草物料；定期进行环境卫生检查评比活动。

(6) 根据经济力量的可能，要逐步改造浅坑厕所、一铲锹厕所、露天厕所，提倡修建沼气厕所、深坑密闭旱厕所、多格化粪池厕所。

7.4.2 文物古迹、古树名木、风景名胜及各项设施的保护

中华民族具有五千年的文明历史，遗留了丰富的文物古迹、风景名胜。这些文物古迹、风景名胜有不少位于我国村庄、城镇规划区内，成为当地发展旅游业、振兴当地经济的有利条件。在村庄和城镇建设中，保护好文物古迹、古树名木、风景名胜，对于促进村庄和城镇的物质文明和精神文明建设具有十分重要的意义。

村庄和城镇建设中对于文物古迹、古树名木、风景名胜的保护，主要要做好以下工作。

(1) 村庄、城镇的各建设单位和个人应当认真学习和遵守有关文物古迹、古树名木、风景名胜保护的法规，增强保护文物古迹、古树名木、风景名胜的意识，并在工作中自觉贯彻执行，如在建设施工中发现文物古迹应暂停施工，听候处理。

(2) 在编制村庄、城镇规划时，要将文物古迹、古树名木、风景名胜的保护措施纳入规划，确定其保护范围和控制建设地带。

(3) 新的建设项目选址，要避开文物古迹、古树名木、风景名胜集中的地区。现已占用的、能迁出的要有计划的迁出，一时不能迁出的，也要有严格的保护措施，严禁乱拆、乱挖、乱建，有污染的要迅速治理，并且应创造条件及早迁出。

(4) 临近文物古迹、古树名木、风景名胜地区搞建设时，必须注意保护周围环境风貌，在建设项目的性质、规模、高度、体量、造型、色彩等方面要同环境取得协调，设计方案要征得规划部门和文物古迹、古树名木、风景名胜保护部门的同意。

(5) 在勘察、建设、维修和拆迁施工中发现文物古迹，应该采取措施保护，并及时报告文物管理部门处理，不得隐瞒或私自处置；在文物古迹、风景名胜周围进行施工时，施工单位要制定保护措施，以防止损毁、破坏文物古迹和风景名胜。经批准迁移的文物古迹，要有切实的措施，保证不改变文物的原貌。

(6) 对于在村庄和城镇建设中，对文物古迹、古树名木、风景名胜造成破坏的，由有关主管部门依照有关法规进行处罚。

(7) 为确保全国整个国民经济正常的运行和国家安全，各地在建设过程中，要保护好国家邮电通讯、输变电、输油管道和军事、防汛等设施，不得损坏。

附录：城镇建设规划实例

1 城镇建设总体规划实例

2 村庄建设规划实例

3 历史文化名镇（村）保护规划实例

4 生态城镇文化创意规划实例

（提取码：feov）

参考文献

[1] 袁中金. 中国小城镇发展战略研究 [D]. 上海：华东师范大学，2006.

[2] 戴均良. 行政区划与地名管理 [C]. 北京：中国社会出版社，2009.

[3] 袁中金. 中国小城镇发展战略研究 [D]. 上海：华东师范大学，2006.

[4] 王士兰. 游宏滔. 徐国良. 培育中心镇是中国城镇化的必然规律 [J]. 城市规划，2009 (05).

[5] 顾翠红. 珠江三角洲地区小城镇风貌特色研究及规划探析 [D]. 广州：华南理工大学，2002.

[6] 黄镇，李芳. 长江三角洲都市圈发展态势与特点 [EH/OL]. 中国特色城镇化网，2005.

[7] 傅崇兰. 京津冀北地区小城镇发展研究 [EB/OL]. 中国特色城镇化网，2004.

[8] 廖乐焕. 加快农村城镇化进程推进民族地区系农村建设 [J]. 云南民族大学学报（哲学社会科学版），2007 (1):61–66.

[9] 王士兰，汤铭潭. 我国不同地试、类型小城镇发展的动力机制初探 [J]. 小城镇建设，2008(1):21–32.

[10] 龙良富，黄英. 基于乡镇特色产业的工业旅游开发研究——以中山市黄阅镇为例 [J]. 浙江旅游职业技术学院学报，2007 (6):19–24.

[11] 从产业价位链看休闲度假时代村镇旅游模式的构建策略 [EB/OL]. 中国旅游营销网，2009.

[12] 罗哲文. 保护好、发展好、建设好有历史文化价值有中国特色的村镇 [J]. 城乡建设，2008(6). 51–54.

[13] 柳忠勤. 建设生态城市是中小城市可持续发展的必由之路——访著名环保学家、中华环保基金会理事长曲格平 [J]. 中国现代城镇，2004 (11): 7–11.

[14] 刘永胜. 科学规划发挥优势强化经营——大庆探索出一整套小城镇建设新模式设 [J]. 城乡规划，2008(10): 34–35.

[15] 马交国，杨永春. 国外生态城市建设实践及其对中国的启示 [J]. 国外城市规划，2006(2).

[16] 御道工程咨询公司. 导航生态城市：中新天津生态城指标体系与分解实施模式 [M]. 北京：中国建筑工业出版社，2010.

[17] 鲍世行，顾孟潮. 钱学森建筑科学思想探微 [M]. 北京：中国建筑工业出版社，2009.

[18] 吴良镛. 从人居环境的科学发展与风景园林的专业教育 [Z]. 北京：中国风景园林教育大会，2007.

[19] 孟兆祯. 孟兆祯文集：风景园林理论与实践 [M]. 天津：天津大学出版社，2011.

[20] 同济大学. 城市规划原理 [M]. 北京：中国建筑工业出版社，1997.

[21] 潘秀玲. 中国小城镇建设 [M]. 北京：中国科学技术出版社，1995.

[22] 李志伟. 城市规划原理 [M]. 北京：中国建筑工业出版社，1997.

[23] 阮仪三. 城市建设与规划基础理论 [M]. 天津：天津科学技术出版社，1994.

[24] 清华大学建筑与城市研究所. 城市规划 [M]. 北京：地震出版社，1992.

[25] 贾有源. 村镇规划 [M]. 北京：中国建筑工业出版社，1992.

[26] 王宁. 小城镇规划与设计 [M]. 北京：科学出版社，2001.

[27] 裴杭. 村镇规划 [M]. 北京：中国建筑工业出版社，1988.

[28] 国家土地管理局科技宣教司. 土地利用规划 [M]. 北京：改革出版社，1993.

[29] 余庆康. 建筑与规划 [M]. 北京：中国建筑工业出版社，1995.

[30] 邓述平，王仲谷. 居住区规划设计资料集 [M]. 北京：中国建筑工业出版社，1996.

[31] 中国城市住宅小区建筑试点丛书编委会. 规划设计篇 [M]. 北京：中国建筑工业出版社，1994.

[32] 东南大学. 村镇规划 [M]. 南京：东南大学出版社，1999.

[33] 李兵弟. 回望六十年村镇建设成就斐然 [N]. 北京：中国建设报，2009-10-09.

[34] 耿毓修. 城市规划管理与法规 [M]. 南京：东南大学出版社，2004.

[35] 董鉴泓. 城市规划历史与理论研究 [M]. 上海：同济大学出版社，1999.

[36] 吴良镛. 从"有机更新"走向"有机秩序" [J]. 建筑学报，1991.

[37] 阎廷娟. 人·环境与可持续发展 [M]. 北京：北京航空航天大学出版社，2001.

[38] 李德华. 城市规划原理 [M]. 北京：中国建筑工业出版社，2001.

[39] 奚旦立. 环境与可持续发展 [M]. 北京：高等教育出版社，1999.

[40] 郑时龄. 建筑和谐、可持续发展的城市空间 [J]. 建筑学报，1998.

[41] 吴朝，刘春. 可持续的聚落更新初探 [J]. 小城镇建设，2002，(1)：50-51.

[42] 朱关亚. 古村镇保护规划若干问题探讨 [J]. 小城镇建设，2002.

[43] 周年兴，俞孔坚. 农田与城市的自然融合 [J]. 中国园林，2003.

[44] 徐化成. 景观生态学 [M]. 北京：中国林业出版社，2000.

[45] 马武定. 城市化与城市可持续发展的基本问题 [J]. 城市规划汇刊，2000，(2)：30-34.

[46] 沈清基. 城市生态与城市环境 [M]. 上海：同济大学出版社，1998.

[47] 石忆邵. 城乡一体化理论与实践：回眸与评析 [J]. 城市规划汇刊，2003.

[48] 高毅存. 城市规划与城市化 [M]. 北京：机械工业出版社，2004.

[49] 冯华. 21 世纪的热点——发展小城镇 推进城市化 [M]. 北京：科学出版社，2001.

[50] 肖敦余，胡德瑞. 小城镇规划与景观构成 [M]. 天津：天津科学技术出版社，1989.

[51] 文剑刚. 小城镇形象与环境艺术设计 [M]. 南京：东南大学出版社，2001.

[52] 赵勇，骆中钊，张韵，等. 历史文化村镇的保护与发展 [M]. 北京：化学工业出版社，2005.

[53] 骆中钊，李宏伟，王炜. 小城镇规划与建设管理 [M]. 北京：化学工业出版社，2005.

[54] 骆中钊. 新农村建设规划与住宅设计 [M]. 北京：中国电力出版社，2008.

[55] 骆中钊，刘金泉. 破土而出的瑰丽家园 [M]. 福州：海潮摄影艺术出版社，2003.

[56] 傅刚，李舒，王振宏，等. 新一轮城镇化须过"三道关" [M]. 北京：北京晨报，2010-11-12.

[57] 骆中钊，张勃，傅凡，等 . 小城镇规划与建设管理 [M]. 北京：化学工业出版社，2012-02 .

[58] 骆中钊 . 中华建筑文化 [M]. 北京：中国城市出版社，2014-08.

[59] 骆中钊 . 乡村公园建设理念与实践 [M]. 北京：化学工业出版社，2014-10.

[60] 北京市旅游发展委员会、北京市发展和改革委员会，北京市"十二五"时期旅游业发展规划 [E].

[61] 长子营镇党委、政府委托北京市城市规划设计研究院 . 北京市大兴区长子营镇总体规划 (2008 ~ 2020)[E].

[62] 北京市规划委员会 [E]. 亦庄新城规划 (2005 ~ 2020).

[63] 北京市规划委员会 [E]. 亦庄新城规划 (2005 ~ 2020).

[64] 北京市大兴区计划与发展改革委员会 . 万亩次生林生态旅游开发奥运推介报告 (2007)[E].

[65] 北京市规划委员会 . 亦庄新城规划 (2005 ~ 2020 年)[E].

[66] 杨秀云，毛舒怡，张宁 . 机场发展对地区旅游业发展的共线性分析 [J]. 统计与信息论坛，2011(6).

[67] 北京市大兴区国民经济和社会发展第十二个五年规划纲要，[E]. 2011.

[68] 宋辰 . 北京着力打造高端旅游市场 [J]. 中国经济信息，2006(9):37.

[69] 北京市旅游局 . 北京市高端旅游客源市场研究报告 [R].2006.

[70] 张仁忠 . 北京史 [M]. 北京：北京出版社，1985.

[71] 北京市旅游发展委员会、北京市发展和改革委员会 . 北京市"十二五"时期旅游业发展规划 [E].

[72] 北京市规划委员会 [E]. 亦庄新城规划 (2005 ~ 2020 年).

后 记

感恩

"起厝功，居厝福"是泉州民间的古训，也是泉州建筑文化的核心精髓，是泉州人"大 精神，善行天下"文化修养的展现。

"起厝功，居厝福"激励着泉州人刻苦钻研、精心建设，让广大群众获得安居，充分地展现了中华建筑和谐文化的崇高精神。

"起厝功，居厝福"是以惠安崇武三匠（溪底大木匠、五峰石艺匠、官住泥瓦匠）为代表的泉州工匠，营造宜居故乡的高尚情怀。

"起厝功，居厝福"是泉州红砖古大厝，创造在中国民居建筑中独树一帜辉煌业绩的力量源泉。

"起厝功，居厝福"是永远铭记在我脑海中，坎坷耕耘苦修持的动力和毅力。在人生征程中，感恩故乡"起厝功，居厝福"的敦促。

感慨

建筑承载着丰富的历史文化，凝聚了人们的思想感情，体现了人与人、人与建筑、人与社会以及人与自然的关系。历史是根，文化是魂。每个地方蕴涵文化精、气、神的建筑，必然成为当地凝固的故乡魂。

我是一棵无名的野草，在改革开放的春光沐浴下，唤醒了对翠绿的企盼。

我是一个远方的游子，在乡土、乡情和乡音的乡思中，踏上了寻找可爱故乡的路程。

我是一块基础的用砖，在莺歌燕舞的大地上，愿为营造独特风貌的乡魂建筑埋在地里。

我是一支书画的毛笔，在美景天趣的自然里，愿做诗人画家塑造令人陶醉乡魂的工具。

感动

我，无比激动。因为在这里，留下了我走在乡间小路上的足迹。1999年我以"生态旅游富农家"立意规划设计的福建龙岩洋畲村，终于由贫困变为较富裕，成为著名的社会主义新农村，我被授予"荣誉村民"。

我，热泪盈眶。因为在这里，留存了我踏平坎坷成大道的路碑。1999年，以我历经近一年多创作的泰宁状元街为建筑风貌基调，形成具有"杉城明韵"乡魂的泰宁建筑风貌闻名遐迩，成为福建省城镇建设的风范，我被授予"荣誉市民"。

我，心花怒发。因为在这里，留住了我战胜病魔勇开拓的记载。我历经十个月潜心研究创作的时代畲寨，终于在壬辰端午时节呈现给畲族山哈们，安国寺村鞭炮齐鸣，众人欢腾迎接我这远方异族的亲人。

我，感慨万千。因为在这里，留载了我研究新农村建设的成果。面对福建省东南山国的优美自然环境，师法乡村园林，开拓性地提出了开发集山、水、田、人、文、宅为一体乡村公园的新创意，初见成效，得到业界专家学者和广大群众的支持。

我，感悟乡村。因为在这里，有着淳净的乡土气息、古朴的民情风俗、明媚的青翠山色和清澈的山泉溪流、秀丽的田园风光，可以获得乡土气息的"天趣"、重在参与的"乐趣"、老少皆宜的"谐趣"和净化心灵的"雅趣"。从而成为诱人的绿色产业，让处在钢筋混凝土高楼丛林包围、饱受热浪煎熬、呼吸尘土的城市人在饱览秀色山水的同时，吸够清新空气的负离子、享受明媚阳光的沐浴、痛饮甘甜的山泉水、脚踩松软的泥土香；感悟到"无限风光在乡村"！

我，深怀感恩。感谢恩师的教诲和很多专家学者的关心；感谢故乡广大群众和同行的支持；感谢众多亲朋好友的关切。特别感谢我太太张惠芳带病相伴和家人的支持，尤其是我孙女励志勤奋自觉苦修建筑学，给我和全家带来欣慰，也激励我老骥伏枥地坚持深入基层。

我，期待怒放。在"外来化"即"现代化"和浮躁心理的冲击下，杂乱无章的"千城一面，百镇同貌"四处泛滥。"人人都说家乡好。"人们寻找着"故乡在哪里？"呼唤着"敢问路在何方？"期待着展现传统文化精气神的乡魂建筑遍地怒放。

感想

唐代伟大诗人杜甫在《茅屋为秋风所破歌》中所曰："安得广厦千万间，大庇天下寒士俱欢颜，风雨不动安如山！"的感情，毛泽东主席在《忆秦娥·娄山关》中所云："雄关漫道真如铁，而今迈步从头越。从头越，苍山如海，残阳如血。"的奋斗精神，当促使我在新型城镇化的征程中坚持努力探索。

圆月璀璨故乡明，绚丽晚霞万里行。